U0162688

HZ BOOKS

华 章 图 书

一本打开的书，一扇开启的门，
通向科学殿堂的阶梯，托起一流人才的基石。

www.hzbook.com

智能系统与技术丛书

自然语言理解与行业知识图谱

概念、方法与工程落地

王楠　赵宏宇　蔡月◎著

Natural Language Understanding
and Field Knowledge Graph

Concepts, Methods and Practice

机械工业出版社

China Machine Press

图书在版编目（CIP）数据

自然语言理解与行业知识图谱：概念、方法与工程落地/王楠，赵宏宇，蔡月著 . -- 北京：机械工业出版社，2022.1
（智能系统与技术丛书）
ISBN 978-7-111-69830-2

I.①自… II.①王… ②赵… ③蔡… III.①自然语言处理 IV.① TP391

中国版本图书馆 CIP 数据核字（2021）第 270482 号

自然语言理解与行业知识图谱：概念、方法与工程落地

出版发行：机械工业出版社（北京市西城区百万庄大街 22 号　邮政编码：100037）
责任编辑：李永泉　　　　　　　　　　　　　　　责任校对：殷　虹
印　　刷：北京市荣盛彩色印刷有限公司　　　　版　　次：2022 年 1 月第 1 版第 1 次印刷
开　　本：186mm×240mm　1/16　　　　　　　印　　张：22.5
书　　号：ISBN 978-7-111-69830-2　　　　　　定　　价：119.00 元

客服电话：（010）88361066　88379833　68326294　　　投稿热线：（010）88379604
华章网站：www.hzbook.com　　　　　　　　　　　　读者信箱：hzjsj@hzbook.com

推荐序一

随着深度学习、云计算和大数据技术的蓬勃发展，人工智能再次成为火爆的话题，一时间万物皆可智能，无智能则无话题。人工智能似乎有望成为像电力一样的基础设施，给各行各业带来颠覆性的变革。然而，时至今日，我们发现人工智能仍然不成熟。作为一个研究方向或学科，人工智能的发展实际上历经几度兴衰，从早期的符号主义学派，到后来的连接主义学派、行动主义学派，再到各派的碰撞与融合，我们至今还没有找到通用智能的钥匙。很多专家学者将人工智能划分为计算、感知、认知、创造等不同层级，当下认知智能成为下一步的着眼点，而认知的关键来自大脑分析、神经计算、自然语言理解。作为交互信息来源的自然语言，其处理和解读一直是人工智能最大的难题之一，自然语言理解也成为人工智能皇冠上的明珠。

作为通向认知的必经之路，如何让机器理解自然语言？从早期的符号学习，到后来的统计学习，再到后来人们发现上述自然语言处理还需要语义知识的配合，基于语义知识搭建的知识图谱就成为关键一环。2010 年，我毕业后加入微软亚洲研究院，跟随人工智能领域的著名研究员王海勋博士开启了十年的知识图谱、自然语言理解研究生涯。我们的研究小组是最早从事知识图谱研究的小组之一，所构建的概念知识图谱 Probase（正式发布名为 Microsoft Concept Graph）也是世界上最大的常识知识图谱。2012 年谷歌正式发布"Google Knowledge Graph"项目，使得各大互联网公司纷纷构建各自领域的百科知识图谱，并将其作为公司底层基础设施之一。知识图谱进入了一个繁荣发展期，从开放的 DBpedia、YAGO、Freebase、Wikidata、ConceptNet、Microsoft Concept Graph，到相对封闭的 Google Knowledge Graph、微软 Satori、百度知识图谱、阿里藏经阁、美团大脑等，各种知识图谱不断涌现，为语言理解奠定了重要的知识基础。依托通用百科知识、常识知识、语言知识，以及基于符号的逻辑推理、基于统计的机器学习和深度神经网络学习算法，自然语言处理和语义理解的应用步伐在不断加快。目前，市面上智能音箱、智能导航、智能客服、聊天机器人、机器翻译工具等基于自然语言处理的人工智能产品纷纷落地。

然而，我在这个行业深耕十余年后，对人工智能技术的理解越深，就越对这个领域心存敬畏。面向通用语言理解任务的"银弹"级方法难以寻找，特别是在开放的网络连接世界中，语言描述的多样性、歧义性、口语化会给计算机处理和解读带来重重困难。本书则提供了一个新视角：认知智能在垂直行业中更具有现实意义！通过行业需求的限制，能够提供一个有约束的语义空间，这样就可以对很多错误认知进行校正。通过知识图谱相关理论、方法、技术向各行各业赋能，将推动语言理解成果向行业转移、转化，使之更具有落地实操的价值。一些垂直行业（例如金融、医疗、公安、电商等）及细分领域逐渐有相应的图谱产品落地。

但是到目前为止，语言理解服务多体现为项目合作、平台调用、服务赋能，推广性和落地效果面临更多的需求挑战。一方面供求双方在业务理解方面差距巨大，另一方面沟通合作也由于存在信息理解不对等问题而容易造成隔阂，严重制约认知项目或产品落地。只有围绕行业需求，结合行业知识构建知识图谱，将自然语言处理与知识图谱更好地融合，才能直击垂直行业落地应用的痛点。本书正是着眼于行业认知问题，分析当前自然语言理解的现状与不足，从知识产权行业视角切入，通过对自然语言理解的思考和各类算法模型的阐述，结合对知识图谱的认知，讲解作者团队几年来在自然语言处理和行业知识图谱方向的实践经验，探讨垂直行业认知的逻辑和解决方案。非常期待本书能够给更多人带来启发和思考，加速推进认知智能的光芒照进现实！

王仲远

快手技术副总裁、MMU 负责人

推荐序二

业界一致认为，人工智能的三要素是算法、算力和数据。近十年来，得益于大数据以及大规模运算能力的提升，人工智能技术进步巨大，让深度学习这项"老"技术焕发了新生机，突破了一项又一项感知能力。随着 2012 年深度神经网络技术在 ImageNet 评测中取得令人瞩目的进展，人工智能迎来新一轮发展热潮，围绕语音、图像、机器人、自动驾驶等人工智能技术的创新大量涌现，也出现了很多里程碑式的技术。而自然语言处理领域的突破要来得更晚一些，直到 2018 年，以 TransFormer 为特征提取器的预训练语言模型开始展示出强大的能力，在阅读理解、对话、机器翻译等自然语言处理任务上才取得了良好的成绩。

从计算到感知，再到认知，是大多数人都认同的人工智能技术发展路径。所谓让机器具备认知智能，是指让机器能够像人一样思考，具体体现为机器能够理解数据、理解语言进而理解现实世界，能够解释数据、解释过程进而解释现象，并具备推理、规划等一系列人类所独有的认知能力。也就是说，认知智能需要去解决推理、规划、联想、创作等复杂任务。

让机器拥有认知智能，其实在一定程度上是希望机器能够模仿生命本身，实现通用人工智能（Artificial General Intelligence）。以大数据为基础的深度学习在理论上并没有突破，但是它基于强大的算力，通过搜索和学习，达到了以往不可能企及的应用效果。从感知到认知智能的鸿沟难以跨越，至少从现有技术水平来看，我们离认知智能还有非常远的距离。

前一段时间非常火的预训练语言模型 GPT-3 一度让媒体找到了新的话题，"实现认知智能"等字眼也屡见不鲜。1750 亿的参数量使得 GPT-3 在多个任务上表现出了惊艳的效果。但 GPT-3 的问题在于其"并不知道自己不知道"，对很多常识性的问题给出的答案也只是"相关但不正确"。因此，即使 GPT-3 的表现足够让人赞叹，也只是再次证明了深度神经网络配合海量的文本数据能够产生强大的记忆能力，但逻辑和推理能力仍然是无法从记忆能力中自然而然出现的。而知识图谱可以在一定程度上解决常识推理的问题，因而被认为是通向认知智能的必经之路。

然而，现实仍然很"骨感"。在开放的互联网中语言描述的多样性、歧义性非常严重，通用语言理解任务的"银弹"级解决方案仍然难以寻找。因此，专家学者想到了两条道路：一条道路可以从顶层设计开始，基于演绎逻辑打造囊括大千世界的知识本体及世界知识库，这类方法极其依赖专家经验、规模化众包协作、复杂建模，这条路目前看起来相当困难；另一条道路可以基于归纳逻辑从海量样本中抽象出认知概念，这条路也因为难于实现概念标准化、规范化，缺少合适的工具或方法，因此仍处于学术研究阶段。

　　两条道路都是任重而道远。即便是知识图谱被寄予厚望，也无法在短期时间内实现认知智能的真正突破。因此，在工业界的实践中知识图谱能否发挥其作用，在行业或者细分领域达到较好的效果，就成为漫长道路上可以实现的里程碑。

　　本书为广大从业人员和研究学者提供了一个新的视角，基于真实的细分行业需求，在约束的条件下，通过知识图谱相关理论、方法和技术向各行各业赋能，推动语言理解成果向行业的转移转化，更具有落地实操的价值。如何围绕行业需求，结合行业知识构建知识图谱，将自然语言处理与知识图谱更好地融合，直击垂直行业落地应用的痛点，是本书重点关注的内容。

　　本书是作者几年来在自然语言处理和行业知识图谱实践中的经验梳理，无论你是人工智能领域的从业者还是科研领域的研究者，这本书都能够带给你非常有价值的知识体系和实操方法。

邵浩

vivo 算法专家

前　言

　　21 世纪以来人类创造了海量的自然语言文本数据，但苦于没有"语言媒介大师"，即使拥有共同母语的双方也可能出现"语言隔离"，更不要说人机自然交互了。人类日常接触的语言可以分为通用语言和专业语言：通用语言往往口语化严重，语法杂乱，信息量不足；专业语言需要结合行业知识，有特定的文法，个性化突出。语言特征复杂多变，语种语义理解差异化明显，如何自动化、智能化地理解语言成为各行各业的痛点。自然语言理解应运而生！通过对人类语言信息的抽取、归纳、总结，自然语言理解成为最重要的人工智能成果的检验标准之一，被业内人士称为人工智能皇冠上的明珠。当然路要一步步走，语言的理解首先要解决语言处理问题。伴随海量用户数据（互联网数据、行业业务数据、百科和领域知识）、人工智能算法、集成 AI 芯片的规模算力平台不断涌入，自然语言处理领域已经树立了一座座里程碑。从早期的符号学派专家系统，到统计语言学习的兴起，再到 Word2vec 预训练语言模型将语义工具应用落地，各种深度学习框架（TensorFlow、Torch、Paddle Paddle）不断更新……我们似乎摸到了认知的大门。2018 年，随着谷歌 BERT 预训练语言模型横空出世，语言理解领域也开启了"ImageNet"时代篇章。紧接着，XLNet、ERNIE、GPT-3 等新模型，以及注意力机制、Transformer、图神经网络等新结构层出不穷，不断刷新各大任务榜单的记录（state-of-the-art,SOTA），推动了整个语言理解水平的持续发展。

　　当然，上述自然语言处理还需要语义知识的配合，基于语义知识搭建的知识图谱就成为行业应用的关键一环。知识图谱是在知识工程和语义网的基础上发展起来的，2012 年谷歌正式提出了"知识图谱"一词，随后知识图谱逐渐成为互联网公司的底层基础设施之一。通用知识图谱主要有 DBpedia、Freebase、YAGO、Wikidata 等百科知识库。在吸收了 WordNet、FrameNet、Hownet 等语言知识精华后，ConceptNet、Concept Graph 等常识知识图谱也不断涌现，为语言理解奠定了背景知识基础。随着知识图谱、多模态数据的引入，知识蒸馏和模型压缩进一步推动了语言处理和语义理解的应用步伐。目前，市面上已经常见面向 C 端用户的智能音箱、智能导航、智能客服、聊天机器人、机器翻译工具等产品，一些 SaaS 平台也处于初级体验阶段，这印证了自然语言理解行业的广阔发展空间。

自然语言理解当然不止于日常应用，它已逐渐向各行各业赋能，推动语言理解成果向行业转移、转化。面向 B 端的各垂直行业（例如金融、医疗、公安、电商等）及细分领域逐渐有相应的图谱产品落地。但是到目前为止，语言理解服务多体现为项目合作、平台调用、服务赋能，其工业落地效果面临更多的需求挑战。一方面供求双方在业务理解方面差距巨大，另一方面沟通合作也由于存在信息交互隔阂，这些都严重制约自然语言理解项目或产品落地。如何围绕行业需求，仍然需要结合行业知识构建知识图谱，将自然语言处理与知识图谱更好地融合，才能直击垂直行业落地应用的痛点。

站在自然语言理解需求爆发和落地困境的十字路口，我们该如何看待自然语言理解的优势与不足，如何更好地推动自然语言理解在垂直行业的应用落地呢？这正是本书想要重点探讨的目标。随着国家对人工智能、知识产权等行业的日益重视，我们将进入产业互联网和创新驱动的全新时代！创新需要保护和激励，创新知识需要挖掘和利用，而这些知识正沉积在以专利为代表的知识产权文本中，目前全球已经有超过 1.2 亿篇专利文本，等待知识图谱赋能。从这个行业视角进入，我们似乎可以揭开行业落地之谜。

本书通过对自然语言理解的思考和各类算法模型的阐述，结合对知识图谱的认知，讲解作者团队几年来在自然语言处理和行业知识图谱方向的实践经验，旨在抛砖引玉。本书即将付梓之时，一个新的生命也将诞生，谨以此书献给我们即将出生的宝贝。

这本书将始终是草稿的状态，如果有人问何时成稿，我们想说下一版！因为这个主题"Never-End Learning"。现在，我们仅期待本书可以帮助大家打开那扇大门，初步体验自然语言理解的行业落地之道。

本书主要内容

本书主要内容结构如下图所示，分为两部分，共 8 章。

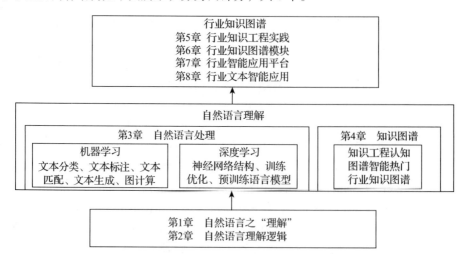

自然语言理解部分包含第 1～4 章。

本部分首先阐述自然语言理解的发展脉络和理解逻辑，主要围绕语言符号、处理体系、语义理解等进行探讨，引出自然语言理解的自动分析原理和方法，包括自然语言特征、统计学习、机器学习、深度学习、知识图谱等。

第1章概述自然语言发展脉络，描述了语言理解的研究现状、商业形势、认知突破口和未来预测。

第2章梳理语言理解的演变流程，介绍我们面临的各类自然语言理解任务，最后给出语言理解的研究体系框架，引出自然语言理解的基础——自然语言处理。

第3章重点介绍自然语言处理相关特征工程和文本任务对应的各类算法模型、深度学习的前沿进展。语言处理需要考虑特征构造（字、词、句、章级别）和特征表示，以利于后续自动处理。在特征表示方面，从最早的符号表示到现在的张量表示，形成统计学习的基础。接下来结合统计学习框架，论述语言学习原理和语言模型，结合概率图模型和其他机器学习算法，阐述这些常规算法在自然语言处理任务中的应用和效果。然后进一步讨论深度学习的各类算法，对语言学习中的神经网络算法和最新成果进行分析。最后探讨现有处理方法的发展边界，提出引入外源知识（知识图谱）来提高认知能力的必要性。

第4章系统介绍知识图谱，包括知识图谱工程和知识图谱智能。然后梳理国内外常见的通用知识图谱，并进一步总结热门行业的知识图谱发展现状。最后结合语言知识和知识图谱的搭建流程，引入语义特征，通过行业文本实例操作，帮助读者了解语义理解的本质。

行业知识图谱部分包含第5～8章。

本部分在上述基本自然语言处理方法讲解的基础上，继续阐述行业知识图谱搭建和行业应用的方法。目前从事自然语言理解的公司都将精力放在通用文本理解上，这些文本往往口语化严重、特征杂乱、信息量不足，导致算法处理形成的最终产品的用户体验不佳。考虑到行业文本往往有一定规范，相对容易取得突破口，也有利于推动行业发展，所以我们选择从行业文本出发，以专利文本实操作为样板。

第5章介绍行业知识工程实践，以专利行业为例，详细地描述了一个行业知识工程建设的过程。首先基于自然语言处理和知识图谱搭建方法，建设行业知识库，包括术语库、产品库、技术库、标准库、规则库等，进而开发行业主题分析模型、行业文本分类算法、相似度计算方法、价值评估方法和机器翻译方法。

第6章介绍知识图谱模块的搭建，包括关键词助手、语义搜索、分级管理、高级分析、推荐和问答等。结合实际应用，探讨知识图谱在提高智能性方面的能力和效果。

第7章在前面知识工程和知识图谱智能基础上搭建智能应用平台，介绍了平台的各类功能组件，描述了自下而上的软件服务封装逻辑，进一步向上封装为行业文本分析功能组件，包括检索、分析、挖掘、管理、预警、运营等。读者可以将这套思路在各行业进行实践验证，将上述组件和权限、安全板块集成为应用平台，搭建常态化文本分析运营平台，完成平台级别或各细分模块的商业产品落地。

第8章依托智能应用平台，结合实践案例给出团队的应用经验，即通过四个行业案例来验证平台的认知能力。

本书的目标读者

本书以自然语言理解和行业知识图谱应用落地为目标，阐述了一个从 0 到 1 的行业文本理解案例。本书为互联网企业的智能平台构建提供了很好的案例参考，也为行业信息化从业者提供了从入门到进阶的技术指导，适合作为自然语言处理、知识图谱、计算机、人工智能等领域从业者的学习指导书，也非常适合对自然语言处理、知识图谱感兴趣的学生和创业团队阅读。

符号表

向量和矩阵

m, n	标量或字符
$\boldsymbol{m}, \boldsymbol{n}$ 或 $\boldsymbol{m}(), \boldsymbol{n}()$	向量
$\boldsymbol{M}, \boldsymbol{N}$	矩阵
Σ	特征值矩阵
$(\cdot)^{\mathrm{T}}$ 或 $\boldsymbol{X}^{\mathrm{T}}$	向量或矩阵转置
$\boldsymbol{X}_{ij}$	矩阵 X 第 i 行第 j 列元素
$[\cdot]_{N \times M}$	矩阵维度为 $N \times M$
$(\cdot, \cdot, \cdot)$	行向量
$(\cdot, \cdot, \cdot)^{\mathrm{T}}$ 或 $(\cdot; \cdot; \cdot)$	列向量
$<\cdot, \cdot>$	向量点积,也用符号"$\otimes$"表示
$\oplus$	向量元素和
$\odot$	哈达玛积(Hadamard product)
$\times$	向量叉乘或标量的乘法操作
$*$	卷积操作
$\mathrm{diag}()$	对角矩阵

常用函数

C	簇
$f:x \rightarrow y$	映射函数,x 映射到 y
$\bar{x}$	逻辑函数"非"
$L(\cdot)$	损失函数
$O(\cdot)$	计算复杂度

$\nabla_x f(x)$	函数 $f(x)$ 对 x 的梯度
Δ	差值
$\exp(\cdot)$ 或者 e 指数	自然常数 e 为底
$\log(\cdot)$	对数函数。以自然常数 e 为底的对数用 $\ln(\cdot)$ 表示
$\max(a, b)$	求 a 和 b 的较大值
$\|\cdot\|$	欧氏距离或 L_2 范数
$\|\cdot\|_p$	L_p 范数
$|\cdot|$	绝对值或集合 / 向量个数
x_{i*} 或 x_{*i}	一维度为 i 情况下，另一维度遍历所有取值的和
s.t.	约束条件
$I(\cdot)$	指示函数
$\mathrm{sign}(\cdot)$	符号函数，在 <0、$=0$、>0 时取值分别为 -1、0、1
tanh	双曲正切函数
$\arg\max\limits_x f(x)$ 或 $\max\limits_x f(x)$	$f(x)$ 取最大值时对应的取值
$\arg\min\limits_x f(x)$ 或 $\min\limits_x f(x)$	$f(x)$ 取最小值时对应的取值
:=	"定义为"，编程语言赋值语句符号，定义新出现的符号
$\ll$ / $\gg$	远小于 / 远大于
$f(\cdot)$	函数或激活函数（深度神经网络）
$\mathcal{F}()$ 和 $\mathcal{F}()^{-1}$	傅里叶变换和傅里叶逆变换
$\dfrac{\partial f(x)}{\partial x}$	函数 $f(x)$ 关于 x 的偏导

集合

$\boldsymbol{x}_i / x_i$	第 i 个样本点（向量或非向量）
x_{ij}	第 i 个样本点的第 j 个特征
x_i^t	第 t 时刻 / 第 t 次取样的第 i 个样本点
(x_i, y_i)	二维样本点
$\{\cdot, \cdot, \cdot\}$	集合
$P = \{x | x \in R\}$	集合 P，且集合 P 中元素为实数
D	数据集
R / R^n	实数集 / n 维实数集
$|D|$	集合 D 中元素的个数
$[a, b]$	包含 a 和 b 的实数区间
$(a, b]$	不包含 a 但包含 b 的实数区间
$[a, b)$	包含 a 但不包含 b 的实数区间

$\cup$	并集
$\cap$	交集
$\varnothing$	空集
$\forall$	"任意"
$\in$ 和 $\notin$	元素"属于"和"不属于"
$\subseteq / \supseteq$	集合"包含于"
$\subset / \supset$	集合"包含于"但不等于
$\not\subset$	集合不包含于

概率与统计

X, Y	随机变量或事件，也可表示样本分布函数
(X, Y)	二维离散随机变量
Ω	样本空间
Θ	参数空间
$p(\cdot), p(\cdot, \cdot), p(\cdot|\cdot)$	概率密度函数，联合概率密度函数，条件概率密度函数
$P(\cdot), P(\cdot, \cdot), P(\cdot|\cdot)$	概率分布或概率，联合概率分布，条件概率分布
$Q(\cdot)$	事件的频率
$\lim\limits_{x \to \infty} f(x)$	当 x 趋于无穷时函数的极限值
$\prod\limits_{x=1}^{n} f(x)$	x 取值从 1 到 n 范围的函数乘积
$\sum\limits_{x=1}^{n} f(x)$	x 取值从 1 到 n 范围的函数求和
distance$(\cdot, \cdot)$	样本点之间的距离
χ^2	卡方检验

CONTENTS

目　录

CHAPTER 1

第 1 章

自然语言之"理解"

自然语言是指汉语、英语、法语等人们沟通交流的信息载体，由语音、文字和语法构成，其中语音和文字是语言的两个基本属性。自然语言不同于人工语言（如程序设计语言），它不关注机器逻辑，而是对语言各项属性和传播规律进行研究，逐渐形成了今天的语言科学（Linguistic Sciences）。如果使用计算机对自然语言的形、音、义等信息进行处理，即对字、词、句、章的输入、识别、分析、生成、输出等操作，就形成了今天大热的自然语言处理（Natural Language Processing, NLP）学科，自然语言处理已成为计算机科学与人工智能领域最重要的研究方向之一。在此基础上，各行各业都在探索如何建立人机交互范式，如何"理解"自然语言，这些都是人工智能最棘手的问题之一，因此自然语言理解也被誉为人工智能"皇冠的明珠"。

几十年来，人们对自然语言理解的努力，基本集中在机器自然语言处理层面，主要沿着理性主义和经验主义两条路线出发。理性主义路线以符号系统为标志，假定人类语言能力是与生俱来的，利用符号结构和规则，整理和编写语言知识表示体系，构造符号推理程序，刻画人类思维的模式或方法。但是利用符号系统研究自然语言问题时，需要语言学家、语音学家和行业专家的配合来制定规则，人工经验的干预过多。另一方面，符号模型不容易通过机器学习获得，无法自动泛化。经验主义路线则主要靠语言数据统计学习来实现。特别是近些年来，随着硬件算力的飞速提升以及深度学习的革命性进步，统计学习逐渐成为当下自然语言处理的主流。

今天，"让机器读懂人类语言"已经成为全世界追逐的目标。当人工智能的浪潮袭来时，我们似乎离这个梦想咫尺之遥。2011 年，《科学》杂志刊登的一篇非常出名的论文 How to Grow a Mind 中提出了一个论断：如果思维跳出已定数据，必须有外源信息才能产生突破[1]。紧接着，2012 年谷歌推出了知识图谱，旨在成为谷歌搜索的知识大脑，让另外的信息源（知识）似乎成为那把理解语言的钥匙，由此揭开了语言理解从感知迈向认知的序幕。同年，以卷积神经网络为代表的深度神经结构在机器学习竞赛中大放异彩，又为语言表示建模带来了一把利器。2013 年，Word2vec 预训练语言模型诞生，将语言词向量表示推进到语义表示空间，低维稠密词嵌入向量的语义表示革命性地推动了自然语言处理的步伐，人们终于看到了解决自然语言理解问题的曙光。此后，一大批新兴的神经网络表示结构如 RNN、LSTM、GRU、Attention 机制、Transformer、GAN 层出不穷，对于语言特征工程的要求逐步降低，一系列新模型一步步刷新着多项文本任务或组合任务的 SOTA 记录。与此同时，通用知识库 Wikidata、DBpedia、Freebase、CN-DBpedia、Zhishi.me 等不断完善，语言知识库 WordNet、FrameNet、HowNet、HNC 也在跨语言语义理解中得到了应用。一些大规模常识知识库 ConceptGraph、ConceptNet 作为外源知识特征，也被加入语言理解框架中。2018 年，谷歌公开了 BERT 预训练模型，打破了自然语言处理领域 11 项公开任务的最新纪录，引发了又一次认知革命[2]。一时间，GPT-2、XLNet、Transformer XL 和 ERNIE 等各类预训练模型也紧随其后，相关模型在金融、医疗、公安、司法、电商、生活娱乐等垂直行业得到了快速推广和应用。凭借以上技术的加持，一些商业化产品，如语音助手、智能音箱、机器翻译、智能写作等，正在逐步满足人类一般语言理解的需求。即使如此，扪心自问，我们离真正实现自然语言理解还有多远？答案仍然是"很遥远"！尽管我们如此努力，现实依然残酷，我们仍然没有通用的推理智能，没有自然的问答对话，没有泛化的信息抽取能力……如何结合常识进行自动推理？如何在仅有小样本的长尾分布场景中完成文本理解？如何让机器产生近乎人的联想和创造？这些都归结于一个问题，机器是否足够智能？

于是，我们还是要回到问题的原点：机器自然语言理解应该是怎么样的？理解是对交互双方而言的，那么对于机器一方来讲，将输入语言按照概念体系结构化处理，并提供人类认为正确的反馈，实际上就达到了认知甚至创造的高度。一般认为，人工智能分为计算智能、感知智能、认知智能和创造智能四个层次，如图 1-1 所示。

计算智能，简要来讲，即实现逻辑计算、记忆和储存能力。早期的计算机实际上主要提供这部分功能，能够解放人力并提高计算效率。

感知智能即视觉、听觉、触觉等感知能力。当下十分热门的语音识别、语音合成、图像识别都是感知智能。感知智能主要是数据识别，它是面向某一个具体任务，比如下围棋、动物识别、人脸识别、语音识别等。完成大规模数据的采集后，对图像、视频、声音等类型的数据进行特征抽取，完成结构化处理，在特征抽取和不断的学习训练中完成识别任务。在很多任务上感知智能都能取得非常优秀的结果，但同时也有非常多的局限性，比如需要海量训练数据以及非常强大的计算能力，难以进行任务上的迁移，可解释性也比较差。在感知智能阶段，人类能够解决模式识别类的问题，重点在于提升效率，但此阶段的人工智能不具备理解和推理能力。

认知智能即提供结果可理解或可解释的能力。认知智能建立在数据间关系和逻辑理解基础上，并基于此进行分析和决策。此阶段外源知识起着重要的辅助作用，其中知识图谱就是认知智能的内在驱动力。相比于复杂模型算法，知识图谱中的知识适配人类思考逻辑，可解释性非常强。特别地，与行业知识的融合，通过 NLP 和知识图谱两大核心技术可以构建行业知识图谱，计算机能够挖掘或洞察隐性的"肉眼"无法发现的关系和逻辑，最终服务于业务决策，实现更深层次的业务场景落地。

图 1-1　人工智能层次划分

创造智能是基于认知智能的执行、交互和创造，主要体现在人机协同。人机协同是在复杂环境下以知识图谱为支撑进行数据推理，合理调度资源，使人类智能、人工智能和组织智能有效结合，打通感知、认知和行动的智能系统。

除了对机器一方的智能要求以外，作为人类一方，我们认为的智能是机器的理解和反馈满足了我们的需求。因此，只有能够自动满足人类需求的实体才可称其为有智能。本书认为机器反馈所体现的智能层次应该与人类的需求层次相适应。从马斯洛的需求层次理论来看，人类的各种基本需要通常是按照生理需求、安全需求、社交需求、尊重需求和自我实现需求的顺序出现的，但也并不一定都是按照这个顺序，如图 1-2 所示。对于低层次的生理需求和安全需求，智能体只需要按照预先设定好的程序实现即可；对于社交需求，目前已经有了智能音箱、机器人和语音交互助手等产品形态，但是还远远达不到满足社交需求的程度。而对于更高层次的尊重需求和自我实现需求，则需要更高等级的智能，这种智能应该包含情感体会、自我进化等复杂创造机制。想要满足这些需求，已经远远超过了机器现有的能力边界。所以对于机器而言，一个更为现实的人工智能边界应该是能够满足第三层级需求的社交智能，即认知智能（或称为交互智能）。

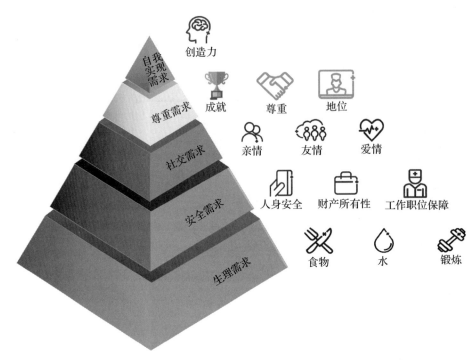

图 1-2　马斯洛的需求层次理论

　　怎样才能做到认知智能乃至创造智能呢？如图 1-3 所示，人类生存的宇宙空间存在着时空、网络、场等，它们以物质、能量和信息作为媒介和载体，被我们的感官所接收。根据语义三角论的解释，符号、意义和客观事物处于相互制约、相互作用的关系中，意义来源于人体系统对客观事物的反馈（如视、听、触、味觉等），进一步塑造语言。因此只有充分了解语言的认知过程，才能准确地理解语言的意义。考虑到人与世界的"百感交互"，我们能够接触到图像、文本、音频、视频、立体结构等多模态信息，这些信息进一步组织形成的跨模态知识图谱，这是一切智能的知识基础。消化了这些信息的人体系统输出就映射为自然语言。反过来，理解自然语言也需要融合这些知识，只有这样才能解答认知智能乃至创造智能到底行不行得通的问题。

　　因此，自然语言理解是实现认知智能的基础，是人类智能与动物智能之间最大的区别，同时也是引领人工智能发展的未来之路。在上述整个认知体系中，我们围绕自然语言理解的目标梳理了相关技术路线，下面介绍本书的章节安排：

　　第 1 章概述自然语言理解的研究现状、商业形势、认知突破口和未来预期。

　　第 2 章梳理自然语言理解的发展演变流程，介绍现阶段已有的各类自然语言理解任务，最后给出自然语言理解的研究体系框架，引出自然语言理解的基础——自然语言处理。

　　第 3 章重点介绍自然语言处理中相关的特征工程、文本任务对应的各类算法模型、深度学习的前沿进展等，探讨现有处理方法的发展边界，同时提出引入外源知识（知识图谱）提高认知能力的必要性。

　　第 4 章系统地介绍知识图谱，包括了知识图谱工程和知识图谱智能。本章梳理了国内外常见的通用知识图谱，并进一步介绍了热门行业知识图谱的发展现状。

第 5 章介绍行业知识工程实践，以专利行业为例，详细描述了具体的行业知识工程的建设过程。

第 6 章介绍知识图谱智能模块的搭建。本章结合实际应用，探讨知识图谱在提高智能方面的能力和效果。

第 7 章讲解如何基于前面知识工程和图谱智能来搭建的智能应用平台，介绍平台相关的各类功能组件，描述自下而上的软件服务封装逻辑，这套思路可以在各行业进行实践验证。

第 8 章介绍文本智能平台的主要行业应用案例，相关案例经验将为企业或个人提供实际的工程落地参考。

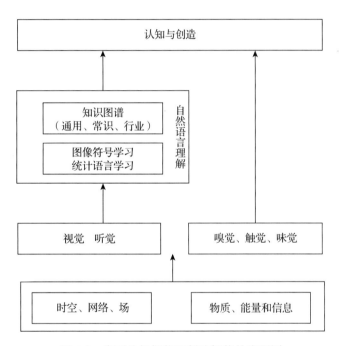

图 1-3　实现认知智能和创造智能的流程图

当然，以上工作仅仅是自然语言理解的一小步，但却是我们迈向认知智能的一大步，希望这些粗浅的经验能给更多的人带来启发，期待能够帮助读者在各行各业的认知智能上有所突破！

1.1　基本脉络

自然语言理解涉及语言形态学、语法学、语义学和语用学等几个层次。其中，形态学主要研究词的内部结构和构词方法；语法学研究语言结构和序列规则；语义学则是研究语言各个单元的意义，以及讨论语言符号与现实对象之间的关系；语用学内涵广泛，需要综合语言上下文和应用场景等进行分析，最终实现理解和应用。实际上，语法结构涉及词汇的形态分析，而语义分析也离不开词汇的语义、语法结构分析和语用验证，因此在语言理解的过程中各个层次是彼此交织的。

那么，自然语言理解的标准是什么呢？1950 年英国数学家图灵提出了经典的人工智能"图灵测试"标准，即通过测试一个系统的表现、反应以及相互作用是否与人类的个体表现一致来判断机器是否智能。这也间接给出了语言理解的标准。除此之外，还有很多其他的自然语言理解任务评测标准，比如，能否以不低于某个准确率来识别文本内容，能否自动生成摘要，能否翻译一种语言，能否复述输入文本等。换句话说，就是按照人的标准对机器系统进行评价，测试机器是否能够达到人类语言理解的标准和要求。随着语言交互的多样性、灵活性以及广泛性的持续发展，关于人脑和机器理解自然语言（语音和文字）的认知过程和机制是什么样的？如何实现语义的理解，也就是从语音输入、语音识别、语言处理、语音合成等过程形成的语言理解的完整含义是什么？这些都是亟待我们去探索和解决的问题。本书将主要围绕自然语言理解的核心——文本语言处理中文本语义理解的相关内容进行阐述。

1.1.1　文字传承

文字是文明的重要标志之一，自然语言的过去主要是关于文字的历史。世界上的文字大致可以分为两大体系：表音文字和表意文字。最早的文字都脱胎于图画，用图像来记录词（也就是从图像中获得词的语音和语义），形成了古老的象形文字，包括古埃及象形文字、两河流域楔形文字和汉字。古埃及文字从公元前 3000 年使用到公元前 5 世纪，推测由于没有演变拼音文字而逐渐湮灭在历史的长河中。今天我们还能从大英博物馆馆藏的罗塞塔石碑中看到这类文字的蛛丝马迹，如图 1-4 所示，但是迄今仍然无法破解全部象形文字。

图 1-4　大英博物馆馆藏的罗塞塔石碑（左）和文字（右）

图 1-5 是两河流域的苏美尔楔形文字，古苏美尔楔形文字从公元前 3200 年演变到公元

初，也没有成为拼音文字，后经文化的传播和融合而逐渐被字母文字替代，发展出了腓尼基字母，成为西方字母文字的源头。这类文字没有经历过所谓表形文字和表意文字的阶段。

相比之下，汉字从最初表意的象形文字，逐渐过渡到音义结合的语素文字。1987年浙江余杭南湖出土了多件良渚文化时期的陶器，这些陶器上有明显的图文特征，其中尤以（87C3-658）黑陶罐最为突出，其图案如图1-6所示。一些专家将陶罐上的图案解释为"朱旗去石地境内网捕老虎"，另一些专家则认为这是神龙月夜在神的世界中穿越水田。这说明，在远古时代人们已经开始使用图像语言来传递信息了。

图1-5　两河流域的古苏美尔楔形文字

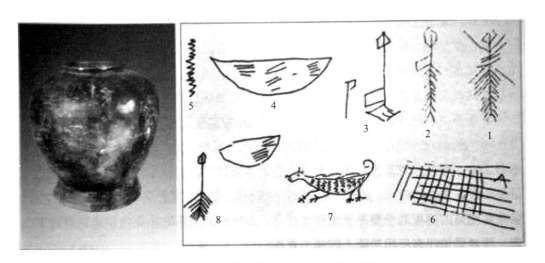

图1-6　南湖出土的刻纹陶罐（左）和器身图案（右）

然而遗憾的是，随着时间的流逝，很多古老的象形文字已经失去传承，人们无法理解其含义，比如图1-7中湖南农家女的女书，现在已经没有多少人认识了。文字的失传往往意味着一种文明的中断，这些失传的象形自然语言等待着被探索和发现。

相比之下，汉字是幸运的。即使到近现代，汉字中也仍然存在各种以图形来代表语义的词汇，彰显出以汉字为代表的语素文字的旺盛生命力，同时这也预示着华夏文明作为一个依托汉字汉语形成的完整文明体系屹立于世界！那么我们到底应该怎样去理解已经传承了千年的汉字？汉字为什么可以不断焕发生机，支撑华夏文明的不断延续？从下面这一段话中我们似乎可以找到一些答案，这段话出自庄子，距今已有2000多年的历史：

"良庖岁更刀，割也；族庖月更刀，折也。今臣之刀十九年矣，所解数千牛矣，而刀刃若新发于硎（xíng，磨刀石）……提刀而立，为之四顾，为之踌躇满志，善刀而藏之。""文惠君曰：善哉！吾闻庖丁之言，得养生焉。"

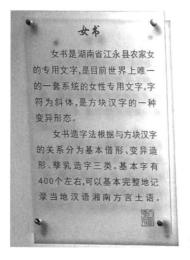

图 1-7　湖南农家女的"女书"

汉字是音意融合的文字形式，通过不断地吸收外来知识，在语用的鞭策下扩展了内涵和外延。同时，汉字形态和语法的稳定性也能够激发大脑的联想和推理能力。今天再读这段话，尽管有一些文字不认识，但仍然能够推测庖丁表达的大致含义，达到了语言理解的交互认知层次。然而为什么文惠君听完庖丁的话却感叹道"得养生焉"？这就涉及对语言上下文、语言背景以及语言推理的理解，而这样的理解才是更高一层的理解，近乎创造性的理解。这也是自然语言理解被誉为人工智能皇冠上的明珠，具有无穷魅力的原因！当然，这些理解都建立在学习了大量汉语的基础上，那么对于模仿人类学习机制的机器系统来说，又该怎么办呢？

1.1.2　机器处理

自然语言由语言符号（如汉字）序列构成，存在表达丰富、抽象感知、理解复杂的特点，特别是离散性、组合性和稀疏性特征明显。要实现对自然语言语义的理解，需要建立对该文本背后的语义结构的预测。自然语言理解的众多任务，包括并不限于中文分词、词性标注、命名实体识别、共指消解、句法分析、语义角色标注等，都是在对文本序列背后特定的语义结构进行学习和推断。例如，中文分词就是在原本没有空格分隔的句子中增加空格或其他标识，将句子中每个词的边界标记出来，相当于在文本序列上添加了某些结构化语义信息，从而分离出表意更清楚的词汇。

落眼当下，以快速计算、存储为目标的计算智能已经基本实现。近几年在深度学习推动下，以视觉、听觉等识别技术为目标的感知智能也取得不错的结果。然而，相比于前两者，基于语言理解的认知智能实现难度较大。机器如何像人一样"思考"，对数据和语言具有推理、解释、归纳、演绎等能力？关键就在于如何处理复杂的自然语言现象。由于工程化、实用化需要，在 20 世纪 80 年代后期用计算机处理人类自然语言任务已经成为趋势。其中基于语料库的统计方法发挥了重要作用，经过归纳、比较和评价，计算机开始逐渐用于解决文本分析、搜索推荐、人机交互、深层关系推理等实际问题[3]。

1.1.3　理解困境

自然语言存在太多复杂现象，是机器语言理解的绊脚石，特别是歧义消解、未知语言现象、表示和学习问题。

1. 歧义消解

人类并非孤立地使用语言，语言使用需要考虑复杂的语境。以语言的多义性为例，自然语言有不同粒度的语言单元，如字词、短语、句子乃至文档互联，歧义体现在各种语境下的同一语言单元具有差别，需要结合外部复杂的语境信息消解语义上的分歧，也就是我们常说的消歧。即使在正确消歧的情况下，话语或文本的字面意思已经得到准确理解，不同人也会因为认知水平的差异而产生不同的理解。语言理解不可避免会受到个体的影响，因此带有强烈的主观性和个性化，进一步造成机器理解的标准难于确定。

2. 未知语言现象

自然语言具有创造性、递归性、多义性、主观性和社会性等特点，既让语言具备强大的表达力和生命力，同时也呈现出非常复杂且难以捉摸的语言现象。作为人类信息交流的工具，自然语言需要具有强大的创新活力，要能够对最新概念、时尚表述有与时俱进的表示，比如新词引入、旧词新意、多层嵌套等。由于很多未知词汇、结构引入，语言系统会随着社会发展而不断演化，因此对系统的容错能力和鲁棒性有更高的要求。这就需要机器理解建立与人类相近的语言认知，具备与人类相似的背景知识库，否则机器就不会理解很多语言现象和常识。因此，人们试图通过知识图谱来协助机器建立对未知语言现象的认知能力。

3. 表示和学习

人类一直在探索如何让语言知识灌入机器"大脑"中，形成理解机制，其中主要包括两个环节：语言表示和语言学习。

语言表示是机器阅读语言的第一步，需要将语言信息在特定表示空间中建模，希望其语义计算能力能比拟人类语言表达能力。现在的语义表示方案中，符号表示过于粗略，无法考虑语言符号背后丰富的语义信息；向量表示虽然具有更为强大的表示能力和自由度，但目前只能通过特定任务下的数据学习，建立满足特定需求的语义表示。这带来的问题是，一方面缺少可解释性，鲁棒性差，另一方面通用性和迁移性也不足。未来需要探索更加强大的结构化语义表示空间，例如，可以将向量表示与符号表示相结合，既保留分布式表示的泛化能力，又兼顾模块化和层次化符号表示的逻辑计算能力。也许这会是下一轮自然语言理解取得革命性进展的突破口之一。

语言学习是机器理解语言的方式，过去几年，以深度学习为代表的连接主义取得了丰硕的成果，但是这些方法存在严重的样本依赖、模型算法局限、数据覆盖度低等问题。部分研究者已经关注到以知识图谱为代表的符号知识学习方向，但是如何转化为机器语言理解的解决方案还有待研究。此外，如何结合开放复杂语境，实现对语言语义的准确理解，仍是具有挑战性的难题。

1.2 商业曙光

自然语言理解的目的是什么呢？当然是服务人们的生活，带来商业收益！因此逐渐衍生出自然语言行业，成为认知智能应用落地的先导行业，它的兴衰一定程度上决定了 AI 商业应用的成败。作为认知智能的钥匙，自然语言理解技术本身有很多需要研究的问题。但是作为一种商业产品，它已经能够为各行各业赋能，带来价值输出。因为几乎所有行业都涉及人与机器的交互、机器与机器的交互，输入输出之间少不了自然语言（文本和语音）的参与。"技术 – 产品"相辅相成，自然语言行业也确实成为商业领域关注的热点。据估算，2025 年全球自然语言行业规模将超过 2000 亿美元。

目前智能文本和智能语音两大块内容共同支撑起整个自然语言行业。从智能文本子方向来看，因为行业内缺少可以直接成型的文本类产品，所以智能文本方向基本上以提供中间件或平台服务为主，少数如机器翻译、输入法、推荐搜索等已经形成直接面向应用的产品，总体上看很少有不结合语音而形成独立的产品。从智能语音子方向来看，国内外市场均已相对集中，2018 年智能语音市场全球前五位占据 88% 的市场份额，市场格局日益清晰。有机构分析预测，2017～2024 年的 7 年间，智能语音子领域的全球市场规模年增长率将达到 34.9%。

如图 1-8 所示，上述两块内容的核心技术包括基础技术、算法与模型、接口服务、应用四个部分：

①基础技术是智能文本和智能语音处理的基础。语音分析将人类语言转化为文本，侧重于分析语法的规律和类型，以便进行转录和翻译；进一步结合发音词典、统计声学模型、语言模型构建解码器，给出识别结果，然后通过语音合成形成自然语音输出。文本分析则是侧重于归纳上下文语境和说话者的意图，围绕分词、词性标注、语义分析、篇章分析等不同层次的自然语言处理。

②算法与模型主要依托于语言模型和语义模型，特别是基于统计学习来设计面向语言理解任务的各类智能处理程序。

③接口服务通过应用程序接口（Application Programming Interface，API）封装等形式调用，提供包括机器翻译、文本摘要、文本分类、文本校对、信息抽取、语音合成和语音识别等服务。

④应用层面分为 2B 和 2C[⊖]两类。C 端的应用主要是智能设备，包括移动设备、智能

⊖ 2B 指 to Business，面向企业；2C 指 to Customer，面向消费者。——编辑注

汽车、智能家居等，改变了传统的人机交互方式。B端应用则主要来源于垂直行业的需求，目的是提升人工效率。除了传统呼叫中心的对话系统应用外，智能文本和智能语音在教育、医疗、金融、政务等多个行业都有广泛应用。

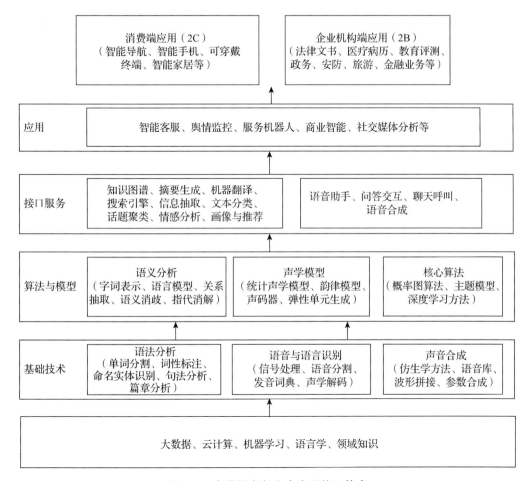

图1-8　自然语言行业内容和核心技术

从另一个角度看，自然语言行业属于产业链式行业，形成了上中下游分布的特征，行业在逐渐创造需求，在2B和2C端挖掘新的商业模式。以文本和语音两大平台为基础，主要的商业模式涵盖了上游的数据、芯片提供商和研究机构，中游的平台和技术服务商以及下游的2C应用和2B应用提供商，如表1-1所示。目前的应用行业主要集中在社交网络、人力资源与招聘、金融、保险、零售、广告、物流、通信、信息技术、制造业、传媒、医疗、电子商务和物流等领域。主要的玩家大致可以分为两类：一类是科技巨头，另一类是创业公司。创业公司又可以细分为两类：一类专注于单一领域，另一类则是选择多个垂直领域同时推进。

表 1-1　不同产业链位置的企业类型及其代表机构

产业链位置	企业类型	企业名称
上游	芯片提供商	NVIDIA、ARM、Intel、Google 等
	研究机构	国内外研究机构
	基础数据商	中文语言联盟、语料库等
中游	平台服务商	Microsoft、Google、百度、阿里、腾讯、讯飞等
	技术服务商	讯飞、Amazon、小米等
下游	2B 和 2C 应用服务商	讯飞、百度、阿里、腾讯、创业公司等

上游的芯片领域基本已被国外的科技巨头企业如 NVIDIA、ARM、Intel、Google 等垄断，国产的芯片厂商虽然也逐渐进入语音市场，但上游芯片领域壁垒高且资金堆积大，短期内很难脱颖而出。中下游需求较为多样化，进入门槛较低，有望培育出一批优质的初创企业。目前初创企业的商业形态主要包括智能语音、机器翻译类终端产品（交互智能雏形）、技术服务和通用平台、底层智能器件等。

中游主要是平台和技术服务。通用平台服务打造自然语言处理生态，一是宣传教育市场，可以真正使用 API 和 SaaS 技术为大家服务，二是做开放平台，通过获得用户的使用数据来不断迭代和优化系统。由于科技巨头不会把垂直服务做得很深入，这就为教育、金融、客服等行业定制领域带来了机会。技术服务商布局重点专业赛道，通过专业领域和细分场景进行布局，专业市场对技术的准确性和可靠性要求更高。

从下游的应用服务来看，消费级需求广泛，包括衣食住行等生活场景，因此在智能家居、可穿戴设备、智能车载和手机终端处于快速发展阶段。B 端商业模式更为靠谱，通过软件许可以及软件系统的销售、运营和服务来获得收入，不需要积累用户以投放广告来变现，从而增加了现金流的稳定性。

目前的状况是科技巨头有流量、技术、平台和资本等优势，但也有专业理解不深、行业进入难度较大的劣势；传统行业的玩家在行业内耕耘时间较长，专业技术和平台搭建较为完善，拥有较多的一体化解决方案，能够形成品牌效应和用户黏性，但是面临着巨头蚕食和初创企业的竞争压力；初创企业往往更适合于 B 端客户挖掘，在细分领域和场景中建立壁垒。

综上可知，自然语言行业是朝阳行业，有着巨大的发展潜力，成为国内外群雄逐鹿的战场。正因为如此，自然语言理解的技术成果也是其他行业的巨大福音，促进了其他行业认知能力的提高。

1.3　认知落脚点

商业进步推动了自然语言理解的步伐，除了本身文本、语音技术产品以外，我们更应该清楚地认识到语言理解对各行各业的赋能作用，实际上，这才是自然语言理解引发的肉眼可见的认知革命！伴随着国家对人工智能、知识产权等行业的日益重视，我们也将进入产业互联网和创新驱动的全新时代，通用语言场景和需求越来越复杂，语言理解任务发散且多样，对语言理解提出了更多挑战。相比通用生活场景，在行业认知智能的大背景下，本书认为面向细分行业的专业语言文本理解具有认知落地的可行性，比如金融财报、企业公告、审计报告、司法审判报告、知识产权文本、科技文献等，其中蕴含的丰富的行业信息是亟待挖掘的金矿。本书以知识产权行业的专利语言理解来阐述认知落地的可行性，需要考虑三个问题。

1.3.1　文本分析之锚

以专利行业为例，目前全球已经有约 1.2 亿篇多语言专利文献，凝聚着全人类的技术创新知识。如何对这些知识进行保护、利用以及支持创新是摆在我们面前的难题。为了解决这些问题，专利行业的文本分析主要从以下三个角度开展。

专利文本首先解决的是技术问题。专利文本记载的是技术方案，体现了技术方案的新颖性、创造性和实用性。对使用者而言，我们需要了解专利文本的技术内容，其主要内容包括技术领域、技术问题、技术手段和技术功效。如果能够有效地抽取这四个方面的信息，通过结构化方式展现出来，比如用知识图谱展示这个技术方案的特征，进而给出各部分的分析粒度、层次结构或逻辑关系，那么就能够为研发提供有效的技术信息。技术领域包括了技术的层级分类，能够与现有国际专利 IPC 分类、科技文献、新兴技术产业分类、国民经济分类形成有效的互动和融合，可以方便技术领域导航、技术发展规划等。技术问题尽量用短语或句子明确给出，方便研究者定位行业要解决的问题。技术手段的表达方式多种多样，比如可以是一组技术词，一个完整的技术方案，也可以是发明内容的操作顺序，或者权利要求的特征等。技术功效即技术方案能够带来的技术效果，这部分内容给研究者描述了相关领域的技术效果，为后续的研发提供启发。总体而言，技术层面上如果能够按照以上方式开展，基本能够满足行业应用的需要。

专利文本其次是法律文件。这是因为行业需要公开换保护，作为法律文书的权利要求能够为防侵权提供法律证据支持。所以除了已有的反映法律状态的各字段以外，从文本中提炼法律信息，比如权利要求以及对应的实施方案，就极具价值。权利要求分为独立权利要求和从属权利要求两部分，独立权利要求保护范围最大，信息至关重要。通过对独立权利要求进行文本分析，可以判断文本大体的保护范围，进而判断技术保护程度，也为后续的技术吸收、规避奠定基础。

专利文本最后是经济或商业文本。由于专利代表了技术垄断力，决定了个人或企业在商业界的技术地位，因此从经济的角度看，如何打好这张牌至关重要。除了已有的专利权人、发明人、同族、引用等结构化信息以外，还能够从文本中挖掘出什么样的经济相关的信息呢？这里主要关注从文本中挖掘出的"产业链－产品－结构"信息，通过文中提到的产品实体、产品关系、产品结构以及产品上下游逻辑关系，甚至通过知识图谱技术打通"技术－产品"链条，那么可以直接为用户提供商业情报，因此这些信息的重要性不言而喻。

所以，从专利文本的三个角度出发，通过深入挖掘进而给出完整情报，这是专利行业文本理解的目的和发展方向。

1.3.2 走向智能之路

行业文本语言处理具有足够的挑战性。相比通用文本处理，行业文本处理从最基本的分词、词性标注以及命名实体识别的角度看就有很大的不同。从句法分析的角度看，由于行业行文要求，传统的依存句法分析、语义角色标注等方法并不适用，对于句子级别的内容分析和特征表示还需要深入挖掘。因此，面向篇章的理解和问答等基本都处在摸索阶段。整体来看，将传统的自然语言处理方法直接应用在行业领域，面临着迁移适配的问题，几乎各个模块都需要重新设计和思考。随着机器学习、深度学习、强化学习以及知识图谱在文本处理中的广泛介入，我们需要面向上述文本理解的目标，不断探索文本智能分析的边界。

1.3.3 第一步在何方

现阶段行业文本理解刚刚起步，正处于从行业数据库走向行业知识图谱的阶段。及时提供技术情报，满足企业挖掘、分析、布局和运营的需求，第一步就需要搭建行业知识库。行业知识库不仅仅是行业文本已有结构化字段的简单组合和可视化，还需要基于非结构化文本来提炼知识，比如专利文本中的技术领域知识、技术分类知识、产业链 – 产品知识、权利要求特征层次知识等，这些都需要结合实际需求逐步搭建和迭代，没有模型可以简单迁移，一切都要从头出发。

有了行业知识库，我们才能依次搭建智能组件或模块服务，包括篇章理解、文本问答、语义搜索、个性化推荐等，进而打造行业分析智能化平台。还需要进一步融合经济、法律、新闻、企业、个体等信息，形成一套完整的技术情报挖掘引擎以及"大数据 + 人工智能 + 自然语言处理 + 行业知识"的一体化落地方案，最终服务发明创新和产业升级，为国民经济建设提供强有力的支撑。

有了这样的认知，我们才能开启落地之旅。

1.4 思辨未来

未来将全面进入认知智能时代，而行业知识图谱的构建正是行业认知的第一站。在这个过程中，我们还需探讨几个问题。

1.4.1 语言理解与语义知识的辨析

语言理解是多学科交叉问题，如语言学关注的句法、语义等问题，神经语言学探索人脑语言功能，形式语言学探索句法逻辑，心理语言学采用实验和定量方法分析语言模型的运行机制。语言理解的目标是让计算机逼近人类语言的本质，更好地设计出结构化语义表示空间，实现对多模态复杂语境的理解。现有研究认为，语言理解可以表达为认知，语言表达的内容是语义，从计算语言学的角度看就是知识，因此语言理解在机器认知层面就是语义知识的运用。

这种运用从还原论角度出发，通过论证语义形式推导出丰富多彩的词汇意义。后来衍生出语义场论，其核心就是分析不同词汇在语义场中的意义差别。再后来通过句子形式的逻辑演算，用符号和公式来定义和解释语言，发展出以命题逻辑、谓词逻辑为中心的数理逻辑系统。在此基础上，认知语言学着眼于语言的创建、学习和运用过程，提出人脑对客观事物的概念认知机制，借助概念知识库和大规模语料库，构建模型生成语言语义。

总结来看，目前仍没有足够的证据可以完全阐述语言理解的科学机制，但是解决机器对语义知识"取用管存"的任务可以成为未来实践的第一步，这为机器语言理解提供了可行方向。

1.4.2　行业知识图谱构建问题

当我们认清了机器认知的关键在于语义知识后，那么落脚点则变成了如何在细分行业上，搭建一套涵盖行业语义知识的知识图谱，以及如何让机器掌握语义知识。

首先是知识表示问题，哪种表示可以让计算机获得更充分的语义信息量？从自然语言发展的角度看，图表示的信息量更为充分。西方字母文字适合用字符进行表达，由于强调词法和句法的逻辑结构，现有的分布式嵌入表示和模型设计就非常适合。汉字作为仅存的语素文字，具有音节少、信息集中、音义结合以及句法结构灵活等特点，再加上中文通过表意能力吸收了字母文字的发音，呈现出强大的生命力。对于汉字文字，上述表示空间是否合理？中文本身叠加了行业文本特征以后，如何将向量表示与符号表示相融合，如何在统一的表示空间表达多模态知识？这些都是在行业知识图谱的搭建过程中需要面对的问题。

其次是行业知识获取任重道远。第一，存在行业元知识（Meta-knowledge）归纳问题，机器认知框架难以自动高效搭建。第二，机器很难具备常识，更不用说具有情感的机器。第三，跨模态的知识适配有待进一步研究。虽然目前多模态预训练和图神经网络的使用能够初步展示机器的多模态感知能力，但相关工作才刚刚起步。

最后是推理和掌握行业规律。这是机器认知智能的体现。Yoshua Bengio 在 2019 年 NeurIPS 大会上提出认知系统除了直觉以外，还有负责逻辑推理的单元，能够包括目前常见的图注意力机制、意识先验框架（如元学习、因果发现）等[⊖]。阿里达摩院的杨红霞认为，当前融合知识图谱是实现关系推理和协同推理最为可行的方案。可以看出，行业知识图谱的搭建仍然充满挑战。

小结

"只有理解的东西，才能更深刻地感觉它。"今天的人类处于满足安全需求、社交需求的阶段，涉及生活、情感、交互等方面的语言理解。在这种开放性过强的通用环境下，知

　⊖　https://nips.cc/Conferences/2019/Schedule?showEvent=15488

识图谱的搭建困难重重。如果聚焦于行业，仅仅满足行业内的工作需求，那么语言理解的难度会大大降低，知识图谱驱动的认识落地的可行性也会大幅度提高。因此，本书将围绕行业需求来阐述行业知识图谱的实践问题。

　　本章首先从自然语言的文字起源和传承开始，介绍语素文字和字母文字的发展脉络。在人类语言发展的过程中，逐渐发展出计算机自然语言处理。接下来，结合机器处理，阐述现阶段自然语言处理存在的难题。在解决技术难题的同时，以商业产品形态为各行各业赋能，指出未来自然语言处理的落脚点在细分行业（领域）。结合知识产权行业的专利文献分析，探讨行业内专业文本理解的必然性，指出认知落地的关键就是行业知识图谱。在行业知识图谱搭建的过程中，将面临语言理解机制不清的难题，同时也面临语言表示学习、信息抽取、知识推理等问题。在下一章中，我们将围绕以上问题，详细介绍自然语言理解的框架和逻辑。

　　道路是曲折的，前途是光明的。

参考文献[⊖]

────────────

　　⊖　参考文献请扫二维码获取。——编辑注

第 2 章

自然语言理解逻辑

上一章我们简要介绍了自然语言理解的"机器认知－人类交互需求"层次，本章将结合符号和连接两种处理逻辑，具体介绍自然语言理解实践中的任务层次，进一步归纳出一套理解体系。在语言的理解上人类和机器是可以类比的，我们可以设想这样一个理解过程：人类通过视、听觉等得到感应，通过中枢神经系统的控制完成响应。对机器而言，传感器接收信号作为输入，继而给出输出反馈，从而形成指令。如果模仿人类行为的话，可以通过控制系统来执行，看是否与人类的理解相符。在这个过程中，从信号输入到输出反馈就是语言理解的过程。与图像、语音信号的连续性不同，自然语言符号存在离散性、组合性和稀疏性等特点。特别是语言的组合性，能够形成多种合法序列和不同层次的理解。因此，机器首先面临的问题就是输入自然语言的处理，之后才能进一步语义理解。自然语言处理（理解）可以追溯到 20 世纪 50 年代，是一门融合了语言学、计算机、数理统计及认知学等领域的交叉学科。基于不同的哲学理解方式，产生了基于规则的理性主义（符号主义）和基于统计的经验主义（连接主义）两种方法。今天，理性主义和经验主义再次站到了一起。下面我们将详细论述。

2.1 符号－连接－融合

20 世纪 20 年代到 60 年代的近 40 年时间里，人们研究语言运用规律和认知过程，都是从客观记录的语言和语音出发的。20 世纪 60 年代到 80 年代中后期，语言学、自然语言处理领域几乎都被理性主义（符号主义）类方法占据。符号主义是将自然语言用符号来表示（Symbol-based Representation），即将语言事实看作互相独立的符号，使用语言模型或模型组合表示语言。符号主义以乔姆斯基的形式语言为代表，可以精确地描述语言及语言结构。

随着语义网络和数理逻辑的引入，使用这类方法能够方便地进行句法结构和语义关系的研究。符号主义结合专家经验设计语言学规则，构造逻辑推理程序，具有非常严谨的体系。在自然语言的计算机处理中，以词袋模型（Bag-of-Words，BOW）为文本表示方案，这种方案忽略文本中词顺序信息，将文本视为"一兜无序的词"，方便了词向量表示。如果在语言模型中将文本中词出现的顺序考虑进去，可以弥补词袋无序的问题。词袋模型广泛用于机器翻译、文本生成和信息检索等任务。总体来说，符号主义方法体系严密，但存在知识密集、鲁棒性差、学习泛化能力差，以及没有考虑符号丰富的语义信息等缺点。

语料库语言学的崛起推动了基于统计的经验主义的发展，诞生了连接主义。连接主义假定人脑有处理联想、模式识别、通用化的能力，利用感官输入和学习机制掌握自然语言结构，这类方法逐渐发展为统计自然语言处理。连接主义通过统计模型，特别是深度神经网络模型，学习复杂的语言结构。连接主义将离散符号映射为相对低维的连续向量，减轻了离散和数据稀疏的问题，同时也带来了丰富的语义信息。然而，连接主义面临着可解释性差的问题。此外，大规模的语料库标注带来的通用性和迁移性不足，也是其难点问题。

从 20 世纪 90 年代开始，人们将两种方法结合，以语言知识库、语言规则为辅助，结合深度学习和机器学习方法，开展自然语言理解实践。实践以不同的任务层次分别进行学习评估，建立客观公认的评估指标体系，进而以定量的方式研究机器的语言理解能力。下面我们将详细阐述语言理解的各项任务。

2.2 语言理解任务

自然语言理解任务的本质是机器预测语言结构并提供反馈，再由评价系统预测评估。机器面对的是不同层次的语言理解任务。

语法学：给定文本怎样获得符合语法要求的内容？

语义学：给定文本的含义（概念、结构）是什么？

语用学：文本的目的是什么，怎么应用？

实际上，从自然语言处理的角度看，主要包括如下几类基本任务。

第一类任务：序列标注，例如词性标注、分词、命名实体识别和语义角色标注等。

第二类任务：分类聚类，例如文本分类、主题聚类和情感分类等。

第三类任务：关系匹配，例如文本匹配、语义相似性和句法逻辑判断等。

第四类任务：文本生成，例如文本摘要、机器翻译和写诗造句等。

其他的基本任务还包括图计算、异常检测等。一些语义、语用任务往往是上述基本任务的组合，如果组合多种算法任务，或进一步融合知识图谱，这类问题能够得到进一步解决。

本书介绍的自然语言处理主要对应着三大类任务，如表 2-1 所示。

表 2-1 自然语言处理的三大类任务

语言理解任务	一级子任务	二级子任务	核心算法任务
语法类	词法分析	中文分词	文本标注、文本匹配
		词性标注	文本标注
		命名实体识别	文本标注
	句法分析	短语结构树	文本分类
		依存句法树	文本分类、文本标注
	篇章分析	篇章关系	文本匹配、文本分类
		语用意图	文本分类
		复句切分	文本分类、文本标注
语义类	经典语义分析	词义消歧	文本匹配、文本分类
		语义角色标注	文本分类、文本标注
		指代消解、共指消解	文本匹配、文本标注
	信息抽取	概念抽取	文本聚类、文本标注
		实体链接	文本匹配、文本分类
		关系抽取	文本分类、文本标注
		事件抽取	文本分类、文本标注
		片段抽取	文本分类、文本标注、图计算
	关联推理	关联预测、知识补全	文本分类、文本匹配、图计算
	知识融合	本体匹配	文本匹配、文本分类、图计算
		实例匹配	文本匹配
		属性对齐	文本匹配、文本分类
语用类	分级分类	分级分类	文本分类、文本聚类
	情感分析	情感分类	文本分类、文本聚类
		细粒度情感角色	文本分类、文本标注
	搜索推荐	意图识别	文本分类、文本聚类
		关系路径识别/槽填充	文本分类、文本标注、文本匹配
		协同过滤	文本匹配、图计算
		召回排序	文本匹配、图计算
	问答对话	检索问答	包含搜索推荐所涉及的所有算法任务
		知识问答	
		阅读理解问答	
		任务型对话	
	摘要描述	抽取式摘要	文本匹配、文本分类、图计算
		生成式摘要	文本生成
	机器翻译	机器翻译	文本生成

这三大类任务也是本书的基本出发点，任务的层次分类可以帮助我们逐步拆解语言理解问题。下面将对每种任务层次中的具体任务进行逐项介绍。

2.2.1 语法类任务

语法类任务是自然语言处理的经典任务，主要包括词法、句法和篇章分析三个部分。

1. 词法分析

词法分析主要是中文分词、词性标注和命名实体识别任务，此外还包括词形态学任务，即对词根、词干和前缀、中缀、后缀进行拼写校正、词干提取以及词形还原，以提升词汇识别泛化能力。这里我们主要介绍中文分词、词性标注和命名实体识别三个经典任务。

（1）中文分词

中文分词，简单来说就是将句子中词语的边界划分出来。英文单词由于本身已经使用空格分开，因此无须讨论。在存在生词或歧义词的情况下，需要寻找一条最合理的词组划分路线。举一个例子来说明，假如待分词文本为"自然语言理解与行业知识图谱"，那么分词任务就是将上述文本分为"自然语言理解"与"行业知识图谱"。

从 20 世纪 80 年代开始，中文分词的发展可以大致分为三个阶段。

第一个阶段为二十世纪八九十年代，这一时期的中文分词主要以基于词典和人工规则的方法为主，即利用词表来分词。根据词表对句子中的各个组成词从前到后逐字检索，建立字和后续字之间的边，形成一条条分词路径。但这里面只有一条路径是最合理的，怎样获得最佳分词路径呢？典型的方法是最大匹配算法，即将待分词文本中的几个连续字符从左至右与词表进行匹配，如果匹配，则切分出一个词。但这存在一个问题，最佳路径并不是一次匹配就能够成功切分，关键是要做到最大匹配。有两种匹配策略：简单匹配和复杂匹配。简单匹配的分词策略是从左到右尽量匹配词典中的最长词。我们用上面的例子来举例：

待分词文本：{"自"，"然"，"语"，"言"，"理"，"解"，"与"，"行"，"业"，"知"，"识"，"图"，"谱"，"。"}

词表 = {"自然"，"自然语言"，"自然语言理解"}

字符位置编号用 [] 表示，具体的算法流程如下：

①从文本第一个字符位置 [1] 开始，当扫描到 [2] 时，匹配词表发现"自然"已经在词表中，此时不切分，继续扫描看词语是否可以匹配更长的词。

②继续扫描到 [3]，发现"自然语"不在词表中。但此时我们还不能确定前面找到的"自然"是否是最长的词。因为"自然语"是词表中词的前缀。扫描到 [4]，发现"自然语言"是词表中的词，继续扫描发现"自然语言理解"。

③继续扫描到 [7] 的时候，发现"自然语言理解与"并不是词表中的词，也不是任何词的前缀，此时输出最大匹配词——"自然语言理解"。

由此可见，最大匹配词必须保证下一个扫描不是词表中的词或词的前缀才可以结束。这种机械匹配法缺乏歧义切分处理，而且强烈依赖于词表容量，实际应用中会有很多分词遗漏。

另一种是复杂匹配。简单匹配每次只考虑一个词，而复杂匹配需同时考虑三个词，每个词是以一个词开始的 N 个词，根据这 N 个词确定起始位置，继续递归三次得到多组词，再通过词长、词频、语素自由度等规则消解获得分词结果。由于计算复杂度高，后来引入了改进的分词方法。

第二个阶段为 20 世纪 90 年代，这一时期基于语料库的统计学习方法大为流行，基于词典全切分加上最大概率路径计算的统计方法是这一时期中文分词的主流。它的基本思想是：首先获取文本序列的所有可能分词路径，构成有向无环图。由于语料库规模较大，在大数定律的指导下，可以近似认为通过统计语料库中词汇、词频以及词汇跳转频率等，从而获得真实文本分词总体分布的近似估计，再计算其中概率最大的分词路径，如图 2-1 中加粗的路线为分词结果。但在复杂场景和长尾分布词汇大量存在的情况下，这种分词方法难以得到更高的准确率。

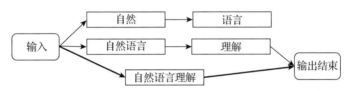

图 2-1　文本序列所有可能的分词路径构成有向无环图，加粗的路线为分词结果

第三个阶段为 21 世纪以来至今，中文分词的思路逐渐由词向字转变。其基本思想是基于大规模语料库对语料文本中的每一个字进行标注，而分词被看作是对一个字序列进行标注的过程。标记状态通常分为 4 种，词首（B）、词中（M）、词尾（E）和单独成词（S）。然后结合机器学习方法训练分词模型，分词过程就是找到一个最优的符合标准的分词结果。最典型的文本序列标注方法将在第 3 章进行详细介绍。基于字的分词方法可以有效提高发现新词的能力。随着深度学习的兴起，也出现了基于神经网络的分词器，进一步提高分词模型的泛化能力。

目前中文分词的难点主要在三个方面。

①分词标准：需要根据不同的需求制定不同的分词标准。

②歧义：一个待切分文本序列存在多个分词结果，彼此可能都合理但会引起歧义。

③新词问题：尽管基于字的分词方法提高了新词的识别能力，然而由于新词普遍存在长尾分布的现象，很多统计特征不能被模型充分学习。

（2）词性标注

词性标注是指在文本中判定每个词最合适的词性标记，即在分词完成后添加名词（n）、动词（v）等词性标签。常见的词性有名词（n）、动词（v）、数词（m）、量词（q）、不可数名词（n）、动名词（vn）、不及物动词（vi）、形容词（a）等。举一个例子来说明：

分词结果：一 | 种 | 机器 | 学习 | 的 | 虚拟 | 现实 | 算法

词性标注结果：一 /m　种 /q　机器 /n　学习 /v　的 /u　虚拟 /v　现实 /n　算法 /n

词性标注的正确与否将直接影响后续的句法分析、语义分析任务。目前常用的词性标注方法包括基于规则和统计模型的方法。

基于规则的词性标注方法。早期的词性标注规则一般由人工构建，基本思想是根据词搭配关系和上下文语境，构建标注规则。随着文本复杂度的提高，设计人工标注规则的方法对专家经验依赖过多，泛化能力差。

基于统计模型的词性标注方法。随着语料库的规模增大，逐渐将词性标注看作序列标注问题，如中文分词任务一样。常用的序列标注体系有两种，即 BIOES 和 BIO 体系。BIOES 分别是 Begin、Inside、Outside、End 和 Single 的大写首字母，与某个词词性的开头、内部、外部、结束和单个词性一一对应。与 BIOES 标注体系类似，BIO 分别代表词性的 Begin、Inside 和 Outside。许多文献报告表明，由于 BIOES 可以提供更详细的位置信息，其性能明显优于 BIO。通过机器学习模型（将在第 3 章进行介绍），如隐马尔可夫模型（Hidden Markov Model, HMM）、条件随机场（Conditional Random Field, CRF）以及深度学习模型，对有正确词性标注的标记语料序列进行训练，输出词性预测概率，结合解码算法从而给出最可能的词性标签预测。进一步，还可以尝试结合规则和统计模型的词性标注方法，尽可能发挥两者的长处。

目前词性标注任务的困难主要在以下几个方面：

①词形缺陷。以汉语为例，由于缺乏词的形态变化，不能直接从词的形态变化判别词的类别。

②常用兼类词现象严重。兼类词是指一个词多种词性共存的现象，需要结合上下文和具体场景来进行消歧，造成标注任务困难重重。

③认知差异可能给语料标注带来错误的标注结果，造成模型处理的困难。

（3）命名实体识别

中文分词任务的目的是挑选出稳定、通用的基本词汇元素，然而随着大数据时代的到来，出现大量未识别的命名新词，被统称为未登录词或命名实体（Named Entity）。命名实体中专有名词、新词或术语占据了绝大部分内容，需要对它们进行有效识别。

命名实体识别（Named Entity Recognition, NER）任务是从非结构化文本中抽取出具有特定类别的实体，比如专利文本中的产品（PRODUCT）/ 属性（PROPERTY）/ 组件（COMPONENT）名称等，具体实例如下所示。

样例一：

一种基于 IBN 的物联网卫星系统及其路由方法

!!!PROPERTY: IBN　PRODUCT: 物联网卫星系统

样例二：

一种井盖，包括井盖本体，其特征在于：所述井盖本体上开有直壁盲

!!!PRODUCT：井盖，COMPONENT：井盖本体

命名实体短语或词组可跨越多个字符，因此命名实体的标签由位置指示符和实体类别两部分构成。位置指示符即标注当前字符在命名实体中位置的信息，比如实体的开头、结尾。实体类别用来区分命名实体的类别，常采用缩写形式来区分，如 PER 代表人名类，LOC 代表地名，ORG 代表组织结构。以 BIOES 标签体系为例，包含人名、地名、组织机构三类实体的标签集合内共有 9 种标签，标签类别及标签说明如表 2-2 所示。

表 2-2   BIOES 标签体系实例

标签类别	标签说明	标签类别	标签说明
B-PER	人名实体开头	I-LOC	地名实体内部
I-PER	人名实体内部	E-LOC	地名实体结尾
E-PER	人名实体结尾	S-LOC	单个地名实体
S-PER	单个人名实体	O	非命名实体
B-LOC	地名实体开头		

自 1996 年 MUC-6 会议上命名实体识别这一术语被正式提出以来，这一信息抽取任务被越来越多的学者追踪及关注，得到了快速发展。与词性标注任务一样，命名实体识别也以文本序列标注问题来进行建模处理。输入文本形式化表示为 $S = c_1, c_2, c_3, \cdots, c_n$，其中 c_i 代表文本序列中的第 i 个字。经过建模分析处理，输出一一对应的序列标注结果 $Y = y_1, y_2, y_3, \cdots, y_n$，其中标签 y_i 归属于给定的标签集，从而实现序列标注。模型学习的是标注映射方法，这里形式化表示为 $f:S \rightarrow Y$。

根据模型的输入，命名实体识别模型大致分为基于字符的方法和基于词的方法两大类。中文命名实体识别相较于英文命名实体识别起步晚且发展不充分，目前仍然面临许多挑战，主要表现在：

①中文文本表示没有明显的词边界标识。词与词之间没有明显的边界标识。目前多数中文命名实体识别模型依赖于中文分词的结果，实体的边界识别往往受到中文分词的影响。

②中文实体没有词型变换特征。在英文领域中，命名实体通常具有首字母大写、斜体表示等词型变换特征，但中文文本不具有这些特征，给中文命名实体识别带来一定的困难。

③中文命名实体结构较为复杂。常见的情形有：人名、地名、机构名中可能存在别名、简称等，机构名中常见嵌套实体等。

④中文命名实体存在一词多义现象。随着互联网技术的飞速发展以及国家开放程度的不断提高，新词、热词不断涌现，一部分实体开始被赋予新的含义，比如阿里巴巴指互联网公司并非童话人物，这些新词的出现给识别带来一定的困难。

⑤相较于英文识别，中文命名实体识别发展较晚，用于实体识别研究的标注语料较少，语料较为单一，一定程度限制了中文命名实体识别的发展。

2. 句法分析

句法分析是对输入的文本序列进行语法构成判断，研究词间依存关系或短语结构关系。如图 2-2 所示，句法分析主要细分为两个任务：句法结构分析和依存句法分析。其中，句法结构分析又称成分结构分析或短语结构分析，以分层的方式从句子中提取短语，消除句子中词法和结构方面的歧义，确定短语的语法特征之后组合成为一个完整的句子；依存句法分析又称为依存关系分析或依存结构分析，仅关注词对之间的关系，分析句子的内部结构，如成分构成、上下文关系等。

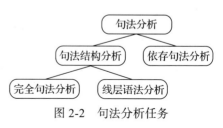

图 2-2 句法分析任务

在句法结构分析中以获取整个句子的句法结构为目的的分析称为完全句法分析。句法结构通常使用树状数据结构来表示。目前，句法结构分析主要基于统计学习的方法，其中基于概率的上下文无关文法（Probabilistic Context Free Grammar，PCFG）分析是最具代表性的语法驱动句法分析方法。以句子"本实用新型公开了一种激光切割机自动定位装置，包括定位支架和控制面板，定位支架的上表面安装有底盘。"为例，输出的短语结构树如图 2-3 所示。

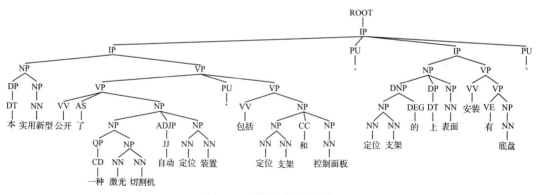

图 2-3 短语结构树示例

基于 PCFG 的句法分析模型需满足以下三个条件。

①位置不变性：子树的概率不依赖于该子树所管辖的单词在句子中的位置。

②上下文无关性：子树的概率不依赖于子树控制范围以外的单词。

③祖先无关性：子树的概率不依赖于推导出子树的父节点。

由于 PCFG 缺乏词汇建模，于是人们提出了词汇化的短语结构分析器，有效地提升了基于 PCFG 的句法分析器的效能。自然语言文本生成每个非终结符的概率往往与上下文结构有关系，因此有人提出了一种带有隐含标记的上下文无关文法（PCFG with Latent Annotation，PCFG-LA），该方法可以标注每个非终结符父节点的句法标记信息，使得非终结符的细化过程可以自动进行，并生成语法结构树[1]。

这些方法提升了基于 PCFG 的句法分析器的效能。另一种浅层语法分析方法只要求识别句子中某些结构相对简单的独立成分，如短语结构和递归结构，这些结构被称为语块（chunk）。该方法针对两个主要子任务：语块识别（也被称为语块边界分析）和语块关系分析。其中语块识别为主要任务。语块的一个重要类别是基本名词短语（Base Noun Phrase, baseNP），它是指简单的、非嵌套的名词短语。如果一个句子的成分可简单地分为 baseNP 和非 baseNP 两类，那么 baseNP 识别问题就可以通过文本分类方法解决。

依存句法分析是句法分析的重要内容。有时我们并不需要知道整个句子的短语结构树，只是希望获得词与词之间的依存关系。用词与词间的依存关系来描述语言结构框架的结构语法称为依存语法，它是以谓语中的动词为中心，建立词与词之间的从属关系，因此依存语法也被称为从属关系语法。

常用的依存结构包括三种：有向图、依存分析树和依存投射树。一个依存关系连接两个词，核心词和修饰词。在依存分析树中，一条依存边连接两个节点，核心词对应父节点，修饰词对应子节点。两个词之间的依存关系可细分为十几种类型，如主谓关系（Subject-verb, SBV）、后附加关系（Right Adjunct, RAD）、定中关系（Attribute, ATT）、核心关系（Head, HED）等。举一个例子，假如输入文本为标注完分词、词性的一个句子，依存句法分析后的结果如下所示：

样例： ["一"，"种"，"机器"，"学习"，"的"，"虚拟"，"现实"，"算法"]
依存句法分析输出结果：

　　ATT（一，种）

　　ATT（种，算法）

　　SBV（机器，学习）

　　ATT（学习，算法）

　　RAD（的，学习）

　　ATT（虚拟，算法）

　　ATT（现实，算法）

　　HED（算法，Root）

　　注意：括号内第一个词为修饰词，第二个词为核心词

在算法层面，依存句法分析通常用概率图模型为词序列生成有向图，由于每个词必须依存于其他词，所以图中的边和节点个数相等。基于概率图模型的方法主要有两类：一种是生成式方法，即通过联合概率模型计算生成一系列依存分析树并赋予其概率分值，然后找到概率分值最高的分析树作为最后的输出。由于采用全局搜索，这种算法准确率较高，但复杂度也高，效率较低。另一种是判别式方法，采用条件概率模型寻找使目标函数（训练样本生成概率）最大的模型参数 θ。常见的基于转移 - 决策的统计学习方法，考虑当前句中的词、词性、词间关系、关系指向等特征。对 N 个关系类型，构造（$2N+1$）个类别的多分类任务，实现依存句法分析。有关概率图模型的相关算法，第 3 章还会进行详细介绍。

3. 篇章分析

篇章分析是词法、句法分析之上的高阶语言处理，需要考虑的语言现象多变且复杂，目前成熟通用的分析方法较少。篇章分析任务包括篇章结构分析、语用文体学等。

篇章结构分析主要关注衔接性分析和连贯性分析两个方面。篇章的衔接性分析目前主要集中在句间形式关联上，本书不做过多介绍。连贯性分析指获得句子层面的意义关联，但存在如何界定句子基本单元的难题。比如以小句或以标点句为基本单元，涉及复句切分的问题，且句子和句群关系分析也很麻烦。

语用文体学主要是研究人们如何运用语言达成某种目的，以及如何根据话语进行行为理解等。前述篇章的连贯性、衔接性分析是从语法和语义的角度获得篇章上下文结构，而语用文体学是从意图角度分析话语行为 (Speech Act)。在分析言语行为或意图时，需要结合整个语篇的上下文连贯意图和话语行为进行分析。

篇章分析中存在的难点主要包括如下几个方面：

①在对篇章进行复句切分时，由于衔接手段出现频繁，尤其是指代和省略，给统计学习和规则制定带来很大的困难。

②针对转折、并列和因果等复句，如何判断句子语义的核心位置。

③汉语中的"言外之意"以及经常省略主要句法成分，都是篇章分析中的难点。

2.2.2　语义类任务

语义分析（Semantic Parsing）任务是自然语言理解的经典任务，其本质是对文本进行结构化或标签化。经典语义分析针对不同层次的语言单位，任务各不相同。在词的层面上，语义分析的基本任务是词义消歧；在句子层面上，关注的问题是语义角色标注；在篇章层面上，基本任务主要包括指代消解和共指消解。随着知识图谱的发展需要，语义分析任务进一步增加了信息抽取、信息融合和关联推理任务。这一小节将这类任务进行详细介绍。

1. 经典语义分析

自然语言处理的经典语义分析任务包括词义消歧（Word Sense Disambiguation）、语义角色标注（Semantic Role Labeling）和指代消解（Anaphora Resolution）等。

词义消歧任务指为多义词在当前语境下赋予准确词义，消除词义理解偏差设立的任务。现有的基本方法包括词典消歧、规则消歧以及基于大规模语料的机器学习消歧方法。机器学习消歧方法的基本思路是，由于一个词的不同语义伴随着不同的上下文而发生，因此结合词的上下文分布特征、词性特征以及词频特征等，同时结合分类模型来完成不同词义的划分，从而实现消歧。目前比较常用的方法包括贝叶斯分类器和最大熵模型。

语义角色标注是公认的解析句义结构的有效方法。通过分析句子中的谓词 – 论元结构，标注语义角色类型。在句子中，谓词所支配的论元作用各不相同，这些论元就是语义角色。常见的语义角色包括施事、受事、影响等，它们都属于由谓词支配的核心论元。语义角色标注的基本流程为：句法分析→候选论元剪除→论元辨识→论元标注→后处理。目前语义角色标注分析的实用算法较少，但可以利用的资源包括英语语义角色标注资源（比如FrameNet、ProBank 和 NomBank 等）和中文语义角色标注资源（比如来自由核心论元和辅助论元表示的宾州树库等）。语义角色标注也面临一些问题，主要体现在两个方面：一是过于依赖句法分析的结果；二是角色标注方法领域适应性太差。这些问题是导致目前语义角色标注实用性不高的原因。

篇章层面，语义分析任务主要包括指代消解（Anaphora Resolution）和共指消解（Coreference Resolution）。想要正确地理解篇章含义，需要首先识别起衔接作用的词汇成分，其中起衔接作用的词性比如代词和名词。比如"牛仔很忙，他天天熬夜"，他就是指代牛仔，通常表示指称义，需要进行指代消解。根据指向，指代可分为回指和预指，分别用于指代上文和下文的关系。因此指代消解任务则需要篇章内容做支撑。共指一般意义上可以脱离上下文存在，但为了更好地理解语义却不能脱离上下文，比如"能穿多少穿多少？"这句话，要结合上下文分析"多少"的具体指代对象。因此，共指消解任务包括：指出哪些词在做指代；指代的是上文哪个概念或实体；歧义句如何理解等。

如果想要获取语义分析更为详细的说明，可以参考相关书籍和文章介绍。

2. 信息抽取

信息抽取（Information Extraction）在 20 世纪 70 年代后期出现在自然语言处理领域，是指自动地从文本中发现、抽取以及合并信息，从而将非结构化数据转化为结构化数据，这为知识图谱的构建奠定了基础。信息抽取主要包括概念抽取、实体（术语）抽取（Terminology/Glossary Extraction）、实体链接（Entity Disambiguation）、关系抽取（Relationship Extraction）、事件抽取（Event Extraction）及片段（对象）抽取等。其中，实体抽取面向特定行业，指发现多字组词的过程，一般与命名实体识别的检测和类型分类关系密切。前面介绍的命名实体识别的抽取，适用于实体或术语抽取任务，这里将不再赘述。实体链接是关系抽取、信息融合的基础，事件抽取和片段抽取属于更高一层的抽取任务。这一小节将对这部分内容进行详细论述。

（1）概念抽取

概念抽取是人工定义的概念类型体系，或从实体集中抽象出概念的结构化表示。以一个知识图谱表示 $KG = (C, E, P, L, T)$ 为例进行说明。C 和 E 分别代表概念与实体的集合；$P = \{p \mid p \in P_d \cup p \in R\}$ 是所有属性和关系构成的集合（其中，P_d 和 R 分别表示属性集合和关系集合）；L 为属性值集合；最后是 $T = \{t \mid h \in H \cup f \in F\}$，其中 H 是基于概念间关系或概念与实体隶属关系形成的三元组；F 代表各类事实三元组。图 2-4 给出了一个经济体的概念体系的简单示意图，其中概念为产品、行业这些一级类别，还包括手机、电脑、电子信息这些二级类别，以及相关实体、属性和属性值、关系等。这为后续介绍的资源描述框架（Resource Description Framework, RDF）、网络本体语言（Web Ontology Language, OWL）等概念表示、关联推理奠定基础。

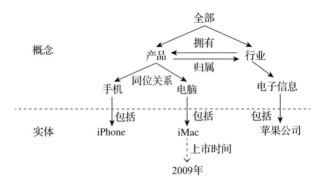

图 2-4　知识图谱结构的简单示意图

　　概念抽取任务是获取概念、概念属性以及概念之间的隶属关系，从而形成知识图谱所需要的概念本体。概念之间也有同义关系和上下位关系（也称为隶属关系）等，比如 OWL 中定义的数据型属性 [2]。与实体之间的关联关系（即对象型属性），共同构成了广义的属性。概念本体通常以分类树的形式存在，因此确定层次关系的关键就是构建分类树，方法大致包括基于模式归纳或百科加工 [3]。模式归纳属于从下至上获取概念体系的方法，而百科加工则属于从上而下获取概念体系的方法。进一步，还可以通过启发式规则来补充和完善概念本体。

（2）实体链接

　　实体链接又称为实体消歧，是后续关系抽取、问答、搜索等任务的前提。该任务是给定实体指称项及背景文档，通过模型计算，将实体指称项链接到已有知识库的对应实体上，如图 2-5 所示，将"乔丹"和"公牛"两个指称项分别链接到知识库中篮球队"公牛"和运动员"乔丹"上。模型计算过程要考虑到数据来自不同的知识库体系，实体名称、实体携带属性以及其结构化信息，都可以作为有用特征。同时，通过类型或规则限制，缩小匹配的实体范围。通过融合相关信息，筛选出候选实体。候选实体生成和候选实体排序技术，通常归结为文本匹配问题或是判断两个实体是否等同的文本二分类问题。基于同义词典、字符串相似度和实体热度等，在知识库中搜索出最符合的实体，并获取实体属性以及关联信息。

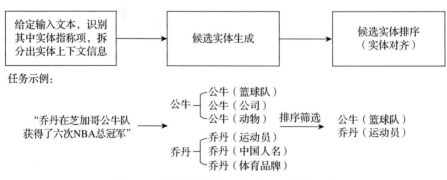

图 2-5　实体链接任务基本过程和任务示例

现有的实体链接分为两大类：协同实体链接和非协同实体链接。协同实体链接是近些年实体链接的主流算法。非协同实体链接算法较为简单，由于忽略了实体指称项之间的耦合度，每一个实体指称项都独立处理，在指称项上下文语义不够丰富的情况下模型容易出错。实体链接中常见的算法大致包括了概率方法、基于图的方法、基于学习的方法和基于推理的方法等。

语言学中存在一词多义和多词一义的现象，歧义性和多样性是自然语言的固有属性，也是实体链接的根本难点。如何挖掘更多、更有效的消歧证据，设计出更高性能的消歧算法是实体链接系统的核心研究问题。

（3）关系抽取

关系抽取任务是从非结构化自由文本中抽取出实体及实体间的关系。如表 2-3 所示的样例，从一句话中抽取出实体以及预测两个实体之间的父子关系，比如文心雕龙和刘勰之间的关系类型是"作者"，而贵阳银行和商业银行间关系是"公司性质"，通过简化可以表示为 < topic, relation, answer > 三元组形式。

表 2-3　关系抽取任务示例

关系类型	实体 1	实体 2	关系实例
作者	文心雕龙	刘勰	刘勰在评论曹丕的才情时说，"乐府清越，《典论》辨要"（《文心雕龙》）
公司性质	贵阳银行	商业银行	贵阳银行（原名贵阳市商业银行）成立于 1997 年 4 月，是一家总行设在贵阳市的大型区域性股份制商银行
	京东	B2C	京东是目前中国最大的比价返现导购 B2C 网站，会员返利超过亿万元现金

关系抽取分为限定领域（Close Domain）和开放领域（Open IE）两类，也有人根据语用需求，将关系抽取变为槽填充（Slot Filling）问题，也就是将待抽取的关系设置为一个槽位，通过知识三元组予以匹配填充。20 世纪 80 年代涌现出大量的国际性测评会议，如 MUC、ACE 等，其中 MUC 的组织和召开对关系抽取技术的发展起到了决定性作用。从 2000 年起 NIST 组织了 ACE 测评会议，旨在研究实现文本中实体、关系、事件等内容的自动抽取。与 MUC 相比，ACE 旨在定义一种通用的信息抽取标准，不再限定领域和场景。特别在知识图谱加持下，面向实体的关系抽取得到了长足发展：

①利用已有的实体关系数据，如已有的知识图谱、网络中的链接数据，包括关联开放数据（Linked Open Data，LOD）、RDF 等，有效缓解标注数据不足的问题，提升预测质量。

②知识图谱可以视为一个实体关系网络，利用网络内的实体关系推理和挖掘出新的关系，对图谱进行补全。

③知识图谱内可能存在重复的实体，如"手机"和"移动电话"，如何将这些重复的实体进行融合，也是提高图谱可用性的重要工作之一。

总体来说，实体关系的挖掘近些年来获得了大批的研究成果，但关系挖掘的准确性和覆盖面积仍有待提高。

（4）事件抽取

除了上述概念、实体、实体间关系抽取外，有时需要进一步在一定时空范围内抽取一个完整事件的摘要信息，这就是事件抽取。事件抽取任务是对自由文本（如新闻报道、微博、论坛帖子和公文等）中特定类型的事件属性进行自动抽取的过程。事件属性包含事件触发词、事件类型、事件成员和事件成员的角色。因此，事件抽取的结果包括事件发生时间、发生地点和相关实体等信息。图 2-6 给出了一个完整的事件抽取任务示例：攻击是一个触发词，所触发的事件类型为治安事件。该事件包含四个元素："2009 年"（事件发生时间）、"工厂"（事件发生地点）、"狗"（实体 1，事件参与者）、"男子"（实体 2，事件受害者），分别对应了事件的四个角色类型和实体名称。

图 2-6   事件抽取任务示例

传统的事件抽取一般在封闭域内，事件类型和数目有限，有定义好的模板槽位。开放域的事件抽取，由于不受事件类型数量的限制，不受领域的限制，再加上事件离散化和稀疏性，抽取难度很大。事件抽取的主要流程包括事件触发词抽取和事件元素抽取两个子任务，有时会将两个子任务以串接级联方式来逐个解决。

1）事件触发词标注

主要包含事件触发词的识别。词汇层面的触发词和上下文词，可以从字典（包括触发词列表和同义词字典）中获取，也可以基于句法，从触发词在句法树中的深度，触发词到句法树节点路径、触发词的词组类型中获取。除了识别事件的触发词（一般是动词或者动名词），还需给出事件类型的分类。通常我们通过判断词汇是否是事件触发词，设计事件触发词分类器（Trigger Classifier），将标注任务转化为分类问题。

2）事件元素标注

主要包含事件元素的识别。事件元素包括事件类型、子类型和触发词，需要考虑的因素包括：

①实体类型和子类型、上下文和句法；

②扩展触发词父节点的词组结构；

③实体和触发词的相对位置，句法树中实体到触发词的最短长度（最短路径）等。

在判断各词组是不是事件元素的过程中，完成了事件元素分类和事件元素角色分类任务，从而实现了对元素角色类别的判断。此外，除了识别事件元素以及实现事件元素角色分类外，事件抽取还涉及事件描述词生成、事件属性标注、事件共指消解等任务。进一步可以通过文本生成模型实现事件摘要的抽取与生成。

（5）片段抽取

片段抽取是针对文本内容中各种对象细粒度语义的抽取任务，属于广义的角色标注任务，包括对象描述片段抽取、对象情感角色抽取、对象观点片段抽取等内容，可应用于舆情分析、广告推销、商业机会发现、用户画像和问答系统等市场方向。下面主要介绍两种片段抽取任务：

①对象观点抽取任务。

从评论对象的评论文本或观点文本中抽取出对象 - 评论观点词组成的二元组。从非结构化的文本中抽取出特定类型的评论对象以及与之相关的观点信息片段。对象可以为实体，也可为非实体目标。观点信息片段可以是对象的属性特征以及对应特征的评论观点等。相关任务可以是给定一个评论对象，则抽取出与之相关的观点片段；或者，在统一的框架下完成评论对象和观点词的联合抽取任务。如下面例子给出的观点抽取任务所示：

样例一：

前人对引文分析问题的研究不足，这个问题也是我们团队取得突破的方向。

抽取表示观点的片段“前人对引文分析问题的研究不足”，但无法获取具体描述的对象是谁，比如究竟是什么方面的不足？是谁的不足？这就需要对观点进行细粒度片段抽取，获得“引文分析”评论对象，以及“前人研究不足”的评论观点片段。

②情感角色抽取任务。

归为细粒度情感分析 (Fine-grained Sentiment Analysis) 任务，主要是在带有情感倾向的自然文本中找出给定对象的情感倾向或观点。比如情感分析中的情感倾向片段和情感极性等。对于文本中的某个对象，通过对其中的情感描述片段进行抽取并赋予评论观点标签。情感极性分类就是区分评论观点标签是好评还是差评，不同极性的标签展示可通过颜色或形式来区分。

传统的情感分类或角色抽取是比较粗糙的，比如：

样例二：

这款笔记本不方便携带，机器和充电器都太重了。

通过情感任务的分析，可以得到情感倾向是负面的，但获取不到具体的原因，比如为什么这款笔记本不好？细粒度情感分析可以进一步深入到文本中，针对其重要的目标对象给出相应的情感倾向或观点极性。在这个例子中，目标是文本中出现的“笔记本”，它被赋予了特定类型语义的文本片段“不方便携带”。进一步挖掘细粒度角色类型和片段，可以得到目标是命名实体产品，如机器、充电器，它们的对应角色片段是“太重了”。通过上述分析，不仅给出了整句话的情感极性，还对情感评论对象和评论角色片段进行细粒度抽取，从而获取了更丰富的信息。

从上述任务可以看出，片段抽取是一种多个子任务组合的任务，既有对象序列标注子任务，又有对象相关片段标注子任务，以及两者关系抽取或关系分类子任务。因此，没有通用的抽取流程或方法，但可以通过多任务学习来实现。

3. 关联推理

关联推理也称为知识补全或关联预测。与关系抽取旨在从文本中获取实体之间已知的关系类别不同，关联推理任务主要是在已有的结构化知识内部进行推理，推理出未知的知识（如实体节点、节点关系等），预测语义关系，进而对知识图谱进行补全。此外，实体关联推理的结果还可以辅助实体关系抽取任务，提升实体关系抽取的准确性。

举个例子来说明，在图 2-7 的示例中，通过常见的实体关联运用图谱内的关系三元组，加上实体文本描述信息，将语义信息引入预测过程从而提高预测的准确性。通过关联推理任务，推理预测出"飞机"和"距离"两个实体类型的关系是"航程"。

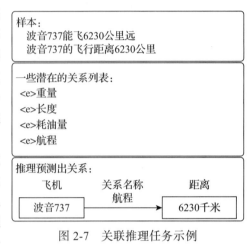

图 2-7　关联推理任务示例

此外，语义本身具有网络特性，引入网络结构信息对关联预测同样有帮助。推理可以粗略地分为基于描述的逻辑推理、基于规则的计算推理和基于统计的推理。相关内容可以参考前人的研究成果。

4. 信息融合

知识融合（Knowledge Fusion）是指将多个数据源中抽取的知识进行合并、纠错、补全。现实世界中不同数据源的知识处于分散状态，信息源异质性的问题越来越突出。针对一个实体查询，不同的搜索引擎可能返回不同的知识卡片，即便同一个搜索引擎也可能返回多个知识卡片。而我们常常需要一个标准化的唯一结果，所以需要知识融合。此外，知识本身可能存在噪声，比如拼写错误，表达方式差异，或数据结构偏离。因此必须采取一定的融合策略来消除不同信息源的异质性[4]。知识融合技术一般可分为本体匹配（Schema Matching）、实例匹配（Instance Matching）和属性对齐等。在实际运用中，可以考虑本体和实例匹配，实例属性对齐等多种融合角度。

（1）本体匹配

本体匹配任务旨在发现异构数据源概念、实体、属性三个不同层面上的对应关系[5]。目前业界常利用像 WordNet 语言知识库或定义好的本体结构进行模式匹配，然后将结果根据加权平均的方法整合起来，再利用一些模式进行一致性检查，去除那些导致不一致的对应关系。该过程可循环，直到找不到新的对应关系为止[6]。

目前，人们已经提出了各种各样的本体匹配方法，包括启发式方法、概率方法、基于图的方法、基于学习的方法和基于推理的方法。多种匹配方法之间可以进行结合。基于本体的结构，以分而治之的思想对其进行划分获得组块，再从匹配的组块中找出对应的概念和属性。根据这些概念的父、子概念等信息逐渐构建小片段，从中找出匹配的概念，再继续构建新的片段，不断重复该过程。所述匹配主要利用概念、术语、背景知识的相似度计算，结合用户定义的权重策略完成匹配。基于贝叶斯决策风险最小化，在计算相似度时动态结合几种计算方法，能够带来更好的匹配结果。

（2）实例匹配

最近几年随着 Web 2.0 和语义 Web 技术的不断发展，越来越多的语义数据具有实例丰富而模式薄弱的特点，促使本体匹配的研究工作慢慢地由模式层转移到实例层。实例匹配任务是评估多源异构知识源之间实例对的相似度，用来判断这些实例是否指向给定领域的相同实体，与实体链接任务相近。

如图 2-8 所示的例子中，根据"李小龙"这一实例进行相关属性信息的匹配。"姓名"与"中文名"匹配，"出生日期"与"出生年月"匹配，"祖籍"与"故乡"匹配。实例匹配方法通常都是基于实例的各种属性相似性定义，分别计算实例各属性的相似度。进一步根据实例的属性距离加权计算，判断实例匹配的程度，从而完成实例匹配任务[7]。

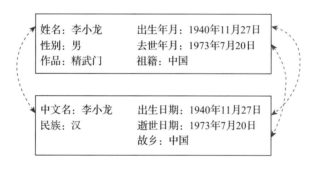

图 2-8　实例匹配任务示例

（3）属性对齐

属性对齐是指本体或实例中属性标签消歧、属性值校对合并等任务。通过相似度计算对属性标签聚类和规范化，获得标准的属性名称和属性值。如图 2-9 所示，通过相似分析发现，"出生日期""出生""生日"可以归类为"出生日期"标签，其他标签分别处理。

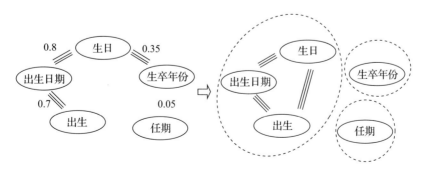

图 2-9　属性对齐与数据类型判别之间的关系

属性对齐任务常常辅助本体匹配或实例匹配任务[8]。由于属性与概念、实体之间存在明显的差异，比如属性标签表达更为灵活，属性结构信息非常缺乏，而在真实数据中，良好的本体也很难获得，因此需要通过一些基础方法实现属性对齐。常用方法主要分为三类：

①基于属性的统一资源标识符（Uniform Resource Identifier，URI）、标签、描述等进行文本之间相似性计算；

②基于本体结构的方法，即计算两个属性在本体中层次结构、关系等方面的相似性；

③基于语义（Semantic）的方法，即利用本体中的语义结构进行模糊推理。

以上方法主要用于不同数据源之间的属性校对或对齐[9]。目前，属性对齐任务没有银弹式方法。

2.2.3 语用类任务

语用学的崛起是语义研究发展和延伸的结果，主要用于研究特定情景下，如何理解人的实际意图，如何运用语言和使用语言策略。迄今为止，语言学界对语用学的定义和范畴尚未形成统一的见解，因此本书中所说的语用概念不是学术意义上的语用，更多是在语法和语义之上的语言应用，接近于认知服务概念。我们发现越来越多的应用任务实际上就是语法和语义任务的组合和升级，且更贴近于人的需求和应用场景。在上述研究的基础上，结合实践提出了自然语言理解层面的语用学，这些应用任务被统称为语用类任务。语用类任务就是直接面向用户，提供自然语言处理产品服务，集成单任务或多任务算法模型。

为了满足语用目的，一方面搭建好语法、语义任务算法模型，另一方面，要深层挖掘可解释方法，满足交互理解的需要。从实际情况看，必须借助外源知识，比如知识图谱。对于像搜索、问答和客服等这样的应用，必须精确理解用户的意图，一般算法解决不了。目前，语用场景包括分级分类、情感分析、搜索推荐、机器翻译，摘要描述、问答、对话、阅读理解和图像视频描述等。

1. 分级分类

分级分类任务是根据文本内容分析对文本进行粒度分类，包括主题归类、话题聚类、情感分类等形式；或者按照层级划分，进行用户信息过滤和文本挖掘等，更准确地筛选文本内容。如图 2-10 所示，专利文本（title）可以归为不同的大类（mainIpc1）和小类（mainIpc2）。

文档内容加工成文本特征，然后特征选择，再利用评估函数分析文本特征选择的效果，这部分内容将在第 3 章进行详细论述。常用的特征包括：词频、词频－逆向文档频率（Term Frequency-Inverse Document Frequency, TF-IDF）、交叉熵和互信息等。在不损伤核心信息的情况下降低特征向量空间的维数，可以提高对不同文档的区分能力。分级分类任务的基本思路为：

用映射或变换的方法把原始特征变换为较少的新特征

从新特征中挑选出一些最具代表性的特征

基于分类或聚类方法完成分级分类，评估模型和特征

迭代优化模型和特征，最后确定分类特征和模型

mainlpc1	mainlpc2	title
H	H04	实时显示输入状态的方法、系统及发送方/接收方客户端
G	G06	应用于互联网搜索引擎的广告展现系统及广告展现方法
G	G06	广告信息检索系统及广告信息检索方法
G	G06	文本广告转换为Flash广告的方法
G	G06	网页图片的显示方法及系统和服务器
G	G06	修改背景图片的方法、装置及系统
H	H04	网络社区信息发送方法、服务器和系统
H	H04	图片文件传输方法和装置及系统
G	G06	构建全景电子地图服务的方法
G	G06	通过具有位置信息的图片集对电子地图进行标注的方法
H	H04	一种通过蓝牙热点获得数据并进行管理的系统及方法
D	D06	机能性纤维
H	H04	DDoS攻击测试方法、装置和系统
G	G06	网页结构相似性确定方法及装置
B	B24	一种嵌入式砂轮
F	F26	砂轮坯体均湿干燥架
F	F26	砂轮坯体均湿干燥架
B	B24	一种新型砂轮

图 2-10　分级分类示意图

对于分类问题，无论文本分类还是聚类，首先需要将文本通过形式化表示来建模。目前最常用的方法是把文本内容的处理简化为向量空间的向量运算，通过度量向量空间中距离的相似度，计算文档间的语义相似度。分类算法是通过监督学习来完成分类任务，再以一定标准来估计分类模型；聚类算法则是通过无监督学习完成文本分类任务。对于分级问题，可以建立一定的标准体系来区分文档层次，比如文本质量、文本重要性和文本价值等。

2. 情感分析

情感分析又称为意见挖掘，是指对带有情感倾向的自然文本进行分析、处理、归纳和推理的过程 [10]。目前，情感分析主要分为传统的粗粒度情感分析和细粒度情感分析。

粗粒度情感分析以篇章或者句子为单元，获得篇章或者句子整体的情感倾向分类，包括正向、负向和中立。如图 2-11 所示的情感分析结果为负面，既没有说明负面情感的对象是川餐厅的宫保鸡丁，也忽略了其中包含了对东北菜馆宫保鸡丁的正面情感。人们在表达自己的观点时，往往都有明确的情感指向，如果仅仅只在篇章或句子级进行情感分析，一

方面可能由于文本中各种情感对象的信息混杂而引起整体情感的错误判断，另一方面也可能因为情感指向的缺失给具体应用带来一定的限制。

在粗粒度情感分析的基础上，对情感内容及指向对象进行划分。这种细粒度情感分析能够明确情感的指向，给出更加全面、具体的情感分析结果。在图 2-11 的例子中，细粒度情感分析对句子中的重要实体"川餐厅的宫保鸡丁"和"东北菜馆的宫保鸡丁"分别给出了正面和负面的情感倾向。

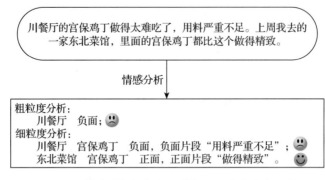

图 2-11   情感分析的粗粒度分析和细粒度分析示例

情感分析具有非常广阔的应用场景，主要为：

①评论分析。评论分析具有重要的作用，一方面，消费者在选择商品时，用户的评论可以提供非常有价值的参考信息，另一方面，厂商本身可以通过用户评论分析了解自身产品的优缺点，以便对产品进行更新换代。再比如时事评论，重大国际事件发生时对各国态度进行分析可作为时事预测的重要依据等。

②舆情监控。以网络社交媒体为载体，以事件为核心，通过分析个体情感、态度、意见、观点的传播与互动，形成时间轴 (Timeline) 上的关键资讯。引入 PageRank 思想并进行权重游走，逐步获得资讯对应权重值，进而方便快速捕捉热点，方便对舆情进行严密监控和引导。因此，情感分析在股票预测、危机预警、事件演化、主题检测、专题聚焦等方面前景广阔。

3. 搜索推荐

搜索和推荐都是用户解决信息过载的有效手段。搜索任务起源于图书馆资料查询检索，目前已经从单纯的文本查询，扩展到对包含图片、音视频等多模态信息的检索，检索方式包括点对点检索、精确匹配和语义匹配等。如果说搜索任务是被动响应，那么推荐任务则是主动反馈。随着互联网平台精准推荐系统的使用，通过搜集用户感兴趣的实体，可解释地推荐与用户偏好相似的实体。如图 2-12 所示，搜索经过用户输入、意图理解、召回排序给出反馈。而推荐则针对用户个性化数据进行特征工程设计，以热启动方式结合召回策略为用户反馈信息。推荐的冷启动方式本质近似于搜索，解析用户数据以便召回。

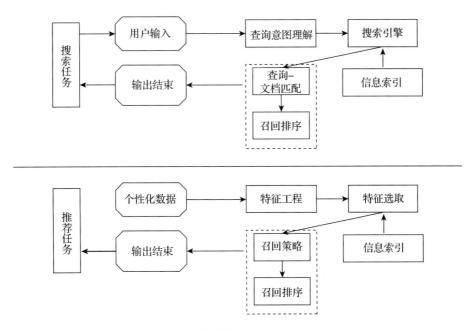

图 2-12 搜索和推荐任务基本流程图

（1）搜索任务

搜索任务不仅涉及语言处理，还包括信息索引、意图识别、相关性计算、召回排序等一系列子任务：

信息索引是指包括且不限于文本和文本索引保存，主要功能是高效提供可查的信息。有时相关内容会存放在内存中，有时也会通过倒排索引和并发集群机制来提高搜索效率。

意图识别的目的是尽可能理解用户当前检索意图，通常会加入查询语句（Query）意图理解模块，本质是完成一个文本分类任务，每个分类对应不同的搜索目的。

相关性计算涉及文本匹配算法。经过意图理解后，通常会得到当前搜索内容的主题或检索要素。对检索要素进行拓展，搜索引擎会根据输入特征选择匹配计算模型，给出相似度计算结果。

召回排序。对相关度计算结果召回，设计特定场景下的评分排序策略，对结果进行排序。最后可以以内存或索引形式存储结果。

（2）推荐任务

推荐任务不是仅限于语言处理，还需充分利用行为数据、历史数据、用户画像等数据。因此推荐任务可分为特征工程、召回策略、排序过程等子任务。

特征工程，以用户行为为基础，常用特征包括：①用户的基础信息，比如性别、年龄、身高、生日和注册时间等；②用户标签、描述信息、评论信息等；③用户的行为信息，比如登录名、登录时间、登录时长等。此外，还包括常用特征不断组合产生新特征。

召回策略，常用的算法包括基于用户的协同过滤法 (User-based Collaborative Filtering, UserCF) 和基于物品（比如文本）的协同过滤法 (Item Collaborative Filtering, ItemCF)。UserCF 算法基于用户行为来定义与其相似的用户，而 ItemCF 算法则通过计算文本间的相似度，推荐相似文本。

排序过程，即选择合适的模型和预测目标对数据进行排序，本质属于文本分类任务。首先需要明确一点，任何可以做二分类的模型都可以用作排序模型。模型的选取仍然需要综合考虑业务场景和可解释性等问题。

综上，进一步结合知识图谱含有的丰富语义信息，搜索推荐可以形成更智能的语用能力。基于知识图谱的查询处理不再只是拘泥于字面本身，而是抽象出其中的实体、查询意图等，直接提供用户需要的答案，而不只是简单召回排序结果，从而精准满足用户需求。

4. 问答对话

问答对话的形式通常是给定文本和问题，返回答案。问答对话是结合了文本匹配、文本标注和文本分类的综合任务。对于多轮问答，要考虑更多的上下文信息，复杂度极高，这里我们仅对问答任务（Question-Answer，QA）进行论述，主要包括基于信息检索的问答（Information Retrieval Question Answering, IRQA）、基于知识库的问答（Knowledge-based Question Answering, KBQA）和基于阅读理解的问答（Message Reading Comprehension, MRC）三种问答技术，不同 QA 技术擅长回答的问题不同，需要取长补短。

（1）基于信息检索的问答

基于信息检索的问答是从问答知识库中检索出最相关的问题对应的答案作为回复，其核心是进行问题 – 答案的文本匹配。简言之，就是用信息检索的方法找最佳答案。基于信息检索的问答分为三个子任务，即问题分类、篇章检索和答案处理。

问题分类属于文本分类任务，决定了信息检索的类型，即问题类型决定了答案类型。检索需要将问题形成合适的查询语句，其流程大致为：根据问题形成查询关键词列表，作为信息检索系统的输入。首先去除停用词，比如英语里 "a" "the" "he" 等，中文里 "我" "它" "个" 等使用频率非常高的无用词语，找出关键词列表中的名词短语，形成查询语句。有了查询语句，在检索系统中进行篇章检索，召回得到 top N 文档，这里的文档可以是章节、段落，也可以是句子。下一步通过排序策略从中得到候选答案。排序模型包括生成式模型和判别式模型。生成式模型目标是产生从 "查询" → "文档" 的关联度分布，利用这个分布对每个查询返回检索结果。而判别式模型更像是一个二类分类器，它的目标是尽可能地区分模型生成的查询对是有关联还是无关联的，并给出该查询对的关联程度。目前，基于文本表示的孪生网络和基于交互式匹配方法是信息检索中的两大主流方法。

（2）基于知识库的问答

基于知识库的问答又称为知识图谱问答，涉及的子任务包括实体识别与链接、问答选择以及结果评估。首先，实体识别与链接确定问句中提及的知识图谱中的实体，生成候选答案／关系路径，然后计算每个候选答案／关系路径为真的概率。从中筛选并评估答案准确度。以图 2-13 中的问题"Matebook 制造厂商总部在哪里？"为例进行说明。

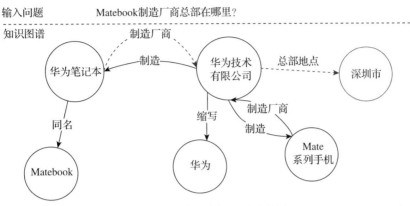

图 2-13　关系路径识别示意图

①实体识别与链接。实体识别与链接的联合推断，识别出问句中提及的实体"Matebook"，通过与知识库中的"华为笔记本"链接，消除文本问答和知识图谱问答之间标注的不一致性；

②问答选择。从一组候选答案集中选择正确回答问题的候选答案，核心是对"问题 - 候选答案"计算语义匹配度。具体流程如下：

❑ 问题意图识别。对问题意图关键字进行识别，将用户隐式的意图通过规则或分类模型转化为显式的识别指令，本质属于文本分类任务。常用的方法包括：基于规则模板的分类；基于历史日志匹配（适用于搜索引擎）；基于学习模型的意图分类。

❑ 问题关系路径识别。关系路径识别有两种思路，一方面基于规则从问题中抽取关系；另一方面通过问题表示学习方法，再通过信息检索产生候选答案，建立"问题 – 答案"映射路径，完成关系路径分类。这个过程包括关系分类或关系的槽位填充（Slot Filling）或标注，即同时结合了文本分类和文本标注任务。在上述例子中，根据图谱生成候选关系路径及答案，如表 2-4 所示，该问题正确的关系路径为"制造厂商 - 总部地点"。本例中"华为技术有限公司"和"华为"是同一实体的不同表述，知识图谱有效消除字面歧义，将两者成功链接。

表 2-4　候选实体及候选答案

候选路径	候选答案
→制造厂商→总部地点→	深圳市
→制造厂商→制造→	Matebook，Mate 系列手机
→制造厂商→	华为技术有限公司

③结果评估（答案路径选择）。对于返回的答案，可以基于准确度（Accuracy）指标直接选择；对于候选集合利用排序指标，比如平均排序倒数（Mean Reciprocal Rank，MRR），为候选答案路径计算分数获得最佳结果。

上述逻辑也可以解决任务型对话问题。此类任务通常使用语义槽位表示用户的意图或需求，比如旅游行业输入的涉及"出发地、到达地、出发时间"等意图，那么就可以设计成槽位，根据上述类似流程，通过查询知识库返回答案填充槽位。

（3）基于阅读理解的问答

阅读理解问答（Message Reading Comprehension），又称为狭义文本问答，根据答案选择范围，又分为开放域和封闭域问答。由于广义文本问答涉及面复杂，本书不做论述，仅针对阅读理解问答进行介绍。根据给定文本或文本片段提出问题的答案形式可分为以下四种类型的任务：

①－②完形填空和多项选择任务。答案类型有多选一（选答案），多选多（多答案－答案整合或重排序），主要属于文本分类任务；

③片段预测任务，即从文档中抽取合理的片段作为回复内容，实际上包含文本分类和文本标注两类任务；

④自由回复任务，不仅要完成片段预测，还要生成回复文本，是包含了文本分类、文本标注和文本生成的综合任务。

阅读理解问答的主流方式是通过生成式模型（比如将在本书第 3 章论述的 Encoder-Decoder 端到端框架）利用编码器 (Encoder) 对用户问题进行编码，然后再用解码器（Decoder）生成回复内容。对于组合任务问题，采用串接级联 (Pipeline) 或多任务学习模型，通过注意力机制使"问题－文本"之间达到交互理解，通过端到端的方式来解决，相关算法可以参考一些开源项目，比如 MatchZoo 项目[○]。

5. 摘要描述

摘要描述是文本生成任务，根据模态数据的差别可分为图像 / 视频描述和文本摘要描述任务 [12]。图像 / 视频描述属于多模态文本生成任务，综合了计算机视觉、信息编码解码、文本生成和图像描述等子任务 [13]。本书将主要讨论文本摘要描述任务。文本摘要是为了解决信息过载问题，输出文本远远少于输入文本，但却蕴藏了非常多的有效信息。按照文档数量可分为单文档摘要和多文档摘要，按照实现方式又可分为抽取式摘要和生成式摘要。

（1）抽取式摘要

抽取式摘要是从文本内容中抽取摘要信息，一般是从文档中抽取重要性排序后的句子形成摘要，通过组合优化保证句子的可读性。其过程主要包括两个步骤：一是对文档中的句子进行重要性计算或排序；二是选择重要的句子组合并添加衔接词，输出最终摘要。

重要性排序可以采用如下几种方案：

○　GitHub: https://github.com/faneshion/MatchZoo

①启发式规则排序。该种方案考虑了句子包含词语权重、句子位置、句子与主题相似度等几个因素，加权作为句子的打分，来判定句子的重要性。这种方法综合了句子多种特征实现对句子重要性的分类、回归或排序。

②图排序。典型的算法是基于 PageRank 思想的 TextRank 算法。基于图排序方法的具体流程如下：

> 为文本构建句子图结构 $G = (V, E)$，句子作为顶点（Vertice, V），句子之间有关系则构建边（Edges, E）（图结构将在 3.3.6 节中进行详细介绍）；
> 基于图结构生成的顶点相似度矩阵，应用 TextRank 算法获得每个顶点的权重；
> 基于顶点权重排序结果选择句子形成摘要。

进一步考虑句子之间的相似性，避免选择重复的句子。这个过程一般包括了文本分类和文本匹配任务。通过文本匹配衡量相邻句子之间的关系，选择与摘要中已有句子冗余度小的句子。确定任何两句之间的先后顺序后，进一步通过分类任务判断句子是否属于摘要。接着对选择的摘要句子进行连贯性排列，从而获得最终摘要。

抽取式方法比较简单，只需从原文中找出相对比较重要的句子进行组合即可得到输出，一般是通过模型来选择信息量大的句子，然后按照自然序来组合。这种方法的缺点是摘要的连贯性、一致性很难保证，很多内容由于缺少上下文而丢失了语义信息，导致效果不佳。目前也有很多方案考虑端到端的文本生成，直接给出合乎要求的摘要，这就是下文介绍的生成式摘要。

（2）生成式摘要

生成式摘要目前主要是基于端到端模型（编码－解码框架）的单文档摘要，通过训练模型获得"输入－输出"经验，具体流程如下：

> 编码器先对句子编码，或配置注意力机制加强输入－输出之间的映射权重；
> 一种解码输出一个 0/1 序列，预测输出是维度为词库大小的概率分布，甄选出最大概率值对应的标签；
> 通过标签与词库对应，检索得出对应的单词（or 字符），生成词序列；
> 另一种解码输出，结合指针网络从原文中直接生成文本[14]。

生成式摘要面临的问题主要有以下几点：

①如何构建高质量语料。由于生成模型的训练依赖大型标注语料。目前，国内外有很多公开测评的语料，比如推动了自动文摘发展的 CNN/Daily Mail 语料[15]。但是基于这些语料训练的模型的迁移泛化能力还有待提高，另外就是针对中文的评测较少。

②未登录词（Out Of Vocabulary, OOV）问题。由于词表不可能涵盖所有待生成词，因此很多词的概率分布计算会出问题。可行的解决方案是选择 top N 个高频词组成词表[16]。

③关于评价指标的客观性问题。目前人工评价主观性过强，缺少标准，因此常采用 ROUGE 指标[17]等自动化评价方案，不涉及语义层面的内容。如何从语义层面来评价摘要效

果还需进一步研究，相关进展可以参考中文 NLP 模型定制的自然语言理解基准 ChineseCLUE[⊖]。

6. 机器翻译

机器翻译是将专家经验、语法、语义融合进模型，完成跨语言的自动翻译，一直以来是自然语言处理的重要语用任务。机器翻译主要由两大类方法实现，一种是通过语言规则和语法约束进行翻译转换，另一种是通过统计学习实现[⊜]。

规则语法机器翻译。这类方法通过制定规则让机器完成翻译，后来过渡为先对文本分词，然后通过双语词典映射获取对应翻译词，对翻译结果校正词汇形态，再协调句法得到结果。进一步将词翻译替换为短语实例翻译，同时结合句子语法结构，操作整个句法结构获得机器翻译结果。在面对复杂语句或复合语法结构时，上述方法常常出现难以估计的错误，因而难以推广。后来出现一种思路提供"中间语言"，中间语言遵循普适的规则，并且可以将翻译变成一种简单切换任务。这种方法对不同语种建立与中间语言对应的翻译规则或翻译模式，最后完成翻译。然而完美的中间语言是很难设计的。以上这些方法随着统计机器翻译的到来而逐渐消失。

统计机器翻译（Statistical Machine Translation, SMT）。1990 年初，随着大规模平行语料库的建设，IBM 研究中心首次展示了基于统计、排序和语言模型的机器翻译系统，显著提升了准确度。2016 年，基于编码－解码框架的谷歌神经机器翻译系统（GNMT）取得了革命性进步。该系统对输入序列进行编码，然后根据输入编码生成输出序列，对于未识别词，GNMT 会尝试将词分解为词片段再得到翻译结果[18]。随着 2017 年基于注意力机制的 Transformer 网络模型诞生，机器翻译逐渐成熟落地[19]。

当然现有的机器翻译模型还存在迁移能力不足，专业适应性差的问题，需要进一步结合行业自身的特征，研究具有行业适应性的机器翻译方法。

2.3 语言理解体系

在论述了整个自然语言理解任务之后，我们再来看如何处理这些任务。语言理解与否，或深或浅，主要看实际需求是否得到满足，实际任务是否能以公认的标准得以解决。目前的语言理解都是建立在自然语言处理的基础上，首先我们给出一个基本的自然语言处理框架，如图 2-14 所示。该框架包括三部分：输入、模型和任务输出。根据自然语言使用场景需要，输入包括文本特征、文本知识库、多模态信息。针对待解决的任务引入各种相关特征，包括文本内容特征、外部的相关知识、音视频、图像等多模态知识，这些特征都会以特征空间中的表示进入语言理解模型。根据任务目标，迭代优化模型，最后选择一个最优模型。通过语言理解模型来解决单一任务或组合任务。这就是一个基本的自然语言处理框架。

⊖ https://github.com/CLUEbenchmark/CLUE

⊜ https://new.qq.com/omn/20191023/20191023A0BXBK00.html

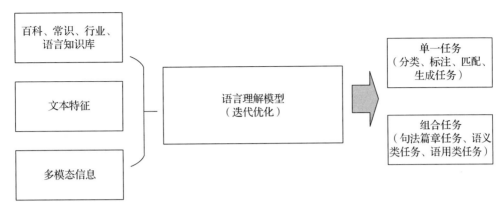

图 2-14　自然语言处理基本框架

结合上述自然语言理解任务需求，细化的语言理解框架如图 2-15 所示。其中，将原始输入通过特征工程建立特征集合，以符号表示或向量表示输入不同的算法模型，比如文本分类、文本匹配、文本生成模型等。通过迭代优化获得面向不同需求的文本任务的解决方案，逐级解决上述语法、语义和语用任务，最终形成了自然语言理解的完整体系。同理，该理解逻辑也适用于图像、音频、视频等多模态信息的智能处理任务。

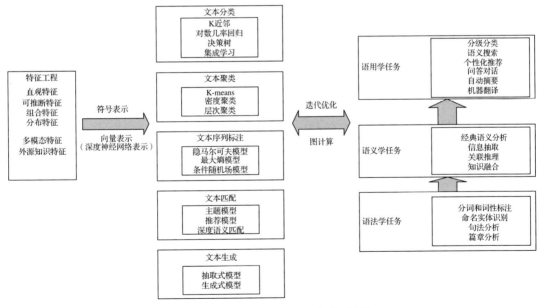

图 2-15　自然语言理解的逻辑体系框架

小结

自然语言理解任务是以任务为导向，以语言表示为基础，以语言特征工程为出发点，以算法模型为核心的"问题 – 解决"系统。本章首先介绍了自然语言处理的历史演进脉络，进而讨论了目前自然语言处理领域的基本任务：从语法学、语义学和语用学角度给出了自然语言理解任务的基础知识，最后给出了自然语言理解的体系框架，为后续自然语言处理算法和知识图谱的介绍奠定了基础。

语用类任务种类繁多，本章仅仅介绍了少数常见的语用任务，不同行业（领域）会衍生出各种特定的应用任务。对语言任务进行逐层分解，不同层次的任务采用不同的方法或方法组合来解决。根据自然语言处理的算法和模型，设计浅层机器学习模型、深层串联流水线模型、端到端的模型等予以解决。随着可解释需求的日益增多，为问题匹配相应的知识图谱子图（对应解释匹配），提升语义和语用任务的效果。这部分内容将在第 3 章和第 4 章中详细介绍。进一步将算法模型向上封装，形成满足任务的服务、工具甚至平台。

本章是全书的基本出发点，概述了自然语言理解的基本逻辑。下一章，我们将对各类任务相关的自然语言处理核心方法进行具体介绍。

参考文献

第 3 章

自然语言处理

为了解决第 2 章描述的各类语言理解任务，就要引出本章的自然语言处理，针对自然语言文本实现计算机加工和分析。前面已经提到人工智能大体上走符号计算和统计学习两条路。符号计算由于过多的推理和规则设置。相比而言，由于语言现象本身的随机性和上下文依赖性，基于统计学习理论和方法从大量数据中找到统计规律，逐渐成为自然语言处理主流。传统统计学习是一种浅层学习，通过人工设计特征准则选取有效特征，但是这种特征工程代价高昂，难以完成高效的表示学习。近几年随着深度学习的发展，通过深层结构实现多层次特征表示学习，拓展了统计学习能力。但是也同时面临可解释性、小样本、泛化难题，并且模型也越来越复杂。研究表明，未来可解释性强的符号计算也会被结合进来，发挥背景知识的优势，提高机器认知水平。

本章主要针对自然语言文本处理进行介绍，图 3-1 给出了本章的内容框架，首先从自然语言文本特征和自然语言统计学习的基础出发，进而讨论自然语言处理相关算法，包括自然语言机器学习和自然语言深度学习，最后给出相关前沿进展和思考。本章涉及的算法代码和数据详情，参考本书开源项目[⊖]。

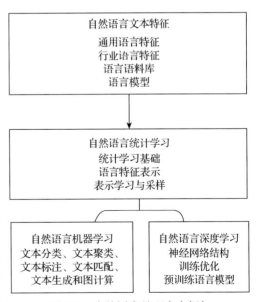

图 3-1 自然语言处理内容框架

3.1　自然语言文本特征

从文本"原材料"中，首先要获得文本数据中的语言学特征，比如词性、前后词搭配、短语组合等。这种从文本数据到特征的映射就是特征工程。随着深度神经网络的介入，特征工程不再如机器学习模型中的那样复杂，但仍然需要定义核心特征。因此，中文文本是字、词组、短语，甚至概念等多种元素的综合表示，如何将离散文本符号转换为特征成为研究的重点[1]。本书针对日常通用语言文本和行业专用语言文本，分别讨论它们的文本特征问题。

3.1.1　通用语言文本特征

考虑文本的内容和结构，比如词、字符串、成对文本、上下文词、词间关系等，通用语言文本特征（以下简称特征）可以划分为如下几类。

①直观特征。从文本字面上看，文本主要由字、词、句、段落、篇章构成。直观特征就是将文本用"词袋"表示，假设字词之间相互独立，如同装入一个袋子里一样。文本呈现出独立于上下文的字符组成、字符数量、字符次序等。

从字词特征出发，直观特征包括具有语义的字词、词元和词干特征，以及字词属性特征，比如分布式词向量、上下文词（窗口、位置）、词关系（词距、词长）。每种特征统计的参数可以是每个词出现的频数，还可以是 TF-IDF。TF-IDF 可以用来评估词对于一个语料库文档集的重要程度，用一个 $D \times N$ 维的矩阵表示，其中 D 为文档数量，N 为词的个数。

从句子特征出发，文档断句之后，直观特征主要包括被统计的句子的长度、中英文（汉字、单词、数字）个数、句子中的标点数、距离相似度（分词后与分词前句子间的各类相似距离）、重复句子判断等。

②推断特征。自然语言文本除了词语的线性排序特征外，还有基于语法规则的各类结构特征，包括分词边界标注、词性标签和部分语义信息等。这些语言学特征不容易从文本直观表现中看出来，需要进行推断计算，被称为推断特征。

- ❑ 词性标签：中文分词标注，通过语法规则判断语言学属性，进行概念类型标注。
- ❑ 句法结构和角色：基于句法规则标记动词论元，通过短语结构树将词组成短语，展示句法依存树中修饰关系和词连接，通过语义角色标注来确认角色，说明论元相对于动词的语义角色。
- ❑ 篇章关系：通过连接词揭示因果、解释、对立、顺承等句子间关系，揭示依存树、子树、词相互邻接关系，指代消解也可以揭示篇章线索。

上述词性标签、句法结构和角色、篇章关系等概念是基于语言学理论推断出的语言结构特征[2]。

③分布特征。除了直观特征和推断特征以外，文本特征还包括分布特征，也就是考虑字词上下文联系，假设通过上下文分布能够预测字词。能够通过这种模式找到相似的词义聚类词、相似的词向量、相似的句法结构。

文档中的主题分布也是一种潜在语义分布特征。比如潜在语义索引（Latent Semantic Index, LSI），通过文档-词频矩阵分析文档潜在语义；再比如文档主题生成模型（Latent Dirichlet Allocation, LDA），假设文档集有 T 个话题，分别计算出 D 个文档属于某个话题的概率，以 $D \times T$ 矩阵表示文档主题分布，以及文档降维后的特征表示。

④关联特征。除了从文本本身获得特征以外，还可以通过外源知识来提供文本背景信息。各类语言知识库，比如 WordNet（关系、词性）、HowNet（概念体系）、FrameNet 等，提供了明确关系定义的知识三元组或概念；百科知识库，比如 Wikidata、DBpedia、Freebase 等，提供了更多的背景知识作为文本的关联特征。当面向具体场景应用时，文本特征还可以结合外部输入进一步强化，比如从热点排名、热点标签、热点名称、热度、热点文章、主题演变等信息，形成文本的外源特征。

⑤多模特征。多模态知识包括与文本对应的图像、语音、视频等信息，比如中文字形图片充分利用汉字中的图形信息获得文字语义，增强了文字的语义表达能力。视频+音频的多模知识，融入知识表示和知识计算框架中，在文本任务中起到非常大的促进作用。

3.1.2　行业语言文本特征

与上述通用语言文本特征不同，行业语言文本是依照行业标准拟订的规范化文献，本身还具有自身的专业性特征。行业语言文本特征与通用语言文本特征的不同主要体现在如下几个方面：

①特定文本撰写格式，行文表达抽象。以专利行业为例，通常标题和摘要都比较清楚，比如标题会写明主要发明点，而摘要则会简要概述技术背景、技术问题、解决方案、有益效果等。但是专利文献的特殊之处在于它是一个法律文件。由于是法律文件，权利要求往往表现为概念抽象、上位、零散，行文特征捉摸不定，然而又往往凝结了整个行业文件的精华，所以"行业语言处理让你又爱又恨"。另外专利文献的说明书部分涵盖了技术领域、技术背景、发明方案、具体实施方式、附图等，每个部分既有固定的句法格式，又可以随意书写，只要符合规范即可，因此是一种个性化文本。

②文本语法和语义特征复杂。很多情况下，专业文本本身通篇可能是领域术语词的堆砌，句法逻辑错综复杂，行文没有固定模式。行业命名实体在上下文中可能有不同称谓，实体消歧是一个较大的问题。此外，实体关系往往在权利要求和具体实施方案中得以体现，但是关系隐含、模糊的现象明显，无法像通用文体那样形成大规模的训练数据集，标注非常困难。

③文本解释与实际需求隔阂明显。行业文本解释结果往往见仁见智。比如专利文献本身注重新颖性、创造性和实用性，这些评价主观性强，是行业特有的"文字游戏"。一些焦点问题的专家解释，可能与多数人认知不同。因此，文本处理难以标准化和普及化。

④文本跨语言分析困难。由于不同国家行业发展水平参差不齐，不同语种撰写的行业文本之间存在语言隔阂、行文差异、语义分歧大等问题。此外，行业新词和术语繁多，很多未登录的词缺乏内容说明和解释，再加上使用不同语言撰写的行业文本特征和语法差异

很大，一种语言的行业文本模型通常无法翻译或直接迁移到其他语言上，因此形成明显的语义理解壁垒。现有的跨语言分析基本停留在机器翻译层面。

⑤行业文本技术性强，与金融、财报、新闻等其他类型的文本融合时，涉及自然语言形态学、语法学、语义学和语用学等几个层次的考虑，需要摸索规律。

3.1.3 语言文本特征表示

语言文本特征表示的目的是把文本转换成计算机可理解的表达方式，将不同语言任务的文本字符特征转换为数学向量。针对自然语言的离散、稀疏特征，设计了两种向量表示方式：符号表示和词嵌入表示。

符号表示将每个字词都看作互相独立的符号，忽略文本中词的出现顺序信息，用词袋模型或向量空间模型表示。符号表示采用独热编码，将文本中出现的字词用字词长度向量表示，每一维度表示一个单独字或词出现的特征（1 或 0）。比如，一个 1000 个字词长度的文本，在所有单词序列中，the 和 claim 分别出现的地方为 1，其他特征为 0。所以独热编码会给出一个文本非常稀疏的高维向量表示。词之间彼此独立，并且无法表征语义信息即无法度量语义亲疏远近。如果词库量非常大，那么高维度、高稀疏性不可避免。词袋模型是向量空间模型的基础，向量空间模型通过特征选择降低维度，通过特征权重计算增加稠密性，最后形成结果特征向量为高维向量的组合。

the (0, 0, 0, 0, $\cdots$, 1, $\cdots$ 0, 0, 0, 0)
claim (0, 1, 0, 0, $\cdots$, 0, $\cdots$ 0, 0, 0, 0)

除了向量空间模型，还有基于潜在语义表示方法，作为文档的主题分布表示。进一步，给出文本分布式词嵌入表示，通过机器学习把稀疏特征表示映射到一个稠密向量表示，也就是将字词特征转换为低维特征空间中一个向量表示。这个维度通常远小于文本字词数目，如下所示。单词"the"还可以用一个 100 维的稠密向量进行表示。

262579 100
the 2.141150 2.966304 5.273489 0.087942 0.788931 1.248357 1.970703 0.907184
−0.309722 −0.069649 −1.584630 0.948468 2.030286 1.328332 2.722350 1.281832
1.398007 3.260149 2.314376 1.800922 −1.934146 −0.897449 1.216879 3.877965 1.034054
0.936802 4.588117 −0.525687 −0.179772 4.262709 −1.677746 −2.057961 0.297662
−0.615165 0.977044 −2.269118 −0.525051 −2.486227 0.329995 4.382669 1.789523
1.613611 −1.654858 −2.452849 0.279000 0.519020 1.152899 −0.751449 −2.718634
1.075967 1.337736 −4.595433 0.241776 -1.853499 1.611340 0.283161 2.218777
−1.261066 -3.931067 1.190323 0.470935 3.250207 0.852491 1.277355 −0.037451
0.973341 2.406947 −0.486646 −3.130814 −0.492282 0.186035 1.884254 −0.176160
3.685478 −0.231379 −2.089020 2.542857 4.245094 −0.488270 0.861864 −0.241238

−1.851303 1.371367 2.235868 1.289689 2.321493 2.015684 0.906175 −0.579599
0.050757 1.594811 0.554105 −0.468494 −0.378865 1.595948 1.429974 −1.343866
0.915138 −1.159485 −2.174270

这样的稠密低维向量方便矩阵计算，而且有很强的泛化能力。现有大量工作表明，可训练稠密向量表示所有特征。这里，我们还要强调基于知识的特征表示，也就是知识表示，可解释性很好，第 4 章会详细介绍。知识表示将实体和关系映射到低维稠密向量空间，旨在习得知识组成元素（节点与边）的向量化表示，使得模型能够充分利用先验知识完成语义理解。

3.1.4　语言特征选择

在明确了特征表示以后，如何学习文本任务中的语义信息呢？这就需要构建有深度有层次的特征表示模型，通过选取有效的语言特征进行表示学习。在表示学习方面，传统机器学习和深度神经网络学习思路并不一致。

传统机器学习要进行特征选择。特征选择就是要选择那些最能表征文本含义的组合特征，降低特征空间维数，减小计算复杂度，有助于文本任务计算性能的改善。文本特征选择流程主要包括特征产生、特征评价和验证。特征选择的方法有很多，常用的方法包括过滤法、封装法和嵌入法 [3]。其中，过滤法忽略算法偏好，对特征与目标函数的相关性、一致性进行评价，然后过滤筛选，计算速度较快；封装法将算法偏好与特征选择紧密结合，利用机器学习算法评估特征子集，将特征子集的搜索与评估指标结合起来，但是当样本特征较多时计算复杂度显著增加；嵌入法将特征选择嵌入到模型的构建中，弥补了上述两种方法的不足 [4]，但是需要人工设计嵌入逻辑，泛化性不高。很多时候语言特征选择不容易与机器学习方法偏好融合，所以过滤法相关的评估方法比较常用。选取较强的特征，摒弃弱特征，或尝试组合特征构造新特征。常用的特征选择评估函数包括 TF-IDF、卡方（χ^2）校验（Chisquare，CHI）、信息增益（Information Grain，IG）和互信息（Mutual Information，MI）等。除了运用评估函数外，还可以对原始特征进行降维变换，形成新的特征来完成特征选择。

1. 评估函数筛选

特征选择基本思路是根据文本数据特征分布的统计情况，采用一些评估函数对各维特征进行加权排序，从中选择权值高的特征项，因此文本特征评估函数的选择非常重要。下面将对一些常见的评估函数进行介绍。

（1）词频 – 逆向文档频率

词频 – 逆向文档频率（TF-IDF）方法是词特征权重计算的经典方法。词频（Term Frequency，TF）定义某个词组在文档中出现的次数与文档总词数的比值。计算如式（3.1）所示，此处对不同文档长度进行了归一化处理。

$$TF = \frac{某词组在文档中出现的次数}{文档的总词数} \qquad (3.1)$$

文档频率（Document Frequency，DF）定义为包含某词组的文档篇数与整个文档集合总篇数的比值，表示词组出现在文档中的频率。由信息论可知，某些词组虽然出现频率较低，但却含有较丰富的信息，或相对集中于某些类别中，滤除这类词组会使分类信息受到损失。与文档频率相对应的是逆向文档频率（Inverse Document Frequency, IDF），它的计算如式（3.2）所示，可以看出 IDF 与 DF 是一个相反的关系。如果一个词组越常见，那么分母越大，IDF 值越接近 0，说明该词组不那么重要。IDF 表征了一个词组区分文档的能力，一个词组出现的文本频数越小，它区分类别文本的能力就越大。

$$IDF = \log\left(\frac{\text{总文档数}}{\text{包含某词组的文档数}+1}\right) \tag{3.2}$$

式中分母加 1 是为了避免有部分新词没有在语料库中出现过，而使分母为 0 的情况出现。

TF-IDF 权重定义为 TF 值与 IDF 值的乘积，它反映了某一词组的重要程度与其在文档内的词频成正比，与其在所有文档中的文档频率成反比。TF-IDF 值越大，说明该词组在文档中就很有代表性，特征权重高。然而，TF-IDF 也存在几个显著缺点：①没有考虑特征在类间的分布情况，忽视了不常见特征的长尾分布；②与 DF 类似，也会忽略某些重要的低频词；③没有给出单词的位置信息。

（2）卡方校验

卡方（χ^2）校验也是一种检验特征和类别之间统计独立关系的方法，χ^2 统计量是一个归一化的值，其基本思想是通过检验实际值与理论值的偏差来衡量特征和类别之间的独立性，比如计算特征词组与文本重要性类别之间的相关性，相关性越大越可能是有效特征，否则将其作为无效特征被抛弃掉。

卡方校验的具体做法如下：假设词组 t_k 与类别 c_i 服从具有一阶自由度（简单起见）的卡方分布，那么参考如下步骤。

①原假设：假设 t_k 与 c_i 相互独立；

②计算实际测量值（观察值）与"两者独立"情况下理论值之间的偏差程度；

③若偏差足够小，就认为误差属于自然样本误差，是测量不精确导致或属于偶然现象，此时接受原假设，认定二者相互独立；

④若偏差大到某一阈值，误差不太可能是由于测量不精确或是偶然现象导致的，此时否定原假设，接受候选假设，认定二者不是相互独立的，即二者相关。

⑤结论就是，t_k 对于 c_i 的 χ^2 统计量越高，表明 t_k 与 c_i 的关联度愈大，反之则较少。

如表 3-1 所示，a 表示属于类别 c_i 且包含词组 t_k 的文档数，b 表示不属于类别 c_i 但包含词组 t_k 的文档数，c 表示属于类别 c_i 但不包含词组 t_k 的文档数，d 表示不属于类别 c_i 也不包含词组 t_k 的文档数，训练集中文档总数用 N 表示。那么词组 t_k 和类别 c_i 的 χ^2 统计量为

$$\chi^2(t_k, c_i) = \frac{N \times (a \times d - c \times b)^2}{(a+c) \times (b+d) \times (a+b) \times (c+d)} \tag{3.3}$$

卡方校验对存在类别交叉的文本进行分类时，性能优于其他分类方法。然而，卡方校

验仅统计了出现词组 t_k 的文档数，而没有统计具体一篇文档中词组出现的次数，会偏袒低频词，即"低频词缺陷"问题。因此，使用卡方校验通常需要综合词频等方法来取长补短。

表 3-1　卡方校验分类示例

词组　　　　类别	c_i	非 c_i
t_k	a	b
非 t_k	c	d

（3）信息量计算

除了上述评估角度，还可以从信息论的角度来评估特征。一种方式是使用信息增益（Information Gain，IG）来衡量一个特征带来信息量的多少，信息量越多说明该特征越重要。在文本特征的选择中，假设信息增益是针对词组而言的，那么词组在文本中出现或不出现时信息量的差值被定义为该词组的信息量（增益）。其中，信息量由信息熵来表示（参考附录 A 中信息熵详细说明）。

假设 $\{c_1, c_2, c_m\}$，为包含 m 个类别的集合，词组 t_k 的信息增益定义为：

$$\mathrm{IG}(t_k) = P(t_k)\sum_{i=1}^{m} P(c_i \mid t_k)\log \frac{P(c_i \mid t_k)}{P(c_i)} + P(\overline{t_k})\sum_{i=1}^{m} P(c_i \mid \overline{t_k})\log \frac{P(c_i \mid \overline{t_k})}{P(c_i)} \quad （3.4）$$

其中，$P(c_i)$ 为类别 c_i 在训练集中的概率；$P(t_k)$ 和 $P(\overline{t_k})$ 分别为词组 t_k 在训练集中出现和不出现的概率；$P(c_i \mid t_k)$ 为 t_k 出现时，类别 c_i 出现的概率；$P(c_i \mid \overline{t_k})$ 为 t_k 不出现时，类别 c_i 出现的概率。通过设定一定的阈值，将低于阈值的特征滤除。

此外，互信息（Mutual Information，MI）也是基于信息论的一种特征权重计算方法，基于统计值度量特征与类别之间的独立关系。它的基本思想是，在某个特定类别的出现频率高而在其他类别的出现频率低的特征，与该特定类别的互信息较大。在信息增益基础上，词组 t_k 和类别 c_i 的互信息越大，那么 t_k 和 c_i 越可能同时出现。假设 a, b, c, d 的含义与表 3-1 一致，那么词组 t_k 和类别 c_i 的互信息计算如下：

$$\mathrm{MI}(t_k, c_i) = \log\frac{P(t_k, c_i)}{P(t_k)P(c_i)} = \log\frac{P(t_k \mid c_i)}{P(t_k)} \approx \log\frac{a \times N}{(a+b) \times (a+c)} \quad （3.5）$$

从公式可以看出，互信息取范围大，对边缘概率密度很敏感，在相同条件概率的情况下，样本集中出现概率低的特征往往具有很高的互信息，这种现象被称为"低频词强依赖"。这类词组很可能是错误的单词或分词系统切分错误的词语，需要关注。由于互信息的方法不需要对词组和类别之间的性质作任何假设，因此普遍认为该方法适用于文本特征选择。

与信息增益类似，交叉熵（Cross Entropy，CE）也被用来度量一个特征词组对分类性能的影响，计算如下：

$$\mathrm{CE}(t_k) = P(t_k)\sum_{i=1}^{p} P(c_i \mid t_k)\log\frac{P(c_i \mid t_k)}{P(c_i)} \quad （3.6）$$

对比公式（3.5）和（3.6）可知，交叉熵越大，表明特征对文本类别分布的影响也越大。

上述信息增益、互信息和交叉熵三种方法各有优劣，比如，信息增益的定义过于复杂，从特征词组是否发生来考虑，交叉熵不考虑词组未发生的情况，它的效果要优于信息增益。但是交叉熵从全部类别中抽取特征词，与全部类别分布有关。而互信息从不同类别中分别抽取特征词，因此互信息的效果又要优于交叉熵，但是互信息容易倾向稀有词组，也就是低频词强依赖现象。此外，一些其他评估函数，比如二次信息熵（QEMI）、文本证据权（Weight of Evidence Text，WET）、概率比（Odds Ratio，OR）、遗传算法（Genetic Algorithm）、模拟退火算法（Simulating Anneal）等，也在尝试寻找更合理的评估函数。但是目前并没有一个公认的"银弹级"方法，本书不再赘述。

特征选择方法通常采用以上特征评估函数进行特征权重计算。但是由于这些评估函数都需要进行统计计算，因此这些方法的一个缺点是需要一个庞大的样本数据集。另外，基于评估函数的特征提取方法是建立在假设特征独立的基础上，然而在实际应用中这个假设很难成立。

2. 映射变换筛选

考虑到自然语言文本特征的高维性（前面 3.1.3 节提到的高维向量空间中的文本表示），很多时候需要通过映射或变换的方式，将原高维空间的数据映射到低维的空间中，实现特征选择。映射变换过程需要学习一个映射函数 $f: x \rightarrow y$，其中 x 是原始数据的向量表达，y 是数据点映射后的低维向量表达，通常 y 的维度小于 x 的维度。映射变换方法直观、便于可视化，利于有效信息的提取。这个过程一般通过流形学习（Manifold Learning）完成，利用流形曲面拟合分布较均匀且较稠密的特征。也就是说，从高维空间中实现数据采样，并获得数据分布中的低维流形结构，从而选择有效特征。目前，映射变换主要包括基于流形学习的线性映射和非线性映射两大类方法。

（1）线性映射

线性映射的代表方法包括主成分分析（Principal Component Analysis，PCA）、线性判别分析。主成分分析是最常用的线性降维方法，其基本思路是通过某种线性投影，将高维数据在低维空间各个方向上投影，不同方向投影的特征值（Eigenvalue）和特征向量（Eigenvector）衡量了该方向的重要性。通过对数据集中原始特征进行线性组合提取彼此不相关的新特征，从而最大化保持数据的内在信息。由于主成分分析方法要求数据分布相同，具体计算过程如下：

①对数据去平均值，进行中心化和标准化；
②计算协方差矩阵，表征变量之间的相关程度（维度间的关系）；
③获得协方差矩阵的特征值和特征向量，即获得特征值排序 topN 个值对应特征向量；
④数据变换到上述 topN 特征向量组成的特征空间中，从而实现降维。

主成分分析方法将所有的特征向量集合作为一个整体对待，寻找一个均方误差最小意义下的最优线性映射投影，但是忽略了数据中本来具有的类别属性信息。

线性判别分析是一种有监督的线性降维算法，该方法的目标不是保持数据的信息最多，而是希望数据在降维后能够很容易地被分类，从而获得了不相关的特征组合。基本思路如下：

①将数据向线性判别超平面的法向量上进行投影。

②使类别间样本点数据分布间隔尽可能大，而类别内样本点数据分布的方差尽可能小。

③原始特征的线性组合权重大小可以理解为每一个预测变量对样本分类贡献程度的大小，故具有一定的解释性。

上述分析过程中，涉及协方差矩阵的求逆运算，因此样本量要大于分类个数，且预测变量之间必须是相互独立的。此外，这类方法不适合对非高斯分布的样本进行降维。在某些情况下，对于一些文本的高维特征，线性映射方法往往无法有效地抽取，因此非线性映射方法受到更普遍的关注。

（2）非线性映射

非线性映射方法的代表方法主要包括基于核的非线性降维方法和流形学习等。基于核的非线性降维方法主要包括基于核的主成分分析（Kernel PCA，KPCA）和基于核的 Fisher 判别分析（Kernel Fisher Discrminate Analysis，KFDA）等。其中，KPCA 的基本思想是将非线性可分的数据转换到一个适合线性分类的新的低维子空间，其基本流程如下：

①把样本矩阵非线性映射到一个高维空间。

②通过核技巧（Kernel Trick）进行主成分分析降维，映射到另一个低维空间。

③通过线性分类器进行特征划分。

基于核的非线性降维依赖核的选择，不同的核函数对降维效果影响较大。目前常用的非线性映射方法包括多维尺度分析（Multidimensional Scaling, MDS）、等距特征映射（Isometric Mapping, ISOMap）、t 分布随机近邻嵌入（t-distributed stochastic neighbor embedding，t-SNE）、拉普拉斯特征映射（Laplacian Eigenmaps, LE）和局部线性嵌入（Locally Linear Embedding, LLE）。

多维尺度分析构建高维向量的欧氏距离矩阵，通过欧式距离计算评估两两特征间的相似度，然后再评估降维映射后的向量相似度，进而划分特征。但是欧式距离计算在很多高维问题中并不适用。

等距特征映射是一种非迭代的全局优化算法，它用曲线距离作为空间中两点的距离，代替多维尺度分析中的欧式距离，从而将位于某维流形上的数据映射到一个欧氏空间。具体过程是将数据点连接起来构成一个邻接图（Graph），以离散近似原来的流形，通过图上的最短路径来近似曲线距离。等距特征映射适合于内部平坦的低维流形，不适合有较大内在曲率的流形结构。

局部线性嵌入是用局部线性来反映全局的非线性，关注降维的同时，保持样本局部的线性特征，其过程主要分为三步：

①求 K 近邻。

②对每个样本求它在邻域里的 K 个近邻的线性关系，得到线性关系权重系数 W。

③使用权重系数在低维空间重构样本数据。

局部线性嵌入方法实现简单，通过有限局部样本的互线性表示构造权重矩阵，在低维空间找到满足高维时样本间流形结构权重需要的样本集，但是该方法对数据本身的流形分布也有严格要求。综上，各类流形学习方法都存在优缺点，需要根据文本特征选择的实际情况选择映射变换的方法。

3. 深层特征选择

传统特征表示学习需要设计并选择有效特征及特征组合，然后再完成面向任务的模型训练和预测。如果依靠前述评估函数和映射变换来进行特征选择，那么特征表示层次性、多层特征学习、特征选择都成为难题。随着神经网络结构的研究，人们发现用一定"深度"的模型可以有效学习从基本特征到高层特征的多层次特征，而不需要复杂的人工特征工程。引入深度学习，利用网络结构级联，摸索最佳模型组件拼接方式，也能够自动增加对文本的多层次结构表示学习能力，因此成为目前自然语言理解领域的研究热点。此外，在一些复杂任务中，传统机器学习不仅需要对不同任务进行人为设计特征表示，还要分阶段学习，每个阶段的错误对最终模型效果都有影响。而深度学习可以端到端的训练，直接对最终模型的目标函数进行优化，不需要对中间各阶段人为干预，最后表示学习的效果较传统机器学习方法有明显提升。因此，通过深层模型选择语言特征，也成为当下的研究热点。

3.2　自然语言统计学习

统计学习是机器学习重要组成部分，两个概念经常被等同看待，将机器学习问题视为统计推断问题。Herbert A.Simon 曾经说："如果一个系统能够通过执行过程改进自身性能，这就是学习。"所以统计学习就是计算系统通过数据和模型改进、提高自身性能的机器学习，近年来自然语言处理成果主要来自统计学习[5]。统计学习进一步分为频率学派和贝叶斯学派，频率学派将模型参数视为定值，完成各类统计分析，而贝叶斯学派则将模型参数视为随机变量，结合先验分布完成统计学习。因此，关于数据的概率统计和关于优化的信息论，是统计语言学习的基础知识。我们假设读者已经对相关知识比较知悉，如想进一步了解相关公式和定理，读者可以阅读本书附录和相关书籍。

本节的内容主要结合概率论、信息论等有关概念，对统计学习进行简单介绍[6]。进一步结合语言学内容，探讨语言模型相关内容。

3.2.1　统计学习基础

统计学习通过假设总体数据具有一定的规律性，根据样本数据构建概率模型，通过对模型进行学习，完成预测分析。通过对这一概念的描述，我们需要了解一些统计学基本概念。结合概率论和信息论来深入思考，详细概念介绍见附录。

①总体：对于自然语言而言，就是面向某一任务的所有可能出现的语言文本实例集合。

②样本：由于总体数据无法穷尽，通过构建一个有限的数据集合来近似总体。每个数据的特征可用随机变量或联合随机变量进行描述，数据中的统计规律用随机变量的概率分布进行描述。

③采样方法：确定数据集合，在语言任务中，就是获取满足同一分布的样本集合。

④模型设计：根据具体任务确定模型假设空间，即模型集合。

⑤学习策略：如何进行模型学习？模型的选择需要满足能够对训练数据集进行足够好的预测，并同时在测试数据集中也具有最优的预测效果。在统计学习尤其是监督学习中，首先需要考虑输入空间、特征空间和输出空间。输入空间输入实例，由特征向量表示为特征空间，其中每一维度对应一个特征。监督学习分为学习和预测两个过程，学习过程就是使模型的输出变量与训练样本输出变量之间的"损失"尽可能小，利用相关指标进行评估。

⑥参数优化：选择模型评价策略，关键在于最优化算法的选择[7]。在输入空间到输出空间的映射集合（假设空间）中找到一个最优的模型，这个模型可以是概率模型或者非概率模型，用条件概率分布或决策函数表示，它描述了输入变量和输出变量之间的映射关系。最后预测过程是对给定测试样本输入，由模型按最大条件概率或决策函数给出相应输出。

综上，统计学习的关键在于模型设计、学习策略和参数最优化这三个要素，以及实际应用中的样本构建方法。最后通过语言模型来简要介绍开启统计语言学习的大门。

1. 模型设计

统计学习模型是表示从输入空间到输出空间的映射，输入和输出构成了样本空间，不同任务的输出空间不同。通常，设计一个函数集合作为模型假设空间，然后从中学习选择一个理想的假设。常见的模型假设空间分为线性和非线性两种，对应模型分别是线性模型和非线性模型。模型生成一般取决于决策函数或条件概率分布，条件概率分布表示给定输入条件下输出概率模型，而决策函数则表示输入输出之间的非概率模型。

在模型学习过程中，可以分为生成方法和判别方法。生成方法表示给定输入产生输出的生成关系，在训练集数据中学习随机事件的联合概率分布 $P(X, Y)$，然后基于贝叶斯公式求出条件概率分布作为预测模型，常见模型比如朴素贝叶斯模型和隐马尔可夫模型。判别方法在给定输入 X 的情况下预测输出 Y，由训练集数据直接学习决策函数或条件概率分布作为预测模型，即判别模型。优点是直接学习条件概率或决策函数，因此预测准确率较高。可以对数据进行各种抽象、特征定义，大大简化了学习问题。与生成方法相比，判别方法的缺点是不能还原联合概率分布 $P(X, Y)$，学习收敛速度相比较慢以及对存在隐变量的情况不适用。

2. 学习策略

学习策略指从模型假设空间中选取最优模型，即构造模型。不同的策略对应着模型不同的比较标准和选择标准。计算学习理论是学习策略的理论基础，其中可能近似正确（Probably Approximately Correct, PAC）是我们选择学习算法的出发点。考虑到理想真实目标函数难以获得，因此学习获得一个近似正确的模型就可以。

在 PAC 原则下，可以引申出一些共识。首先天下没有免费的午餐，也就是没有哪种机器学习方法可以对任何任务"赢者通吃"。进行模型选择的时候，还有一个丑小鸭原理，也就是模型评价没有公认客观的标准，都带有一定的主观性，所以模型选择也就一定有局限性客观存在。另外，我们通常要再学习策略上设定先验的假设条件，也就是归纳偏置，所以都是带有约束的学习。后续我们将结合文本任务详细介绍。

（1）模型选择

模型选择是从所要学习事件的条件概率分布或决策函数集合构成的假设空间中进行选择，那么该如何进行"模型选择"？

模型的好坏通过期望风险来衡量。机器学习中期望错误和经验错误之间的差异称为泛化错误，大数定律证明训练集无穷大，则泛化错误趋近于 0。但是，这种情况不可能存在，所以 PAC 学习理论提出降低学习算法的能力期望，以一定概率学习一个近似正确的假设。根据风险最小化原则，计算经验风险的学习策略就是经验风险最小化。然而实际情况下，样本数量有限或包含一定噪声数据，不能全面反映真实分布，经验风险最小化就会带来模型在未知数据上错误率高的问题，导致过拟合。这个时候，就要引入正则化项来限制模型复杂度，这种学习策略就是结构风险最小化[7]。通过"偏差－方差"分解，需要一个正则化系数在偏差和方差之间取得平衡。为了提高模型的泛化能力，需要正则化来限制模型复杂度，并根据 Occam's razor 原则来寻找满足数据解释性强且尽可能简单的模型。通过在经验风险上加入正则化项或惩罚项，一般是模型复杂度的单调递增函数，选择经验风险和模型复杂度同时较小的模型。

此外，在实际训练过程中，需要进行模型交叉验证。由于无法直接获得泛化误差，在实际操作中通过实验测试来评估学习器的泛化误差，即使用"测试集"来测试学习器，然后以测试集上的"测试误差"作为泛化误差的近似。通常假设测试样本也是从样本真实分布中独立同分布（Independent and Identically Distributed, IID）采样得到的，测试集应该尽可能与训练集互斥。在研究对比不同算法的泛化能力时，我们用测试集上的判别效果来估计模型在实际使用时的泛化能力，而把训练数据另外划分为训练集和验证集，基于验证集上的性能来进行模型选择和调参。模型验证是机器学习建立模型和验证模型参数的常用办法。

下面列举几种常用的模型验证方法：

①留出法。在样本充足的情况下，一种较为简单的方法是随机将数据分为训练、验证和测试数据。验证集合用于模型选择，测试集合用于学习方法评估。在学习到的不同复杂度的模型中，应选择对验证集合具有最小预测误差的模型，由于验证集合有足够多的数据，这种方法对模型选择是有效的。训练、测试集划分尽可能数据分布一致。留出法直接将数据集 *D*

拆分成互斥的两个集合，其中一个作为训练集 S，另一个作为测试集 T。在 S 上训练模型，在 T 上进行测试，并得到测试误差来近似泛化误差。在使用留出法时一般采用若干次随机划分、重复进行实验评估后取平均值作为留出法的评估结果。较为常见的是数据集约 $\frac{2}{3} \sim \frac{4}{5}$ 的数据作为训练集，剩余的作为测试集。

②交叉验证方法。常用于实际数据不足的情况，其基本思路为重复使用数据，对给定数据进行切分，然后将切分数据集组合为训练集和测试集，再反复训练、测试和模型选择。交叉验证法将数据集 D 划分成 k 个大小相似的互斥子集 $\{D_1, D_2, ..., D_k\}$，每个子集 D_i 都使用分层采样尽可能保持数据分布一致，具体做法是每次使用 $k-1$ 个子集的并集作为训练集，余下的那个子集作为测试集，这样就得到 k 组训练 / 测试集，进行 k 次模型的训练与测试，得到 k 个结果，最后将这 k 个结果的均值作为交叉验证的最终结果。显然，k 的取值会显著影响交叉验证评估结果的稳定性与保真性，k 的取值通常为 10。由于将数据集 D 划分成 k 个子集的过程是随机的，为了保障结果的稳定性，交叉验证通常会将随机划分的过程重复 p 次，最终的评估结果是 p 次 k- 折交叉验证结果的均值，例如常见的有 10 次 10 折交叉验证。如果数据集 D 中有 m 个样本，当 $k = m$ 时，则得到交叉验证的一个特例：留一法（Leave-One-Out，LOO）。由于 m 个样本划分为 m 个子集只有唯一的方式，留一法不受随机样本划分的干扰，训练集只比原始数据集 D 少了 1 个样本，因此使用留一法训练的模型与使用原始数据 D 训练得到的模型很相似，评估结果相对更准确，然而这种方法的缺点是当数据集较大时，训练 m 个模型的开销十分大，该方法也未必永远比其他方法更准确。

③自助法。我们希望数据集 D 的所有数据用于模型训练，但在留出法与交叉验证法中，由于保留了一部分数据用于模型测试，实际用于模型训练的数据集比 D 小，这必然会引起一些偏差，在数据集 D 较小的情况下偏差会更大。留一法虽然避免了上述问题，但计算复杂度太高。自助法的提出就是为了解决上述问题。最常用的一种自助法为 Bootstrap 自助法，也叫 0.632 自助法。假设原始数据集为 D，对该数据集进行有放回地抽样 m 次，产生 m 个样本的训练集，这样原始数据集中的某些样本很可能在该样本集中出现多次。没有进入该训练集的样本组成测试集。每个样本被选中的概率是 $\frac{1}{m}$，未被选中的概率为 $\left(1-\frac{1}{m}\right)$，这样一个样本在训练集中没出现的概率就是 m 次都未被选中的概率，即 $\left(1-\frac{1}{m}\right)^m$，当 m 趋于无穷大时，这一概率就趋于 0.368，所以留在训练集中的样本大概占原数据集的 63.2%。自助法保证了训练集拥有与原数据集 D 相等的样本量 m，也保证了数据集大约 $\frac{1}{3}$ 的样本没有出现在训练集中，可用于测试。自助法的测试结果称为"包外估计"。自助法在训练集较少，难以划分有效训练 / 测试数据集时非常有用，另外从原始数据集中产生多个不同的训练集，对集成学习等方法有很大好处。自助法产生的数据集改变了数据集的原始分布，会引起估计偏差。因此，数据集足够时，优先选用留出法与交叉验证法。

（2）损失函数

针对风险最小化问题，机器学习算法都有一个目标函数，算法的求解过程是目标函数的优化过程。目标函数中最重要的是损失函数（Loss Function），也被称为风险函数（Risk Function）或代价函数（Cost Function）。损失函数将经验风险损失和结构风险损失映射到一个函数中，即假设样本有 m 个样本点，样本点 $X = \{x_1, x_2, \cdots, x_m\}$ 的真实标签为 $Y = \{y_1, y_2, \cdots, y_m\}$，样本点 x_i 的模型输出值 $f(x_i, \theta_i)$，$i = 1, 2, \cdots, m$，其中 $\boldsymbol{\theta} = \{\theta_1, \theta_2, \cdots, \theta_m\}$ 为模型参数。估计的模型参数 $\hat{\boldsymbol{\theta}}$ 为，

$$\hat{\boldsymbol{\theta}} = \arg\min \frac{1}{m} \sum_{i=1}^{m} L(y_i, f(x_i, \theta_i)) + \lambda \Phi(\boldsymbol{\theta}) \tag{3.7}$$

其中，L 表示损失函数，$L(y_i, f(x_i, \theta_i))$ 为经验风险函数，$\Phi(\boldsymbol{\theta})$ 为正则化项或惩罚项。

下面介绍几种常见的损失函数：

① 0-1 损失函数和绝对值损失函数。这种损失函数直接比较预测值与目标值是否相等。对于样本 i，当标签与预测类别相等时，损失函数的值为 0，否则为 1。假设样本点 X 的真实标签值的分布为 Y，样本点模型输出值 $f(X)$，0-1 损失函数为

$$L(Y, f(X)) = \begin{cases} 1 & Y \neq f(X) \\ 0 & Y = f(X) \end{cases} \tag{3.8}$$

感知器方法使用的就是 0-1 损失函数，但是由于相等这个条件太过严格，在实际使用中常被放宽，即

$$L(Y, f(X)) = \begin{cases} 1 & |Y - f(X)| \geqslant T \\ 0 & |Y \neq f(X)| < T \end{cases} \tag{3.9}$$

其中 T 为一个大于等于 0 的数值。可以看出，0-1 损失函数无法对参数进行求导，在依赖于反向传播的深度学习任务中无法被使用，因此 0-1 损失函数更多的作用是启发新的损失函数产生，比如绝对值损失函数 $L(Y, f(X)) = |Y - f(X)|$。

② 平方损失函数（Square Loss），也被称为最小二乘法，是线性回归的一种，它将问题转化为凸优化问题。在线性回归中，假设样本和噪声都服从高斯分布（中心极限定理），通过极大似然估计推导出最小二乘法式子。最小二乘法的基本原则是，最优拟合直线是使各点到回归直线距离和最小的直线，即平方和最小。用公式表示为

$$L(\boldsymbol{Y}, f(\boldsymbol{X})) = \sum_{i=1}^{m} (y_i - f(x_i))^2 \tag{3.10}$$

在实际应用中，我们使用均方差（MSE）作为一项衡量指标其计算如下所示：

$$\text{MSE} = \frac{1}{m} \sum_{i=1}^{m} (y_i - f_{(i)})^2 \tag{3.11}$$

③ 指数损失函数。梯度提升分类方法中常用的损失函数为指数损失函数，模型的指数损失函数定义为

$$L(\boldsymbol{Y}, f(\boldsymbol{X})) = \frac{1}{m} \sum_{i=1}^{m} \exp[-y_i f(x_i)] \tag{3.12}$$

④对数损失函数，即对数似然损失（Log-likelihood Loss），也被称为逻辑回归损失（Logistic Loss）或交叉熵损失（Cross-entropy Loss），常用于逻辑回归和神经网络以及一些期望极大算法的变体，用于评估分类器的概率输出。

逻辑回归假设样本服从伯努利分布（0-1 分布），其最优化求解过程是最大似然估计（详见附录），也就是最小化的负似然函数，从损失函数的角度来看，就成为 sigmoid 或 softmax 损失函数。其中，sigmoid 损失函数可被用于二分类任务，softmax 损失函数可被用于多分类任务。

对数损失通过惩罚错误的分类，实现对分类器准确度（Accuracy）的量化。最小化对数损失基本等价于最大化分类器的准确度。对数损失函数的计算公式为：

$$L(y, P(y\,|\,x)) = -\log P(y\,|\,x) = -\frac{1}{m}\sum_{i=1}^{m}\sum_{j=1}^{n} y_{ij}\log(p_{ij}) \tag{3.13}$$

其中，n 为可能的类别数，y_{ij} 表示类别 j 是否是样本点 x_i 的真实类别，p_{ij} 为模型或分类器预测 x_i 属于类别 j 的概率。对数损失函数表达的是样本 x 在标签为 y 的情况下，使概率 $P(y\,|\,x)$ 达到最大值时的参数值，也就是观测到目前这组数据的概率最大时所对应的参数值。取对数是为了便于求极值时的求导运算。

在二分类任务中，假设有 m 个样本点，其取值为集合 $\{0, 1\}$。样本点值为 1 的概率为 $h_\theta(x)$，即 $P(y=1|x;\theta) = h_\theta(x)$，样本点值为 0 的概率为 $1-h_\theta(x)$，即 $P(y=0|x;\theta) = 1-h_\theta(x)$。其中，$\theta$ 为模型参数，$h_\theta(x) = g(f_\theta(x)) = \dfrac{1}{1+\exp(-f_\theta(x))}$。$g(\cdot)$ 为 sigmoid 或 softmax 激活函数，也被称为归一化指数函数，其作用是将模型输出值转化为 [0,1] 之间，比如神经网络的输出通过激活函数"归一化"为概率分布的形式。那么，样本的概率分布为

$$P(y\,|\,X;\theta) = (h_\theta(x))^y (1-h_\theta(x))^{1-y} \tag{3.14}$$

根据附录中介绍的最大似然估计方法，得到关于 θ 的似然函数，

$$L(\theta) = \prod_{i=1}^{m} p(y_i\,|\,x_i;\theta) = \prod_{i=1}^{m} (h_\theta(x_i))^{y_i}(1-h_\theta(x_i))^{1-y_i} \tag{3.15}$$

对数损失函数为

$$\ell(\theta) = -\frac{1}{m}\log L(\theta) = -\frac{1}{m}\sum_{i=1}^{m}[y_i\log h_\theta(x_i) + \sum_{i=1}^{m}(1-y_i)\log(1-h_\theta(x_i))] \tag{3.16}$$

交叉熵描述了两个概率分布之间的差异程度（交叉熵的概念详见附录），由公式（3.16）可以看出，最小化对数损失函数与最大化似然函数以及最小化交叉熵是等价的。

⑤ KL 散度损失函数。KL（Kullback-Leibler Divergence）散度（参见附录），也被称为相对熵（Relative Entropy），用于估计两个分布之间的相似性，因此常被用来衡量选择的近似分布与数据原分布之间的差异程度。根据附录中相对熵和交叉熵的定义可知，KL 散度与交叉熵只有一个常数的差异，两者是等价的。同时值得注意的是，KL 散度并不是一个对称的损失函数，即 $D_{KL}(p\|q)\neq D_{KL}(q\|p)$，这里假设 p 为已知分布，q 为 p 的近似概率分布。KL 散度常被用于生成式模型中。

⑥ Hinge 损失函数。Hinge 损失函数也叫铰链损失，常被用来求解支撑向量机（support

vector machine，SVM）中的间距最大化问题，其定义为

$$L(m) = \max(0, 1 - m(\boldsymbol{\omega}))\tag{3.17}$$

其中，$\boldsymbol{\omega}$ 为参数模型，$m(\boldsymbol{\omega})$ 为 SVM 超平面，$m(\boldsymbol{\omega})y\boldsymbol{\omega}^{\mathrm{T}}x$。如果分类正确，损失函数等于 0，如果分类错误，损失函数则为 $1-m(\boldsymbol{\omega})$，所以 Hinge 函数是一个分段不光滑的曲线。假设样本点的取值为集合 {-1, 1}，二分类 SVM 模型的损失函数为

$$L(\theta) = \frac{1}{2}\|\boldsymbol{\omega}\|^2 + C\sum_{i=1}^{m}\max(0, 1 - y_i\boldsymbol{\omega}^{\mathrm{T}}x_i)\tag{3.18}$$

（3）评估指标

对于不同算法模型泛化能力的评估，需要建立模型泛化能力的评价标准，也就是性能度量。不同的性能度量往往会导致不同的评判结果，说明模型好坏不仅取决于算法和数据，还取决于面向任务的评价标准。下面介绍自然语言理解任务中常见的评估指标。

1）文本分类模型评估指标

错误率和正确率是两个最常用的性能度量指标。错误率是分类错误样本占样本总数比率，而正确率定义为分类正确的样本个数与所有样本个数的比值。这两个指标只能满足部分需求。对于文本分类（包括文本序列标注）任务，目前最常用的指标如下所示。

①准确率和召回率。

准确率、召回率是文本分类、文本标注、搜索等任务中常用的模型识别效果评价标准。将标注数据的真实类别与模型的预测类别组合，可得到混淆矩阵（Confusion Matrix），也被称为错误矩阵（Error Matrix）、交叉表，其中真正例（True Positive，TP）为正例被分类为正例的数量，假正例（False Positive，FP）为负例被分类为正例的数量，假反例（False Negative，FN）为正例被分类为负例的数量，真反例（True Negative，TN）为负例被分类为负例的数量，且满足 TP+FP+TN+FN= 样本总数，如表 3-2 所示。

表 3-2　混淆矩阵

真实情况	预测结果	
	正例	反例
正例	TP（真正例）	FN（假反例）
反例	FP（假正例）	TN（真反例）

准确率（Precision Ratio，PR）也称为查准率，表示预测结果为正例的样本中真正例所占比例，公式为

$$PR = \frac{TP}{TP + FP}\tag{3.19}$$

召回率（Recall Ratio，RR）也称为查全率，在所有的正例样本中被正确预测的比例，公式为

$$RR = \frac{TP}{TP + FN}\tag{3.20}$$

② P–R 图。

以准确率为纵轴，召回率为横轴，则得到 P–R 曲线。使用 P–R 曲线评估模型时，可依据如下三种方法进行衡量：

❑ 若模型 A 的 P-R 曲线完全包住模型 B 的 P-R 曲线，则模型 A 的性能优于 B。

❑ 若比较的模型存在交叉的情况，使用平衡点（Break-Even Point, BEP）进行评估，即准确率等于召回率的点，模型的平衡点越高，性能越好。

❑ 准确率与召回率为一组相互矛盾的度量指标，对同一模型，准确率高时召回率往往较低。F_1 度量可以同时兼顾 P 和 R，是关于 P 和 R 的调和平均，即 $F_1 = \dfrac{2 \times P \times R}{P + R}$。$F_1$ 值越大性能越好。在命名实体识别任务中，常常采用 F_1 值作为关键评价指标。

不同应用对准确率和召回率的重视程度不同，使用 F_1 度量的一般形式 F_β 度量，F_β 为加权调和平均，公式表示为

$$F_\beta = \frac{(1 + \beta^2) \times P \times R}{\beta^2 \times P + R} \tag{3.21}$$

其中 $\beta > 0$，F_β 度量了 P、R 的相对重要性。$\beta = 1$ 时退化为 F_1 度量，$\beta > 1$ 时，召回率更重要，$\beta < 1$ 时准确率更重要。

③ ROC 与 AUC 曲线。

在不同的应用任务中，可根据任务需求采用不同的截断点。重视准确率的任务选择排序中靠前的位置进行截断，反之重视召回率的任务会选择靠后的位置进行截断。排序本身的质量好坏，体现了分类器在不同任务下泛化性能的好坏。ROC（Receiver Operating Characteristic）曲线，也被称为接收者操作特征曲线，是衡量模型泛化性能的度量工具，适和对产生实值或概率预测结果的分类器评估。ROC 曲线纵轴为真正例率，横轴是假正例率。

真正例率（True Positive Rate，TPR）为预测真正例数与实际正例数的比值，反映了有多少真正的正例预测准确

$$\mathrm{TPR} = \frac{\mathrm{TP}}{\mathrm{TP + FN}} \tag{3.22}$$

假正例率（False Positive Rate，FPR）为预测假正例数与实际反例数的比值，反映了多少反例被预测为正例

$$\mathrm{FPR} = \frac{\mathrm{FP}}{\mathrm{TN + FP}} \tag{3.23}$$

ROC 曲线是一个独立于阈值选择的模型性能评价指标，如图 3-2 所示。ROC 曲线越靠近左上角，模型的性能越优。

和 P-R 曲线相似，若一个学习器的 ROC 曲线被另一个学习器的 ROC 曲线完全包住，则后者的模型性能优于前者。若两个学习器的 ROC 曲线发生交叉，如需进行比较的话，需计算 ROC 曲线下的面积，即 AUC (Area Under ROC Curve) 值，AUC 值常用来作为模型排序好坏的指标，AUC 值越大，

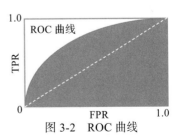

图 3-2　ROC 曲线

分类器分类效果越好。

④宏平均 / 微平均 / 一致性指数。

上述指标满足对二分类模型性能的评价。在多分类（ *n* 分类）任务中则需要定义新的模型评价指标。这些指标是衡量文本多分类器的重要评价参数。宏平均（Macro-average）和微平均（Micro-average）常用于考察和评价 *n* 个二分类混淆矩阵，是衡量文本多分类器的重要指标。宏平均是先对每一个二分类计算指标值，然后求所有二分类指标值的算术平均值。简单理解就是将 *n* 分类拆成 *n* 个二分类，计算每个二分类混淆矩阵的 PR 值和 RR 值，然后求得平均 PR 值和平均 RR 值，再计算 F_β 或 F_1 值。微平均是对数据集中的每一个实例不分类别进行统计建立全局混淆矩阵，然后计算相应指标。简单理解就是，先根据所有二分类的平均 TP、FP、TN 和 FN 构建全局混淆矩阵，接着计算全局混淆矩阵的 PR 和 RR 值，进而求得 F_β 或 F_1 值。宏平均指标相对微平均指标受小类别的影响更大，微平均受大类别的影响比较大。因此，在测试数据集上，度量分类器对大类判别的有效性应该选择微平均，反之对小类判别的有效性则应该选择宏平均。

卡帕一致性指数（Kappa Index of Agreement，KIA）是一种能够测度名义变量变化的统计方法，它能够计算整体一致性和分类一致性，是一种衡量分类精度的指标。混淆矩阵可以很好地描述数据随时间的变化以及变化的方向，但不能从统计意义上描述变化的程度，KIA 可以弥补这一缺点。KIA 的计算公式为

$$\mathrm{KIA} = \frac{p_0 - p_c}{1 - p_c} \tag{3.24}$$

其中，$p_0 = \dfrac{\sum\limits_{i=1}^{r} x_{ii}}{N}$，$p_c = \dfrac{\sum\limits_{i=1}^{r} (x_{i*} \times x_{*i})}{N^2}$，*r* 表示总类别数，*N* 表示样本总数，* 表示遍历所有类别。p_0 被称为观测一致性单元的比例，p_c 为偶然一致性单元的比例。KIA 值的范围为 [0, 1]，通常可细分为 5 种不同级别：[0.0, 0.20) 为极低一致性，[0.20, 0.40) 为一般一致性，[0.40, 0.60) 为中等一致性，[0.60, 0.80) 为高度一致性，[0.80, 1] 为几乎完全一致性。

2）文本匹配模型排序评估指标

①平均准确率均值。

平均准确率（Average Precision, AP）是对不同召回率点上的准确率进行平均。例如，某个查询共有 6 个相关结果，某系统排序返回了 5 个相关结果，其位置分别是第 1、第 2、第 5、第 10、第 20 位，则 AP = (1/1+ 2/2+3/5+4/10+5/20+0)/6。平均准确率均值（Mean Average Precision, MAP）是所有查询的 AP 的宏平均。具体而言，单个主题的平均准确率是每篇相关文档检索后准确率的平均值，主集合的平均正确率是每个主题的平均准确率的平均值，反映系统在匹配全部相关文档上性能的单值指标。系统检索出来的答案的位置称为 rank，相关文档越靠前，rank 越高，mAP 就可能越高，如果系统没有返回相关文档，则准确率默认为 0。

②平均倒序值。

对于一些文本系统而言，如问答系统或主页发现系统，只关心第一个标准答案返回的位置，其位置越靠前越好。标准答案在评价系统给出结果中的排序的倒数称为倒序值

（Reciprocal Rank, RR），用来衡量准确度，所有问题集合的平均即为平均倒序值（Mean Reciprocal Rank, mRR）。

③第 N 个位置的正确率（Precision@N）。

对于搜索引擎，考虑到大部分作者只关注前 N 页的结果，P@10、P@20 对大规模搜索引擎非常有效。

④归一化折损累积增益。

每个文档不仅只有相关和不相关两种情况，还有相关度级别，比如 0、1、2、3。假设返回结果中相关度级别高的结果越多越好，越靠前越好。归一化折损累积增益（Normalized Discounted Cumulative Gain，NDCG）被用来衡量相关度级别，其优点是图形直观，易解释，支持非二值相关度定义，比 P-R 曲线更精确，能反映用户的行为特征，如用户的持续性等。但缺点是相关度定义难以一致，需要对参数进行设定。

⑤面向用户的评价指标。

前面的指标都没有考虑用户因素，然而相关与否是由用户来判定的。假定用户已知的相关文档集合为 U，检索结果集合 A 与 U 的交集为 Ru，覆盖率定义为 $C = \dfrac{|Ru|}{|U|}$，表示系统找到用户已知相关文档所占的比例。假定检索结果返回用户未知的相关文档集合用 Rk 表示，那么新颖率（Novelty Ratio）定义为 $N = \dfrac{|Rk|}{|Ru| + |Rk|}$，表示系统返回的新相关文档的比例。覆盖率和新颖率如图 3-3 所示。

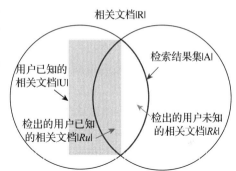

图 3-3   覆盖率和新颖率图示

3）文本生成任务指标

常见的文本生成任务评价方法又可分为两类，一类通过人工评价，从有用性等对文本进行打分；另一类采用 ROUGE-N 和 BLEU 等自动化评价指标，评估生成文本和参考文本间的相似度来衡量生成质量，目前应用最为广泛。

① ROUGE-N 指标。

文本中连续出现的 n 个语词被称为 N 元组（N-gram）。N 元组模型是基于 $N-1$ 阶马尔可夫链的一种概率语言模型，通过 n 个语词出现的概率来推断语句的结构。当 n 分别为 1、2、3 时，分别对应为一元组（Unigram）、二元组（Bigram）与三元组（Trigram）。

ROUGE（Recall-Oriented Understudy for Gisting Evaluation）是一种基于召回率的相似性度量方法。ROUGE-N 指标的定义为机器翻译文本和参考文本共有的 N-gram 短语计数与参考文本中 N-gram 短语计数之间的比率。通常只使用 ROUGE-1 和 ROUGE-2 指标，对于长度很长的翻译文本有时候也可使用 ROUGE-3 指标。随着 N 值增加，参考文本和机器翻译文本中完全匹配的单词 / 短语的 N-gram 的长度也相应增加了。例如，考虑两个语义相似的短语 "apples bananas" 和 "bananas apples"，使用 ROUGE-1 则只考虑单词，这两个短语是相同的，使用 ROUGE-2 则使用双字短语，"apples bananas"与"bananas apples"是两个不同的单一实体，从而导致"未命中"和较低的评价分数。

② BLEU 指标。

BLEU（Bilingual Evaluation Understudy）被称为双语互译质量辅助工具，是一种基于精确度的相似性度量方法，用来衡量机器翻译文本与参考文本中 N 元组共同出现的程度，广泛用于机器翻译的评估。BLEU 取值范围为 [0, 1]，取值越接近 1 表示机器翻译结果越好。BLEU 指标从提出以来经历了多次更新和升级。

最初 BLEU 指标是计算参考文本和机器翻译文本中共同出现的 N-gram 短语计数与机器翻译文本中 N-gram 短语计数的比例。早期 BLEU 指标并不完善，比如在有较多常见词的翻译文本中，翻译质量较差的译文也能得到较高的精度。为了解决这一问题，产生了改良型 BLEU 指标。假设机器翻译文本用 C_i 表示，参考文本用 $S_{ij}=\{s_{i1}, s_{i2}, \cdots, s_{im}\}$ 表示，$j = 1, 2, \cdots, m$，m 为参考文本的数量。令 ω_k 表示第 k 组可能的 N 元组，$h_k(C_i)$ 表示 ω_k 在 C_i 中出现的次数，$h_k(S_{ij})$ 表示 ω_k 在 S_{ij} 中出现的次数。那么，各阶 N-gram 的准确率 P_n 可按照公式（3.25）计算

$$P_n = \frac{\sum_i \sum_k \min(h_k(C_i), \max_{j\in m} h_k(S_{ij}))}{\sum_i \sum_k \min(h_k(C_i))} \tag{3.25}$$

其中，$\max_{j\in m} h_k(S_{ij})$ 表示 N-gram 在所有参考文本中出现最多的次数。

可以看出，一旦在机器翻译文本中识别出单词/短语，就应该将其视为耗尽。具体是，首先在参考文本中找到单词/短语在任何单个引用中出现的最大次数，此计数成为该单词/短语的最大引用计数。然后，通过最大引用计数剪切每个单词/短语的总计数，在机器翻译文本中添加每个单词/短语的剪切计数，并将总和除以机器翻译文本中的单词/短语总数。这种方式解决了机器翻译文本中重复或过度生成单词的问题。但是随着句子长度的变短精度值会变高，比如，当机器翻译文本中只有部分句子翻译得比较准确时，BLEU 也会很高。为了避免评分的偏向性，引入 BP（Brevity Penalty）惩罚因子，其计算公式为

$$\mathrm{BP} = \begin{cases} 1 & l_c > l_s \\ \mathrm{e}^{1-\frac{l_s}{l_c}} & l_c \leq l_s \end{cases} \tag{3.26}$$

其中，l_c 表示 C_i 的长度，l_s 表示 S_{ij} 的有效长度（当存在多个参考文本时，选择与 l_c 最接近的长度）。当机器翻译文本长度大于参考文本的长度时，惩罚系数为 1，意味着不惩罚，只有机器翻译文本长度小于等于参考文本时才会计算惩罚因子。BP 惩罚因子用来调节机器翻译文本对参考文本的完整性和充分性。

最终 BLEU 指标的计算公式为

$$\mathrm{BLEU} = \mathrm{BP} \times \exp\left(\sum_{n=1}^{N} W_n \log P_n\right) \tag{3.27}$$

其中，N 可取 1, 2, 3，最多只统计三元组的精度。W_n 通常为均匀加权，即 $W_n = \frac{1}{N}$。

可以看出，与 ROUGE 不同，BLEU 直接考虑可变长度短语（如一元组，二元组，三元组等）的加权几何平均。随着 N 的升高，N-gram 的 BLEU 呈指数衰减，避免了机器翻译文本包含重复词汇的问题。

3. 参数优化

根据学习策略，从给定、有限训练数据集合出发，从假设空间中选择模型，对已知训练数据及测试数据在给定评价准则下进行最优预测获得最优模型，这个过程需要优化算法实现。优化包括超参数优化和参数优化。超参数优化是根据经验来设定参数，比如梯度下降步长、正则化项系数、神经网络层数等，进而通过试错来调整，这种方法难以通过优化算法自动学习。因此，这里我们仅讨论参数优化。面对复杂的优化问题，通常难以通过简单的求导获得最终结果，一般用迭代优化算法来实现，常用的方法包括梯度下降法、牛顿法和拟牛顿法。

①梯度下降法。

梯度下降法源自对最小二乘法的数值解计算。最小二乘法是计算最优化问题的解析解，适用于样本量不是很大且存在解析解的情况，计算速度很快。对于样本量很大的情况，此时最小二乘法需要求解一个超级大的逆矩阵，求解析解变得非常困难且会耗费巨大算力。和最小二乘法相比，梯度下降法通过选择步长进行迭代求解，这种情况下使用迭代的梯度下降法会更有优势，比如随机梯度下降法。

针对梯度下降的优化算法，除了添加正则化项外，还可以提前停止以防止过拟和，每次迭代时对新模型进行测试，计算错误率，当错误率达到阈值后就停止迭代。进一步还可以抽取小批量的训练样本进行并行计算，比如采用随机梯度下降，每次迭代优化只对单个样本进行梯度计算，更新模型权重，这种方法在非凸优化问题中更容易逃离局部最优点。

②牛顿法 / 拟牛顿法。

牛顿法 / 拟牛顿法和梯度下降法相比，两者都是迭代求解，区别在于梯度下降法是梯度求解，而牛顿法 / 拟牛顿法是用二阶的海森矩阵的逆矩阵或伪逆矩阵求解。在实际应用中，为了提高算法收敛速度和节省内存，在迭代求解时往往采用牛顿法 / 拟牛顿法，因其收敛速度更快，但每次迭代的时间比梯度下降法会更长。

从本质上来看，牛顿法是二阶收敛，梯度下降是一阶收敛，所以牛顿法就更快。更通俗地讲，比如想找一条最短的路径走到一个盆地的最底部，梯度下降法每次只从你当前所处位置选一个坡度最大的方向走一步；牛顿法在选择方向时，不仅会考虑坡度是否够大，还会考虑你走了一步之后，坡度是否会变得更大。所以牛顿法比梯度下降法看得更远一点，能更快地走到最底部。相对而言，梯度下降法只考虑了局部的最优，没有全局思想。牛顿法选择的下降路径会更符合真实的最优下降路径。

我们上述讨论的问题均为等式约束优化问题，但等式约束并不足以描述人们面临的问题，不等式约束更为常见，增加了约束条件之后便可以用拉格朗日乘数法来求解不等式约束的优化问题。

3.2.2　语言语料库

统计语言学习离不开语言数据，语料库就是存放语言样本的数据库。从 20 世纪 80 年代以来，基于规则的语言分析方法不能覆盖海量语言事实，特别是互联网的兴起，导致语料规模暴增。因此，急需建设多语种、多媒体、跨地域的语料库。语料库涉及建设、加工、管理、应用多个环节，可以分为以下几类：以语料库内容加工程度划分为生语料库和标注语料库，以语料库代表性和平衡性为主要区分依据分为平衡语料库和平行语料库，以语料库用途为划分依据的通用语料库和专用语料库。上述语料库也会随着语料分布时间而变化更新[6]。

1. 生语料库和标注语料库

这是从语料库加工层次看，生语料是没有加工过的原始语料，而标注语料库则是针对自然语言处理流程中各节点对应的语料资源进行分析，经过加工处理并标注了信息的语料库。其中，分析内容主要包括词法标注、句法成分标注、语义角色标注、语用信息标注等，并辅助任意层次的标注。标注语料库包括分词语料库、分词与词性标注语料库、句法结构树库、篇章结构树库等。

2. 平衡语料库与平行语料库

平衡语料库需要考虑语料的代表性和平衡性，同时兼顾语料的真实性、可靠性、科学性、代表性以及权威性。语料分布包括了科学领域分布、地域分布、时间分布和语体分布等，语料数量选取、语料使用场景、语料动态发展变化等，都会影响语料的平衡性。平行语料是指不同语言之间平行采样和加工 - 形成的语料，比如机器翻译中使用的双语对齐语料库、英语国家的英语比较研究语料库等，需要考虑跨语言语料选取的时间、对象、比例和文本数等问题，目前缺乏一个公认的平衡和平行语料库的构建标准。

3. 通用语料库和专用语料库

在抽样时，考虑各领域平衡问题的语料库就是通用语料库；为了行业（专业）目的，只采集特定领域、地区、时间、类型的语料就是专用语料库，比如新闻语料、科技语料、中小学语料、北京口语语料等。这两个概念有相对性。

随着语料动态采集和动态加工，上述语料库的深加工也具有时序特征，形成了共时或历时语料库。然而，由于缺乏公认的语料库加工规范，难以重复利用和整合。此外，语料库也面临着知识产权问题，比如文本知识产权和语料库知识产权及衍生产品归属问题。未来，我们需要考虑语料库建设方式、数据和算法同步研究的发展模式。

3.2.3 语料采样

上述语料库搭建完成后，需要从中进行语言特征样本选择，为后续机器学习方法提供数据支持。过小的标注样本集或标注存在偏差都会导致过拟合或错拟合。因此，采样问题必须重视。"静态"低维随机现象容易在一定的概率分布中获取大量样本，而在高维空间也遇到一些问题。因为很难精确获得语料总体概率分布，难以找不到非常合适的可采样分布，并保证采样效率以及精准度。一般来说，采样的目的是评估某个语言现象函数表示在某个分布上的期望值，因此常常采用推断方法近似求解。实际应用中，常常采用蒙特卡洛随机采样法来实现。假设样本用随机变量 X 表示，当分布函数 $P(X)$ 非常复杂且难以直接采样的情况下，采用间接采样策略，即通过一个容易采样的分布函数 $Q(X)$，以一定筛选机制获得符合 $P(X)$ 的样本。常见的策略包括拒绝采样、重要性采样、马尔可夫链蒙特卡洛采样（Markov Chain Monte Carlo, MCMC）等。下面我们重点介绍适用于文本任务中高维变量采样的 MCMC 方法。

　　MCMC 原理在于构造平稳分布 $P(X)$ 的马尔可夫链（Markov Chain, MC），用 MC(P) 表示，也被称为马氏链，并且马尔可夫链的状态转移分布是容易采样的。对于文本序列而言，如果想在某个分布 $P(X)$ 下进行采样，只需要构造一个转移矩阵为 P 的马尔可夫链，获取该马氏链的平稳分布 $P(X)$，最后进行随机采样。假设样本 $X=\{x_0, x_1, x_2, \cdots\}$，MCMC 方法从任意一个初始状态 x_0 出发，首先设法构造一个马尔可夫链，转移概率满足如下马尔可夫假设：

$$P(x_{n+1} \mid x_0, x_1, \cdots, x_n) = P(x_{n+1} \mid x_n) \qquad (3.28)$$

　　第 $n+1$ 次采样依赖于第 n 次采样和状态转移分布。这里马尔可夫链转移概率的构造至关重要，不同的构造方法将产生不同的 MCMC 算法。如果马氏链在第 n 步已经收敛至平稳分布 $P(X)$，那么状态平稳时采样的样本 X 就服从 $P(X)$ 分布，从而基于这些样本来估计 $P(X)$ 分布。

　　MCMC 中最常见两种采样算法分别是 Metropolis-Hastings(MH) 和吉布斯（Gibbs）采样。由于马尔可夫链状态转移分布的平稳分布往往不是 $P(X)$，MH 算法引入拒绝采样思想进行修正使得最终采样分布为 $P(X)$。由于吉布斯采样对高维特征具有优势，目前 MCMC 通常采用这一方法。首先对独立同分布数据进行蒙特卡洛模拟，然后吉布斯采样则基于坐标轴轮换，随机选择某一个坐标轴进行状态转移，即固定 $n-1$ 个状态特征，对最后的状态特征进行采样，进行多次 MCMC，每次 MCMC 的第 n 个状态作为一个样本。具体流程如下：

随机初始化样本集 $\{x_1, x_2, \cdots, x_n\}$；
对每一个时刻 $t = 0, 1, 2, \cdots$ 进行循环采样，得到

$$x_1^{t+1} \sim P(x_1 \mid x_2^t, x_3^t, \cdots, x_n^t)$$
$$x_2^{t+1} \sim P(x_2 \mid x_1^t, x_3^t, \cdots, x_n^t)$$
$$\cdots$$
$$x_i^{t+1} \sim P(x_i \mid x_1^t, x_2^t, \cdots, x_{i-1}^t, x_{i+1}^t, \cdots, x_n^t)$$
$$\cdots$$
$$x_n^{t+1} \sim P(x_n \mid x_1^t, x_2^t, \cdots, x_{n-1}^t)$$

　　以上算法收敛后，采样得到的样本符合给定的概率分布 $p(x)$。MCMC 采样不满足样本独立同分布假设，相邻采样高度相关。因此，通常在保证平稳状态的情况下进行有间隔地随机游走采样，当间隔足够大时，可以认为样本满足独立性假设。上述流程的实现，使得 MCMC 成为很多文本任务中的主流采样方法。

3.2.4　语言模型

　　前面已经介绍了统计语言学习的基本流程、语料制作、语料采样、文本特征选择，下面结合这些内容讨论自然语言处理中最常用的语言模型。将语言视为一种信号，那么通常

一个语言信号系统可以用如图 3-4 的噪声信道模型来表示。

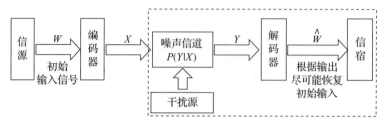

图 3-4 噪声信道模型以及自然语言处理中的噪声信道模型（虚线框表示）

假设信源为 W，经过编码后的输入为 X，经过噪声信道后的输出为 Y，$\hat{W}$ 为解码后的输出。噪声信道模型基本原理是把信源编码输出的信号传输到解码器的输入端，再尽量恢复到原始输入状态，校验传输造成的错误。在自然语言处理中，将语言序列编码，继续解码使得输出序列接近输入。噪声信道的目标就是在给定输出 Y（可能存在误传）的情况下，求出最有可能的输入符号 $\hat{X}$，该问题可以用贝叶斯公式（详见附录 A）进行描述，即

$$\hat{X} = \arg\max_{X} p(X \mid Y) = \arg\max_{X} \frac{p(X)p(Y \mid X)}{p(Y)}$$
$$= \arg\max_{X} p(X)p(Y \mid X) \tag{3.29}$$

其中，$p(X)$ 称为语言模型，指输入语言中"词"序列的概率分布。$p(Y|X)$ 称为信道概率。

通过上面的描述可以看出，语言模型是基于统计学习的参数化模型，通过某个语料库计算概率来预测某些语言模式的出现。语言模型假设无论是通用文本还是行业文本，字词序列依赖于上下文分布的特征，或者说是组合特征[6]。基于马尔可夫假设，对于长度为 N 的连续词序列，即 N 元（N-Gram）短语，其出现概率依赖于前面的 $N-1$ 个词的出现概率。当 n 取足够大时，模型总是能完全覆盖文本词袋模型的所有特征集合，但是这种情况下概率计算过于复杂。通常，二元组（Bi-Gram）和三元组（Tri-Gram）语言模型效果较好。

N-Gram 模型怎么得到的呢？假设一个拥有所有语言模式的语料库，当统计样本足够大的时候，对应词典词汇量为 T，那么我们计算长度为 n 的任意句子有 nT^n 个参数，这需要巨大的开销。如果我们把某个词出现可能性仅与前面一个词相关，而与其他词无关，即马尔可夫性，组成了二元语言模型。随着新的语言理论的诞生，需要设计不同句法下的语言模型，找到不同的算法策略。

参考上面的模型思想，以 Bi-Gram 为例，基于马尔可夫假设构建语言模型，计算公式如下：

$$p(x_1, x_2, ..., x_n) = \prod_{i=1}^{n} p(x_i \mid x_{i-1}) \tag{3.30}$$

其中，$x_1, x_2, ..., x_n$ 为长度为 n 的短语中的词语。这样序列依赖关系仅考虑前后两个词，语料库的统计计算得到极大简化，比如"我爱你"这个短语出现的概率可以通过计算 $p(我) \times p(爱 \mid 我) \times p(你 \mid 爱)$ 得到。N-gram 则依赖于前 $n-1$ 个词，同理可以计算出 N-gram 出现的概率。

语言模型常用的性能评价指标是交叉熵和困惑度。困惑度与语料有关，只有在使用相同评价语料的情况下才可以比较不同语言模型的困惑度。语言模型也面临着跨领域脆弱性

和独立性假设无效的问题，所以需要考虑更多的语言模型自适应方法。

　　N-Gram 语言模型简单有效，但是只考虑了词与上下文分布特征，没有考虑语法和语义特征，还存在数据稀疏的问题。随着深度学习的飞速发展，用神经网络提取具有指示性的核心特征组合，大大减少特征工程工作量，很大程度上解决了传统 *N*-Gram 语言模型的缺陷。除此之外，其优势还包括：①词相似性通过词向量来体现；②自带平滑功能，减少数据稀疏影响。所以现在越来越多的算法模型利用了神经网络预训练语言模型，后面我们会详细介绍。

　　目前，我们将机器学习（主要是统计学习）的理论、方法和工具代入自然语言处理中，相关任务的解决仍然要符合基本的统计学原理。模型本身仅是为了拟合样本特征，并用于任务的解决。尽管有经验认为自然语言在大数据量的分布中呈现二项分布特征，可以利用抽样来获得统计分析的样本。但是不同任务下的语言样本特征符合什么样的分布？是否涵盖了语言信息？能不能满足文本任务的需要？因此，是否能够设计合理的模型、精妙的策略、最优化算法，是值得我们深入思考的。

　　下面，我们将结合前人的研究，梳理出面向自然语言理解任务的机器学习方法集。

3.3　自然语言机器学习

　　完成前述语言学习基础铺垫后，下一步就是通过机器学习算法模型来完成具体任务。针对自然语言样本特征，建立从输入空间到输出空间的映射方法来解决文本任务。本节将介绍各类文本任务下机器学习方法的基本思想、模型设计、学习策略、参数优化和对比分析等内容。相关代码见本章开源项目[⊖]。

3.3.1　文本分类方法

　　文本分类任务是自然语言处理领域中一个非常经典的问题，从早期专家系统分类，过渡到了基于统计学习的大规模文本分类，任务也从简单的二分类学习方法扩展到多分类学习问题。前面的特征工程完成文本预处理、特征提取、文本表示环节，建立学习方法的特征空间 [7]。本小节介绍基本分类思想，结合线性分类的相关模型，最后介绍集成学习模型的介绍。

1. 基本分类思想

（1）K 近邻

　　K 近邻代表着一类非常朴素的分类思想，就是样本在特征空间中，以其最相邻的 *K* 个样本中占多数的类别，形象地说是"投多数票的类别"为自己的分类标签。*K* 近邻模型搭建依赖于距离度量、*K* 值选择、分类决策规则三个部分。

　　在距离度量计算方面，最为常见的度量为欧氏距离。假设两个特征向量分别用 $\boldsymbol{x} = [x_1, x_2, ..., x_n]$ 和 $\boldsymbol{y} = [y_1, y_2, ..., y_n]$ 表示，那么欧式距离的计算公式为

　　⊖ https://github.com/openKG-field/kgbook-2020/tree/master/chapter3/3.3.1%20TextClassification

$$\sqrt{\sum_{i=1}^{n}(x_i - y_i)^2} \qquad (3.31)$$

更一般化的距离度量为闵可夫斯基距离（Minkowski Distance），其计算公式为

$$\left(\sum_{i=1}^{n}|x_i - y_i|^p\right)^{\frac{1}{p}} \qquad (3.32)$$

其中，p 是一个变参数。当 $p=1$ 时，为曼哈顿距离；当 $p=2$ 时，为欧氏距离；当 $p \to \infty$ 时，为切比雪夫距离。

还可以用马哈拉诺比斯距离 (Mahalanobis Distance) 来度量，简称马氏距离，表示数据的协方差距离。给定一个样本集合 $X = \{x_1, x_2, \cdots, x_i, \cdots, x_n\}$，样本数量为 n，每个样本的大小为 m，$x_i = (x_{1i}, x_{2i}, \cdots, x_{mi})^T$。那么样本 x_i 与 x_j 的马哈拉诺比斯距离定义为，

$$d_{ij} = \sqrt{(x_i - x_j)^T S^{-1}(x_i - x_j)} \qquad (3.33)$$

其中，$i, j = 1, 2, \cdots, m$，S 为协方差矩阵。当 S 为单位矩阵时，即样本数据各个分量相互独立且各个分量的方差为 1，由式（3.4）可以看出马氏距离就是欧式距离，所以马氏距离是欧式距离的扩展。

考虑到样本集处于不同的特征空间，为了消除特征量纲的影响，需要对输入的样本特征向量进行标准化或滤除噪声。假设 μ_i、σ_i 分别为第 i 维特征对应的均值和方差，那么特征 x_i 归一化表示为

$$x_i^{'} = \frac{x_i - \mu_i}{\sigma_i} \qquad (3.34)$$

假设特征 y_i 归一化后用 $y_i^{'}$ 表示，归一化距离也被称为标准化欧氏距离（Standardized Euclidean distance），可用如下式子计算：

$$\sqrt{\sum_{i=1}^{n}(x_i^{'} - y_i^{'})^2} \qquad (3.35)$$

K 近邻存在多种变形，通常用交叉验证选择最优 K 值。根据使用场景中的特征权重采用不同的距离度量方式。距离计算需要巨大开销，可用树结构加快最近邻样本搜索，找出一个样本的 K 个最近邻点。由于 K 近邻面临的样本特征可能很多，容易引发维数灾难，因此常常需要通过特征选择降维。分类决策规则通常是"多数表决"，统计最近邻点的类别频数，根据频数为样本类别打标签，最终输出最佳类别，这种策略对应于前述经验风险最小化的学习策略。因此，分类的关键在于如何找到合适的样本特征组合，并在某种距离度量方式下完成计算。一个基本 K 近邻的算法如下：

①计算测试数据与各个训练数据之间的距离。
②按照距离由近到远的顺序排序。
③选取距离最小的 K 点。
④确定前 K 个点所在类别的比例。
⑤选择比重最大的点作为当前 K 的类别。

（2）决策树

决策树基于特征选择和信息论进行分类的方法，也是后续集成学习模型（如随机森林、GBDT、XGBoost 等）的基础。由于 K 近邻方法无法给出数据的内在含义，决策树却可以通过 if-then 规则对数据特征的理解，在树状模型结构下像专家系统一样逐级判断，完成对样本归纳分类。决策树的基本分类思想可以用图 3-5 进行描述，描述了自顶向下递归方式的决策树构造过程。

决策树分类学习包括特征选择、决策树生成和决策树修剪 3 个步骤。特征选择依据信息增益、信息增益比、基尼系数，对应三种不同方法。

① ID3 方法。根据样本集中类别与特征的互信息计算信息增益。假设有一组数据，设 D 为某一个特征类别，则根据熵的定义可以得到 D 的熵为

$$H(D) = -\sum_{i=1}^{n} p_i \log_2 p_i \qquad (3.36)$$

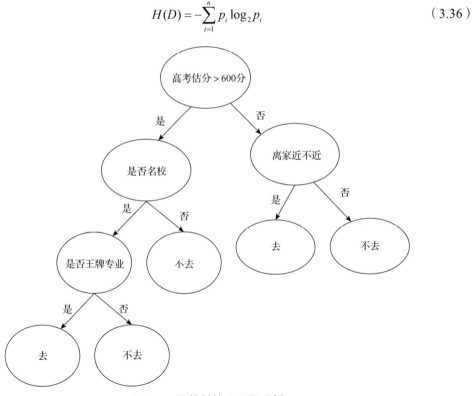

图 3-5　决策树算法逻辑示例

其中，p_i 表示第 i 个类别在整个训练元组发生的概率，在离散的随机过程中，p_i 可以用 i 出现的数量除以整个数据的总数量 n 的比值作为估计。由于对初始数据可以划分的类别不止一项，于是我们需要对已经进行 D 分类的数据再次分类。假设此次的类别为 A，则特征 A 对数据集 D 划分的条件熵为

$$\mathrm{entro}_A D = \sum_{j=1}^{m} \frac{|D_j|}{|D|} \mathrm{entro}\, D_j \qquad (3.37)$$

$j = \{1, 2, ..., m\}$ 表示属性 A 的取值，共有 m 种取值。D_j 表示取值 j 的样本集合。

一般来说，信息增益越大，那么用属性 A 划分获得纯度提升越大。因此，二者的差值即为信息增益

$$\Delta A = \text{entro}\, D - \text{entro}_A\, D \qquad (3.38)$$

信息增益第一项是集合 D 的经验熵，第二项是给定特征条件下 D 的经验条件熵。ID3 算法采用信息增益度量，其目标是如何分裂来使 ΔA 值达到最大，增益高的特征则被选择用于数据划分。从式子（3.37）和（3.38）可以看出，j 的取值越多，信息增益的值越大，也就是说 ID3 算法偏向于选择取值多的特征进行划分。然而如果该属性的样本数比较少，尽管有很高的信息增益，这样的划分也不具有良好的泛化能力。

② C4.5 决策树算法。C4.5 算法是 ID3 算法的延伸和优化。从前面的内容可知，ID3 方法优先选择有较多取值的特征，为了避免特征值多导致信息增益大的问题，C4.5 采用信息增益率（Gain Ratio）指标选择划分属性，并引入"分裂信息（Split Information）"来惩罚取值较多的分类。分裂信息用来衡量特征分裂数据的广度和均匀性。信息增益率和分裂信息的计算分别对应式（3.39）和（3.40）。增益率本身对可取值数目较少的属性有所偏好，为避免这一不足，首先需要从候选划分特征中找出信息增益高于平均水平的特征，再筛选出增益率最高的特征。

$$\text{Gain Ratio} = \frac{\Delta A}{\text{Split Information}(D, A)} \qquad (3.39)$$

$$\text{Split Information}(D, A) = -\sum_{i=1}^{n} \frac{|D_i|}{|D|} \log_2 \frac{|D_i|}{|D|} \qquad (3.40)$$

③ CART 算法。对分类树而言，除了上述两种基于信息熵的方法以外，还可以用基尼系数（Gini）来度量决策条件的合理性。基尼系数衡量模型的不纯度，系数值越高，不纯度越低，特征越好，因此选择划分后基尼系数最小的特征作为划分特征。假设样本集合 D，个数为 $|D|$，假设有 K 个类别，第 k 个类别的数量为 $|C_k|$，那么样本 D 的基尼系数的表达式为

$$\text{Gini}(D) = 1 - \sum_{k=1}^{K} \left(\frac{|C_k|}{|D|} \right)^2 \qquad (3.41)$$

根据特征 A 的某个值 a，将 D 分割成 D_1 和 D_2 两部分（个数分别为 $|D_1|$ 和 $|D_2|$），则在特征 A 的条件下，集合 D 的基尼系数为

$$\text{Gini}(D, A) = \frac{|D_1|}{|D|} \text{Gini}(D_1) + \frac{|D_2|}{|D|} \text{Gini}(D_2) \qquad (3.42)$$

在所有可能的特征 A 以及所有可能的切分点 a 中，选择 Gini 系数最小的特征及其对应的切分点作为最优特征与最优切分点。继续对现结点进行切分，再分配特征，递归计算 Gini 系数，直至决策树生成。算法流程如下：

①遍历所有特征在根节点的 Gini 系数，选取最优特征作为分节点，并将当前特征从特征中移除。

②遍历所有特征在每个叶节点的 Gini 系数，并分别挑选最优特征作为分节点，并将使用的特征在当前子树中移除。

③直至无特征待选为止。

对于以上决策树方法，基尼系数趋向于选择孤立数据集中数量多的类，将它们分到一个叶节点中，而熵偏向于构建一棵分支平衡的树，因此要根据实际情况选择划分方法。上述方法如果不做任何限制，决策树拟合所有样本过程中产生"过拟合"现象，意味着不必要的决策分支出现了，因此需要进行"剪枝"提升泛化能力。

（3）朴素贝叶斯

前面两种分类讨论的都是"事实确定"的硬分类方法，分类事实明确，比如鸭梨是水果，而不是电视。但是多数时候我们只能基于概率论做概率意义上最优决策的软分类，比如"梅西多出现在体育新闻里，而不多见于政治新闻"。这种情况下最简单的分类方法就是基于贝叶斯决策理论的朴素贝叶斯方法。假设变量间相互独立，朴素贝叶斯方法就是根据贝叶斯定理（详见本书附录 A）计算后验概率最大的事件用于文本分类。

朴素贝叶斯方法的基本思想是，对于给出的待分类项，求解此项出现的条件下各个类别出现的概率，待分类项的类别就是概率最大的类别。具体地，假设样本数据集有 m 个样本，用 $D = \{d_1, d_2, \cdots, d_m\}$ 表示，每个样本有 n 个特征，对应特征集合为 $X = \{x_1, x_2, \cdots, x_n\}$。模型类别集合为 $Y = \{y_1, y_2, \cdots, y_k\}$，共有 k 个分类结果。分类结果 Y 条件下各特征 x_i，$i = 1, 2, \cdots, n$ 相互独立，如图 3-6 所示。假设待分类项为 X，计算条件概率 $P(y_1 | X), P(y_2 | X), \cdots, P(y_k | X)$，如果类别满足 $P(y_i | X) = \max(P(y_1 | X), P(y_2 | X), \cdots, P(y_k | X))$，则 $X \in y_j$，$i = 1, 2, \cdots, k$。那么问题的关键就是如何计算上述各个条件概率？

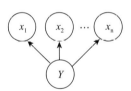

图 3-6　朴素贝叶斯分类模型样本假设

假设 $X = \{x_1, x_2, \cdots, x_n\}$ 为一个待分类项，设模型的类别集合为 $Y = \{y_1, y_2, \cdots, y_k\}$，共有 k 个分类结果。计算条件概率 $p(y_1|x)$，$p(y_2|x)$，$\cdots$，$p(y_k|x)$，如果找到满足如下条件的类别，即 $p(y_k|x) = \max \{p(y_1|x), p(y_2|x), \cdots, p(y_k|x)\}$，则 $x \in y_k$。那么问题的关键就是如何计算上述各个条件概率。

通过训练样本学习可以得到朴素贝叶斯先验概率

$$P(Y = y_i) = \frac{c_i}{\sum\limits_{j=1}^{k} c_j} \tag{3.43}$$

其中，c_i 表示样本集中 y_i 标签出现的次数。统计得到各类别下各个特征属性的条件概率估

计，即 $P(X = x_i|Y = y_j)$，其中，$i = 1, 2,\cdots, n$，$j = 1, 2, \cdots, k$。根据贝叶斯定理，有

$$P(Y = y_i \mid X) = \frac{P(X \mid Y = y_i)P(Y = y_i)}{P(X)} \tag{3.44}$$

由于分母对所有类别为常数，我们只要将分子最大化即可，又因为各特征之间彼此独立，那么

$$P(X \mid Y = Y_i)P(Y = y_i) = P(Y = y_i)\prod_{j=1}^{n} P(X = x_j \mid Y = y_i) \tag{3.45}$$

通过找到使分子最大的类别 y_i，则待分类项属于该类别。

朴素贝叶斯分类器的缺点是条件独立性假设太强，但由于模型简单，并且能有效防止过拟合，当样本较少时可以作为首选的分类测试方法。针对文本分类，可以利用一定的分词规则将文本切成一个个单词，然后去除停用词，如"了""的"等没有实际语义的元素，选出尽可能能标识分类的词汇，降低维度选取样本特征，再应用朴素贝叶斯分类方法进行分类测试。

（4）线性回归

线性回归分类是一种几何直观的分类思想，利用决策超平面对样本特征空间的实例进行分类。一个线性模型由判别函数和非线性决策函数组成，假设有一个 m 维向量 $(x_1, x_2,\cdots, x_m)^\mathrm{T}$，可以由如下式子表示，

$$\hat{y} = w_1x_1 + w_2x_2 +\ldots+ w_mx_m + w_0 \tag{3.46}$$

为了简化书写，可简化为，

$$\hat{y} = \boldsymbol{w}^T\boldsymbol{x} \tag{3.47}$$

其中，$\boldsymbol{w}=(w_0, w_1, \cdots, w_m)^\mathrm{T}$，$\boldsymbol{x}=(1, x_1, \cdots, x_m)^\mathrm{T}$，$\hat{\boldsymbol{y}}$ 为判别函数，可表示为 $f(\boldsymbol{x}, \boldsymbol{w})$。由于分类输出结果为类别标签，而 $f(\boldsymbol{x}, \boldsymbol{w})$ 是实数值，通过引入一个非线性决策函数 g 来预测分类结果 y。决策函数可形象地表示为图 3-7 超平面中的直线 l。

$$y = g[f(\boldsymbol{x}, \boldsymbol{w})] \tag{3.48}$$

当坐标点落在直线 l 上方时，则分类为 C_1，坐标点落在直线 l 下方时，则分类为 C_2。其他的分类方法也是基于线性分类思想，根据决策函数 g、损失函数或学习策略的不同，产生了感知器、对数几率回归、最大熵、支撑向量机等分类模型。

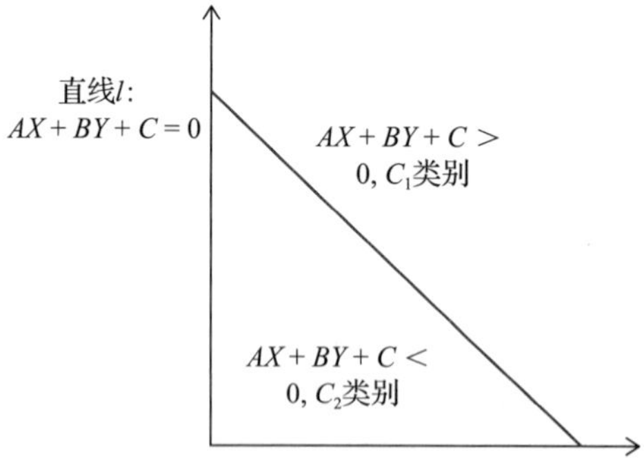

图 3-7 线性分类示意图

2. 从线性分类出发

（1）感知器

基于线性划分思想的分类模型由线性判别函数和非线性决策函数组成，在判别函数 f 相同的情况下，当决策函数 g 为符号函数（用 sign 表示）时就是感知器。感知器是模拟生物神经元的机器模型，是最简单的人工神经网络。

感知器算法的目标是找到能够准确分离正负例样本训练数据集的超平面。对于二分类

问题，给定 N 个样本的训练集 D，样本用 (x_i, y_i) 表示，$i \in [1, N]$。其中，$x_i \in R^n$，表示第 i 个样本在 n 个特征上的取值，$y_i \in \{-1, +1\}$ 表示样本是正例（+1）还是负例（−1）。线性回归模型用 $wx + b$ 表示，模型参数为 w 和 b，如果样本 (x_i, y_i) 满足 $wx_i + b > 0$，则 $y_i = +1$，若 $wx_i + b < 0$，则 $y_i = -1$，即 $\forall i \in [1, N]$，满足 $y_i f(x_i, w, b) > 0$，$y_i \in \{-1, +1\}$。如果线性回归模型用 $f(x, w, b)$ 表示，感知机可表示为

$$g[f(x, w, b)] = sign(f(x, w, b)) \sim \begin{cases} +1 & f(x, w, b) > 0 \\ -1 & f(x, w, b) < 0 \end{cases} \tag{3.49}$$

为了学习模型参数，需要建立损失函数。感知器参数学习的策略是最小化误分类点到超平面的距离，不考虑分母项。假设训练数据集有 M 个误分类点，损失函数可表示为

$$L(w, b) = -\sum_{x_i \in M} y_i(wx_i + b) \tag{3.50}$$

对分错的样本进行权重更新，是一种错误分类点驱动方法。利用随机梯度下降法最小化损失函数 $L(w, b)$，学习算法包括原始形式和对偶形式。采用不同的初值或选取不同的误分类点，得到的参数解可能不同。训练过程中，随机选取部分误分类点使梯度下降，设学习率为 η，训练优化步骤如下：

①选取初始 w_0，b_0；
②选取训练集 (x_i, y_i)，$i \in [1, N]$；
③$y_i(wx_i + b) \leqslant 0$，则更新权值参数 w 和 b；
④转至②，直至训练数据集没有误分类点，得到超平面最优参数 w 和 b。

感知器解决的是线性分类凸优化问题，训练简单高效，具有可解释性，但是在有限假设类空间表示能力不足。有时候我们可能面对复杂的场景，比如分类决策的置信度计算问题，需要将二值分类问题通过概率值（比如 sigmoid 函数）计算进行决策，这就需要后面介绍的对数几率回归；根据点到判别函数的距离或投影距离进行分类，也就导出最大熵、SVM 方法。

（2）对数几率回归

对于二分类问题建模，引入非线性决策函数 g 来预测类别 y 的类后验概率 $p(y = 1 \mid x)$，也被称为条件概率，此时特征为 x、g 称为激活函数，它的目的是把线性函数的值归一化到 [0, 1] 之间，如式子（3.51）所示。模型称为对数几率回归，通常也称为逻辑回归（Logistic Regresssion, LR），表示具有特征 x 的样本被分为某类别的概率。

$$p(y = 1 \mid x) = g[f(x, w, b)] \tag{3.51}$$

选择恰当的激活函数能让后验概率估计更为简单。由于单位阶跃函数不连续，为便于计算，激活函数选取近似单位阶跃函数的对数几率函数，也称为 sigmoid 函数，由于其连续且单调可微，可把线性预测转变为概率估计。假设给定 N 个训练样本，$x = (x_1, x_2, \cdots, x_N)$，$y = (y_1, y_2, \cdots, y_N)$，样本点用 (x_i, y_i) 表示，$i \in [1, N]$。Sigmoid 函数 $\sigma(x) = \dfrac{1}{1 + e^{-x}}$ 将第 i 个样

本的特征向量 x_i 与该样本为正例的概率联系起来，将其代入式子（3.51）中，结果如式子（3.52）所示。其中，$\sigma(x_i)$ 表示样本 x_i 为正例的可能性，则 $1-\sigma(x_i)$ 表示样本 x_i 为负例的可能性，$\boldsymbol{w}$ 和 $\boldsymbol{b}$ 为模型参数。

$$p(y_i=+1\,|\,x_i\,;\,\boldsymbol{w},\boldsymbol{b})=\sigma(\boldsymbol{w}^\mathrm{T}x_i+\boldsymbol{b})=\frac{e^{\boldsymbol{w}^\mathrm{T}x_i+\boldsymbol{b}}}{1+e^{\boldsymbol{w}^\mathrm{T}x_i+\boldsymbol{b}}}$$
$$p(y_i=-1\,|\,x_i\,;\,\boldsymbol{w},\boldsymbol{b})=1-\sigma(\boldsymbol{w}^\mathrm{T}x_i+\boldsymbol{b})=\frac{1}{1+e^{\boldsymbol{w}^\mathrm{T}x_i+\boldsymbol{b}}}$$

（3.52）

两者的比值 $\dfrac{\sigma(x_i)}{1-\sigma(x_i)}$ 称为几率（Odds），即事件发生的概率与该事件不发生的概率的比值，反映了样本 x 为正例的相对可能性。几率取对数为对数几率（Log Odds，也称为 Logit），这就是对数几率回归模型名称的来历。对数几率回归表示为

$$\ln\frac{p(y_i=+1\,|\,x_i\,;\,\boldsymbol{w},\boldsymbol{b})}{p(y_i=-1\,|\,x_i\,;\,\boldsymbol{w},\boldsymbol{b})}=\boldsymbol{w}^\mathrm{T}\boldsymbol{x}+\boldsymbol{b}$$

（3.53）

对数几率模型采用最大似然估计（详见附录）来求解参数 $\boldsymbol{w}$ 和 $\boldsymbol{b}$。为便于讨论，令 $\boldsymbol{\beta}=(\boldsymbol{w};\boldsymbol{b})$，$\hat{\boldsymbol{x}}=(\boldsymbol{x};1)$，则 $\boldsymbol{w}^\mathrm{T}\boldsymbol{x}+\boldsymbol{b}$ 可简写为 $\boldsymbol{\beta}^\mathrm{T}\hat{\boldsymbol{x}}$。再令 $p_1(\hat{\boldsymbol{x}}\,;\,\boldsymbol{\beta})=p(\boldsymbol{y}=+1\,|\,\hat{\boldsymbol{x}}\,;\,\boldsymbol{\beta})$，$p_0(\hat{\boldsymbol{x}}\,;\,\boldsymbol{\beta})=p(\boldsymbol{y}=-1\,|\,\hat{\boldsymbol{x}}\,;\,\boldsymbol{\beta})=1-p_1(\hat{\boldsymbol{x}}\,;\,\boldsymbol{\beta})$ 似然函数表示样本为真实的概率，对数似然函数可用如下式子表示

$$
\begin{aligned}
\ell(\boldsymbol{\beta})&=\ln\left(\prod_{i=1}^{N}p_1(\hat{x}_i\,;\,\boldsymbol{\beta})^{y_i}p_0(\hat{x}_i\,;\,\boldsymbol{\beta})^{1-y_i}\right)=\sum_{i=1}^{N}(y_i\ln p_1(\hat{x}_i\,;\,\boldsymbol{\beta})+(1-y_i)(1-p_1(\hat{x}_i\,;\,\boldsymbol{\beta})))\\
&=\sum_{i=1}^{N}\left(y_i\ln\frac{p_1(\hat{x}_i\,;\,\boldsymbol{\beta})}{1-p_1(\hat{x}_i\,;\,\boldsymbol{\beta})}+\ln(1-p_1(\hat{x}_i\,;\,\boldsymbol{\beta}))\right)\\
&=\sum_{i=1}^{N}\left(y^i\boldsymbol{\beta}^\mathrm{T}\hat{x}_i-\ln(1+e^{\boldsymbol{\beta}^\mathrm{T}\hat{x}_i})\right)
\end{aligned}
$$

（3.54）

假设存在 $\boldsymbol{\beta}$，使得所有样本似然函数达到最大，此时 $\boldsymbol{\beta}$ 为最优参数。由于最优化问题倾向于解决最小值问题，可以引入一个负号转换为梯度下降法求解。梯度下降法求解参数的流程如下：

①按照输入的特征数量创建参数并初始化；
②计算损失；
③更新损失；
④重复②－③直至停止。

与朴素贝叶斯相比，对数几率回归没有条件独立假设，可运用梯度下降法来优化参数，模型输出样本为正例的概率，当 $f(x)>0.5$ 表示 x 被分为正例，$f(\boldsymbol{x})<0.5$ 则被分为反例。对于多分类情况，概率向量通过 softmax 函数得到。

从本书附录 A 中的最大熵原理可知，在给定约束条件下熵最大的模型就是我们要找的模型。从最大熵原理的角度也可以推导出对数几率回归模型。对数几率回归是求条件概率分布关于样本数据的对数似然最大化。与对数几率回归类似，最大熵模型是在给定训练数

据的条件下，求解分类模型的条件概率分布 $P(Y \mid X)$，其中 X 为输入特征，Y 为类别标签。两者的不同之处在于条件概率分布的表示上。最大熵模型联合 $P(Y \mid X)$ 和边缘分布 $P(X)$ 的经验分布，用特征函数 $f(x, y)$ 表示 x 和 y 之间的关系，即前面所说的约束条件，它定义了给定输入变量 x 条件下输出 y 的条件概率分布：

$$p(y \mid x; \theta) = \frac{e^{\theta f(x, y)}}{\sum_{y \in D(y)} e^{\theta f(x, y)}}, \ D(y) = \{y_1, y_2, ..., y_N\} \tag{3.55}$$

其中，$D(y)$ 表示类别 y 的集合，类别总数为 N，θ 为模型参数。当 y 为二元结果 $\{y_0, y_1\}$ 时，定义特征函数为"仅在 $y = y_1$ 时取 x 的特征 $g(x)$，在 $y = y_0$ 时返回 0"。将特征函数带入最大熵模型中，结果如式（3.56）所示。从该公式可以看出，最大熵模型与对数几率回归模型是等价的。

$$p(y_1 \mid x) = \frac{e^{\theta f(x, y_1)}}{e^{\theta f(x, y_0)} + e^{\theta f(x, y_1)}} = \frac{e^{\theta g(x)}}{e^{\theta o} + e^{\theta g(x)}} = \frac{1}{1 + e^{-\theta g(x)}} \tag{3.56}$$

（3）SVM

当样本特征空间从二维扩展到高维时，这种情况下如何寻找线性几何划分超平面？SVM 方法给出了获取最大化超平面间隔的思路：找到距离分类超平面最近的点，通过最大化这些点之间的间隔来求解。以线性可分的支持向量机二分类为例，两类数据点距离超平面的间隔如图 3-8 表示。

在支撑向量机中，由于边界点直接决定于分类线，每个数据点也是一个向量，所以边界点叫作支持向量（Support Vector）。支持向量的定义是距离超平面最近且满足一定条件的几个训练样本点。我们知道，在 n 维空间中，向量 $x = (x_1, x_2, \cdots, x_n)$ 到直线 $w^{\mathrm{T}} x + b = 0$ 的

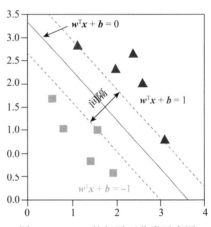

图 3-8　SVM 的超平面分类示意图

距离为 $\dfrac{|w^{\mathrm{T}} x + b|}{\|w\|}$，其中，$\|w\| = \sqrt{w_1^2 + \cdots + w_n^2}$。给定 N 个样本的训练集 D，样本用 (x_i, y_i) 表示，$i \in [1, N]$。假设支撑向量到超平面的距离为 d，那么其他点到超平面的距离大于 d，如图 3-8 所示。于是可以给出

$$\begin{cases} \dfrac{w^{\mathrm{T}} x + b}{\|w\|} \geqslant d & y = 1 \\[3mm] \dfrac{w^{\mathrm{T}} x + b}{\|w\|} \leqslant -d & y = -1 \end{cases} \tag{3.57}$$

$\|w\| \times d$ 为 × 正数，为了方便推导，我们暂且令它为 1。稍做转化并将两个方程合并，得到

$$y(w^{\mathrm{T}} x + b) \geqslant 1 \tag{3.58}$$

样本中支撑向量满足 $|w^Tx+b|=1$，这些点到超平面的距离可以写为

$$d = \frac{|w^Tx+b|}{\|w\|}$$ （3.59）

最大化这个距离

$$\max\left(2 \times \frac{|w^Tx+b|}{\|w\|}\right)$$ （3.60）

进一步结合 $|w^Tx+b|=1$，最优化问题变为

$$\max \frac{2}{\|w\|} \to \min \frac{1}{2}\|w\|^2$$
$$1 - y_i(w^Tx_i + b) \leq 0 (i=1, 2, \cdots, N)$$ （3.61）

在实际应用中，完全线性可分的样本是很少的，如果遇到无法完全线性可分的样本，我们允许部分样本点不满足约束条件，因此引入一个松弛变量 $\varepsilon_i \geq 0$。增加软间隔后优化目标变为

$$\max \frac{2}{\|w\|} + C\sum_{i=1}^{N} \varepsilon_i$$
$$1 - y_i(w^Tx_i + b) - \varepsilon_i \leq 0, \ (i=1, 2, \cdots, N)$$ （3.62）

其中，C 是一个大于零的常数。当 C 趋于无穷大，ε_i 趋于零时，SVM 变为线性可分 SVM。

为了求解上述有约束的最优化问题，优化参数策略是应用拉格朗日乘子法和对偶性。由于目标函数为二次，约束条件为线性，所以最优化是一个凸二次规划问题，可以直接使用 QP（Quadratic Programming）优化包求解。

当二分类样本极其不平衡时，可以将个数比例极小的部分当作异常点来处理，比如 One Class SVM 无监督学习，它采用了一个超球体而不是超平面来划分。在特征空间中对超球体的体积进行期望最小化，而超球体以外的部分则是异常点。这类情况在文本分类中也经常遇见。针对文本类样本的高维特征，SVM 方法提供了另一种思路，定义非线性映射函数将数据映射到高维空间，即通过核函数法对两个向量进行数学运算以获得它们在高维空间的内积值，然后在映射后的空间执行线性分类。

（4）讨论与小结

根据前面的介绍，我们制作一批专利文本数据集，初步运用分类方法。首先进行文本预处理，文本特征选择和采样，这些决定了最终算法模型效果的好坏。本试验目标是将每一个专利文本分类到对应的国际类别标签（IPC）。由于专利文本与 IPC 分类相关的技术、关键词、产品名称等不同维度特征，直接采用过滤法进行特征选择。为了保证模型对于特征的敏感程度，尽可能地挑选了与分类数据相关的特征及特征组合字段。

Type：专利文本类型，包含发明、实用新型与外观三类。

Tfidf_cnt：计算词汇 Tfidf 值，并采用简单做了计数处理。

Tech、Problem、Func：使用了预处理的文本字段的词组合特征，与 IPC 分类描述相关。

AgentList 与 ApplicantList 特征分别是对代理人和申请人数量的统计。就经验而言，代理人与申请人的属性与 IPC 分类存在较强的关系，因此也将它们的统计数量作为特征之一。

这里有两点需要特殊说明。一方面，在特征分析阶段，相关性交差、过于稀疏的特征无法适用于分类模型，可以直接排除；另一方面，在模型训练的过程中，较为简单的二进制特征与计数式连续型特征，其特征间数值范围基本保持在同等量级下。可以直接使用生成后的数值型特征作为模型训练的输入。而类别型特征，则需要将它们变化成向量，再进行计算。单类别特征如果种类繁多，会导致距离过大或过于稀疏，可以利用分箱等方法重新构建特征，或者在相关性较弱判断的情况下，抛弃当前特征。

将上述特征输入本节讨论的三个模型，分类结果如表 3-3 所示。尽管看起来三种方法相差不大，如果结合特征组合、可解释性需要，选择合适的模型算法就变得非常重要。

表 3-3　感知器、LR 和 SVM 模型分类结果对比

模型	Accuracy	Log-loss	Recall	F1
感知器	0.747922	8.706659	0.988100	0.854526
LR	0.749130	8.664903	0.993344	0.855777
SVM	0.756385	8.143369	0.967527	0.856148

3. 从决策树到集成学习

前面提到的决策树在可解释性和线性不可分样本分类中非常有效，但非常容易发生过拟合，泛化能力不好。那么是否可以扬长补短呢？目前人们普遍采用集成学习的方式。集成学习（Ensemble Learning）模型通过结合多个弱分类器的预测结果来改善泛化能力和鲁棒性，其中的弱分类器就是决策树。根据个体学习器的生成方式，大致分为两大类。一类是个体学习器间不存在强依赖关系并可同时生成的并行化方法，其中的代表是 Bagging 类"随机森林（Random Forest）"方法。另一类是个体学习器之间存在强依赖关系、必须串行生成的序列化方法，其中的代表是 Boosting 类方法。

（1）Bagging 类

Bagging 是 Bootstrap Aggregating 的缩写，基本思想是随机有放回的选择训练样本然后构造分类器，最后组合。可以简单地理解为：放回抽样，多数表决，并列生成，各分类器不存在强依赖关系。

随机森林是这种思路的具体实现，如图 3-9 所示，基本学习单元是决策树。随机采样样本，也随机选择特征。每一组随机采样都可以生成一个决策树，依靠多个决策树（视为决策森林），收集各树子节点对类别的投票，然后选择获得最多投票的类别作为分类结果。基于 Bagging 的随机森林，各分类相互独立。在树的建立过程中，随机选择特征子集来使各个树不同，因此防止过拟合能力更强。

学习策略方面，Bagging 思想是利用 Bootstrap 方法采取有放回的重采样，为了保证抗过拟合能力，采用了行抽样和列抽样的随机化方法。对于行采样，采用有放回的方式，在训练的时候，每一棵树的输入样本都不是全部的样本；列采样是从 M 个特征中，选择 m 个

特征（$m \ll M$）。采样之后的数据使用完全分裂的方式建立决策树，子节点要么无法继续分裂，要么所有样本归属同一类。由于之前的两个随机采样的过程保证了随机性，一般不剪枝也不会出现过拟合。由于决策树具有可解释性，对于选择的特征可以分析其重要程度。一般来说，当某一特征在所有树中离树根的平均距离越近，这一特征在分类任务中就越重要。随机森林构建 CART 决策树，特征选择基于基尼系数。假设某个特征在决策树的节点向下分裂，前后的基尼系数差为 Vim，如果分裂 k 次，则特征重要性计量为 $\sum\limits_{i=1}^{k} \text{Vim}$。在随机森林共有 n 棵树用到该特征，那么计算森林中所有特征的重要性总和为 $\sum\limits_{j=1}^{n}\sum\limits_{i=1}^{k} \text{Vim}$。最后把所有 M 个特征重要性评分归一化，就可以得到该特征的重要性计量。

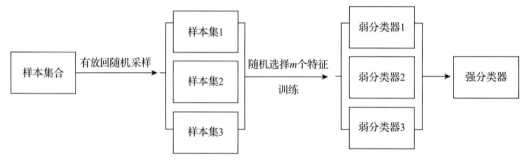

图 3-9　随机森林的算法逻辑

优化算法为投票制，通过决策树来投票（平均），投票机制有一票否决制、少数服从多数、加权多数等。具体流程包括四个部分：

①随机选择样本（放回抽样），生成出 M 个数据集；
②随机选择样本特征；
③构建决策树，训练出 M 棵不剪枝决策树，以信息增益或基尼系数作为划分标准；
④每棵树预测耦合后的总体结果投票，即为随机森林对于输入数据的判断结果。

（2）Boosting 类
集成学习的另一大类即 Bagging 类方法，当个体学习器之间存在强依赖关系，不同的分类器通过串行训练而获得，根据已训练的分类器的性能来进行训练。此外，Bagging 方法各决策树权值是一样的，而 Boosting 是所有决策树加权求和的结果，每个权重代表决策树在上一轮迭代中的成功度。

在 Boosting 类算法中，Adaboost (Adaptive Boosting) 是最著名的算法之一，用弱分类器线性组合构造强分类器。关注被错分的样本，且准确率高的弱分类器有更大的权重。弱分类器一般选择非线性且深度小的决策树。

$$F(x) = \sum_{i=1}^{T} a_i f_i(x) \qquad (3.63)$$

其中 $F(x)$ 是强分类器，$f_i(x)$ 是弱分类器，a_i 是弱分类器的权重，T 为弱分类器数量，x 表示输入，输出为 1 或 −1，分别对应正负例样本。

如图 3-10 所示，训练样本同样带有权重，初始时所有样本的权重相等，被前面的弱分类器错分的样本会加大权重，接下来的弱分类器会更加关注错分样本，精度越高的弱分类器权重越大。弱分类器和它们的权重值通过训练算法得到。依次训练每一个弱分类器，并得到它们的权重值。强分类器的输出值也为 +1 或 −1，对应于正样本和负样本。

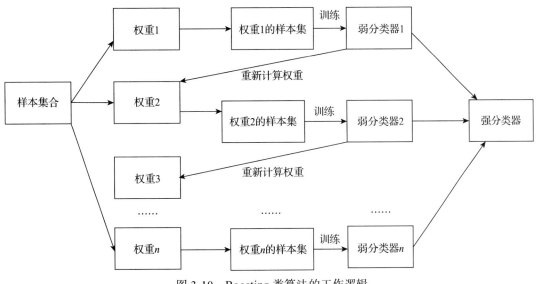

图 3-10　Boosting 类算法的工作逻辑

假设二分类的训练数据集

$$T - \{(x_1, y_1), (x_2, y_2), \cdots, (x_n, y_n)\}, x_i \subset X \subseteq R^n, y_i \in Y = \{-1, +1\}, i = 1, 2, \cdots, n$$

其中，X 为样本点取值集合，Y 为类别集合，n 表示样本量大小。

Adaboost 算法基本流程如下：

①初始化训练数据。

假设训练样本数量为 N，为每一个训练样本赋予同样的权重 w，即 $w = 1/N$，并且满足样本权重之和为 1，即 $\sum_{i=1}^{n} w_i = 1$。

②训练弱分类器 $m = 1, 2, \cdots, M$，共有 M 个弱分类器。计算它对训练样本的错误率，并计算弱分类器 m 对训练数据的最终权重。

训练弱分类器 m

$$G_m(x) \rightarrow \{-1, +1\}$$

其中，D_m 为弱分类器 m 的训练数据集，$G_m(x)$ 为其输出结果。

计算 $G_m(x)$ 在训练集上的误差率

$$e_m = \sum_{i=1}^{N} w_{m,i} I(G_m(x_i) \neq y_i) \tag{3.64}$$

其中，$w_{m,i}$ 表示弱分类器 m 在样本 x_i 中的权重值。

计算相关系数

$$a_m = \frac{1}{2}\log\frac{1-e_m}{e_m} \tag{3.65}$$

更新训练数据的权重分布（z_m 归一化因子）

$$w_{m+1,i} = \frac{w_{m,i}}{z_m}\exp(-a_m y_i G_m(x_i)) \tag{3.66}$$

$$z_m = \sum_{i=1}^{N} w_{m,i}\exp(-a_m y_i G_m(x_i)) \tag{3.67}$$

③重复过程②直至达到停止条件。停止条件包括弱分类器数量、最后一次分类器的误差率小于某个阈值或分错样本的数量等。

④按照每个弱分类器的话语权大小合并成一个强分类器，至此模型训练结束。

$$F(X) = \text{sign}\left(\sum_{i=1}^{M} a_m G_m(X)\right) \tag{3.68}$$

Adaboost 算法是利用前一轮的弱学习器的误差来更新样本权重值，然后一轮一轮的迭代。每一次迭代要重新计算整个样本集，效率较低。一种改进的 Boosting 类方法是梯度提升决策树（Gradient Boosting Decision Tree, GBDT）。其中，GB（Gradient Boosting）是一个算法框架，弱学习器必须是 CART 回归树，而且 GBDT 在模型训练的时候，采用损失函数的梯度拟合残差并迭代计算，对所有 CART 回归树（不是分类树）权重组合，可以用于分类。

学习策略上，GBDT 模型为 M 个生成决策树加法模型，θ_m 为决策树参数。

$$F(X) = \sum_{m=1}^{M} a_m h_m(X, \theta_m) \tag{3.69}$$

首先确定初始提升树 $f_0(X) = 0$，则第 m 步的模型为

$$F_m(X) = F_{m-1}(X) + a_m h_m(X) \tag{3.70}$$

通过不断迭代拟合样本真实值与当前分类器的残差 $Y - F_m(X)$ 来逼近真实值，$h_m(X)$ 优化目标就是 $F_{m-1}(X) + a_m h_m(X)$ 和 Y 的差距。

$$h_m(x_i) = \arg\min_h \sum_{i=1}^{n} L(y_i, F_{m-1}(x_i) + a_m h_m(x_i)) \tag{3.71}$$

这里 $L()$ 为损失函数。GBDT 的负梯度就是残差，所以说对于回归问题，我们要拟合的就是残差。通过经验风险极小化，让残差尽可能地小，找到最优划分点，确定回归树的参数。得到一棵回归树 $h_m(x_i)$，其中残差将作为下一步迭代的目标值，更新 $F_m(x)$。

不同于随机森林是把各个树的结果求平均，GBDT 是将各个树结果求和。假设完成前 k 次决策树的学习后，即前 k 棵树是已知的，则当前的学习器为

$$F_k(X) = \sum_{m=0}^{k} h_m(X) \tag{3.72}$$

即对于样本 x_i，通过 sigmoid 函数转换成分类预测结果为

$$y_i' = \frac{1}{1 + \exp\left(-\sum_{m=0}^{k} h_m(x_i)\right)} = \frac{1}{1 + \exp(-F_K(X))} \tag{3.73}$$

不同于随机森林是把各个树的结果求平均，GBDT 是将各个树结果进行求和。更新预测结果公式为 $y_{1-i} = y_{1-i-1} + step \times y_i$，其中 y_{1-i} 为前 i 次迭代的综合预测结果，y_i 为本次预测结果，step 为学习率，一般而言学习率取值在 0~1 之间。对于两类分类，以对数损失函数为例。可以求出其梯度如式（3.74）所示，其余计算方法与回归算法一致。

$$y_i = \frac{2y_i}{1 + \exp(2y_i F_{m-1}(x_i))} \tag{3.74}$$

GBDT 每轮迭代数据都与上一轮结果有关，偏差不会很大，但联系紧密的数据拟合会使得方差过大，要浅一点的树来降低方差。由于 GBDT 选择特征和特征值使得误差最小的点作为分割点，因此也可以用作特征选择和降维。

分类树中最佳划分点的判别标准是熵或者基尼系数，但是在回归树中的样本标签是连续数值，所以再使用熵之类的指标不再合适，取而代之的是平方误差，它能很好地评判拟合程度。回归树选择的损失函数一般是均方差（最小二乘）或者绝对值误差，而在分类算法中一般的损失函数选择对数函数来表示。重复上述步骤，直至训练停止，最终得到一个强学习器。目前 GBDT 算法比较好的工程实现之一是 XGBoost（eXtreme Gradient Boosting）。XGBoost 是一个大规模、分布式的通用 GBDT 库，对于 GBDT 做了大量的优化。首先为了防止模型过拟合，XGBoost 将树模型的复杂度加入正则化项中，在训练过程中对子节点个数惩罚，相当于在训练过程中进行剪枝，控制模型的复杂度；其次，XGBoost 分类器采用均方误差损失函数，利用泰勒公式的二阶导数信息，加快收敛速度，而普通的 GBDT 只用到一阶导数；XGBoost 还支持特征级别的并行计算。在进行节点分裂时，各特征的增益计算就可以开启多线程运行。这些都加速了 XGBoost 的计算速度，减小内存消耗。

除了 XGBoost，2017 年微软亚洲研究院推出开源的 LightGBM (LGB)[8]，也进一步推动了 GBDT 的工业级应用⊖。LightGBM 本身使用的是直方图加回归树的方式，在类别特征分割时，利用直方图有限优化特征分类的方式，减少不同组合的可能性。而对于排好序的直方图，回归树又可以寻找到最好的分割点。既保证了准确度，又优化了运算速度。

（3）讨论与小结

我们来对比本节讨论的分类算法之间的效果，仍然采用上一小节的数据集，XGBoost 与 LightGBM 采用尽可能相同参数进行比较。结果如表 3-4 所示，决策树与随机森林的对比结果可以看出，除 AUC 之外，相对同等情况下随机森林的结果会明显优于决策树。这是因为随机森林本身就是多颗决策树组成的投票模型。当然，考虑到决策树本身容易过拟合的特点，当前随机森林模型 AUC 低于决策树，可能是由于决策树模型过拟合导致的。相比

⊖ https://lightgbm.readthedocs.io/en/latest/

之下，XGBoost 和 LightGBM 的各项评估指标更佳。迭代过程中，LightGBM 的直方图计算方式在生成树过程中速度会优于 XGBoost，当然这并不能说明 LightGBM 的效果就会优于 XGBoost。由于数据样本较少，迭代次数较多也容易导致模型出现过拟合。总的来说，作为工业上实现的 XGBoost 和 LightGBM，都可以通过模型参数调整实现数据的强拟合与泛化，但是 XGBoost 的耗时往往更多。当然，对于较大的数据与更多的特征维度，两者区别可能并没有那么大。

目前，文本分类主要是针对唯一分类问题，也就是每个样本只能分配于一个类别。如果要求样本可以属于多个类别，那么就涉及多标记学习问题，这也是文本分类任务的研究热点。

表 3-4　不同算法结果对比

模型	Accuracy	Auc	Recall	F1	时间损耗 /s
决策树	0.706060	0.610131	0.802541	0.803594	-------
RF	0.728729	0.607117	0.852561	0.824860	-------
XGBoost	0.784787	0.543764	0.965271	0.875774	15.99s
LGB	0.78434004	0.55716	0.954454	0.874315	1.7761s

3.3.2　文本标注方法

第 2 章提到的中文分词、命名实体识别、词性标注、句法分析、信息抽取等语法或语义任务，都可以看成对离散字符序列中每一个字符逐个打标签问题，利用标签为各种任务所需的类型、树结构或依存结构、指代标记边界位置等输出标注序列，最终结果作为标注序列输出，利用评估指标对模型进行评价和选择，这类任务就是文本标注任务。从某种角度讲，也可以看成一种特殊的文本分类任务，即对每个字符都做了相应的标注分类。文本标注要从概率图开始，研究各个模型的表示、学习和推断三个方面的问题。

1. 概率图模型

自然语言文本通常可以看成文本序列，文本元素之间彼此存在一定概率的依赖关系。如何挖掘出隐含在文本中的知识呢？答案就是从表示、学习与预测三个基本问题入手，以概率图表示为基础。概率图结点可以分为隐含

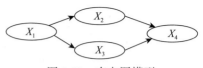

图 3-11　有向图模型

结点和观测结点，结点表示随机变量如图 3-11 所示。边可以是有向的或者是无向的，对应随机变量的依赖关系。其中，有向图（Directed Graphical Model）为贝叶斯网络（Bayesian Network）或信念网络（Belief Network），无向图为马尔可夫随机场（Undirected Graphical Model）。

有向图模型的图结构为有向非循环图，图 3-11 中节点为随机变量。如果两个节点之间有连边，箭头方向表示因果关系，从条件依赖节点指向目标节点。每个节点对应先验概率分布或联合概率分布，所有节点的分布乘积构成联合概率分布。常见的有向图模型包括朴素贝叶斯模型和隐马尔可夫模型。

目标节点 k 用随机变量 x_k 表示。对于有向图而言，如果 $X_{\pi k}$ 代表 X_k 所有条件依赖节点

的集合，此时 (G, X) 构成了贝叶斯网络，那么随机变量 X 联合概率分布可以表示为 x_k 的局部条件概率乘积：

$$P(X) = \prod_{i=1}^{K} p(x_k \mid X_{\pi k}) \qquad (3.75)$$

无向图模型使用无向图来描述一组具有局部马尔可夫性质的随机变量的联合概率分布模型。无向图节点之间没有明确的因果关系，表示了联合分布的随机变量集合间的条件独立性，联合概率分布通常用一系列势函数的乘积表示，归一化为概率分布。如果我们假设所有位置的随机变量只和它相邻的随机变量有关，这个随机场就特化成一个马尔可夫随机场（详见附录 A）。也就是说，一个变量 x_k 在给定邻居情况下独立于所有其他变量，那么 (G, X) 就构成了一个马尔可夫随机场。常见的无向图模型包括最大熵模型和条件随机场模型。基于马尔可夫性的概率图模型表示为

$$p(x_k \mid X_{\backslash k}) = p(x_k \mid x_{N_k}) \qquad (3.76)$$

其中，x_{N_k} 表示变量 x_k 的 N 近邻的邻居集合，$X_{\backslash k}$ 表示 x_k 外的其他所有变量集合。

在上述模型表示基础上，我们重点关注模型参数学习以及预测（解码）问题。我们构建一个图，用观测节点表示观测到的数据，用隐含节点表示潜在的知识，用边来描述知识与数据的相互关系，计算获得观测概率分布，推断隐含节点的后验分布。这就是结合了概率论和图论的概率图模型。

概率图学习过程中，首先要对图模型参数 A、标记符号 Y（状态序列）进行建模。比如在自然语言处理中，使用文本样本作为观测序列 O。通过训练得到观测序列标签概率分布 $P(O|A)$，然后估计模型参数。这个阶段学习函数成为最优化问题，学习的参数使得样本出现概率最大。因此模型学习整体上受到样本代表性、模型算法理论、模型算法复杂度的综合影响。对于概率图模型而言，参数学习是最重要的环节，模型的训练过程就是参数估计过程。

模型参数确定以后可以在应用中做预测（信息论中的解码），对于新的输入样本，选取最大后验概率的标签序列作为解码结果。

由于大多数自然语言处理属于线序列结构，分别基于有向图和无向图假设，以隐马尔可夫模型和线性链式条件随机场为代表，介绍自然语言处理中的文本标注模型。

2. 隐马尔可夫模型

隐马尔可夫模型（Hidden Markov Model, HMM）是一种由马尔可夫链生成隐藏的状态序列，再由状态序列生成观测序列的随机过程，其中状态序列是离散的，观测序列可以离散或连续。那么什么是马尔可夫链和随机过程？随机过程是随机变量集合，研究随机事件随时间动态演变规律。马尔可夫链是满足马尔可夫性质的随机过程。假设所有可能的状态集合为 $Q = \{q_1, q_2, \cdots, q_N\}$，所有可能的观测集合为 $V = \{v_1, v_2, \cdots, v_M\}$，$N$ 和 M 分别是可能的状态数和观测数。$I = (i_1, i_2, \cdots, i_T)$ 是长度为 T 的状态序列，$O = (o_1, o_2, \cdots, o_T)$ 为对应的观测序列。在这个随机过程中，$t + 1$ 时刻的状态 i_{t+1} 的条件分布仅与其前一个状态 i_t 有关，即

$$p(i_{t+1} \mid i_1, i_2, \cdots, i_t) = p(i_{t+1} \mid i_t) \tag{3.77}$$

式中每一步的状态改变叫作转移,对应的概率叫作转移概率。当下一个状态转移只依赖当前状态时,就是一阶马尔可夫链。在马尔可夫模型中,状态直接可见。但是当状态不可见,而受状态影响的变量部分可见,每个状态影响着可见变量概率分布,通过可见序列用于预测隐藏状态序列,这就是隐马尔可夫模型。

从 HMM 角度看,通过确定的观测序列和待定序列定义参数,其中观测状态集合是词表元素,状态集合是等序列标记类,状态转移矩阵由词类转移次数统计而来,观测概率矩阵由不同词类输出到各词的次数统计而来。

HMM 三个基本假设为:状态序列构成一阶马尔可夫链;状态与具体时间无关也就是固定值,无论何种初始化状态分布,最后都可以给出一个稳定的预测结果;观测状态输出仅与当前状态有关的独立性假设。图 3-12 给出长度为 T 隐马尔可夫模型的概率图表示、状态序列以及观测序列。

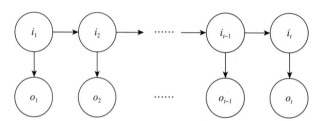

图 3-12　隐马尔可夫模型的概率图表示

隐马尔可夫模型中 O 和 I 同时出现的联合概率为

$$P(O, I \mid \boldsymbol{\theta}) = \prod_{t=2}^{T} P(i_t \mid i_{t-1}, \theta_s) P(o_t \mid i_t, \theta_n) \tag{3.78}$$

其中,$P(o_t \mid i_t, \theta_n)$ 表示输出概率,$P(i_t \mid i_{t-1}, \theta_s)$ 表示转移概率,θ_s 和 θ_n 分别为条件概率的参数。

HMM 由初始化概率向量 $\boldsymbol{\pi}$、状态转移矩阵 A 和观测概率矩阵 B 确定,模型表示为 $\lambda = (A, B, \boldsymbol{\pi})$。初始化概率向量 $\boldsymbol{\pi}$、状态转移矩阵 A 和观测概率矩阵 B 分别为

$$\boldsymbol{\pi} = (\pi_i) \tag{3.79}$$

$$A = [a_{ij}]_{N \times N} \tag{3.80}$$

$$B = \left[b_j(v_k) \right]_{N \times M} \tag{3.81}$$

其中,$\pi_i = P(i_1 = q_i), i = 1, 2, \cdots, N$ 中,表示时刻 $t = 1$ 处于状态 q_i 的概率;$a_{ij} = P(i_{t+1} = q_j \mid i_t = q_i)$,$i = 1, 2, \cdots, N$;$j = 1, 2, \cdots, N$,$a_{ij}$ 表示 t 时刻状态 q_i 在时刻 $t + 1$ 转移到状态 q_j 的概率。在 t 时刻下状态 q_j 的条件下生成观测 v_k 的概率用 $b_j(k)$ 表示,$b_j(v_k) = P(o_t = v_k \mid i_t = q_j)$,$k = 1, 2, \cdots,$ M;$j = 1, 2, \cdots, N$。

A、π 确定了隐藏马尔可夫链,生成不可观测状态序列,B 生成可观测序列。假设已知 $\lambda = (A, B, \pi)$ 和观测序列 O,要计算观测序列 O 出现的条件概率 $P(O \mid \lambda)$,通常的做法是依

赖联合概率分布直接计算出所有可能长度为 t 的状态序列，然后求出各个状态序列与观测序列 O 的联合概率，对所有求得的概率求和，最后得到 $P(O|\lambda)$。然而这种方法时间复杂度太高，利用一种基于动态规划的前向或后向算法可以解决这一问题。对于长度为 t 的观测序列，前后向算法的计算总时间复杂度为 $O(N^2 t)$，通过计算前一时刻的结果减少计算量，比起直接计算效率提升很多。下面是前向算法的基本流程（后向算法与之类似）：

①输入 HMM 模型以及部分观测序列为 $O=(o_1, o_2, \cdots, o_t)$，计算观测序列的概率；

②计算 $t=1$ 时刻值的联合概率 $\alpha_1(i)$，
$$\alpha_1(i)=p(o_1, i_1=q_i|\lambda)=p(o_1|i_1=q_i, \lambda)p(i_1=q_i|\lambda)=\pi_i b_i(o_1), \ i=1, 2, \cdots, N$$
其中，N 为状态数。

③递推计算 $t=1, 2, \cdots, T-1$ 时刻的联合概率，
$$\alpha_{t+1}(i)=\left(\sum_{j=1}^{N}\alpha_t(j)a_{ji}\right)b_i(o_{t+1}), \ i=1, 2, \cdots, N$$

④最后计算 $P(O|\lambda)=\sum_{i=1}^{N}a_T(i)$

HMM 模型参数学习是给定观测序列 O，对 A, B 进行参数估计，生成一个满足获得观测序列出现最大概率的模型。由于模型参数不能直接计算，需要利用观测序列，对每个状态计算达到这个状态的前向概率，也计算从它开始到达最终状态的后向概率，从非完整数据集中求参数最大似然估计，满足生成状态序列和目标状态序列差异较小的要求。这个算法就是 Baum-Welch 算法（前向－后向算法），也称期望最大化（Expectation-Maximum，EM）算法，也是常见的模型隐变量估计方法。

EM 算法基本思路：先根据参数初值通过 E 步估计隐藏变量分布，然后根据隐藏变量分布通过 M 步计算观测序列的最大似然函数。启发式的迭代，在每一次迭代时分为两步：E 步和 M 步。假定集合 $Z=(X, Y)$ 由观测数据 X 和未观测数据 Y 组成。第 t 次迭代后获得中间参数 Θ 的估计，则在 $t+1$ 次迭代时，推测隐含数据的分布。在 M 步固定隐含数据分布，基于观测的数据和猜测的隐含数据一起来极大化对数似然，优化模型参数的值，计算完整数据的对数似然函数的期望。一轮轮迭代更新隐含数据和模型分布参数，直到收敛，即得到我们需要的模型参数。EM 算法通过交替使用这两个步骤，逐步改进模型的参数，使参数和训练样本的似然概率逐渐增大，循环直至终止于一个极大点，使得模型的参数逐渐逼近真实参数。简单和稳定，但属于局部最优求解。

针对 HMM 预测问题，给定一个观测序列 $O=(o_1, o_2, \cdots, o_t)$、状态序列 $I=(i_1, i_2, \cdots, i_t)$ 和模型 $\lambda=(A, B, \pi)$，求状态序列的概率最大路径，也就是找到最有可能的隐藏状态序列，利用维特比算法解码求解。维特比（Viterbi）算法是一个通用的求序列最短路径的动态规划方法，利用了两个局部状态和对应的递推公式，从局部递推到整体得解。最优路径是网络中概率最大的节点构成的路径，$t+1$ 时刻的概率同时受到 t 时刻的转移概率和 t 时刻的显状态影响，只有最大概率的那个状态才对后续状态产生决定性的影响。

在 Viterbi 算法中，第一个局部状态是 t 时刻状态为 i 的所有单个路径 $(i_1, i_2, \cdots, i_t)$ 中概率

的最大值，用 $\delta_t(i)$ 表示：

$$\delta_t(i) = \max_{i_1, i_2, \cdots, i_{t-1}} (P(i_t = i, i_{t-1}, i_{t-2}, \cdots, i_1, o_t, o_{t-1}, \cdots, o_1 | \lambda)), \ i = 1, 2, \cdots, N \quad （3.82）$$

由 $\delta_t(i)$ 的定义递推可得到 $\delta_{t+1}(i)$：

$$\begin{aligned} \delta_{t+1}(i) &= \max_{i_1, i_2, \cdots, i_t} (P(i_{t+1} = i, i_t, i_{t-1}, \cdots, i_1, o_{t+1}, o_t, \cdots, o_1 | \lambda)) \\ &= \max_{1 \leqslant j \leqslant N} (\delta_t(j) a_{ji}) b_i(o_{t+1}), \ i = 1, 2, \cdots, N; t = 1, 2, \cdots, T-1 \end{aligned} \quad （3.83）$$

第二个局部状态是 t 时刻状态为 i 的所有单个路径 $(i_1, i_2, \cdots, i_{t-1}, i)$ 中概率最大的路径的第 $t-1$ 个节点的隐藏状态，用 $\psi_t(i)$ 表示：

$$\psi_t(i) = \arg\max_{1 \leqslant j \leqslant N} (\delta_t(j) a_{ji}) \quad （3.84）$$

Viterbi 算法的流程总结如下：

① 初始状态 $t = 1$ 时刻，

$$\delta_1(i) = \pi_i b_i(o_1), \ i = 1, 2, \cdots, N \quad （3.85）$$

$$\psi_t(i) = 0, \ i = 1, 2, \cdots, N \quad （3.86）$$

② 对于 $t = 2, 3, \cdots, T$，有

$$\delta_t(i) = \max_{1 \leqslant j \leqslant N} (\delta_{t-1}(j) a_{ji}) b_i(o_t), \ i = 1, 2, \cdots, N \quad （3.87）$$

$$\psi_t(i) = \arg\max_{1 \leqslant j \leqslant N} (\delta_{t-1}(j) a_{ji}), \ i = 1, 2, \cdots, N \quad （3.88）$$

③ 终止条件为

$$\widehat{P} = \max_{1 \leqslant i \leqslant N} (\delta_T(i)) \quad （3.89）$$

$$\widehat{i}_T = \arg\max_{1 \leqslant i \leqslant N} (\delta_T(i)) \quad （3.90）$$

④ 对于 $t = T-1, T-2, \cdots, 1$，最优路径回溯为

$$\widehat{i}_t = \psi_t(\widehat{i}_{t+1}) \quad （3.91）$$

最终求得的最优路径为 $\widehat{I} = (\widehat{i}_1, \widehat{i}_2, \cdots, \widehat{i}_T)$。

由于文本序列标注任务中，嵌套现象明显，用多个 HMM 叠加在一起使用 Viterbi 算法解码。底层模型输出结果作为高层模型输入，通过角色词典和角色转移概率，自适应自下而上训练，从而能够满足多层次标注任务需要。

3. 条件随机场

隐马尔可夫模型假设包括输出独立性假设和马尔可夫性假设。假设当前时刻状态只和前一时刻状态有关，在自然语言处理中这种假设过强。其中，输出独立性假设要求序列数据严格相互独立才能保证推导的正确性，而事实上大多数序列数据不能被表示成一系列独立事件。考虑到自然文本序列可以用无向图来表示，因此引入条件随机场（Conditional Random Field, CRF）方法。

　　简单来说，条件随机场是无向图（马尔科夫随机场）的特例，比 HMM 条件宽松。在标记数据的时候，可以考虑相邻数据的标记信息。假设一个输入序列 $X = \{x_1, x_2, \cdots, x_N\}$，$N$ 为输入序列的长度，x_i 为输入集合的第 i 个词，$Y = \{y_1, y_2, \cdots, y_N\}$ 为 X 对应的输出标签序列。条件随机场模型主要工作为构建观测序列与标注序列之间的条件概率分布 $P(Y \mid X)$。如果随机变量 Y 构成的是马尔可夫随机场，则把 $P(Y \mid X)$ 称为条件随机场。条件随机场，特别是线性链条件随机场（linear-CRF），定义在观测序列和状态（标注）序列上的条件随机场，一般表示为给定观测序列条件下的标注序列条件概率分布。一个最常用的条件随机场为图 3-13 中所示的链式结构。

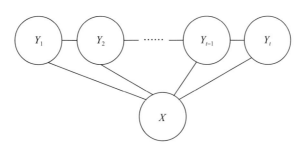

图 3-13　线性链条件随机场的链式结构

　　假设 $X = (X_1, \cdots, X_i, \cdots, X_t)$，$Y = (Y_1, \cdots, Y_i, \cdots, Y_t)$ 均为线性链表示的随机变量序列。给定输入观测序列 X 条件下，标注序列 Y 的条件概率分布 $P(Y \mid X)$ 构成满足马尔可夫性的条件随机场，称 $P(Y \mid X)$ 为线性链条件随机场，表示为

$$p(Y_i \mid X, Y_1, \cdots, Y_{i-1}, Y_{i+1}, \cdots, Y_t) = p(Y_i \mid X, Y_{i-1}, Y_{i+1}) \tag{3.92}$$

　　为了使总得分转换为 0-1 之间的概率，需要归一化获得标签概率。条件随机场最大特点是假设输出变量之间联合概率分布构成概率无向图模型，它假设输出随机变量构成马尔可夫随机场，只有 Z 和 Y 两种变量，给定一组随机变量 Z，而 Y 表示在给定 Z 的条件下的条件概率分布模型。给定一组输入的随机变量，预测相应输出变量的条件分布。给定需要标记的观测序列条件下，计算整个标记序列的联合概率，而不是在给定当前状态条件下定义下一个状态分布。条件随机场模型因为满足马尔可夫性，所以只有上下文相关的局部特征函数，没有不相邻节点之间的特征函数。在序列标注任务中，主要用于研究句子级别的序列特征而不是单个字符信息。在条件概率分布计算的过程中，当前输出序列的条件概率仅和输入序列中当前位置相邻对应的两个标签有关。具有表达长距离依赖性和交叠性特征的能力，能够较好地解决标注（分类）偏置等问题的优点，而且所有特征可以进行全局归一化，能够求得全局的最优解。对于每个时刻标签会选择一系列特征，通过赋予这些特征计算函数进行加权，得到当前位置标签优劣评估值，最后综合序列得分。

　　假设输出随机变量构成马尔可夫随机场，针对输入序列对输出序列的判别模型，通过最大似然估计或正则化最大似然估计计算[9]。对于给定输入序列 X 取值为 x 的条件下，在标注序列 Y 上取值为 y 的条件概率如式子（3.93）所示：

$$P(Y \mid X) = \frac{1}{S(X)} \exp\left(\sum_{n,k} \lambda_k t_k(y_{n-1}, y_n, X, n) + \sum_{n,l} u_l s_l(y_n, X, n) \right) \quad (3.93)$$

$$S(X) = \sum_Y \exp\left(\sum_{n,k} \lambda_k t_k(y_{n-1}, y_n, X, n) + \sum_{n,l} u_l s_l(y_n, X, n) \right) \quad (3.94)$$

其中，$n = 1, 2, \cdots, N$；$t_k(\cdot)$ 和 $s_l(\cdot)$ 是特征函数，分别表示转移特征和状态特征，通常取值为 0 或 1；λ_k 和 u_l 分别是 $t_k(\cdot)$ 和 $s_l(\cdot)$ 对应的权值；$S(X)$ 是规范化因子，对所有可能的输出序列求和，目的是进行归一化。

在训练阶段，使用最大似然估计计算最优标注序列，训练集的似然对数为 $\sum_n \log p(Y \mid X)$，通过训练选取最终能够得到最大条件概率的 $\widehat{Y}$ 来对输入序列进行标注：

$$\widehat{Y} = \arg\max_Y (Y \mid X) \quad (3.95)$$

序列问题表现为每个位置上求出的标注结果概率，最后汇总求最优解。CRF 参数学习实际上是权重调优过程，得到概率后使用随机梯度下降可以反向梯度传播求解。在自然语言处理领域，条件随机场是早期解决序列标注问题最典型最常用的方法，甚至在目前基于深度学习方法研究中，条件随机场也常作为序列解码模型使用，利用 Viterbi 算法对标注特征组合求取最优解。

4. 讨论与小结

除了模型参数学习方法不同以外，CRF 模型（主要指 linear-CRF 模型）和 HMM 模型有很多相似之处，两者都可用于序列标注，其概率计算和解码算法基本相同。不同之处在于，HMM 是生成模型，在马尔可夫假设前提下，每一个词仅依赖于当前的标签和当前的标签与上一个标签的联系，需要建立观测序列联合分布模型。CRF 本身，特别是 linear-CRF 模型是判别模型，优化求解的是条件概率 $P(Y|X)$，获得全局最优解，具备更加广泛的全局特征。

除了上述两种方法以外，附录 A 中提及的最大熵原理也可用于序列标注。基于最大熵原理的模型可以使用任意的复杂相关特征，建立条件概率模型。对于观测序列并没有做马尔可夫假设，在每个状态都有一个概率模型，每个状态转移时都要归一化。进一步结合文本分类模型，可以对完整句子序列或段落篇章序列进行结构化预测。最大熵模型的缺点是针对单个词独立标记，词标记之间的关系无法得到充分利用，而基于马尔可夫链的 HMM 模型考虑了标记之间的马尔可夫关联性。

相比之下，条件随机场模型是针对时序数据适用的对数线性模型，其在长距离依赖方面以及交叠性能等方面都有很好的表现。在所有的状态上建立一个统一的概率模型，一定程度上改善了序列标注过程中常常出现的标注偏移等问题。因此，条件随机场成为目前使用最为广泛的序列标注方法之一。

3.3.3 文本聚类方法

与文本分类不同，文本聚类预先并不知道文本有哪些类别或主题。在没有标记的生语料情况下，聚类可以对分类提供先导信息。因此，文本聚类适合用于分析热点、话题、事件。聚类基本思想是以一定的度量（例如距离）标准，保证类内相似性更高，而在类间差别最大。评价聚类效果的高低通常使用聚类的有效性指标，包括 Dunn 指标、DB（Davies-Boudin）系数、CH（Calinski-Harabasz）指标等。落实到算法环节，依赖于类间距离和类内距离计算。前面 3.3.1 节已经介绍了常见的距离计算公式，包括如下几类：欧氏距离、曼哈顿距离、切比雪夫距离、马氏距离等。但是对于文本高维特征，往往不能再用距离度量，而是考虑用下面的指标计算。

Jaccard 距离用来度量两个集合之间的差异性，计算方式如下：

$$d = 1 - \frac{|A \bigcap B|}{|A \bigcup B|} \tag{3.96}$$

这里 A 和 B 分别为不同的样本集合，$A \bigcap B$ 为交集，$A \bigcup B$ 为并集。

夹角余弦（cosine），使用较为广泛的相似度度量方式，其值越接近 1，样本越相似，越接近 0，样本越不相似。假设 $X = (x_1, x_2, \cdots, x_m)$，$Y = (y_1, y_2, \cdots, y_m)$，样本 x_i 与 x_j $(i, j = 1, 2, \cdots, m)$ 之间的夹角余弦定义为

$$s_{ij} = \frac{\sum_{k=1}^{m} x_{ki} x_{kj}}{\left(\sum_{k=1}^{m} x_{ki}^2 \sum_{k=1}^{m} x_{kj}^2 \right)^{\frac{1}{2}}} \tag{3.97}$$

相关系数 (Correlation Coefficient)，其绝对值越接近 1，表示样本越相似，越接近 0 则越不相似。样本 x_i 与样本 x_j 之间的相关系数定义为

$$r_{ij} = \frac{\sum_{k=1}^{m} (x_{ki} - \overline{x}_i)(x_{kj} - \overline{x}_j)}{\left(\sum_{k=1}^{m} (x_{ki} - \overline{x}_i)^2 \sum_{k=1}^{m} (x_{kj} - \overline{x}_j)^2 \right)^{\frac{1}{2}}} \tag{3.98}$$

其中

$$\overline{x}_i = \frac{1}{m} \sum_{k=1}^{m} x_{ki}, \overline{x}_j = \frac{1}{m} \sum_{k=1}^{m} x_{kj}$$

皮尔逊相关系数，衡量两个定距变量之间联系的紧密程度，本质是测量两个随机变量是否在同增同减，计算方式如下：

$$\text{Pearson}(X, Y) = \frac{\sum_i x_i y_i - n\overline{X}\overline{Y}}{(n-1)s_x s_y} = \frac{n\sum_i x_i y_i - \sum_i x_i \sum_i y_i}{\sqrt{n\sum_i x_i^2 - \left(\sum_i x_i\right)^2}\sqrt{n\sum_i y_i^2 - \left(\sum_i y_i\right)^2}} \tag{3.99}$$

其中，s_x 和 s_y 分别是 X 和 Y 的标准偏差，$\overline{X} = \frac{1}{m}\sum_{k=1}^{m}\overline{x}_k$，$\overline{Y} = \frac{1}{m}\sum_{k=1}^{m}\overline{y}_k$。皮尔逊相关系数的计算结果范围在 [-1, 1] 之间，-1 表示负相关，1 表示正相关。

除了上述指标外，还有如 Tanimoto 系数计算等。不同的相似度度量方式得到的结果可能不一致。使用距离度量时，距离越小样本越相似；使用相关系数时，相关系数越大样本越相似。此外，类的不同定义对应不同的聚类算法，常见的聚类方法包括质心聚类、密度聚类、层次聚类等。另外还有针对图的聚类，这部分内容将在图计算小节中进行深入探讨。下面对常见的聚类方法进行详细介绍。

1. 质心聚类

基于质心的聚类，典型代表是 K-Means 算法。K-Means 聚类思想简单，对于给定文档样本集，初始划分为 K 个簇，将每个文档的特征进行向量表示，计算样本间距离大小。计算每个簇的中心向量，样本所属的簇由它到每个簇的中心向量距离确定。采用启发式迭代方法将每个数据点分配给 K 个组中的一个。

K-Means 算法对于处理大数据集合非常高效，且伸缩性较好。实际应用中需要考虑质心选择、数据标准化、单位统一等问题，具体流程如下：

①输入数据集 $D = \{x_1, x_2, \cdots, x_n\}$，每个向量的长度为 m；

②根据经验和业务特点设定类簇数量 K，即在所有数据中随机选择 K 个点作为质心，即 $\{c_1, c_2, \cdots, c_K\}$；

③对数据点进行归类，训练数据中每个样本都归到距离最近的质心那一类；

对训练样本 x_j，如果类别为 $s = \arg\min_i(\| x_j, c_i \|)$，$i = 1, 2, \cdots, K$，那么 $x_j \in \mathrm{cluster}_s$。训练样本 x_i 和 x_j 的欧氏距离为

$$d(x_i, x_j) = \sum_{k=1}^{m}(x_{ki} - x_{kj})^2 = \| x_i - x_j \|^2, \ i, j = 1, 2, \cdots, m \qquad (3.100)$$

④每一类用归类结果重新计算质心，也就是求每一类中样本的平均值：

$$c_i = \frac{1}{N_i} \sum_{x_j \in \mathrm{cluster}_i} x_j, \ i = 1, 2, \cdots, K \qquad (3.101)$$

其中，N_i 为 $\mathrm{cluster}_i$ 的样本数量；

⑤当新形成簇的质心不变、数据点留在同一个簇或达到最大迭代次数时，计算停止输出簇划分，则完成聚类。否则返回第 2 步；

⑥聚类完成后，训练样本的每一个数据点 x_j 都将有一个明确类别 i；

⑦质心 $\{c_1, c_2, \cdots, c_K\}$ 用来对非训练样本中的数据进行预测，当来了一个新的数据点时，看它和哪个质心距离最近，它就属于该类。

均值漂移（Mean Shift）算法也是一个基于质心的算法，通过将中心点的候选点更新为滑动窗口内点的均值来完成，定位每个组 / 类的中心点。在用于聚类任务时，基于滑动窗口的算法，来找到数据点的密集区域，寻找概率密度函数的极大值点，即样本分布最密集的位置，然后对这些候选窗口进行相似窗口去除，最终形成中心点集及相应的分组，以此得到簇。

均值漂移聚类不需要预先定义类/组，相比于K-Means受均值影响较小，具体步骤如下：

①确定滑动窗口半径r，以随机选取的中心点C，半径为r的圆形滑动窗口开始滑动。均值漂移类似一种爬山算法，在每一次迭代中向密度更高的区域移动，直到收敛。

② 每一次滑动到新的区域，计算滑动窗口内的均值作为中心点，滑动窗口内点的数量为窗口内的密度。在每一次移动中，窗口会向密度更高的区域移动。

③移动窗口，计算窗口内的中心点以及窗口内的密度，直到没有方向在窗口内可以容纳更多的点，即一直移动到圆内密度不再增加为止。

④步骤①到③会产生很多个滑动窗口，当多个滑动窗口重叠时，保留包含最多点的窗口，然后根据数据点所在的滑动窗口进行聚类。

质心类算法简单地使用平均值作为簇的中心，试图找到满足平方误差准则最小条件下的簇划分，当潜在簇形状是凸面的，簇间区别明显且簇大小接近时，聚类结果较理想，否则效果较差。比如在样本分布的密度相关性较大情况下，K-Means不太好用，需要考虑基于密度的聚类方法。

2. 密度聚类

密度聚类的样本点通过数据空间中的密度来确定，将簇定义为空间中样本密度相连的点的最大集合。典型代表是DBSCAN（Density-Based Spatial Clustering of Applications with Noise，具有噪声的基于密度的聚类方法）。

首先了解DBSCAN簇的概念。对于数据集$D = \{\boldsymbol{x}_1, \boldsymbol{x}_2, \cdots, \boldsymbol{x}_n\}$，对于$\boldsymbol{x}_j \in D$，邻域$\varepsilon$定义为包含样本集$D$中与$\boldsymbol{x}_j$的距离不大于$\varepsilon$的子样本集，即

$$N_\varepsilon(\boldsymbol{x}_j) = \{x_t \in D \mid \mathrm{distance}(\boldsymbol{x}_j, \boldsymbol{x}_i) \leqslant \varepsilon\}, i, j-1, 2, \cdots, n \qquad (3.102)$$

子样本集的个数记为$|N_\varepsilon(\boldsymbol{x}_j)|$。

对于任一样本$\boldsymbol{x}_j \in D$，如果其邻域ε对应的$N_\varepsilon(\boldsymbol{x}_j)$至少包含MinPts个样本，即如果$|N_\varepsilon(\boldsymbol{x}_j)| \geqslant$MinPts，那么$\boldsymbol{x}_j$是核心对象。

簇定义为由密度可达关系导出的最大密度相连的样本集合，用C表示。簇C满足如下两个条件：

①连接性条件：$x_i \in C, x_j \in C \rightarrow x_i, x_j$密度相连；

②最大性条件：$x_i \in C$，x_j由x_i密度可达$\rightarrow x_j \in C$。

如果x为核心点，那么x密度可达的所有样本集合为$X = \{x_i \in D | x_i$由x密度可达$\}$，X就是满足上述两个性质的聚类簇。图3-14比较形象地显示了聚类簇的邻域和密度可达的概念，其中圆圈表示邻域范围，那么X_2和X_4由X_1密度可达，X_3由X_1密度可达，X_3和X_4满足连接性。

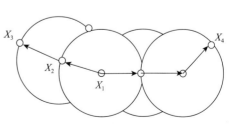

图3-14   簇邻域和密度可达

密度聚类将数据点定义为核心点、边界点或噪声点。DBSCAN算法找出所有核心点，

然后以任意核心点出发，找出由其密度可达的样本生出聚类簇，直到所有核心点均被访问过为止。其中，距离度量比如欧几里得或曼哈顿距离，核心点是在距离内至少具有最小包含点数（minPTs）的数据点；边界点是核心点领域界点，其他数据点都是噪声异常值。具体算法流程如下：

输入：样本集输入数据集 $D = x_1, x_2, \cdots, x_n$，以及邻域参数 $(\varepsilon, \text{minPTs})$。

①检查数据集中每个点的 ε 邻域来搜索簇，如果点 x 的 ε 邻域包含多于 minPTs 个点，则创建一个以 x 为核心对象的簇。

②从核心点 x 出发，搜索密度可达的点进行聚集，这个过程也涉及密度可达簇的合并。

③当没有新的点添加到任何簇时，迭代过程结束。

输出簇划分：$\{c_1, \cdots, c_K\}$

DBSCAN 不需要输入要划分的聚类个数，聚类速度快，且能够发现任意形状的空间聚类，聚类簇的形状没有偏倚。进一步，可以对搜索核心点最近邻时，建立 KD 树或者球树进行效率提升。DBSCAN 算法不适合样本密度不均匀、类间距差很大的情况，且对于高维数据采用欧式距离计算，存在"维数灾难"。

3. 层次聚类

目前在文本挖掘方面使用最广泛的聚类算法是层次聚类（Hierarchical Clustering），当样本数据体现出层次结构时可以采用。层次聚类算法（AGNES）是基于连通性的聚类，根据样本之间的连通性来构造类，所有连通的样本属于同一个类。数据集的划分可采用自底向上的聚合策略，也可采用自顶向下的分拆策略。在不同层次划分数据集时，形成树形的聚类结构。

首先将每个数据点视为一个单一的簇，然后计算所有簇之间的距离来合并簇，不断重复，直至达到预设的聚类簇个数或聚合成为一个簇为止。该算法对距离度量方式选择不敏感，关键是计算聚类簇之间的距离，每个簇实际上是一个样本集合，因此，聚类可以转换为计算集合的某种距离。假设 C_i 和 C_j 为聚类簇，且 $\boldsymbol{x}, \boldsymbol{z}$ 分别是 C_i 和 C_j 的样本，聚类间的距离用 d 表示，三种距离的计算方式如下：

最小距离：$d_{\min}(C_i, C_j) = \min\limits_{x \in C_i,\, z \in C_j} \text{distance}(\boldsymbol{x}, \boldsymbol{z})$

最大距离：$d_{\max}(C_i, C_j) = \max\limits_{x \in C_i,\, z \in C_j} \text{distance}(\boldsymbol{x}, \boldsymbol{z})$

平均距离：$d_{\text{avg}}(C_i, C_j) = \dfrac{1}{|C_i||C_j|} \sum\limits_{x \in C_i,\, z \in C_j} \text{distance}(\boldsymbol{x}, \boldsymbol{z})$

①单连接法：最小距离由两个簇的最近样本决定，也叫最短距离法。类间的距离使用两个类中距离最近的两个数据点之间的聚类表示。使用距离作为度量条件，一旦最近的两个类别之间的距离小于预先设定的距离阈值，算法流程结束。

②全连接法：最大距离由两个簇的最远样本决定，也叫最长距离法。与单连接选择两个类中最近两个数据点的距离作为类间距离相反，它选择将两个类中距离最远的两个数据

点的距离作为类间距离。

③平均连接法：平均距离由两个簇的所有样本共同决定，无论是单连接法还是全连接法都容易受到极端值的影响，造成聚类的不稳定。与上述两种方法不同，平均连接法选取两个类别中所有对象的平均距离作为类间距离进行度量，该方法更加合理，但计算较复杂。

与 K-Means 线性复杂度不同，层次聚类具有 $O(n^3)$ 的时间复杂度，是以较低的效率为代价实现的，可以考虑具体使用场景选择运用，具体算法步骤如下：

输入：样本集输入数据集 $D = x_1, x_2, \cdots, x_n$，以及聚类数 k。

设计距离度量函数 d。

①首先将每个数据点视为一个单一的簇，然后选择一个测量两个簇之间距离的度量标准。将两个簇间距离定义为第一个簇中的数据点与第二个簇中的数据点之间的平均距离。

②在每次迭代中，我们将两个具有最小平均距离的簇合并成为一个簇。

③重复步骤②，知道所有的数据点合并成一个簇，然后选择我们需要多少个簇。

4. 讨论与小结

对比 K-Means 质心聚类，层次聚类在时间消耗上明显远远多于 K-Means。主要是因为 AGNES 自下而上的节点合并策略与类别间的距离统计策略导致的。就聚类效果而言，两者都受初始点的影响，区别是 AGNES 逻辑上只存在一个初始点，或者也可以说存在 $n/2$ 个初始点。在初始点对于模型的影响上，K-Means 相对而言要小一些。同时，AGNES 本身是类别的合并，所以不存在点在不同类别中调整，整体体现一种贪心策略，即争取每一次合并都是最近类别合并，那么最终的聚类结果应该是最优结果。但是这种方式通常只能获得局部最优解。相比而言，K-Means 每次基于聚类结果重新统计计算类心的方式更容易获得全局最优解。

3.3.4 文本生成方法

文本的生成根据输入不同，可分为文本到文本的生成、语义到文本的生成、数据到文本的生成以及图像到文本的生成等。目前，国际上公认的文本生成类任务包括文本摘要、句子压缩、句子融合、文本复述等[10]。本节主要讨论文本到文本的生成技术，对给定文本进行变换和处理，从而生成文本摘要[11]。针对文本生成结果评价，分为内在评价和外在评价方法。外在评价使用 3.2 节介绍的自动化评价指标的同时，对于对齐语料的质量很敏感。内在评价关注文本的正确性、流畅度和易理解性，是直观且易于操作（与外在评价方法相比）的人工评价。

文本生成根据实现手段的不同，主要有规则驱动（Rule-Driven）抽取式以及数据驱动（Data-Driven）生成式两种。

1. 抽取式方法

文本抽取过程都是精练的文本摘要生成，其中包括关键词、关键短语、自动摘要提取等环节。一般采用基于规则模板的抽取方法，从大量收集的语料中统计归纳出固定的模板，依赖语法框架，如词性序列，每种词性都会对应相应的词的集合，重复生成多个备选，让句子读起来通顺。或者通过词汇节点或语句节点的权重计算，进行综合排序，保证抽取后的文本与原文本语义一致。

经典抽取方法是 TextRank 方法，基本思想是使用主题模型将句子按照主题进行聚类，然后计算句子的相似度矩阵，确定关键句，最后再生成文本 [12]。其中关键句的确定非常重要。关键句的确定主要参考了 PageRank 排序思想，将句子视为图节点（类比一个网页），某句子的重要性通过与其有前后链接的其他句子的词组合打分：

$$\mathrm{PR}(Q_i) = (1-d) + d * \sum_{Q_j \in \ln(Q_i)} \frac{w_{ji}}{\sum_{Q_k \in \mathrm{Out}(Q_j)} w_{jk}} \mathrm{PR}(Q_j) \quad (3.103)$$

其中，$\mathrm{PR}(Q_i)$ 和 $\mathrm{PR}(Q_j)$ 分别代表第 i 个和第 j 个句子的重要性，d 代表阻尼系数（damping factor），类似机器学习中目标函数里的正则项，后续也可以添加平滑项保证平稳计算。w_{jk} 和 w_{ji} 为权重，也就是句子间相似度。$\ln(Q_i)$ 代表与 Q_i 相似的链接到 Q_i 的句子集合，而 $\mathrm{Out}(Q_j)$ 代表从第 j 个句子链接到其他句子的集合。由于文本拆分的句子图本质上属于无向带权图，因此可以用句子相似度矩阵代替上述的 $\ln(Q_i)$ 和 $\mathrm{Out}(Q_j)$ 形成的链接转移概率矩阵。

计算句子相似度过程如下：将每个句子看成图中的一个节点，先对句子中词汇进行向量表示（比如前面章节提到的独热表示），再对句子中词向量做加权（权重可以选择 3.1.4 节不同评估函数赋值），计算任意两个句子的综合匹配得分（可以采用不同的文本距离计算公式），从而确定不同句子相似度。根据两个句子间相似性值，为对应的两个节点赋予一个无向有权边，边的权值是相似度值，最后形成相似度矩阵。对于同义语句，可以通过主题聚类的方式去除语义重复的句子。

最后抽取得到的重要性最高的若干句子，经过顺畅度筛选和排序，生成文本可以当作摘要，算法流程可以参见文献 [13]。上述抽取式方法的缺点是造成句子的通顺度有所降低，需要利用概率图模型对句子搭配进行校正，筛选出最符合阅读习惯的句子集合。

2. 生成式方法

与抽取式摘要不同，生成摘要不是基于原文句子所得，而是从语义表达层面直接生成。生成式方法依赖有标签的样本进行监督学习，将输入文本表示为分布式嵌入向量，基于端到端（比如 3.4 节将要介绍的编码 – 解码结构）模型输出长度不定的摘要内容 [14]。早期模型利用编码结构将输入序列压缩成指定长度的语义向量，解码结构再对输入进来的语义向量进行解码输出。这个过程中，如何对文本序列进行有效编解码成为关注焦点。基于注意力机制的 Transformer 模型被提出 [15]，成为目前主流的模型结构（下面 3.4 节具体介绍），其编码 – 解码逻辑可以用如下公式表示：

$$s_i = f(s_{i-1}, y_i, c_i) \quad (3.104)$$

其中，s_{i-1} 和 y_i 分别是解码阶段的前一个状态和前一次预测值，c_i 为编码阶段该时刻输出状态加权平均和。

$$c_i = \sum_{j=1}^{T_x} a_{ij} h_j \quad (3.105)$$

$$a_{ij} = \frac{e^{\text{Encoder}_{ij}}}{\sum_{k=1}^{T_x} e^{\text{Encoder}_{ik}}} \qquad (3.106)$$

其中，h_j 为编码阶段每个时刻输出的隐藏状态，a_{ij} 为解码阶段输入 Encoder$_i$ 对应隐藏状态 h_j 的权重大小。

模型中的注意力机制能够对输入序列的隐藏层信息解码，预测当前词和输入序列词相关性。通过训练生成模型获得摘要。结合知识图谱，能够更好地利用人的知识，对输入的语料根据先验知识进行替换。最大限度地减少对训练样本的数据需求。此外，生成对抗网络（Generative Adversarial Network，GAN）和强化学习（Reinforcement Learning, RL）的出现为文本生成带来了另外的思路[16]。

3. 讨论与小结

抽取式方法属于无监督，无须模型训练的方法，借鉴 PageRank 思想和文本序列特征实现抽取，对于生成文本的衔接性和连贯性问题还有待研究。生成式方法则属于端到端生成，依赖文本对语料并需要深度学习模型训练，生成效果主要利用前述 ROUGE-N 和 BLEU 指标来衡量，存在语义评估障碍等问题。详细讨论参见本章开源项目。

3.3.5　文本匹配方法

文本匹配可以视为文本关系判断（句对匹配）问题，目标是学习一个可以匹配各种自然语言关系（包括文本相似和文本相关）的模型，是如下语义类和语用类任务的基础：语义对齐、问答对话、自然语言推理（蕴含 / 矛盾 / 中立）。即使最简单的文本相似匹配定义也是个开放性问题，涉及不同说法，包括 Paraphrase Identification（PI）、Semantic Text Similarity（STS）、Sentence Semantic Equivalent Identification (SSEI)。除了相似匹配，我们还有关联匹配，比如搜索场景下查询与召回，机器翻译场景下句子语义对应，问答系统中问答文本语义匹配等。本节涉及的文本匹配先从文本相似开始。

1. 文本相似计算

直观上看，文本相似是字符本身字面匹配。文本字面匹配基于词袋模型，在向量空间（VSM）中对文本进行词向量表示和叠加，利用 3.3.1 节提到各类距离计算公式直接计算文本的相似度。传统文本相似计算使用词精确匹配方式，往往与人类感觉到的文本相似程度有差异，原因包括：一词多义和一义多词现象的存在；顺序差异造成组合词意思不同；字面匹配违背语义规则或常识。因此，对于文本匹配任务不能只停留在字面匹配，更需要语义层面匹配，涉及语义表示以及计算问题。比如当我们提到"特斯拉"的时候，如果上下文中出现了汽车，那么可以明确它的意思是一个汽车品牌，而不是磁场单位。因此，基于概念（本体）扩展和知识扩展的相似计算也成为重要选择。

除此之外，常见语义匹配模型如下两种：主题模型和推荐模型。在深度学习推进下，文本匹配也进一步从相似匹配延伸到文本关系判断层面，实现深度语义匹配，满足了更多的语义语用任务需要。下面我们将分别进行介绍。

（1）主题模型

20世纪90年代开始，主题模型开始流行起来。主题模型认为在词与文档之间没有直接的联系，它们应当用一个或多个语义主题维度串联起来。进而获得文档主题分布，以及每个主题下对应词分布，得到文本浅层语义表示。这种思想在潜在语义分析模型（Latent Sementic Analysis, LSA）得到实践。在向量空间模型下，将文档-词汇矩阵分解成相互独立的文档-主题矩阵和主题-词汇矩阵，并通过向量间的关系（如夹角计算）来判断词及文档间的关系。图3-15中A矩阵是一个稀疏矩阵，行表示词汇，列表示文档，矩阵中的元素是词汇在文档中出现的次数；等式右边的三个矩阵也有着清晰的物理含义。第一个矩阵X是对词进行分类的一个结果，行表示词汇，列表示语义类别，矩阵中的元素表示词汇在对应类别下的相关性。Y矩阵是对文档的分类结果，行表示主题，列表示文档，每列中的元素表示每篇文档在不同主题中的相关性；B矩阵则表示词的类和文档的类之间的相关性。

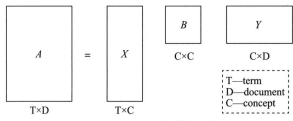

图 3-15   LSA 模型结构图

上述矩阵采用奇异值分解（Singular Value Decomposition，SVD）实现，将词和文档映射到潜在语义空间，完成特征降维。

$$X = U \sum V^{\mathrm{T}} \tag{3.107}$$

其中，$U \in m \times n$，$\sum \in n \times n$，$V \in n \times n$。

如果对矩阵设定降维后的潜在语义空间维度 k，可以得到

$$X_k = U_k \sum V_k^{\mathrm{T}} \tag{3.108}$$

其中，U_k 是仅保留 k 行，$\sum \in k \times k$，V 仅保留 k 列。

LSA将文本映射到等长的低维连续潜语义空间，进行相似度计算，可以很好地解决同义词问题。相比传统向量空间，潜在语义空间的维度更小，语义关系更明确[17]。每个单词或文档都可以用该空间下的一组权值向量表示。但LSA隐含了高斯分布假设，特征降维后的可解释性较差，无法妥善处理一词多义问题。因此人们进一步提出一种"文档-主题分布"概率图模型，即概率潜语义模型（Probabilistic Latent Semantic Analysis, pLSA）[18]，模型结构图如图3-16所示。

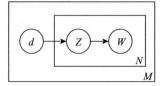

图 3-16   pLSA 模型结构图

其中 d 表示文档，Z 代表隐变量，W 代表词语集合。一个语料库 D 中共有 M 篇文档，每篇文档 d 出 N 个词组成了词集 W，箭头表示变量依赖关系。

如图 3-17 所示，对比 LSA，pLSA 认为 D、Z、W 构成完整数据集，实现"文档决定主题，主题决定单词"。其中，主题 $P(Z)$ 概率对应 SVD 矩阵对角矩阵 S，给定主题 $P(D|Z)$ 的文档概率对应文档 – 主题分布矩阵 U，给定主题 $P(W|Z)$ 单词概率对应术语 – 主题矩阵 V。

实际上 pLSA 只是在 LSA 的基础上添加了对主题和词汇的概率处理，同时解决同义词和一词多义两个问题。但 pLSA 不是完备的生成式模型。必须在确定文档的情况下才能对模型进行随机抽样，导致 pLSA 只能理解训练文本中的语义，不能为新文档分配概率。pLSA 的参数数量随着文档数和词汇数线性增长，容易出现过拟合问题，迭代计算量巨大。

图 3-17   似然函数与 SVD 分解对应关系

进一步，一个完备的文档主题生成模型（Latent Dirichlet Allocation，LDA）被提出 [19]。在 pLSA 模型的基础上扩展了潜在狄利克雷先验超参数，构建出"文档层、主题层、单词层"三层结构的完整贝叶斯估计，模型表示如图 3-18 所示。

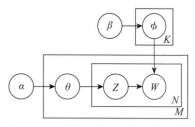

图 3-18   LDA 模型的贝叶斯图模型

图中 θ 和 ϕ 在 LDA 模型中分别表示文本 – 主题分布与主题 – 词汇分布，其先验分布都是狄利克雷分布（详见相关文献描述），而 α 和 β 则分别为其狄利克雷分布的超参数。假设一个语料库 D 中共有 M 篇文档，每篇文档 d 由 N 个词组成词集 W。此外，每篇文档由 K 个主题的多项分布表示，而每个主题 Z 又由词集 W 多项分布表示。

LDA 模型中的文档生成过程如下：

①对于语料库中的每个文档 d，依据 θ_d 为服从参数 α 的狄利克雷分布，从而生成文档 d 上话题的多项分布 θ_d；

②对于每个话题 z，依据 ϕ 服从参数 β 的狄利克雷分布，从而生成话题 Z 上词汇的多项分布 ϕ_z；

③循环不断地生成文档 d 中的第 i 个词 $\theta_{d,i}$、$\phi_{d,i}$，直至完成整个语料库的分布生成：

❑ 服从参数 θ_d 的多项分布而生成 $Z_{d,i}$。

❑ 服从参数 ϕ_z 的多项分布而生成 $W_{d,i}$。

LDA 同样可以使用 EM 算法求解参数，在 E 步计算隐变量的后验概率时使用吉布斯采样。具体算法步骤如下：

①对文档集合中的每篇文档 d，分词并去除停用词，得到词汇 W

$$W = \{\boldsymbol{w}_1, \boldsymbol{w}_2, \cdots, \boldsymbol{w}_x\}。$$

②统计词汇得到条件概率 $p(w_i|d)$。

③为 W 中的每个 w_i，随机指定一个主题 z，作为初始主题。

④通过吉布斯采样方法重新采样，对每个 w 的所属主题 z 更新，直到吉布斯采样收敛。收敛以后得到主题 – 词的概率矩阵，即 LDA 矩阵，进一步得到文档 – 主题的概率分布。

通常而言，LDA 比 pLSA 效果更好，因为它可以轻而易举地泛化到新文档中去。新文件也可以很容易地从狄利克雷分布中抽样得来。上述主题模型不仅可以对单词向量进行语义表示，也可以对文本进行语义向量表示，从而为文本语义层匹配奠定了基础。

（2）推荐模型

推荐本质也是寻找相似匹配的过程，不过需要更多文本之外的信息参与进来（比如用户对文本的点击、收藏行为），其中最常用的算法模型就是协同过滤（Collaborative Filtering Recommendation）。假设相似用户对相似文本表现出的兴趣度是相同的，那么通过分析用户的兴趣和行为，可以推荐相似文本。协同过滤算法包括基于用户行为的推荐算法（User-Based CF, UserCF）和基于文本相似的推荐算法（Item-Based CF）。

以基于用户行为的推荐算法为例。首先找到和当前用户对于同类文本呈现相同反馈的人，即计算两个用户的兴趣相似度。找到文本集合中当前用户喜欢但是没有听说过 / 浏览过的文本，推荐给用户。相似度计算可以采用 3.3.1 节介绍的 Jaccard 相似度和余弦相似度等。以 Jaccard 计算公式为例：

$$W_{uv} = \frac{|N(u) \cap N(v)|}{|N(u) \cup N(v)|} \qquad (3.109)$$

其中，u、v 表示不同的用户，$N(u)$、$N(v)$ 分别表示用户所有有过正向行为的文本集合。两个用户共同感兴趣的文本占他们所有感兴趣的文本的比例，表达为两人相似度。

得到 u、v 用户的相似度之后，就可以计算用户 u 对于文本的感兴趣程度：

$$P(u,i) = \sum_{v \in S(u,k) \cap N(i)} W_{uv} R_{vi} \qquad (3.110)$$

其中，$P(u, i)$ 即用户 u 对 i 感兴趣的概率，其中 $S(u, k)$ 表示和用户 u 兴趣相似度最高的 k 个用户，$N(i)$ 是对文本 i 有过兴趣集合的用户，W_{uv} 是用户 u、v 的相似度，最后 R_{vi} 是用户 v 对于 i 物品的正行为评分。通过 k 个与用户相似中同时对于文本 i 感兴趣的人作为最终结果，同时叠加用户的相似度权重，给出推荐文本相似度打分排序。

除了协同过滤方法以外，还有基于矩阵分解的推荐方法。矩阵分解具体原理是通过"用户 – 文本"行为矩阵，通过奇异值分解计算文本相似矩阵。除了上述方法外，还可以借鉴下一小节深度语义表示类模型计算文本相似度，一个简单模型框架如图 3-19 所示。左侧、右侧分别是一组文本的向量表示框架，输出端计算预测值和真实值的损失 Y，优化更新模型内的参数。最终可以获得文本相似度矩阵，进而排序筛选输出即可。

在推荐排序的过程中，文本特征间的多重交叉组合信息为文本相似计算带来直接有效的影响，有时会大大强于单独的特征。如何选择高效的组合特征？因子分解机（Factorization Machine，FM）应运而生。先看一下 FM 与对数几率回归的目标函数：

$$LR = \omega_0 + \sum_i^n \omega_i x_i \qquad (3.111)$$

$$FM = \omega_0 + \sum_{i=1}^n \omega_i x_i + \sum_{i=1}^{n-1} \sum_{j=i+1}^n \omega_{ij} x_i x_j \qquad (3.112)$$

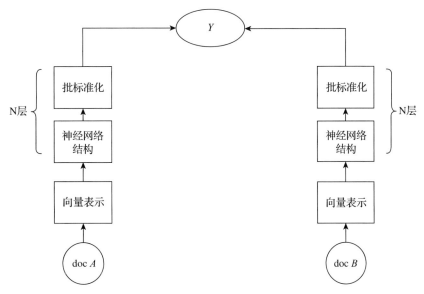

图 3-19   双塔模型（深度语义匹配模型）

其中，n 为特征向量的长度；ω_0 是常数项；x_i 表示第 i 个特征，为一阶特征，ω_i 是一阶特征的系数；x_ix_j 为二阶组合特征，为特征间的两两组合，ω_{ij} 为二阶组合特征的系数。对比式子（3.111）和式子（3.112），可以看出 FM 的目标函数相比 LR 增加了最右侧的二阶组合特征 x_ix_j，系数 ω_{ij} 可以视作 x_ix_j 重要程度的判别条件。通过这种方式，简单的通过 FM 模型获得大量的关于二阶组合特征与预测值 Y 的相关信息，帮助我们挑选有效特征。由于 FM 模型在迭代过程中，对二阶组合部分进行了因子分解，模型训练结束之后，我们可以获得关于 ω_0、ω_i 与 ω_{ij} 的常数矩阵，还叫以直接将 FM 用在召回文本的相似度排序上。

针对式（3-112）中出现的稀疏特征下的特征组合问题，FM 模型的解决方法是为每个维度的特征学习一个向量表示，而后将特征乘积的权重设定为各自表征向量的点积，直接对交叉特征的组合进行建模，具体来说，每一维特征的表征向量由该维特征与其他所有维度特征的交叉共同决定，所以稀疏性问题得到解决，泛化性能提高。把 ω_{ij} 优化成两个隐因子的向量点积 $<v_i, v_j>$ 形式。如式（3.113）所示：

$$\hat{y} = \omega_0 + \sum_{i=1}^{n} \omega_i x_i + \sum_{i=1}^{n}\sum_{j=i+1}^{n} <v_i, v_j> x_i x_j \qquad (3.113)$$

其中，v_i 是第 i 维特征的隐向量。$<\cdot, \cdot>$ 表示向量的点积，$<v_i, v_j> = \sum_{f=1}^{k} v_{i,f} v_{j,f}$，$k$ 为隐向量的长度，且 $k \ll n$，表示包含 k 个描述特征的因子。

FM 模型在使用需要注意：首先，FM 并不支持多类别（大于两类）型特征；其次，由于 FM 本质上是二阶线性模型，所以 FM 输入的特征中，连续型特征的值范围差距不要过大。比如特征 a 均值是 1000 而特征 b 的均值是 1，此时特征 a 很容易压缩特征 b 对于模型的影响；最后，FM 虽然提供了二阶组合特征，但对于更高阶的组合特征并没有更有效的表示。作为一个相对浅层的模型，虽然有较为出色的记忆能力，但是同深度模型相比，泛化能力不足。

依靠协同过滤可以预先计算出不同文本之间的相似程度，在之后的推荐中作为初始召回结果。进一步训练一个预测目标为"0, 1"的二分类模型，作为推荐排序中的评价指标（如用户点击与否）。此外，常见的推荐模型还包括 Wide&Deep 模型，融合了对数几率回归模型的特征记忆能力，并利用深度神经网络提高部分特征的泛化能力，本书不做详细介绍。

2. 深度语义匹配

除了上述文本相似计算以外，文本匹配任务还包括文本之间的相关关系的语义判断（常转化为分类问题），核心在于深度语义匹配[5]。从早期只是简单编码两个文本，然后计算文本之间的匹配度，到后来从字词匹配粒度、短语结构性匹配、文本层次性交互匹配等多角度编码文本，进而达到更精确的语义匹配目的。深度语义匹配大致可以分为表示类、交互类两类模型。

（1）表示类模型

表示类模型基于孪生网络（Siamese Net）模型，提取文本整体语义再进行匹配，如图 3-20 所示。孪生结构共享参数，将两文本映射到同一空间。利用预训练模型、神经网络结构等对语句表示编码，然后输入到匹配层进行交互计算。匹配层采用点积、余弦距离、相似度矩阵等均可，给出匹配程度的判断。

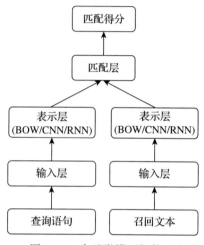

图 3-20 表示类模型架构示意图

如图 3-21 所示，以 DSSM（Deep Structured Semantic Model）模型为例，在计算语义相关度方面提供了一种思路。对输入文本和一系列待召回文本用词向量表示，计算两个文本语义向量的相似度。DSSM 从下往上可以分为三层：输入层、表示层、匹配层。

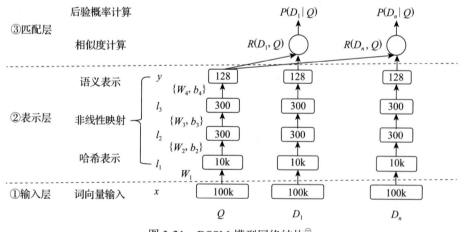

图 3-21 DSSM 模型网络结构⊖

⊖ 本图引用自文献 [20]

①输入层。

输入层的作用是把一个文本映射到一个向量空间并输入到 DNN 中，中文可以处理为单字的形式。然后可以计算多字词的向量表示。

②表示层。

DSSM 的表示层采用词袋模型，输入 x（100k 维）进入多隐层网络中，用 W_i 表示第 i 层的权值矩阵，b_i 表示第 i 层的偏差项，则第 1 个隐层向量 l_1（10k 维），第 i 个隐层向量 l_i（300 维），输出向量 y（128 维）可以分别表示为

$$l_1 = W_1 x \tag{3.114}$$

$$l_i = f(W_i l_{i-1} + b_i), i = 1, 2, \cdots, N-1 \tag{3.115}$$

$$y = f(W_N l_{N-1} + b_N) \tag{3.116}$$

模型用了 tanh 函数作为输出层和隐藏层的激活函数

$$f(x) = \frac{1 - e^{-2x}}{1 + e^{-2x}} \tag{3.117}$$

最终输出一个 128 维低维语义向量。

③匹配层。

最后在匹配层计算输入文本和待召回文本的相似度，以余弦距离计算为例。

$$R(Q, D) = \cos(y_Q, y_D) = \frac{y_Q^{\mathrm{T}} y_D}{\| y_Q \| \| y_D \|} \tag{3.118}$$

（2）交互类模型

表示类模型有时难以衡量语句上下文重要性，容易产生语义漂移。交互类模型对上下文信息进行建模，有利于把握语义焦点。以 BiMPM（Bilateral Multi-Perspective Matching）模型为代表，如图 3-22 所示为从双边多角度句子匹配捕捉直接的匹配模式，将词间的匹配信号作为灰度图，再进行后续建模抽象。

假设 P 和 Q 代表输入的两个句子，p 和 q 分别代表输入句子的词语。BIMPM 模型包括如下结构。

输入层：基于字词单元把一个句子映射到一个向量空间。

表示层：负责提取 p 与 q 的上下文信息。把上一层拿到的向量输入到 BiLSTM 中，双边处理从待匹配句子两个方向，用 BiLSTM 同时编码，每个单词节点会对应两个隐藏层的输出。分别得到两个方向不同时刻的上下文向量表示。

匹配层：两方文本的词与词构成交互矩阵，计算单词间的相似度，形成一个匹配矩阵，匹配方式采用带参数的余弦相似度计算。其中，多角度则是在考虑句子间的交互关系时采用了多种方式：全匹配交互、最大池化匹配交互、注意匹配交互、最大注意匹配交互。

聚合层：把上一层的结果聚集在一起，合并成一个固定长度的向量，采用的依旧是 BiLSTM 模型。

预测层：包括两个全连接层与一个 softmax 层或 sigmoid 层，目标是学习匹配结果的条件概率分布。

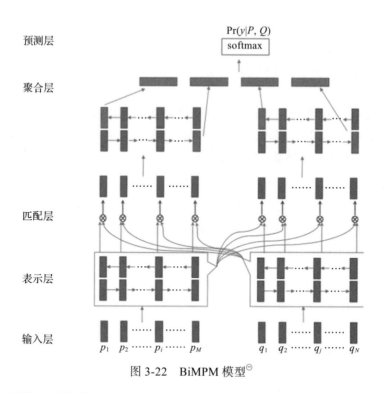

图 3-22   BiMPM 模型[一]

语句交互类模型尽管有效利用了上下文信息，但是忽视了句法、句间关系等全局性信息。因此，很多研究考虑引入上述两种深度语义匹配模型混合学习策略。此外，深度语义匹配模型也面临标注不足问题，需要考虑如何用迁移学习、半监督、无监督的方法提升匹配模型效果，这些都值得深入思考。

（3）讨论与小结

文本匹配方法已经逐渐以深度神经网络模型为主流，在已有主题模型、推荐模型基础上，通过神经网络结构进行深层的语义表示，未来进一步融合概念、知识表示，进一步提高文本语义匹配的效果，相关内容需要参考国内外前沿进展及本章开源项目。

3.3.6   图计算方法

传统机器学习假设输入样本满足独立同分布，也就是说，数据样本是相互独立的点数据结构，不存在任何关系。实际上，文本数据中存在词法、句法结构关系，我们把存在这种样本之间关系的数据叫作关系数据（Relational Data）。自然语言文本从点数据向序列结构延伸，到句法依存树和结构树，派生出更复杂数据结构，进而形成链、树、图结构，以更一般的图结构概括。前面已经论述了文本标注的概率图模型，进一步将面向图数据的机器学习一般性方法统称为图计算。图计算方法可以与前述各种机器学习方法进行融合，为后

㊀   本图改动自文献 [21]

续知识图谱中知识表示学习、图神经网络结构引入奠定基础。

在介绍图计算之前，我们首先简单介绍图结构的基本概念。图（Graph，用 G 表示）是一种重要的数据结构，它由顶点 V（或者节点）和边 E（个体之间的联系）构成，一般用 $G(V, E)$ 表示。假设图有 m 个节点，$V = \{v_1, v_2, \cdots, v_m\}$。定义 w_{ij} 为节点 v_i 到 v_j $(i, j = 1, 2, \cdots, m)$ 间的权重。无向图，顾名思义，就是边没有方向的图，那么权重 $w_{ij} = w_{ji}$。有向图则是边有方向的图，那么 $w_{ij} \neq w_{ji}$。若节点 v_i 和 v_j 之间有边连接，则 $w_{ij} > 0$，反之则 $w_{ij} = 0$。

图计算的基本数据结构由 V、E 和边权重 D 三因素组成，即

$$G = (V, E, D) \tag{3.119}$$

有时边权重也用度来衡量，度是指和该节点相关联的边的权重之和。对于有向图，又细分为入度和出度，分别表示从该节点出发的边的权重之和以及以该节点为终点的边的权重之和。任意节点 v_i 的度 d_i 计算如式子（3.120）所示，利用所有节点的度还可以构建 $m \times m$ 对称矩阵度矩阵（Degree matrix），用 D 表示：

$$d_i = \sum_{j=1}^{m} w_{ij}, \quad D = \begin{bmatrix} d_1 & 0 & \cdots & 0 \\ 0 & d_2 & \cdots & 0 \\ 0 & 0 & \cdots & d_m \end{bmatrix} \tag{3.120}$$

利用所有节点之间的权重值，可以构建 $m \times m$ 邻接矩阵 (Adjacentcy matrix)，用 W 表示，w_{ij} 就是邻接矩阵 W 的元素

$$W = \begin{bmatrix} w_{11} & w_{12} & \cdots & w_{1m} \\ w_{21} & w_{22} & \cdots & w_{2m} \\ w_{m1} & w_{m2} & \cdots & w_{mm} \end{bmatrix} \tag{3.121}$$

由于图的关系表示通常无规则不均匀，算法遍历时存在高访存 / 计算比、局部 I/O 瓶颈等，导致图划分、分块并行和负载均衡困难，同一个算法在不同图结构处理性能方面差异很大。

本节主要关注文本图计算的算法模型。其中，图遍历算法是图计算的基础，在图检索方面应用最为广泛。

此处，图匹配也是重要的文本挖掘手段。图匹配包括图聚类、图检测、不确定图挖掘等。其中，图聚类和图检测主要从图中搜索出与模式图匹配的子图、最大公共子图、最小公共超图，重在相似图挖掘。不确定图挖掘基于图特征来学习预测可能存在的关系，主要是统计关系学习问题。从图结构中提取特征，涉及结构静态图中节点度量、子图中心性、节点关联性、跨社区节点 / 边，比如属性静态图共享子结构、社区异常关系分类，动态图的时间异常模式等。主流的统计关系学习方法有路径排序方法（Path Ranking Algorithm，PRA）、基于推理模型的方法（IIM）等。

本书主要对图检索、图聚类、图检测算法进行介绍。

1. 图检索

图检索是从图中某一点出发访遍图中其余点，且每个点仅被访问一次，这一过程也叫

作图遍历，这是一系列树图算法的基础。图遍历时一般会设置一个访问数组作为是否被访问过的标记。

图遍历算法包括广度优先遍历和深度优先遍历。深度优先遍历（Depth First Search, DFS）算法是一个递归的过程，类似于树的前序遍历，一般辅以栈可实现非递归。广度优先遍历（Breadth First Search, BFS）算法类似于树的层遍历，一般辅以队列可实现。图遍历算法延伸，往往获得图的最小生成树，代表着最小的代价完成任务，可以采用普里姆（Prim）算法和克鲁斯卡尔（Kruskal）算法；当需要计算节点间最短路径时，常见方法包括 Dijkstra 和 Floyd 方法，计算路径包括多个节点多关联的情况，为了找到权威节点分析。

图遍历依赖于图的规模和存储结构，因此算法效率也往往成为瓶颈，比如 Simrank 算法必须对每个初始化节点计算一次，因此当图规模巨大时计算压力较大 [22]。

2. 图聚类

在 3.3 节提到的文本聚类方法基础上，衍生出面向图结构的"剖分 – 凝聚"方法就是图聚类。图聚类问题的实质是图划分问题，计算节点间相似性或节点合并后模块度，不断优化使子图间的相似度变小，子图内的相似度变大，完成聚类。常见的聚类方法包括谱聚类（Spectral Clustering）、近邻传播聚类（Affinity Propagation Clustering）和社区发现（Community Detection）等。

（1）谱聚类

谱聚类是一种基于图表示的聚类算法，基本思想是把所有的数据用图的形式体现，数据彼此之间建立对应边的关系。其中，距离较远的两点之间的边权重值较低，而距离较近的两点之间的边权重值较高。然后对整幅图划分，不断优化让不同的子图间边权重和尽可能的低，而子图内的边权重和尽可能的高，从而达到聚类的目的，如图 3-23 所示。

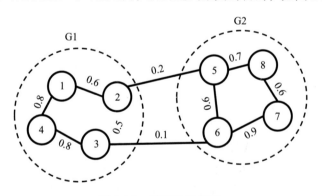

图 3-23　谱聚类示意图

假设图 G 有 m 个节点，被划分为 G_1 和 G_2 两个子图，类别分别为 c_1 和 c_2。$\boldsymbol{q} = (q_1, q_2, \cdots, q_m)$ 为 m 维向量，表示划分方案：

$$q_i = \begin{cases} c_1, & i \in G_1 \\ c_2, & i \in G_2 \end{cases} \tag{3.122}$$

根据图划分的优化目标，损失函数定义为子图之间被截断的边的权重和，即

$$\text{Cut}(G_1, G_2) = \sum_{i \in G_1, j \in G_2} w_{ij} = \frac{\sum_{i=1}^{m}\sum_{j=1}^{m} w_{ij}(q_i - q_j)^2}{2(c_1 - c_2)^2} \tag{3.123}$$

其中，w_{ij} 为节点间边的权重值。

通过如下变换：

$$\frac{1}{2}\sum_{i=1}^{m}\sum_{j=1}^{m} w_{ij}(q_i - q_j)^2 = \frac{1}{2}\left(\sum_{i=1}^{m}\sum_{j=1}^{m} w_{ij}q_i^2 + \sum_{i=1}^{m}\sum_{j=1}^{m} w_{ij}q_j^2 - 2\sum_{i=1}^{m}\sum_{j=1}^{m} w_{ij}q_iq_j\right)$$

$$= \frac{1}{2}\sum_{i=1}^{m}\sum_{j=1}^{m} w_{ij}(q_i^2 + q_j^2) - \sum_{i=1}^{m}\sum_{j=1}^{m} w_{ij}q_iq_j = \sum_{i=1}^{m} q_i^2 \sum_{j=1}^{m} w_{ij} - \sum_{i=1}^{m}\sum_{j=1}^{m} w_{ij}q_iq_j \tag{3.124}$$

$$= \boldsymbol{q}^{\text{T}}(D - W)\boldsymbol{q} = \boldsymbol{q}^{\text{T}}L\boldsymbol{q} \geqslant 0$$

D 为度矩阵，W 为邻接矩阵，拉普拉斯矩阵（Laplacian matrix）定义为 $L = D - W$。由式（3.41）可知，L 为半正定矩阵（即所有特征值为非负值）。标准化后的拉普拉斯矩阵为

$$L = (I - D^{\frac{1}{2}}WD^{\frac{1}{2}}) \tag{3.125}$$

因此，损失函数变为

$$\text{Cut}(G_1, G_2) = \frac{\boldsymbol{q}^{\text{T}}L\boldsymbol{q}}{(c_1 - c_2)^2} \tag{3.126}$$

图划分问题最终变为最小化损失函数问题，即

$$\min\left(\sum_{i=1}^{m}\sum_{j=1}^{m} w_{ij}(q_i - q_j)^2\right) = \min(\boldsymbol{q}^{\text{T}}L\boldsymbol{q}) \tag{3.127}$$

最后，用各种聚类方法对特征矩阵进行聚簇划分，具体方法详见 3.3.3 小节。谱聚类算法的具体流程如下：

① 根据输入样本构建样本相似度矩阵；
② 基于相似度矩阵构建邻接矩阵 W 和度矩阵；
③ 计算拉普拉斯矩阵 $L = D - W$，并归一化；
④ 求解归一化后的拉普拉斯矩阵前 K 个最小特征值对应的特征向量；
⑤ 将这些特征向量所组成的矩阵进行聚类，得到聚簇划分结果。

谱聚类的聚类效果依赖于相似度矩阵，不同的相似度矩阵得到的最终聚类效果可能差别很大。由于有降维操作，在处理高维数据时的复杂度比传统聚类算法好。如果最终聚类的维度非常高，降维不够，运行速度和最终聚类效果均不好。

（2）近邻传播聚类

相比传统图聚类算法，近邻传播聚类（简称 AP 算法）的聚类性能和效率方面都有大幅提升，适合高维、多类数据快速聚类[23]。基本思想是将全部样本视为图节点，通过消息传递机制搜索计算出样本集的聚类中心。聚类过程中传递并不断更新节点吸引度和归属度两

种消息值，获得各节点与聚类中心的隶属关系。直到产生 m 个高质量的 Exemplar（类似于质心），同时将剩余节点匹配到各个类中，完成待聚类数据集划分。

算法流程类似一个选举过程，输入待聚类数据集的相似性矩阵 S，相似性可以用不同的方法进行计算，比如欧氏距离、Jaccard 相似性、余弦相似性等。待聚类数据集中的数据点都是潜在的聚类中心，算法对潜在的聚类中心的描述主要表现在自我相似性上，自我相似性描述的是数据集中的某个数据点能够被选举出来并成为聚类中心的程度。设置成为相似性矩阵的中位数或平均值。定义吸引度 $r(i, j)$，用来表示顶点 j 适合作为顶点 i 的聚类中心的程度：

$$r(i, j) = s(i, j) - \max[a(i, k) + s(i, k)], \quad k \in 1, 2, \cdots, m, k \neq j \qquad (3.128)$$

其中，$s(i, j)$ 表示顶点 i 和顶点 j 之间的相似度值；归属度 $a(i, j)$ 表示网络中顶点 i 选择顶点 j 作为聚类中心的程度，对于 $k \in 1, 2, \cdots, m$

$$a(i, j) = \begin{cases} \min\left(0, r(j, j) + \sum_{k \notin \{i, j\}} \max(0, r(k, j))\right) & i \neq j \\ \sum_{k \neq j} \max(0, r(k, j)) & i = j \end{cases} \qquad (3.129)$$

吸引度和归属度更新的公式定义如式（3.130）和式（3.131）所示：

$$r_n(i, j) = (1 - \mu) \times r_n(i, j) + \mu \times r_{n-1}(i, j) \qquad (3.130)$$

$$\alpha_n(i, j) = (1 - \mu) \times \alpha_n(i, j) + \mu \times \alpha_{n-1}(i, j) \qquad (3.131)$$

其中，μ 为衰减系数；n 表示当前迭代步，$r_n(i, j)$ 和 $r_{n-1}(i, j)$ 分别表示当前和上一次迭代步的吸引度，同理，$\alpha_n(i, j)$ 和 $\alpha_{n-1}(i, j)$ 表示当前和上一次迭代步的归属度。聚类中心的判定规则为 $r(i, i) + \alpha(i, i) > 0$，即顶点 i 对自身的吸引度和自身的归属度之和大于 0 时，则选择对应顶点作为聚类中心。选择聚类中心的规则如公式 $\max(r(i, i) + \alpha(i, i))$ 所示，即选择与当前顶点 i 吸引度与归属度之和最大的顶点 j 作为其聚类中心。

近邻传播聚类算法流程如下：

①算法初始，将吸引度矩阵和归属度矩阵初始化为 0 矩阵。

②更新吸引度矩阵。

③更新归属度矩阵。

④根据衰减系数对两个公式进行衰减，取值范围为 [0, 1]，针对上一次迭代的吸引度和归属度进行加权更新。

⑤重复步骤②、③、④，直至矩阵稳定或者达到最大迭代次数停止。

最终取 $\max[r(i, i) + \alpha(i, i)]$ 最大的 k 个值作为聚类中心。

上述算法有两种停止吸引度和归属度的更新方法，第一种条件是算法的迭代次数达到了预先设置的最大迭代次数，第二种条件是迭代过程中聚类中心在后面若干次迭代后没有改变（收敛）。AP 算法通过调节自身参考度来控制聚类结果的粒度，自身参考度数值越大，聚类结果的数量就越多，反之越少。在聚类的过程中，不需要明确聚类个数，聚类中心是待聚类数据中某个确切的数据点。此外，输入相似度矩阵来启动算法，允许数据呈非对称，初始值不敏感。相比 K-Means 鲁棒性强且准确度较高，但是计算复杂度也较高。

（3）社区发现

社区发现基于节点属性和关系的相似度计算，发现网络中图团（Graph Community）的方法，其中图团定义为一种顶点（Vertice）子集，顶点相对于网络的其他部分连接紧密。假设图 $G = G(V, E)$，社区发现就是在图 G 中确定 n 个社区。如果任意两个社区顶点集合交集为空，则为非重叠社区，否则是重叠社区。目前社区发现有如下方法：第一种是划分，把无关联的边去掉，进而取到核心的社区；第二种是聚合，将关联性比较大的顶点聚集起来，关联性较小的顶点剔除出去。下面我们介绍经典的社区发现方法。

标签传播算法（Label Propagation Algorithm，LPA）是基于图的半监督学习算法，基本思路是从已标记的节点标签信息来预测未标记的节点标签信息，利用样本间的关系，建立完全图模型。每个顶点在开始的时候都设立自己的标签，按相似度传播给相邻节点，然后向所有的邻居进行广播。每个顶点将收到的最多的标签作为自己的标签，进行下一轮的迭代。与该节点相似度越大，其相邻节点对其标注的影响权值越大，相似节点的标签越趋于一致，其标签就越容易传播。最终当迭代结束时，相似节点的概率分布趋于相似，划分到一类中。这个算法的时间复杂度是线性的，无论多么复杂的图，都能够比较准确地发现社区[24]。

假设有 l 个已标注数据 $(x_1, y_1), \cdots, (x_l, y_l)$，$Y_L = \{y_1, y_2, \cdots, y_l\} \in \{1, 2, \cdots, C\}$ 为类别标签，类别数 C 已知。u 个未标注数据为 $(x_{l+1}, y_{l+1}), \cdots, (x_{l+u}, y_{l+u})$，$Y_U = \{y_{l+1}, y_{l+2}, \cdots, y_{l+u}\}$ 归属于未知类别，且未标注数据量远大于已标注数据量（$u \gg l$）。令数据集 $X = \{x_1, x_2, \cdots, x_{l+u}\} \in R^D$，问题的目标变为通过在数据集 X 中学习 Y_L，为未标注数据集 Y_U 的每个数据找到对应的标签。

为所有数据构建图，图的每一个节点为一个样本点，包含了标注数据和未标注数据。构建图的方法很多，这里我们假设创建的图为全连接图，节点 i 和节点 j 之间的欧式距离用 d_{ij} 表示，边权重用 w_{ij} 表示为

$$w_{ij} = \exp\left(-\frac{d_{ij}^2}{\sigma^2}\right) = \exp\left(-\frac{\sum_{d=1}^{D} \| x_i^d - x_j^d \|^2}{\sigma^2}\right) \tag{3.132}$$

其中，$i, j \in 1, 2, \cdots, l+u$，$\sigma$ 为超参。定义维度为 $(l+u) \times (l+u)$ 的概率转移矩阵为 T，T 衡量了一个节点通过边传播到其他节点的概率，T_{ij} 为标签 j 传播到标签 i 的传播概率，其计算如下所示：

$$T_{ij} = p(j \to i) = \frac{w_{ij}}{\sum_{k=1}^{l+u} w_{kj}} \tag{3.133}$$

再定义维度为 $(l+u) \times C$ 的标签矩阵（Soft Label Matrix）Y。令 $Y_{ic} = \delta(y_i, C)$，行代表节点，列代表类别，Y_{ic} 表示第 i 行节点为 y_i，第 c 列为类别为 C 的标注概率。若 $Y_{ic} = 1$ 时，则

节点 y_i 标签为 C，否则为 0。通过传播概率，使得概率分布集中于给定类别，然后通过边权重传递节点标签。算法流程如下：

①建立全连接图，每一个样本（无论有无标签）都作为节点，相邻节点具有相同的标签。

②初始化，并计算权重矩阵 w_{ij}，两点间距离 d_{ij} 越小，权重 w_{ij} 越大；然后基于权重计算转移矩阵 T。

③执行传播。每一个带标签的节点通过边传播到所有节点，权重大的边节点容易影响相邻节点。每个节点按照传播概率 T_{ij} 将周围节点传播的标注值按权重相加，并更新标签矩阵中相应的概率值，用矩阵表示为 $Y^t = T \times Y^{t-1}$，t 表示当前迭代步。

④重置 Y 中已标记样本的标签。将已标记数据回归到本来的标签，即把③中标签矩阵中已标注数据的概率重新赋值为初始值。

⑤重复执行传播，直至 Y 收敛。

由于 LPA 算法没有一个明确的量化指标衡量社区划分好坏，因此人们提出一种 Fast Unfolding 算法，定义"模块度"（Modularity）的概念，针对无向图的自底向上划分社区[25]。

Q 表示网络中连接社区结构内部顶点的边所占的比例，减去在同样社团结构下任意连接这两个节点的比例的期望值：

$$Q = \sum_{c=1}^{C} \left(\frac{l_c}{m} - \left(\frac{D_c}{2m} \right)^2 \right) \tag{3.134}$$

其中，m 表示图中总边数（无向边的条数，即若节点 i 和节点 j 有边相连，则节点 (i, j) 对只贡献一条边），l_c 为社区 c 中所有内部边数，D_c 为社区 c 中顶点度之和。

$$D_c = 2l_c + O_c \tag{3.135}$$

其中，O_c 表示社区 c 与其他社区之间的边。

Fast Unfolding 算法从全局上进行优化，计算复杂度增高，算法收敛比较慢，但是划分结果比较理想，基本流程如下：

①初始化，将每个点划分在不同的社区中。

②对每个节点尝试划分到与其邻接的点所在的社区中，计算此时的模块度，判断划分前后模块度的差值 ΔQ 是否为正数，若为正数，则接受本次的划分，若不为正数，则放弃本次的划分。

③重复以上的过程，直到不能再增大模块度为止。

④将第一个阶段得到的社区视为新的"节点"，构造新图，新图中的每个点代表的是步骤③中划出来的每个社区，两个新"节点"之间边的权值为相应两个社区之间各边的权值的总和。

⑤继续执行步骤②和步骤③，直到社区的结构不再改变为止。

3. 图检测

图检测是通过频繁子图挖掘，识别潜在的关联规则或频繁项集的方法。频繁项集是样本中的共现元素，往往隐含着关联规则，属于客观"无用户偏好"的图分析场景。针对频繁子图和关联规则挖掘效果，常见方法包括 Apriori 算法和 FP-Growth 算法，下面将详细介绍。

（1）Apriori 算法

Apriori 算法是关联规则算法中的经典算法，通过关联规则发现频繁项集，进而挖掘频繁子图结构，能够满足最小支持度和最小可信度。算法基本出发点在于大数据图中，频繁共现节点对很可能存在边关系，边权重大小与共现频次有关。这里我们要引入 4 个概念：频繁项集、关联规则、支持度与置信度。举例说明，比如现在专利文本库中存在如下技术主题数据：

①图像处理，人机交互

②人机交互，传感器，语音识别，用户场景

③图像处理，传感器，语音识别，分类算法

④人机交互，图像处理，传感器，语音识别

⑤人机交互，图像处理，传感器，分类算法

频繁项集是指高频同时出现的组合，如上所示，可以是传感器与语音识别。关联规则可以简单理解为专利中出现传感器的时候很有可能也会出现语音识别，具体衡量这种规则的强弱需要考虑支持度与置信度的关系。

支持度：一个项集的支持度被定义为数据集中包含该项集的记录所占的比例，如上所示，图像处理的支持度为 4/5，（图像处理、传感器）的支持度为 3/5。针对项集定义一个最小支持度，只保留满足最小支持度的项集作为频繁项集。

置信度：置信度是针对关联规则 A → B，定义的概率计算指标 $P(B\,|\,A)\,/\,P(A)$。如针对 {传感器}→{语音识别} 这样的关联规则来定义的。计算为支持度 {传感器，语音识别}/支持度 {传感器}，其中 {传感器，语音识别} 的支持度为 3/5，{传感器} 的支持度为 4/5，所以"{传感器}→{语音识别}"的可信度为 3/4 = 0.75。说明专利文本中有传感器的记录，该规则有 75% 的可能适用。

对于一个图节点集合，计算获取满足最小置信度和最小支持度的子图集合。当前所有集合即为潜在关联规则。Apriori 算法具体流程如下：

①首先算出所有最小的频繁项集，并按照最小支持度 s 过滤得到无效的集合 L_1。

②依赖当前迭代步 i 的频繁项集 L_i 拓展新的频繁项集，并按照最小支持度 s 过滤得到集合 L_{i+1}。

③重复②直至无法产生新的集合 L。

④计算除 L_1 之外所有集合 L 的置信度，并控制评价标准，产生强规则。

Apriori 算法依托支持度和置信度评价标准，在有效数据集上效果显著。当 Apriori 算法运用于大批的文本分析时，如何有效地确定关联范围和文本标签是 Apriori 算法适用与否的关键。比如专利文本由标题、摘要、权利要求和说明书组成，要综合考虑各标签权重、标签内文本特征，需要考虑对可能出现的频繁项集错误进行约束。由于 Apriori 算法每次拓展频繁项集都需要再一次扫描全库，耗时也相对较高，一般 Apriori 算法的使用更推荐离线预处理场景。

（2）FP-Growth 算法

由于 Apriori 算法产生候选项集，需要遍历扫描全数据集来获得频繁项，效率过低。FP-Growth 算法提供了改进方案，算法思路是将数据集存储在 FP 树结构中，通过查找元素项的条件基及构建条件 FP 树来发现频繁项集。不断以更多元素作为条件重复进行，直到 FP 树只包含一个元素为止。由频繁项集构建所有可能的规则，然后计算每个规则的置信度，满足大于最小置信度条件的规则保留为关联规则。

FP-Growth 算法从 FP 树构建开始，包括：输入数据集、最小值尺度，输出 FP 树、头节点链表。算法细节如下：

① 遍历数据集，统计各元素项出现次数，创建头指针表（见表 3-5）。移除头指针表中不满足最小值尺度的元素项。假设最小支持度为 3（与 Apriori 算法中最小支持度比值不同），数据集中的有些元素，如 o, n, m 等不满足大于最小支持度的要求，在头节点链表和 FP 树中被忽略。

表 3-5　头指针表

节点编号	元素项	节点编号	元素项
001	r, z, h, j, p	004	r, x, n, o, s
002	z, y, x, w, v, u, t, s	005	y, r, x, z, q, t, p
003	z	006	y, z, x, e, q, s, t, m

从图 3-24 中可以看到采用字典存储头节点链表，链表包含两部分，一部分是单元素集合的频数，另一部分是一个指针，指向 FP 树中对应的元素。

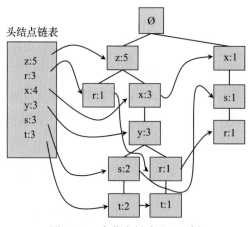

图 3-24　头节点链表和 FP 树

② 第二次遍历数据集，定义 FP 树的数据结构，其中 `item` 是指节点所对应的元素项，`count` 是其对应的频数，`parent` 是其双亲节点，`children` 是其子节点。代码如下：

```
class FPNode:
    def __init__(self, item, count, parent):
        self.item = item
        self.count = count              # support
        self.parent = parent
        self.next = None                # the same elements
        self.children = {}
```

③构建 FP 树。假设读入第二条记录（z, y, x, w, v, u, t, s）首元素 z 在 FP 树中，FP 树中的节点 z 的 count 值增加，然后递归从当前节点的下一个元素开始访问。由于第二个元素 y 不在 FP 树中，在 FP 树中创建对应的节点，然后在头节点链表中创建相应的指针。后续节点在 y 后进行。后续记录以此类推，直到构成完成的 FP 树。对每个数据集中的项集：

❑ 初始化空 FP 树，首先读入第一条记录，由于树初始为空，直接添加。

❑ 对每个项集进行过滤和重排序。

❑ 使用这个项集更新 FP 树。从根节点开始，如果当前项集的第一个元素项，在 FP 树当前节点的子节点中存在，则更新这个子节点计数值；否则，创建新的子节点，更新头指针表。

❑ 对当前项集的其余元素项和当前元素项的对应子节点递归过程 3。

FP 树是非常强大的事务信息压缩结构，适用离散型数据，但是对顺序极其敏感。由于只对数据集扫描两次，因此执行更快。在 FP 树构建完毕以后，进一步抽取频繁项集，从而挖掘出关联规则，基本步骤如下：

①输入当前数据集的 FP 树（InTree, HeaderTable），从 FP 树中获得条件模式基（Conditional Pattern Base）。

②利用条件模式基，构建一个条件 FP 树。

③有了 FP 树和条件 FP 树，我们就可以在前两步的基础上递归得查找频繁项集。迭代重复步骤①步骤②，直到树包含一个元素项为止。

自然语言机器学习提供了面向文本分类、序列标注、文本聚类、文本生成、文本匹配和图计算等文本任务的算法模型。这些方法单独或组合可以用来解决第 2 章归纳的语法、语义、语用类任务。尽管一些细节没有深入讨论，感兴趣者仍然可以通过整体上把握机器学习框架来运用这些方法。

文本分类从四种基本的分类思想出发，重点阐述了基于线性划分思想的分类系列，以及以决策树为基础的集成学习系列。文本聚类由于是无监督学习，常常被用来做探索性分类。文本生成和文本匹配是目前摘要生成、问答对话、机器翻译等语用类任务的基础。由于自然语言文本图结构的存在，所以针对图数据的挖掘方法层出不穷，体现在图检索、图聚类和图检测方面。文本标注属于特殊的文本分类，基于概率图模型和各种条件假设，衍生出隐马尔可夫、条件随机场的模型。概率图模型也是很多图计算方法的基础，为下一节神经网络发展演变起到了促进作用。

尽管机器学习在自然语言处理中获得了巨大成功，但特征工程、模型设计、处理技巧仍然需要深入探索。特别是这类浅层学习缺少文本结构的学习能力，而这恰好是深度神经网络结构的优势。前面提到的文本生成、深度匹配模型都体现了深度结构的作用。下一节讨论的深度学习模型，也是以解决上述任务为目的，仍然是在统计学习框架下。不同的是，神经网络结构在输入特征表示、模型设计、学习策略、优化参数方面有自身独到的一面，也在多数文本任务中取得了令人惊讶的效果，所以我们单独列出一节对自然语言深度学习部分进行讨论。

3.4   自然语言深度学习

前面已经提到自然语言文本的离散性、组合性、稀疏性、歧义性、动态性和非规范性特征，通用文本和专业文本的行文区别也很大，因此传统机器学习特征工程不可避免地进入瓶颈。近年来，深度学习方法为自然语言处理带来了革命性的改变，原因是什么呢？如图 3-25 所示，我们从几个层面进行了比较分析。

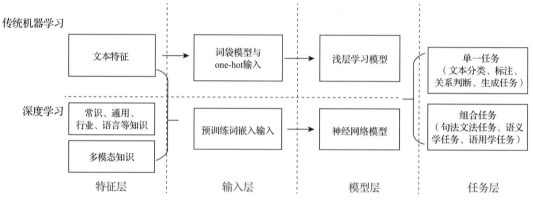

图 3-25   传统机器学习与深度学习对比

特征层：仔细分析就知道文本的特征很难提取，数据标注和数据稀疏困难，人工设计特征困难，而且特征由于不能全面表示文档的语法、语义，特征工程中往往丢失很大一部分的有用信息。深度学习会将特征提取这个环节交给深度网络去自动完成，依赖网络训练过程去选择重要的组合，比如核心特征和组合特征，简化了模型设计者的工作。通过更高的计算成本换取更全面更优良的文本特征。

输入层：前述机器学习方法需要将特征在向量空间表示，将每个特征表示为向量空间一个维度，往往稀疏高维。深度学习一般采用分布式词嵌入表示方案，把上述稀疏线性模型转变为密集向量。对于每个语言单元（包括但不限于字、词、短语、句子、文档），甚至多模态组合，都用一个低维稠密向量来表示语义信息。分布式表示为不同语言单元提供了统一的语义表示、语义计算基础，简单高效且完整。深度学习模型能够从数据中自动学习特征，模型往往具有较好的迁移能力。

模型层：传统模型存在对复杂函数表示能力有限，对复杂问题泛化能力不足，体现为仅含有将单个原始输入信号映射到特定问题空间的简单结构。这类模型至多有一层隐藏层节点，属于浅层学习。深度学习要求模型结构必须具有足够的深度，具有多层非线性映射结构，有助于复杂函数逼近。前人已经证明了 Universal Approximation Property，也就是多层前馈神经网络可以对任意给定连续函数进行任意精度的逼近。模型搭建过程中，需要思考更多的方面：图结构设计、优化算法、初始化、随机重启、学习率等，训练过程中往往要调整超参数。

任务层：深度学习不需要那么严苛的统计假设，比如马尔可夫假设。深度学习能够通过级联模型实现端到端的任务解决，甚至同时面向多任务学习，不需要关注中间处理环节。随着语言学特征、语言知识可以作为补充，结合注意力机制，更是促进了可解释学习的发展。特别通过预训练语言模型获得字词嵌入表示向量，对于语义表示带来了极大促进作用。正是以上方面的独特优势，让深度学习成为自然语言处理的研究热点。

本小节从人脑机制和神经网络学习开始，概述早期的神经元近似模型发展，进一步给出常见的深度神经网络结构，针对不同的 NLP 任务设计相应的网络结构，描述了工程部署方面的内容。进一步，对各行各业应用影响最大的预训练语言模型进行讨论。当前也有大量的前沿进展和研究涌现，我们需要仔细思考和认识其中的问题。

3.4.1　神经网络学习

深度学习主要是深度神经网络学习，在计算机上模拟人类认知的"抽象"和"迭代"机制。早期神经科学模仿人脑神经系统工作机制，抽象出数学模型就是人工神经网络。后来，通过组合人工神经元，抽象出各种深度层次结构。集成模型结构特点和训练目标，进一步学习获得模型参数，完成各种任务。本小节将从大脑学习机制出发，追溯神经网络学习发展脉络，详细介绍各类模型结构。论述通用的模型特征、训练策略和优化算法。结合文本学习中典型的预训练语言模型，探讨当下自然语言处理的前沿话题。

1. 大脑学习机制

在了解深度学习之前，先了解人脑神经结构。人们很早就发现了神经元的结构，包括细胞体和细胞突起，其中细胞突起包括轴突和树突。神经元怎么工作呢？神经元之间没有物理接触，而是通过突触互连传递信息。一个神经元有两个状态：兴奋和抑制。当神经元的信号量超过某个阈值就会产生电脉冲，刺激到其他神经元，产生信号传递。人脑存在长期记忆和短期记忆，如果两个神经元相互关联刺激，突触强度就会增加，短期记忆就可以转化为长期记忆，这就是赫布学习（Hebbian Learning）。这套机制表明通过训练可以学习突触可塑性，进而改进神经网络。因此，结合这种神经元特点，可以指导模拟神经网络。

那么人脑如何理解信号呢？脑认知是不断发展的科学，我们对大脑机制的了解也越来越多。比如从脑功能成像（functional Magnetic Resonance Imaging, fMRI）数据和脑电（Electroencephalogram, EEG）数据中提取特征，同神经网络语言模型建模的文本特征进行比较，探索大脑真实的信息处理过程。大脑视觉机理揭示了大脑对输入信号从低级抽象逐渐向高级抽象迭代。与视觉系统的信息处理类似，从计算的角度也同步理解脑，探索新型的信息处理机理和途径，希望从提取的特征中找到两者的相关性甚至一致性。深度学习也是从简单的结构开始，特征表示越来越抽象，越来越能表现语义或意图，逐渐实现人工智能。

2. 人工神经网络

人工神经网络的研究动机在于建立、模拟人脑的分析学习神经网络，体现了连接主义的思想。人工神经网络设计为多个神经元（节点）连接而成，神经元节点如图 3-26 所示，节点设置激活函数，通过计算节点信息与激活函数阈值的大小比较来获得神经元激活状态（兴奋或抑制）。每个神经元都有加权输入（类似于大脑神经元的突触），一个激活函数以及一个输出。输入的加权和会产生一个激活信号，激活信号输入激活函数就得到神经元的输出 y。激活函数 $f(.)$ 是连续可导的非线性函数，代表性函数包括 sigmoid 型函数、ReLU 函数、Maxout 单元等。

前面章节提到的感知器是最简单的人工神经网络之一，实际上就是拥有输入层和输出层的两层神经网络。输入层每个神经元都连接到下一层的所有神经元，这种连接形式被称为全连接。感知器只有输出层神经元具有激活函数，仅能处理线性可分问题。为了解决非线性可分的异或问题，则需要考虑多层神经元

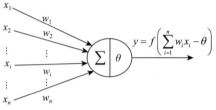

图 3-26　人工神经元结构示意图

连接实现，此时内部每一层叫作隐藏层。借鉴大脑视觉系统分析信息处理的过程，通过堆叠多个层的方式，逐层输入输出来实现对输入信息的分级表达，并引入了复杂非线性激活函数，体现了深度学习中"深度"意义。

早期人工神经网络通过无监督学习进行训练，由于梯度消失问题的存在，导致模型优化困难。随着反向传播算法（Back Propagation，BP）提出，优化过程分为两部分：无监督逐层训练以及反向传播算法精调。建立了"前向传播→链式求导→反向传播→更新权重"模式。推动了人工神经网络训练优化。

3. 前馈神经网络

由输入层、多层隐藏层、输出层组成的多层神经网络叫作前馈神经网络（Feed-Forward Network），也被称为多层感知器（Multi-layer Perception, MLP）。作为一种深度神经网络（Deep Neural Network，DNN），通过组合低层特征形成抽象的高层表示属性的类别或特征，具有任意复杂非线性函数近似能力。图 3-27 为一个前馈神经网络的示意图，它包括输入层、隐藏层和输出层，属于有向无环图。输入层包含 3 个神经元，相邻层的神经元之间有连接，同一层以及跨层的神经元之间相互无连接，它的每一层都可以看作一个逻辑回归模型。可以让神经网络的性能更加灵活强大。通过中间层传递给输出，神经元彼此连接形成网络，可以模拟非常广泛的数学函数。作为一种深度神经网络，MLP 具有任意复杂非线性函数近似能力，能够对高阶

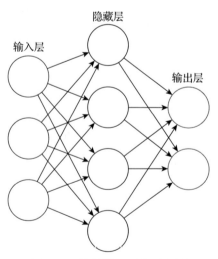

图 3-27　前馈神经网络示意图

抽象特征进行表示。

相比感知器，前馈神经网络的这种分层结构比较接近于大脑的连接结构。除此之外，还包括记忆网络、图网络。记忆网络也称为反馈网络，不同时刻有不同的状态，可以接收其他神经元或自己的历史信息，能够单向或双向传播，通常用有向循环图或无向图来表示。为了增强记忆能力，引入外部记忆单元（以及读写机制），形成记忆增强网络；图网络针对图结构数据，节点之间可以有向或无向连接，是前馈网络和记忆网络的泛化。

尽管反向传播算法一定程度上解决了上述多层神经网络训练问题，但是由于对网络的权重随机初始化时容易发生陷入局部最优解（而不是全局最优解）的问题，人们考虑通过逐层无监督训练加微调的方式初始化神经网络权重参数，实现稳定收敛，这就是自编码器（Auto Encoder，AE）的由来。自编码器也是一种前馈神经网络，原理是输出尽可能重构输入，找到最能代表输入数据的主要成分。但与主成分分析方法不同，自编码器可以学习到非线性特征（类似前面提到的流形变换）。如果隐藏层的节点个数比输入层节点数少，使自编码器捕捉训练数据中最显著的特征，这样的自编码器叫稀疏自编码器（Sparse Auto-encoder）。特征的稀疏表达可以用少量基本特征组合拼装得到更高阶特征的表示学习，也就是说用少量的特征就可以还原原始输入数据。因此，自编码器也是一种特征降维和特征复现的方法。这些探索奠定了深度神经网络的实现基础。

4. 深度置信网络

前馈神经网络考虑的是全连接结构，另一类层间连接方式是受限玻尔兹曼机（Restricted Bolzmann Machine, RBM）双层结构。如图 3-28 所示，可见层和隐藏层之间的神经元采用对称的双向全连接。网络训练和使用时信息会在两个方向上流动，而且两个方向上的权值是相同的。所有的神经元只有 1 和 0 两种状态，分别表示激活和未激活。任意相连神经元之间有一个权值 W 表示连接强度，每个神经元自身有一个偏置系数 a（显层神经元）和 b（隐藏层神经元）来表示其自身权重。隐藏层捕捉可见层表现出来的高阶数据之间的相关性。

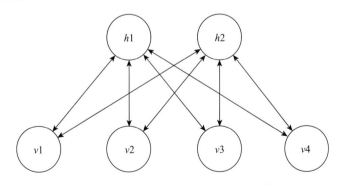

图 3-28 典型的 RBM 神经网络结构[⊖]

RBM 的本质是一种降维自编码器，通过输入数据集学习概率分布，属于概率生成模型。与传统的判别模型的神经网络不同，生成模型是建立一个观察数据和标签之间的联合

⊖ 上面一层表示隐层，下面一层表示显层。

分布，而判别模型仅仅只评估标签。当给定可见层神经元的状态时，各隐藏层神经元的激活条件独立；反之当给定隐藏层神经元的状态时，可见层神经元的激活也条件独立。RBM 首先定义了一个能量函数的概念。

$$E(\boldsymbol{\upsilon}, \boldsymbol{h}) = -\boldsymbol{a}^{\mathrm{T}}\boldsymbol{\upsilon} - \boldsymbol{b}^{\mathrm{T}}\boldsymbol{h} - \boldsymbol{\upsilon}^{\mathrm{T}}\boldsymbol{W}\boldsymbol{h} \qquad (3.136)$$

这里，$\boldsymbol{\upsilon} = (\upsilon_1, \upsilon_2, \cdots, \upsilon_m)$ 和 $\boldsymbol{h} = (h_1, h_2, \cdots, h_n)$ 分别是显层和隐层状态向量，m 和 n 分别是显层和隐层数量。联合概率分布为

$$P(\boldsymbol{\upsilon}, \boldsymbol{h}) = \frac{1}{z}e^{-E(\boldsymbol{\upsilon}, \boldsymbol{h})} \qquad (3.137)$$

z 是所有神经元 $(\boldsymbol{\upsilon}, \boldsymbol{h})$ 对应的能量综合，$\boldsymbol{\upsilon}$ 和 $\boldsymbol{h}$ 的边缘概率计算如下：

$$P(\boldsymbol{\upsilon}) = \frac{1}{z}\sum_{h}e^{-E(\boldsymbol{\upsilon}, \boldsymbol{h})} \qquad (3.138)$$

$$P(\boldsymbol{h}) = \frac{1}{z}\sum_{\upsilon}e^{-E(\boldsymbol{\upsilon}, \boldsymbol{h})} \qquad (3.139)$$

由于 RBM 结构中隐层之间神经元条件概率独立分布，那么 $\boldsymbol{\upsilon}$ 和 $\boldsymbol{h}$ 的条件概率计算如下：

$$P(\boldsymbol{\upsilon}|\boldsymbol{h}) = \prod_{i=1}^{m}p(\upsilon_i|\boldsymbol{h}) \qquad (3.140)$$

$$P(\boldsymbol{h}|\boldsymbol{\upsilon}) = \prod_{j=1}^{n}p(h_j|\boldsymbol{\upsilon}) \qquad (3.141)$$

RBM 初始化训练能够最大程度的保留数据分布，防止梯度爆炸或梯度消失，为后续多层网络训练带来了启发。2006 年 Hinton 团队提出了深度学习领域具有划时代意义的深度置信网络（Deep Belief Networks, DBNs）[26]。深度置信网络每个隐层结构都是受限玻尔兹曼机，多层受限制玻尔兹曼机堆叠起来，后接入全连接层用作后续任务。DBNs 通过自顶向下无监督预训练逐层学习来初始化权重，使得权重初始化到一个理想分布。再用反向传播算法辅助后面的监督训练，微调权重参数，有效训练了深层权重参数。这种"预训练 + 微调"方式为训练深层神经网络提供了可能性，迈出了深度学习划时代的一步。

为了提取到输入数据更加抽象的特征，人们开始考虑将多个自编码器串联堆叠，形成堆栈自编码器（Stacked Auto-Encoder, SAE），替换传统 DBNs 里面的 RBMs。通过同样的规则来训练产生深度多层神经网络架构。但与 DBNs 不同，自动编码器使用判别模型，这样这个结构就很难实现输入空间采样。因此人们通过在堆叠自编码层训练过程中添加"随机噪声"，形成降噪自动编码器，来提高泛化性能，达到比传统的 DBNs 更优的效果。

上述神经网络学习的努力都集中在简单网络多层堆叠实现、训练、优化方面。在自然语言文本学习方面，面对复杂高维长序列分布等特征，还需要设计更为复杂的网络结构，这就是下一小节将介绍的内容。

3.4.2　神经网络结构

前述神经网络结构表示学习能力仍然较弱，原因在于这些模型通常难以全面学到文本

的序列、树以及图特征，比如上下文、短语或依存结构信息。人们发现不同的神经网络结构能够实现多层次抽象和编码，学习效果也有巨大提升，这是怎么做到的呢？要回答这些问题，需要了解神经网络结构设计。本节将介绍面向自然语言处理的网络编码结构。

1. 卷积神经网络

前面介绍了全连接网络或 RBM，当输入数据维度过大时，网络存在模型参数太多会导致严重过拟合问题，因此需要有效减少神经网络参数。下面介绍大幅度减少模型参数的卷积神经网络（Convolutional Neural Network，CNN）结构。与传统的神经网络相比，CNN的一个重要特性是参数共享机制，就是通过卷积核来实现的。类比人类从局部到整体的学习过程，CNN 通过多个卷积核不断地特征提取，即对输入数据的不同区域共享同一个卷积核，因此共享相同的权值，大大减少了模型的参数[28]。在传统的神经网络中，输出的任何一个单元都受到所有输入单元的影响，而卷积操作让输出单元仅仅只受局部区域的影响，从而大大提升了模型的鲁棒性，这是 CNN 的另一个重要特性，即连接稀疏性，或称为局部连接。通过局部连接和参数共享机制，让神经网络以更少的参数实现更深的深度。

面向文本任务则形成 TextCNN 模型，通常包含数据输入层、卷积层（Convolutional Layer，CONV）、池化层（Pooling Layer, POOL）、全连接层（Full Connected layer, FC）。如图 3-29 所示，句子表示为 $n \times k$ 阶的矩阵，n 表示句子长度大小，即句中单词的个数，k 表示词向量的维度。可以设定超参数 F 来指定卷积层包含多少个卷积核。

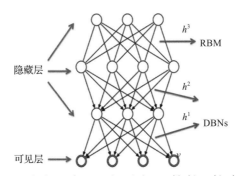

$$P(v, h^1, h^2, \cdots, h^l) = P(v|h^1)P(h^1|h^2)\cdots P(h^{l-2}|h^{l-1})P(h^{l-1}, h^l)$$

图 3-29　DBN 示意图⊖

卷积层：考虑局部有序模式，利用滑动窗口提取上下文特征，捕获对预测任务有益的指示性局部预测因子（Indicative Local Predictors）或局部模式（Local Aspects）。指定滑动窗口为 k，句子长度为 n，某一卷积层 f 作用下可以得 $n-k+1$ 个输出，卷积在每一个窗口内的操作如公式（3.142）所示，

$$c_i = \tanh(W \times V_{i:i+k-1} + \boldsymbol{b}) \tag{3.142}$$

⊖　本图改编自文献 [27]。

其中，W 是卷积 f 操作矩阵，$V_{i:i+k-1}$ 代表单词 i 到 $i+k-1$ 的词向量组成的矩阵，然后对两个矩阵点乘，加上偏置项 b 之后取 tanh 得到单词 i 到 $i+k-1$ 的文本窗口的语义表示。类似的，卷积 f 作用在整个语句上，可得到一个向量 $c = (c_1, c_2, \cdots, c_{n-k+1})$。

池化层：池化层通常夹在连续的卷积层中间。卷积操作之后再对结果做池化操作，池化的目的是提取一定区域的主要特征，减少参数数量，防止模型过拟合。池化包括最大池化和平均池化两种方式，其中实际应用中更常使用最大池化。通过设定窗口大小和步长实现数据降维。图 3-30 中使用最大操作，对每一个卷积 f 的结果 c 进行最大池化操作，如式（3.143）。池化层则对卷积核的特征进行降维操作，形成最终的特征。通过最大池化操作，可以获得每一个卷积层抽取的特征集里最重要的部分，也即句子的重要语义部分。类似的，通过设定不同的文本窗口大小 k 及卷积层个数 n_f，可以在池化层得到 n_f 个不同特征。

$$\hat{c} = \max(c) \tag{3.143}$$

全连接层：经过数次卷积和池化之后，最后将多维的数据进行"扁平化"，压缩成一维数组，通过全连接输入到 softmax 层，比如通过全连接层把一个 300 维的向量转化为一个 128 维的低维语义向量。此外为了防止过拟合，在全连接到 softmax 层的过程中还使用了 Dropout 机制。

CNN 的最大优点是易于并行计算，因此速度快。但是由于卷积核大小固定，不够灵活，在捕获文本序列关系尤其是长距离特征方面天然有缺陷。窗口设定小了容易造成信息丢失，设定大了造成巨大的参数空间。池化后位置信息就被扔掉了，存在文本序列信息损失。循环神经网络的提出就是为了应对以上问题。

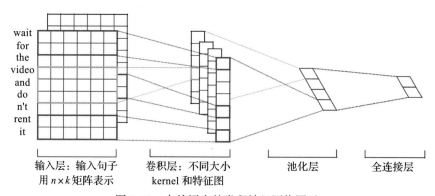

输入层：输入句子   卷积层：不同大小   池化层   全连接层
用 $n \times k$ 矩阵表示   kernel 和特征图

图 3-30　自然语言的卷积神经网络图示

2. 循环神经网络

前述网络结构每层节点之间是无连接的，因此无法根据词语的先后顺序推断当前时刻的节点信息。于是人们想到在层内的神经元之间构成连接，提出了循环神经网络（Recurrent Neural Network，RNN），也称为时间递归神经网络，是一种对序列数据进行建模的深度模型。RNN 允许语言模型非马尔可夫依赖，将完整的句子历史（前面的所有单词）作为下一个词的条件，为序列生成模型和条件生成模型开辟了新的途径。RNN 的经典时序结构如图 3-31 所示，RNN 中"循环"的含义是指其在每一个时刻对每个节点的操作是相同的，前一时刻的输出既作为前一节点的输出，也作为下一个时刻节点的输入，将序列的历史信息记忆在网络的隐藏层的状态内，当前时刻隐藏层的状态与当前时刻网络的输入及前一时刻隐藏层的输出有关。

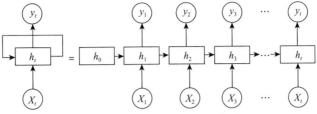

图 3-31　RNN 时序展开示意图

假如输入序列 $X = \{\boldsymbol{x}_1, \boldsymbol{x}_2, \boldsymbol{x}_3, \cdots, \boldsymbol{x}_t, \cdots, \boldsymbol{x}_n\}$，RNN 计算当前隐藏状态方法如式 (3.142) 所示：

$$\boldsymbol{h}_t = f(W\boldsymbol{x}_t + U\boldsymbol{h}_{t-1} + \boldsymbol{b}) \tag{3.144}$$

其中，f 是非线性激活函数，通常为 sigmoid 函数或 tanh 函数；$\boldsymbol{x}_t$ 为 t 时刻输入，$\boldsymbol{h}_{t-1}$ 为前一时刻隐层的输出；W 和 U 分别为输入层、隐层的权重矩阵；$\boldsymbol{b}$ 为偏置向量；参数 W、U 和 $\boldsymbol{b}$ 共享，这是 RNN 的重要特点。

除图 3-31 描述的经典 RNN 结构外，还有一些 RNN 的变体结构，如图 3-32 所示。其中图 3-32a 中 RNN 结构的输入为序列，而输出为一个单独的值，这种结构通常用来处理序列分类问题。图 3-32b 中 RNN 结构输入为非序列，输入 X 作为每个阶段的输入，这种结构可以用来处理从图像生成文字，从类别生成语音等问题。

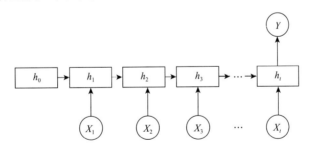

a）输入为序列（输出为单独的值的RNN时序结构）

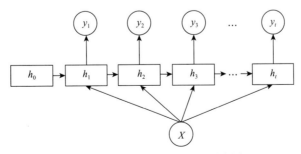

b）输入为非序列（输出为序列的RNN时序结构）

图 3-32　RNN 变体结构

RNN 按照时间顺序链式展开，参数是跨时刻共享的，记忆存储使得它非常适合于那些必须考虑事先输入的任务，比如时间序列数据。尽管 RNN 在许多任务上均取得了不错的效果，如语音识别、语言建模和文本分类，但是随着序列个数递增，反向传播算法（Back-Propagation Through Time，BPTT）求导时会包含每一梯度的连乘，出现梯度消失和梯度爆炸的问题，因此很难训练学习长距离的依赖信息。长短时记忆（Long Short Term Memory，LSTM）神经网络顺势出现，通过添加一种门机制来解决梯度消失问题[29]，从而使网络可以学习长程规律。

（1）长短时记忆神经网络

LSTM 模型的关键是引入了一种记忆单元（Memory Unit），用 c_t 表示，允许网络学习何时遗忘历史，何时用新信息更新记忆单元。LSTM 主要分为单元状态和门限。在 t 时刻，记忆单元 c_t 为单元状态，是各个步骤间传递的主要信息，作用是让信息以不变的方式向下流动。图 3-33 描述了基本的 LSTM 单元，每个门的计算方式都类似，但各自有其独有的参数。c_t 是最上面的"主干道"，相当于传送带，传送带上的信息会随着通过每一个重复模块基于当时的输入有所增减。图中符号 ⊗ 和 ⊕ 分别代表"向量元素乘"和"向量元素和"。c_t 通过加法可以无障碍在主干道上传递，因此较远的梯度也可以长程传播，这是 LSTM 的核心思想。c_t 并不是完全照搬 c_{t-1}，而是在 c_{t-1} 的基础上对前一步的部分内容进行"遗忘"，并"记住"更新的一部分新内容，这就要通过门限来完成。门限是指有能力向单元状态增加或者减少信息的结构，相当于在传送带上放东西或者拿走东西的人，在 LSTM 中由 sigmoid 函数和乘法加法来控制这个过程。门限主要包括输入门限层、遗忘门限层和输出门限层。图 3-33 描述了基本的 LSTM 单元，每个门的计算方式都类似，但各自有其独有的参数。下面我们对 LSTM 的各个单元以及它们的计算进行详细阐述。

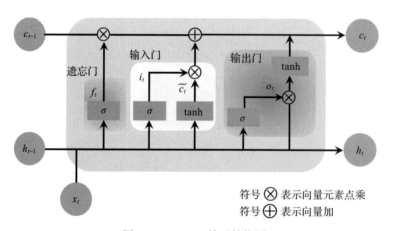

图 3-33   LSTM 单元结构图

输入门限层表示以多大的程度接受当前的输入信息。输入门的输入包括当前时刻的输入 x_t 和上一时刻的隐藏状态 h_{t-1}。输出包括两项，一项为经过 sigmoid 函数（激活函数用 σ 表示）计算的状态值 i_t，它的值在 [0, 1] 之间，决定了输入控制，如式（3.145）。另一项为经过 tanh 函数计算得到状态值 $\tilde{c}_t$，它是信息传送带，决定了输入内容，代表当前节点的候选隐藏状态值，如式子（3.146）所示。进一步，i_t 与 $\tilde{c}_t$ 逐点相乘表示最终要"记住"的内容。

$$i_t = \sigma(W_i x_t + U_i h_{t-1} + b_i) \tag{3.145}$$
$$\tilde{c}_t = \tanh(W_c x_t + U_c h_{t-1} + b_c) \tag{3.146}$$

遗忘门限层表示以多大程度遗忘先前的信息 c_{t-1}。x_t 和 h_{t-1} 经过 sigmoid 函数得到遗忘门 f_t，它的值在 [0, 1] 之间，计算式子（3.147）如所示。遗忘门 f_t 与 c_{t-1} 逐点相乘作为"遗忘项"，可理解为遗忘前一时刻记忆单元 $t-1$ 中选择的信息。"记忆项"通过 i_t 与 $\tilde{c}_t$ 逐点相乘得到，可理解为当前节点候选状态值通过输入门选择的信息。两者相加即可得到传递内容 c_t，是节点的内部记忆单元，如式子（3.148）所示：

$$f_t = \sigma(W_f x_t + U_f h_{t-1} + b_f) \tag{3.147}$$
$$c_t = f_t \times c_{t-1} + i_t \times \tilde{c}_t \tag{3.148}$$

输出门 o_t 定义了当前节点多大程度的信息会传递给下一时刻的单元节点，它的值在 [0, 1] 之间，其计算如式子（3.149）所示。输出门限层用于输出内容，即计算最终隐藏状态 h_t 的值，真正的输出（如类别）需要通过 h_t 做进一步运算得到。sigmoid 函数决定输出信号，与记忆单元 c_t 的 tanh 函数相乘，得到当前节点的最终隐藏状态的值 h_t，如式子（3.150）所示，

$$o_t = \sigma(W_o x_t + U_o h_{t-1} + b_o) \tag{3.149}$$
$$h_t = o_t \times \tanh(c_t) \tag{3.150}$$

以上阐述了一种简单的 LSTM 单元计算方式，LSTM 还有其他变体。如果将输入门设为 1，遗忘门设为 0，输出门设 1，则发现 LSTM 与基本的 RNN 结构几乎一致，因此 LSTM 可以理解为是 RNN 的一种变体。LSTM 通过添加输入、遗忘及输出三个门，从一定程度上解决了 RNN 梯度及信息消失的问题，如将遗忘门设为 1，输入门设为 0 则之前的记忆信息 C_{t-1} 可以一直保存下去，而输出门也可以一直使用保存的记忆信息。

在自然语言处理的实际应用中，单向的 LSTM 是有偏模型（Biased Model），仅能捕获当前节点的上文信息，却不能获得后文中词语的信息。因此，后续研究者在单向的基础上添加了反向 LSTM，构成了双向 LSTM (Bi-LSTM)。双向 LSTM 同时利用以前和将来的上下文信息处理两个方向的序列，每个节点生成两个相互独立的 LSTM 输出向量，然后将这两个独立的 LSTM 输出向量拼接作为当前节点的输出，同时利用上下文信息处理两个方向序列信息[30]。

（2）门控循环单元网络

门控循环单元（Gated Recurrent Unit，GRU）网络[31]是一种比 LSTM 网络更加简单的循环神经网络，可以更好地捕捉序列中时间步距离较大的依赖关系。GRU 对 LSTM 做了两个大改动，将输入门、遗忘门、输出门变为更新门（Update Gate）和重置门（Reset Gate）两个门，将单元状态与输出合并为一个状态。

GRU 循环单元结构如图 3-34 所示。GRU 重置门 r_t 和更新门 z_t 的输入均为当前时刻的输入 x_t 与前一时刻隐藏状态 h_{t-1}，输出为 sigmoid 函数的全连接层计算得到，因此重置门和更新门中每个元素值的范围为 $[0, 1]$，其计算分别如式（3.151）和式（3.152）所示：

$$r_t = \sigma(W_r x_t + U_r h_{t-1} + b_r) \tag{3.151}$$

$$z_t = \sigma(W_z x_t + U_z h_{t-1} + b_z) \tag{3.152}$$

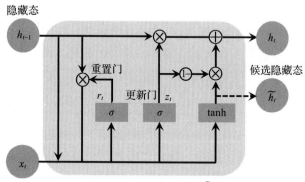

符号 ⊖ 表示 1 减去该值

图 3-34　GRU 循环单元结构

将当前时刻重置门的输出与前一时刻隐藏状态 h_{t-1} 进行逐点相乘。如果重置门输出的元素值接近 0，那么意味着重置对应隐藏状态元素为 0，即丢弃上一时刻的隐藏状态，如果值接近 1，那么保留上一时刻的隐藏状态。进一步，将逐点相乘的结果与当前时刻的输入相加，再通过激活函数 tanh 的全连接层计算候选隐藏状态，用 $\tilde{h}_t$ 表示，其值的范围为 $[-1, 1]$。由式子（3.153）可知，重置门控制了前一时刻隐藏状态是如何流入当前时刻的候选隐藏状态，前一时刻的隐藏状态可能包含了时间序列截止前一时刻的全部历史信息，因此可以用来丢弃与预测无关的历史信息。

$$\tilde{h}_t = \tanh\left(W_h x_t + (r_t \otimes h_{t-1}) U_h + b_h\right) \tag{3.153}$$

最后，当前时刻 t 的隐藏状态 h_t 的计算使用当前时刻的更新门 z_t 来对上一时刻的隐藏状态 h_{t-1} 和当前时刻的候选隐藏状态 $\tilde{h}_t$ 做组合，公式如（3.154）所示。更新门可以控制当前时刻的隐藏状态应该如何被包含当前时刻信息的候选隐藏状态所更新。假设更新门在时间步 t' 到 $t(t' < t)$ 之间一直近似 1，那么在时间步 t' 到 t 之间的输入信息几乎没有流入时刻 t 的隐藏状态 h_t，而较早时刻的隐藏状态 h_{t-1} 通过时间步保存并传递至当前时刻 t。这种设计可以应对循环神经网络中梯度衰减的问题，更好地捕捉时间序列中时间步距离较大的依赖关系。

$$h_t = z_t \otimes h_{t-1} + (1 - z_t) \otimes \tilde{h}_t \tag{3.154}$$

由上述内容可知，GRU 中重置门有助于捕捉时间序列中的短期依赖关系，而更新门有助于捕捉时间序列中的长期依赖关系。

（3）单循环单元网络

循环神经网络结构不太适合并行计算，原因是在典型的实现中输出状态 h_t 需要依赖 h_{t-1} 计算完成。于是，单循环单元（Simple Recurrent Units，SRU）被提出。它简化了状态计算，通过将每一时间步的主要计算部分优化为不依赖之前时间步的完整计算，从而能比较容易地进行并行化处理。具体地，内部记忆单元 c_t 仍然利用以前的状态 c_{t-1} 进行更新，但是循环步骤中已经不再依赖于 h_{t-1} 的计算，从而使循环单元中所有的矩阵乘法运算可以轻易在任何维度和步骤进行并行化计算。在不损失准确率的情况下，SRU 可以代替 LSTM，速度比 LSTM 快 5—10 倍。SRU 的结构如图 3-35 所示。

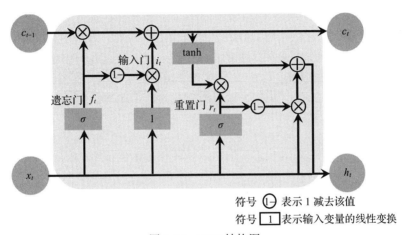

符号 ①- 表示 1 减去该值
符号 ☐1 表示输入变量的线性变换

图 3-35　SRU 结构图

SRU 结构与 LSTM 类似，SRU 也有一个遗忘门，但是计算与 LSTM 不同，SRU 遗忘门 f_t 的输入仅有输入 x_t，而没有 h_{t-1}，如式（3.155）所示。对输入变量 x_t 进行线性变换得到 $\tilde{x}_t$，如式（3.156）表示。

$$f_t = \sigma(W_f x_t + b_f) \tag{3.155}$$

$$\tilde{x}_t = W_i x_t \tag{3.156}$$

内部记忆单元 c_t 仍然利用以前的状态 c_{t-1} 进行更新，与 LSTM 类似，c_t 为遗忘门与前一时间步状态 c_{t-1} 逐点相乘，再与输入门与 $\tilde{x}_t$ 逐点相乘的结果相加，其中 SRU 的输入门为 $i_t = 1 - f_t$，c_t 的计算如式（3.157）所示：

$$c_t = f_t \otimes c_{t-1} + i_t \otimes \tilde{x}_t = f_t \otimes c_{t-1} + (1 - f_t) \otimes \tilde{x}_t \tag{3.157}$$

重置门 r_t 的输入同样只有 x_t，即

$$r_t = \sigma(W_r x_t + b_r) \tag{3.158}$$

有了上述模块，我们可以计算当前时间步的隐藏状态 h_t。循环步骤中已经不再依赖于 h_{t-1}，h_t 的计算如式（3.159）所示。由于不再依赖上一时间步的 h_{t-1}，SRU 中所有的矩阵乘法运算可以轻易在任何维度和步骤进行并行化计算，大大提升了计算效率。

$$h_t = r_t \otimes \tanh(c_t) + (1 - r_t) \otimes x_t \tag{3.159}$$

由于运算都是对应于元素间操作，式（3.71）和式（3.73）的计算能够得到非常迅速和简洁地执行，因此使用 SRU 训练一个较深的网络也十分简单，因为每一层都只需要较少的计算力，并有较高的处理速度。

这样 t 时刻隐层单元本来对 $t-1$ 时刻所有隐层单元的依赖，改成了只是对 $t-1$ 时刻对应单元的依赖，于是可以在隐层单元之间进行并行计算。并行性是在隐层单元之间发生的，而不是在不同时间步之间发生的。但是收集信息仍然是按照时间序列来进行的。

3. 递归神经网络

递归神经网络（Recursive Neural Network，RecNN）是对循环神经网络的一个有效扩展泛化，属于结构递归神经网络[32]。循环神经网络呈现按时间维度展开的链式结构，而递归神经网络则采用结构化输入将数据在空间维度上进行展开，按照树形结构递归的复杂深度网络，这也是"递归"的由来。如图 3-36a 展示了循环神经网络的链式结构，其输入 x_1, x_2, x_3, x_4 的输出分别对应为 y_1, y_2, y_3, y_4；如图 3-36b 展示了一种递归神经网络的递归树结构，不同于链式结构，x_3, x_4, x_5 的输出为 y_4 的输入，而 y_4 联合 x_1 的输出以及 x_2 一起作为 y_2 的输入。

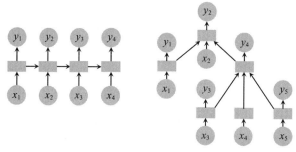

a）循环神经网络的链式结构   b）递归神经网络的递归树结构

图 3-36   神经网络结构图

RecNN 参数是跨时刻共享的，其共享参数的思想和 CNN 相通。区别在于 CNN 是层内水平共享权重，在二维数据的空间位置之间共享卷积核参数，而 RecNN 则是多层之间共享权重，在序列数据的时刻之间共享参数，使得模型的复杂度大大减少。

在自然语言文本中，一个句子可以由名词短语和动词短语构成，而名词短语又可以继续分解为其他的短语子结构，句法树是一种递归结构。一个亟待解决的问题是构建出句子的最优语法递归树。由于 RecNN 保留了输入序列的状态，所以会维持树中节点的状态，因此适合句法任务。比如文献 [33] 采用了 Beam Search 方法构造出最优语法树，思想就是对于当前所有可能的候选对，选择分数最高的候选对进行合并。考虑到 RecNN 无法处理随着递归权重指数级爆炸或消失的问题（Vanishing Gradient Problem），Tai 等人于 2015 年提出了 Tree-LSTM 模型[34]，将序列的 LSTM 模型扩展到树结构上，即可以通过 LSTM 的遗忘门机制，跳过（或忘记）整棵树结构中对结果影响不大的子树。由于有了树结构的帮助，网络更容易学习长距离节点之间的语义搭配关系。

进一步，文本是否可以以图的形式进入神经网络？这就是下文介绍的图神经网络。

4. 图神经网络

图像、语音数据多数属于欧拉结构（Euclidean Structure）数据，即具有规则的空间结构。比如图片是规则的正方形栅格，语音数据是一维序列，可以通过一维或二维矩阵进行描述。同时它还存在一个核心假设，即样本之间是相互独立的。但是，自然语言文本特征存在非欧拉结构（Non-Euclidean Structure），数据样本之间不是独立的，需要抽象为拓扑图进行描述。图神经网络（Graph Neural Network，GNN）便是一种捕获数据不规则依赖关系的神经网络，面向非欧拉结构数据进行建模。

前面 3.3 节已经介绍了图的概念。图是由顶点和边构成，其中顶点也被称为节点，边可以是有向或无向的。如何从图表示中合理挖掘和利用特征？图卷积神经网络（Graph Convolutional Neural Network，GCN）是最简单实用的图神经网络，其基本思路就是将 CNN 中的感受野中心像素对应为图的节点，而该像素的邻域可以看作节点的邻接点图[35]。传统的离散卷积在非欧拉结构的数据上是无法保持平移不变性的，通俗理解就是拓扑图中每个节点的邻居节点数量不固定，因此无法用相同尺寸的卷积核来进行卷积运算。

为了解决这一问题，目前主流研究包括两种思路，一种是提出一种方式把非欧拉结构的图转为欧拉结构，为基于频谱（Spectral-based）的方法；另一种是找出一种可处理变长邻居节点的卷积核在图上抽取特征，为基于空间（Spatial-based）的方法。这两种思路实际也是图卷积神经网络的设计原则，图卷积的本质就是要找到适用于图的可学习卷积核。

前面 3.3 节已经初步介绍了谱方法，它是借助图谱理论来实现拓扑图的卷积操作。前提条件是图必须为无向图，无向图的一种鲁棒数学表示是正则化拉普拉斯矩阵。图的拉普拉斯矩阵为 $L = D - W$，其中 D 为度矩阵，矩阵对角线元素依次为各节点的度，W 是图的邻接矩阵，如图 3-37 所示。

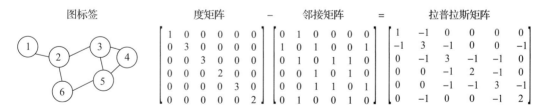

图 3-37　图的拉普拉斯矩阵计算示意图

拉普拉斯矩阵有很多良好的性质：

①拉普拉斯矩阵是对称矩阵，可以进行谱分解。

②拉普拉斯矩阵只在中心节点和一阶相连的节点上有非 0 元素，其余处的元素均为 0。

③通过拉普拉斯算子与拉普拉斯矩阵进行类比。

正则化的图拉普拉斯矩阵具有实对称半正定的性质，因此正则化拉普拉斯矩阵可以分

解为 $L = U\Lambda U^{\mathrm{T}}$，其中 U 是拉普拉斯矩阵 L 的特征向量，它构成了一组正交基，Λ 是对角矩阵，对角线上的值为特征值。假设一个图的信号 $x \in R^n$，x 为图的各个节点组成的特征向量。根据图信号处理理论，图傅里叶变换中的傅里叶变换基为拉普拉斯算子的特征向量，即 U，那么 x 的傅里叶变换为 $F(x) = U^{\mathrm{T}}x$，傅里叶反变换为 $F^{-1}(\hat{x}) = U\hat{x}$。其中，$\hat{x}$ 为傅里叶变换后的结果，$F()$ 和 $F^{-1}()$ 分别表示傅里叶变化和傅里叶反变换。图卷积神经网络基于频谱的方法遵循上述基本模式，输入信号 x 的图卷积操作在傅里叶变换后变为乘积操作，即 $x * G = F^{-1}(F(x) \odot F(G))$，$G$ 表示卷积核，$*$ 表示图像域卷积操作，$\odot$ 表示哈达玛积（Hadamard product）。假如卷积核 $G_\theta = \mathrm{diag}(U^{\mathrm{T}}G)$，那么图卷积操作可简化为 $x * G_\theta = U G_\theta U^{\mathrm{T}}x$。图卷积神经网络设计的关键的不同点就在于所选取的卷积核不同，这种模式最大缺点是执行图卷积操作时整个图都会加载到内存中，所以处理大型图时效率不高。

基于空间的图卷积神经网络的思想主要源自传统卷积神经网络对图像的卷积运算，不同的是基于空间的图卷积神经网络是基于节点的空间关系来定义图的卷积运算。基于空间的方法是通过汇集邻居节点信息来构建图卷积，当图卷积在节点级运作时，可以将图池化模块和图卷积进行交错叠加，从而将图粗化为高级的子图，基本步骤如下：

首先为节点选择，这个选择过程要考虑从图结构中选出具有代表性的节点序列，按照一定规则（比如可以按照节点的度）对所有节点进行排序，选靠前的若干个。完成排序后，假设取出前 ω 个节点作为整个图的代表。

第二步为邻居节点构造，完成节点排序后，以第一步选择的节点为中心，得到它们的邻居节点（这里的邻居节点可以是直接相连的，即一阶邻居节点，也可以是间接相连的，即二阶邻居节点），根据第一步得到的节点排序对每个团的邻居节点进行排序，再取假设前 k 个邻居节点进行排序，即组成 ω 个有序的团。

第三步是图规范化，按照每个团中的节点顺序将所有团转换成固定长度的序列（$k+1$），再按照中心节点的排序依次拼接，可得到一个大小为 $\omega \times (k+1)$ 的代表整个图的矩阵。需注意的是，前两步中节点数量不足 ω 或 k 时，需使用空节点进行填充（padding过程）。

完成这三步以后，就可以使用传统的卷积神经网络进行建模了，比如使用一个一维的卷积神经网络对上述序列建模。

5. 编码－解码框架

前面学习了RNN，它的输入是一段不定长的序列，输出通常是定长的，例如基于词语的语言模型输出是一个词语。然而，大部分自然语言理解任务要求输出并不是定长的序列，比如在机器翻译任务中，输入英文一段话而输出是一段中文；在问答任务中，输入序列是提出的问题，而输出序列是答案。有效建模输入和输出不等长问题的框架就是编码－解码（Encoder-Decoder）框架，框架中的编码或解码结构可以是诸如RNN、CNN等的网络结构[36]。图3-38a给出了抽象化文本处理领域中的一种编码－解码框架。将给定的输入文本序列 $X = \{x_1, x_2, \cdots, x_T\}$，依次输入到编码器，编码器对源语言句子进行编码，通过非线性变化得

到中间语义编码 c。解码器则根据中间语义编码信息 c 以及之前已经生成的历史句子序列信息，解码得到当前位置的目标语言字或者词，最终得到目标语言句子序列 $Y = \{y_1, y_2, \cdots, y_t\}$。图 3-38b 展示了一个具体的基于循环神经网络的 Encoder-Decoder 框架，即编码器和解码器均为循环神经网络。得到语义向量 c 有多种方式，可以是对所有的隐藏状态进行变换，即 $c = q(h_1, h_2, \cdots, h_i, \cdots, h_T)$，$i = 1, 2, \cdots, T$，$q$ 表示非线性变换，h_i 为 i 时刻隐层状态。在 RNN 中，h_i 由上一时刻 $i-1$ 的隐层状态和当前时刻 i 的输入决定，即 $h_i = f(h_{i-1}, x_i)$，f 为非线性变换。也可以把 Encoder 最后一个隐藏状态赋值给 c，即 $c = h_T$，因为在实际的 LSTM 或者基本的 RNN 网络中，当前时刻计算完成后看不见前面时刻的隐层状态，所以将最后一个时刻的隐层状态作为语义编码。解码过程实际上就是把生成句子 $y = \{y_1, y_2, \cdots, y_t\}$ 的联合概率分解成按顺序的条件概率，如式子（3.160）所示，而每一个条件概率又可以写成式子（3.161）：

$$p(Y) = \prod_{i=1}^{t} p(y_i \mid y_1, y_2, \cdots, y_{i-1}, c) \tag{3.160}$$

$$p(y_t \mid y_1, y_2, \cdots, y_{i-1}, c) - g(y_{i-1}, h_i', c), i = 1, 2, \cdots, t \tag{3.161}$$

其中，h_i' 是输出 RNN 时刻 i 的隐层状态，y_{i-1} 表示上个时刻的输出，g 为一种非线性变换，可以输出 y_i 的概率（比如多层 RNN 后接 softmax）。

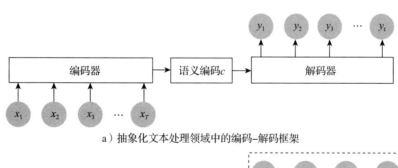

a）抽象化文本处理领域中的编码–解码框架

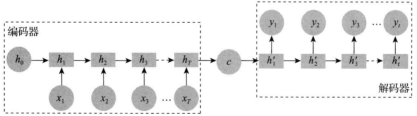

b）一个基于RNN的编码–解码框架

图 3-38　编码–解码框架[⊖]示意图

编码–解码模型也有它的局限性，最大的局限在于编码和解码之间唯一联系是一个固定长度的语义向量 c，就是说，编码器要将整个序列的信息压缩进一个固定长度的向量中去。这样会产生两个弊端：一方面是语义向量无法完全表示整个序列的信息，再者就是先输入的内容携带的信息会被后输入的信息稀释或者覆盖。输入序列越长，这个现象越严重。

⊖　本图改编自文献 [36]。

这就使得解码在一开始由于没有获得足够的输入序列，或输入序列过长语义向量无法储存如此多的信息而降低解码精度。注意力机制就是为弥补这一局限性出现的。

如图 3-39 给出的一个基于循环神经网络的机器翻译模型框架图。图中虚线框内部分表示编码器，其输入为单词"I""love"和"China"编码，虚线框外部分表示解码器，将编码器的最后输出作为解码器的输入，然后逐词翻译为"我""爱""中国"。从图 3-39 中可以发现，解码器在翻译时仅依赖编码器最后输入词的隐藏层状态，并不能充分表示句子序列的信息，因此注意力机制产生了。

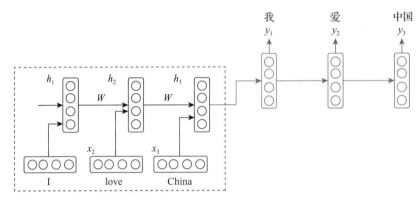

图 3-39   基于循环神经网络的机器翻译模型框架图

6. 注意力机制

承接上节，注意力机制（Attention）在每个时间输入不同的 c，让生成词不是只关注固定的语义编码向量 c，而是增加了一个"注意力范围"，输出词的时候要重点关注与当前输出最合适的输入序列部分，然后根据关注的区域来产生下一个输出[37]。加入了注意力机制的编码 - 解码模型如图 3-40 所示。在这个模型中，编码器将所有输入信息编码进一个向量序列，解码过程中每一步都会选择性从向量序列中挑选一个子集进行进一步处理，这样在产生每一个输出的时候都能够做到充分利用输入序列的携带信息，当前时刻输出的条件概率为

$$p(y_i \mid y_1, \cdots, y_{i-1}, C_i) = g(y_{i-1}, h'_i, C_i) \tag{3.162}$$

$$h'_i = f(h'_{t-1}, y_{i-1}, C_i) \tag{3.163}$$

其中，c_i 为与当前输出最合适的上下文信息向量，h'_i 为当前输出隐层状态。具体来说，注意力机制就是通过 c_i 自动选取与当前输出最合适的上下文信息，这里"最合适"是指通过权重 a_{ij} 来衡量，a_{ij} 表示编码器中第 j 时刻的 h_j 与解码器第 $i-1$ 时刻隐层状态之间的相关程度，最终解码器中 i 时刻输入的上下文信息 c_i 为 h_j 对 a_{ij} 的加权之和。比如，输入的英语序列为"I love China"，编码器隐层状态 h_1、h_2、h_3 可以分别看作三个单词代表的信息，在翻译成中文时，第一个上下文 c_1 应该和"I"最相关，因此 a_{11} 值比较大，相应的 a_{12}、a_{13} 比较小，其他以此类推。接下来讨论的重点将是怎样计算 c_i。

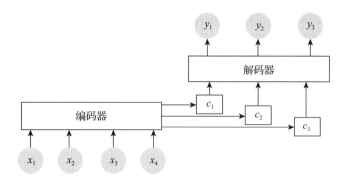

图 3-40   注意力机制的编码 – 解码模型

注意力机制的本质是实现查询（Query）到一系列键值对（Key-Value Pair）的映射。查询与 i 时刻的解码器有关，其值为 $i-1$ 时刻的隐层状态 h'_{i-1}。键（Key）和值（Value）都来自编码器的各个隐层状态 h_j。需要说明的是，在一般情况下，查询、键以及值均为向量。注意力机制的整个计算过程分为三个阶段，其计算过程如图 3-41 所示。

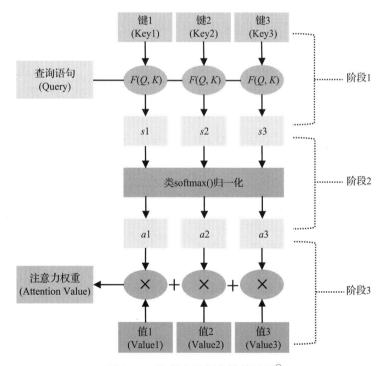

图 3-41   注意力机制的计算过程[⊖]

第一阶段，将查询与每一个键进行相似性计算，将所得结果 s_{ij} 作为权重。图中 $F(Q,K)$ 表示相似性计算操作，$s_{ij}=f(h'_{i-1},h_j)$，f 为相似度计算。常用的相似度计算方法在 3.3.3 节已经介

⊖ 本图改编自文献 [47]。

绍，比如余弦相似度、Jaccard 距离相似度等。

第二阶段主要对第一阶段的权重进行归一化处理。在这一步中，一般采用 softmax 函数实现，其计算公式如下所示：

$$a_{ij} = \text{softmax}(s_{ij}) = \frac{e^{s_{ij}}}{\sum_{j=1}^{Ls} e^{s_{ij}}} \qquad (3.164)$$

其中，Ls 表示编码器中隐层个数。注意 $\sum_j a_{ij} = 1$。

第三阶段将第二阶段的到的权重与值进行加权求和，得到最终注意力机制的结果。注意力权重即上下文信息向量 c_i，其计算如下式所示：

$$c_j = \sum_{j=1}^{Ls} a_{ij} \times \text{Value}_j \qquad (3.165)$$

解码时，源语言中不同位置的字词对于当前位置目标语言所对应字词解码的贡献程度不同。因此，引入注意力机制丰富了当前时刻解码所需的源序列信息，实现了词级别及字级别特征信息融合，能够解决不同字词粒度的信息获取不足等问题。注意力机制又可细分为多种类型，按大的类型可分为软注意力（Soft Attention）和硬注意力（Hard Attention）。软注意力就是上述每一步的 C_i 都对输入序列的所有隐藏层计算权重再加权平均，而硬注意力是一种随机过程，每次以一定概率选择某一个隐藏层，将其权重设为 1，其他隐藏层权重设为 0。

7. Transformer 网络

由于注意力机制的巨大成功，谷歌进一步提出了革命性的 Transformer 网络结构，如图 3-42 所示，采用编码 – 解码框架，包括左边 N_x 编码器和右边 N_x 解码器。除了常见编码 – 解码之间的注意力模块，在编码器和解码器内部还分别设计了多头自注意力机制模块，并考虑位置编码（Position Encoding）信息。

一个编码器接收文本向量作为输入，接着将向量传递到多头自注意力层进行处理。多头自注意力机制核心包括多头注意力机制（Multi-head Attention）和自注意力机制（Self

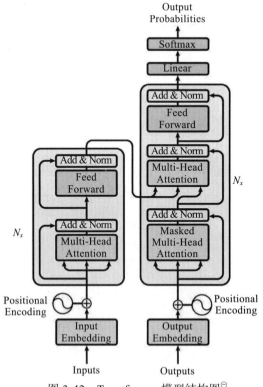

图 3-42   Transformer 模型结构图[⊖]

⊖   https://terrifyzhao.github.io/2019/01/11/Transformer%E6%A8%A1%E5%9E%8B%E8%AF%A6%E8%A7%A3.html

Attention）两块。下面从多头注意力机制、自注意力机制和位置编码几个角度进行简要介绍。

①多头注意力机制。类似于 CNN 的多输出通道，多头提取文本高维向量空间中不同通道，每一通道都可以学到不同的特征，一个头相当于提取一种特征。比如将一个 k 维大小词向量切分成 h 个通道，每个通道内再分别计算注意力的相似度，这样学习的结果能更细化。

②自注意力机制。自注意力机制也被称为 Intra-Attention，计算当前序列中词与词之间的位置关系和依赖的权重关系。首先将每个编码器输入句子的词向量（对应输入句子的一个单词）装进矩阵 X（矩阵每一行为词向量），乘以训练的权重矩阵 W^Q、W^K 和 W^V，生成查询 (Q)、键 (K) 和值 (V) 权重矩阵，如图 3-43 所示。

查询矩阵与键矩阵作内积，内积得到的矩阵代表每个查询向量（Q 矩阵的一行）在每个查询向量位置所占的权重。该矩阵除以一个缩放因子 $\sqrt{d_k}$（目的是防止矩阵内积值过大导致 softmax 函数梯度过小），再通过 softmax 层，最后乘以值矩阵得到注意力机制处理后的归一化矩阵，如图 3-44 所示。

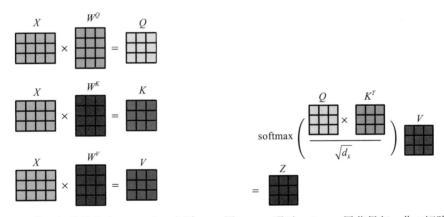

图 3-43　输入矩阵转化为 Q、K 和 V 矩阵　　图 3-44　通过 softmax 层获得归一化 Z 矩阵[一]

在多头自注意力机制下，每个头保持独立。当 $h = 8$ 时，不同的权重矩阵运算生成 8 个不同的矩阵 $Z_0 \sim Z_7$，然后将 $Z_0 \sim Z_7$ 拼接起来与 W^O 作矩阵内积得到最终编码的权重矩阵 Z，如图 3-45 所示。Z 矩阵传递到前馈神经网络层中，将输出结果传递到堆叠的下一个编码器中，最后通过解码器输出。

自注意力机制会让当前输入单词和句子中任意单词建立关系，然后集成到一个向量里，位置信息已经消失，所以需要考虑位置编码问题。

③位置编码。

为了体现序列顺序信息，Transformer 是为每个输入词添加了一个位置向量进行位置编码，更好地表达词与词之间的距离关系。

㊀　https://blog.csdn.net/longxinchen_ml/article/details/86533005

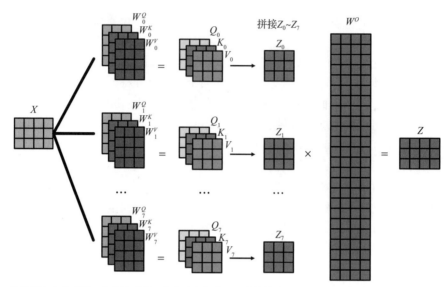

注：除了第 0 个编码器，其他编码器不需要进行词嵌入。直接将前一层编码器输出作为输入（如矩阵 R）。

图 3-45   多头注意力机制的分解示意图[⊖]

最后输出该时刻向量不单单包括词本身信息，而是融合了整个序列词与该词的注意力程度、位置关系等信息。一定程度上增加模型的泛化能力。这些向量将被用于"编码 – 解码"注意力层。每次解码会输出一个输出序列的元素，在下一个时间步被提供给底端解码器，这些解码器会输出它们的解码结果。另外，也需要嵌入并添加位置编码给那些解码器。解码器输出一个实数向量，接入全连接层和 softmax 层，最后计算查询输出结果。

8. 生成对抗网络

生成对抗网络（Generative Adversarial Network, GAN）是由 Ian Goodefellow 等人提出的无监督学习方法[16]，能够建模高维复杂的数据分布，巧妙地利用"对抗"的思想学习生成式模型。GAN 由两部分构成，如图 3-46 所示，一个是生成模型 G（Generator），主要作用是生成假的样本，另一部分为判别模型 D（Discriminator），主要作用是判断是否为可接受的生成数据[38]。

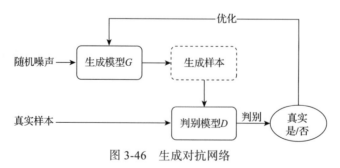

图 3-46   生成对抗网络

GAN 的基本思想是，在训练过程中，生成模型 G 的目标是尽量生成接近真实的样本去欺骗判别模型 D，而判别模型 D 的目标则是尽量把 G 的生成样本和真实样本区分开来，这样 G 和 D 构成一个动态的"博弈"。GAN 评估所生成样本的质量，最开始生成的样本非常容易分辨，后来生成器渐渐的能够生成更为逼真的样本，则需要重新训练判别器，因此称为对抗。最后博弈的结果是，G 生成的样本难以被 D 区分出来是生成的还是真实的，此时得到的生成模型，可以用来生成样本数据。

下面用数学语言来描述 GAN 最优化过程。假设用于训练的真实样本数据为 x，分布为 $P_{\text{data}}(x)$，分布未知。随机噪声数据为 z，分布为 $P_z(z)$，其分布已知。根据交叉熵构建的 GAN 网络损失函数，用 $V(D,G)$ 表示，GAN 最优化方程如式（3.166）所示：

$$\min_G \max_D V(D,G) = E_{P_{\text{data}}(x)}[\log D(x)] + E_{P_z(z)}[\log(1-D(G(z)))] \tag{3.166}$$

其中，E 表示期望，$E_{P_{\text{data}}(x)}$ 表示直接在训练数据中取的真实样本，$E_{P_z(z)}$ 表示在已知噪声分布中取的噪声样本，$D(\cdot)$ 表示判别模型断是样本数据为真实分布的概率，$G(\cdot)$ 表示生成模型生成的样本分布。整个式子由两项组成：

第一项 $E_{P_{\text{data}}(x)}[\log D(x)]$ 是真实样本数据与生成模型依据真实样本的输出之间的交叉熵表示。最理想的情况是，判别模型 D 能够对基于真实样本的分布数据给出概率为 1 的判断，即通过优化 D 可以使 $D(x)=1$。

第二项 $E_{P_z(z)}[\log(1-D(G(z)))]$ 是相对生成模型的生成数据而言的。生成模型 G 训练的目的是 G 可用学习到真实的数据分布 $p_{\text{data}}(x)$，即生成模型的生成样本的分布 $G(z)$ 尽可能接近 $p_{\text{data}}(x)$，G 将已知分布的 z 变量映射到未知分布的 x 变量上。由于 $D(G(z))$ 表示判别模型 D 判断 G 生成的样本是否真实的概率，$1-D(G(z))$ 表示判别模型 D 判断输入为生成数据的概率。

G 的目的使生成数据越接近真实越好，通过优化 G，使 $D(G(z)$ 尽可能大，也就是损失函数第二项 $E_{P_z(z)}[\log(1-D(G(z)))]$ 尽可能小，此时 $V(D,G)$ 变小。而判别模型 D 的目的是使 $D(x)$ 越大越好，$D(G(z))$ 越小越好，此时 $V(D,G)$ 变大。这便是生成模型 G 与判别模型 D 的对抗关系的体现，G 和 D 的目的不同，前者是最小化损失函数，后者为最大化损失函数。

在 GAN 的训练过程中，固定一方然后更新另一方的模型参数，交替迭代，在这个过程中，双方都极力优化自己的网络，从而形成竞争对抗，直到双方达到一个动态的平衡，这个平衡状态被称为纳什均衡，此时生成模型恢复了训练数据的分布，生成了和真实数据一模一样的样本。生成模型 G 的训练依靠每轮迭代返回当前生成样本与真实样本的差异，把这个差异转化成损失从而进行参数优化，而判别模型 D 的出现改变了这一点，D 的目标是尽可能准确地辨别生成样本和真实样本，而这时 G 的训练目标就由最小化"生成减去真实样本差异"变为了尽量弱化 D 的辨别能力，这时候训练的目标函数中包含了 D 的输出。

在 GAN 实际的实现过程中，没有办法利用积分求数学期望的，所以一般只能从无穷的真实数据和无穷的生成模型中采样以逼近真实的数学期望。生成模型的输入一般为常见的分布类型，如高斯分布、均匀分布等，然后生成模型基于这个分布产生的数据生成自己的伪造数据来迷惑判别模型。最优化方程由公式（3.167）近似替代，即

$$\tilde{V}(D,G) = \frac{1}{m}\sum_{i=1}^{m}[\log D(x_i) + \log(1 - D(G(z_i)))]$$（3.167）

这里 m 表示样本数量。

GAN 训练过程的详细步骤为

①从已知的噪声分布 $P_z(z)$ 采样 m 个样本 $\{z_1^0, z_2^0, \cdots, z_m^0\}$；

②从训练数据 $P_{data}(x)$ 中采样 m 个样本 $\{x_1, x_2, \cdots, x_m\}$；

③将噪声样本 $\{z_1^0, z_2^0, \cdots, z_m^0\}$ 投入到生成模型中生成 $\{G(z_1^0), G(z_2^0), \cdots, G(z_m^0)\}$；

④假设判别模型 D 的参数为 θ_d，通过梯度上升法（最大化损失函数），求出损失函数关于参数 θ_d 的梯度 $\nabla_{\theta_d} \frac{1}{m}\sum_{i=1}^{m}[\log D(x_i) + \log(1 - D(G(z_i^0)))]$，更新判别模型的参数 θ_d，即加上该梯度；

⑤从噪声分布 $P_z(z)$ 另外采样 m 个样本 $\{z_1^1, z_2^1, \cdots, z_m^1\}$，并投入到生成模型中生成 $\{G(z_1^1), G(z_2^1), \cdots, G(z_m^1)\}$；

⑥假设生成模型 G 的参数为 θ_g，通过梯度下降法（最小化损失函数），求出损失关于参数 θ_g 的梯度 $\nabla_{\theta_g} \frac{1}{m}\sum_{i=1}^{m}[\log(1 - D(G(z_1^i)))]$，更新生成模型的参数 θ_g，即减去该梯度。

需要注意的是，D 和 G 的参数更新是交替进行的，其更新的策略要根据实际情况进行调整，比如每对 D 更新一次参数，接着对 G 更新一次参数，也可以是对 D 的参数更新多次后再更新一次 G 的参数。GAN 模型在自然语言生成中存在困难，因为文本字符是离散的，那么生成器生成文本之后，无法通过梯度计算更新参数[39]。因此人们也提出将强化学习思想应用在文本生成任务上，因为它允许模型通过"奖励"学习更新。

3.4.3　深度表示学习

与传统机器学习相比，深度神经网络学习除了利用上述神经网络结构简化特征工程以外，在模型设计、学习策略上也存在不同。这种表示学习不仅可以深度地进行各类组件连接，而且能够进行多任务的同时学习。随着研究的深入，在面向小样本学习的时候，在模型泛化方面也体现了独特的优势，发展出了数据增强、半监督学习、迁移学习、终身学习和元学习等一系列新颖的学习方法。当然，在网络学习过程中也遇到了传统机器学习中少见的困难：训练策略和参数优化的技巧问题。

下面我们将对深度表示学习的两大特点进行介绍。

1. 级联 - 多任务 - 少样本

模型设计层面，将各种网络结构混合搭配的模型级联（Model Cascading）逐渐流行。这种设计思想是因为自然语言处理过程中多个任务是相互依赖的存在。只需要保证输入和输出维度匹配，就能够运用端到端的方式进行训练。例如，依存句法分析器以词汇标注为输入，一个任务是预测词性，将预测输出作为另一个依存关系预测模型的输入，这种情况下两个模型相互独立，称为一个串接级联结构。另外，也可以将有助于依存关系预测的词汇、词性中间表示作为输入，进入模型输出依存关系，形成级联。本书将上述两种情况统一叫作"级联"。

任务解决层面，考虑到自然语言不同任务可以使用不同的网络，网络之间共享部分结构与参数，同时学习多个相关任务，因此产生了多任务学习（Multi-task Learning）[40]。模型的一个核心预测组件（共享结构）将受到所有任务的影响，且一种任务的训练数据可能有助于改善其他任务，利用任务相关性提高模型在任务中的性能和泛化能力。模型级联可以很自然的应用于多任务学习，不只是将中间表示传递给下一个任务分析器，也将中间表示计算子图作为任务分析计算图的输入，并且将任务分析器的误差反向传播进行训练优化。目前，多任务学习主要挑战在于如何设计多任务间的共享机制，结合任务中的归纳偏置提高模型泛化性。

少样本问题。自然语言处理中各种标注语料的缺失，造成各类任务都面临样本集稀缺问题。如何有效地解决少样本问题？深度表示学习的发展也为少样本学习带来了曙光。目前有文本增强、半监督学习、迁移学习等尝试。

样本增强是最容易想到的方法。利用短语替换方式，从知识中获取同义词、近义词进行字符替换，或利用语义表示空间中接近的字符做替换。比如"买醋"中"买"字可以用"打"替换，就生成了一条新样本；或利用语法规则进行结构交换，通过句法树解析转换，将主动式变成被动式表达；借鉴自编码器的无监督预训练思路，对掩盖词汇直接预测替换，生成的词汇与标签信息近似一致；另一类是深度生成模型实现，引入已有标签样本，利用生成对抗网络在词向量上添加扰动并进行对抗生成样本，采用判别器对生成数据过滤降噪。

样本增强通常只针对标注样本扩增，另一种思路是通过大量无标注数据与少数已标注样本配合学习，这就是半监督学习（Semi-Supervised Learning，SSL）。在半监督学习中，主任务有少量标注数据，附加任务的无标注数据可以协助提升主任务的泛化性能[41]。除此之外，迁移学习和元学习也提供了新思路。迁移学习将相关任务的可泛化知识迁移到目标任务上，使得少样本任务不用从零开始学习，但是迁移学习需要避免错误特征迁移。元学习根据不同的任务动态选择模型或调整超参数，在多个任务中学到可泛化的参数。

以上这些内容，就是深度表示学习为自然语言文本任务解决带来的新气象，值得我们深入研究，详细内容可以参考相关文献。

2. 训练优化 – 工程实现

神经网络模型本质是数学表达式，可以表示为一个有向无环计算图。神经网络的训练通过构建计算图，一旦计算图建立，那么前向和反向计算就可以直接运行了。对输入前向传播预测输出，运用基于梯度的方法将训练集上的标量损失反向传播优化参数。反向传播算法本质是链式求导法则，计算图使得这种能力变得具体。由于神经网络函数不是凸函数，本身高度非线性，所以局部极小收敛和超长时间训练都可能发生，存在梯度消失和非凸优化难题。因此需要设计有效的训练策略，目前比较有效的经验方法包括如下几个方面：

（1）参数优化方面

训练神经网络与训练其他线性分类器类似，采用前述 3.3 节介绍的损失函数，通过输出给出标量分值从而用于训练。反向传播是深度学习算法中必不可少的组成部分，尽管反向传播非常实用、优美，但它的速度、内存占用、梯度消失 / 爆炸问题一直是令人困扰的问题。常见解决思路包括激活函数选择、正则化、优化器设计等。

①激活函数选择：激活函数包括了 sigmoid 函数、tanh 函数、hard tanh 函数、ReLU 函数、cube 和 tanh-cube 等。研究表明 sigmoid 不适合用在神经网络内层，ReLU 易于使用，同时在使用 dropout 和正则化的时候效果优异。

②正则化策略：由于神经网络容易过拟合，正则化项设计能有效提高泛化能力。

③优化器选择：目前深度学习中最受欢迎的目标函数优化器是随机梯度下降法。随机梯度下降在每轮迭代过程中，随机选择训练样本，执行随机抽样。另一种 Adam 算法对每个参数的不同学习率进行适应，由于其易微调的特性而被广泛使用 [42]。最近人们也开始研究二阶梯度下降法，也就是牛顿法优化策略，以及动态路由 [43] 或合成梯度近似反向传播梯度 [44]。

（2）超参数配置方面

神经网络模型的超参数包括三类：参数初始化、网络结构（层数、网络类型等）设计、经验参数（学习率、批量样本数量、Dropout 策略等）选择。由于超参数优化是组合优化问题，没有通用有效的优化方法，超参数的配置往往需要经验，目前也有一些简单的方法，比如网络搜索、随即搜索、贝叶斯优化和神经架构搜索等。

①参数初始化：由于局部极小或鞍点的存在，不同的随机初始化会带来不同效果。一种方案叫作 Xavier 初始化，基于 tanh 激活函数的性质进行权重矩阵初始化。也有人在 ReLU 非线性激活函数时，按照高斯分布采样来进行权值初始化。为了降低不同初始化方法对结果的影响，可采用运行多次训练，每次训练随机重启初始化的思路。对于相同任务，一旦有了多个模型，根据模型集成学习的思路来提高精度。

②网络结构设计：目前，在自然语言理解过程中，从早期的前馈神经网络，到 RNN，再到 Transformer 结构，人们一直在探索合适的表示学习结构，目前没有一个大一统"银弹"模型可以满足任意文本任务。

③经验参数选择：首先是样本量选择，常见思路是从训练数据中选出一批数据（mini-batch）进行神经网络的学习。每 k 个训练样例创建一个计算图，然后将 k 个损失节点连接到一个计算平均值的节点，输出作为 mini-batch 的损失。训练结束后再更新参数。考虑到梯度爆炸或消失问题，采用批归一化（Batch Normalization）方法对每一层激活函数值进行归一化，在训练过程中保持均值和方差统计，在每个 mini-batch 中调整分布 [45]。

学习率选择：学习率选择对于网络收敛非常关键，一个经验法则是在 [0, 1] 的范围内从小到大按 10 倍数选取，比如 0.001，0.01，0.1，1 来选择，观察损失函数的值，如果停止改进则减小学习率。学习率速率可以视为 mini-batch 数量的函数，初始速率除以迭代次数来获得。

Dropout 策略：从集成学习和贝叶斯学习角度，随机丢弃一部分神经元和对应连接边来避免过拟合。随机梯度训练时，通过掩膜向量来对隐藏层对应值随机丢弃，丢弃的概率为伯努利分布随机生成的，这就是 Dropout 策略。在梯度反向传播计算过程中，激活函数 sigmoid 或 tanh 函数会造成饱和，梯度消失或爆炸非常常见，通过梯度修正（如梯度裁剪）进行阈值限定，帮助梯度流动。

模型训练优化最终目的是方便工程化迭代、部署、运维，那么对于深度表示学习模型，如何从工程实现角度进行整个生命周期的管理呢？我们简单介绍一些常用的项目工程实现思路。多数情况下，我们在现有的开源深度学习框架下进行模型设计、训练、部署、运维，所以可以采用如下代码结构进行管理。

```
├── checkpoints/ #用于保存训练好的模型，可使程序在异常退出后仍能重新载入模型，恢复训练
├── data/ #数据相关操作，包括数据预处理、dataset 实现等
│   ├── __init__.py
│   ├── dataset.py
│   └── get_data.sh
├── models/ #模型定义，可以有多个模型，一个模型对应一个文件
│   ├── __init__.py
│   ├── AlexNet.py
│   ├── BasicModule.py
│   └── ResNet34.py
└── utils/ #可能用到的工具函数，如可视化
│   ├── __init__.py
│   └── visualize.py
├── config.py #配置文件，所有可配置的变量都集中在此，并提供默认值
├── main.py #主文件，训练和测试程序的入口，可通过不同的命令来指定不同的操作和参数
├── requirements.txt #程序依赖的第三方库
├── README.md #提供程序的必要说明
```

在模型训练优化完成以后，进一步利用开源框架的 serving 服务工具进行部署，通过监控工具进行运维，完成整个服务的生命周期管理。从第 5 章开始，我们将详细介绍工程实现方面的内容。

3.4.4　预训练语言模型

前面我们已经介绍了基于马尔可夫假设的 N 元语言模型，在自然语言特征表示学习中意义重大。但是传统语言模型缺乏对上下文的泛化，独热编码存在维度灾难和语义鸿沟。由于神经网络模型能够对上下文建模同时参数仅呈线性增长，那么是否可以用神经网络来搭建语言模型提升任务效果呢？答案是肯定的。

2003 年 Bengio 等人提出了三层神经网络语言模型，将基于独热表示和前馈神经网络，训练得到神经网络语言模型 NNLM[46]。后来有人利用 RNN 结构取代前馈神经网络，充分利用上文信息，得到了效果更优的生成语言模型 RNNLM。没想到的是，训练过程中得到了一个 V 行低维参数矩阵，V 代表词典大小，每一行代表单词的预训练词嵌入向量。这个"副产品"成为更重要的语义理解成果，不仅能为下游任务的模型提供合理的初始化参数，也直接获得了词汇语义表示。

目前，词嵌入学习有两种流行方法，分别是浅层词嵌入学习和上下文相关编码学习。其中以 Word2vec 模型为代表的浅层词嵌入范式学习到的是上下文独立的静态词嵌入，应用于下游任务时，整个模型的其余部分仍需要从头开始学习。Word2vec 模型开启了一系列预训练语言模型的大幕；而随着注意力机制、Transformer 模型等加入，人们开始探索编码上下文相关的词向量表示学习。与下游任务微调动态修正模型参数，从而解决不同场景下

一词多义问题，输出的向量称之为"上下文相关的词嵌入"。主要代表有 ELMO、BERT、XLNet 等，成为过去十年自然语言处理的里程碑式的进展。

下面我们将详细介绍预训练语言模型。

1. Word2vec 模型

2013 年谷歌 Thomas Mikolov 团队发布了 Word2vec 词向量生成工具，目标就是获取预训练词嵌入（Word Embedding）。根据相似语境中的词具有相似含义分布假设，简化了神经网络语言模型。Word2Vec 有两种训练方法，一种是 CBOW（Continuous Bag-of-Word），核心思想是根据词语的上下文来预测该词；第二种是 Skip-gram，输入某个单词预测它的上下文单词。从模型结构可以看出，CBOW 模型与 Skip-gram 模型互为镜像。这两个模型均由三层构成，分别为输入层、投影层、输出层[47]，如图 3-47 所示。

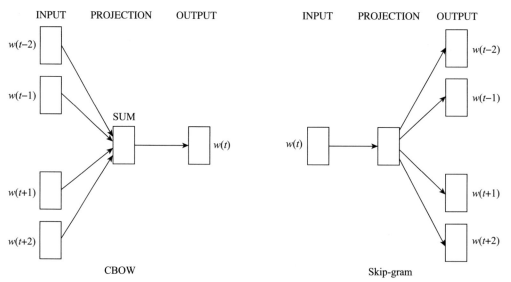

图 3-47　CBOW 模型与 Skip-gram 模型⊖

在训练词向量的过程中，Word2vec 需要固定上下文窗口，并非采用全文全句信息。为了降低模型的计算复杂度，在输出层可以选择 Hierarchical softmax 以及负采样两种模式[47]。

（1）Hierarchical softmax 模式

Hierarchical softmax 模式是把输出层改造成了基于词频设计的哈夫曼树（Huffman Tree）。哈夫曼树是带权重的最优二叉树，构造一棵二叉树使得带权重的路径长度值最小，也就是权重越大的节点离二叉树根的路径距离就越短，反之权重越小，相对离根的路径距离也就越长。对于一个大小为 V 的词汇表，其对应的二叉树包含 $V-1$ 个非子节点，用子节点表示每个词，左子树比右子树的权重值小。通过根节点到词的路径为词编码，从而计算得到这个词的词向量。词频越高，离树的根节点越近，更加容易被搜索和计算到。哈夫曼树的构造方法如下：

⊖　本图引自文献 [27]。

①假设存在 n 个权重值的序列 $\boldsymbol{\theta} = \{\theta_1, \theta_2, \cdots, \theta_n\}$，可以将它们每一个视为一棵单独的树；

②从大到小为权重序列重新排序，找出权重最小的两棵树作为左右子树，构造出一棵新的二叉树，我们可以指定左右子树哪个权重更小一些（比如左边比右边小），新的二叉树的根节点的权重是两个子节点权重的和；

③在原集合中删除已经合并的树，并把新的树加入原集合；

④重复②和③两个步骤直到集合中只有一棵树为止。

Hierarchical softmax 比 softmax 计算要简单。假设词典的个数是 N，那么 Hierarchical softmax 不需要像 softmax 那样计算所有词的打分。需要计算的只是根节点到子节点路径的概率，而路径最大的深度是 $\log(N)$。时间复杂度从 $O(N)$ 降到 $O \log(N)$。对于 CBOW-Hierarchical softmax 模型，假设词用 w 表示，词 w 的上下文用 $\text{Context}(w)$ 表示，计算每个词的词向量只和这个词以及与其对应的上下文有关系，即与 $(\text{Context}(w), w)$ 有关，具体计算流程如下：

①输入层：所求词 w 的上下文 $\text{Context}(w)$ 中 $2c$ 个词的词向量用 $\boldsymbol{v}$ 表示，每个词向量都给定维度 m，作为输入层的输入数据

$$\boldsymbol{v}(\text{Context}(w)_1), \cdots, \boldsymbol{v}(\text{Context}(w)_{2c})$$

②投影层：输入层的 $2c$ 个词向量在投影层做加和，生成累加向量

$$X_w = \sum_{i=1}^{2c} \boldsymbol{v}(\text{Context}(w)_i) \in R^m$$

③输出层：当输出层是 Hierarchical softmax，则 Huffman Tree 上所有非子节点 $\boldsymbol{\theta}$ 都可以看作一个二分类。

对于该分类问题，目标函数可以用对数似然函数来描述

$$\ell = \sum_{w \in C} \log P(w \mid \text{Context}(w)) \tag{3.168}$$

其中，C 表示文章中词的数量。

假设 d_j 表示二叉树路径，$d_j = 0$ 表示左边，$d_j = 1$ 表示右边，那么其条件概率密度分别表示为

$$p(d_j = 0 \mid X_w, \boldsymbol{\theta}) = \sigma(X_w \boldsymbol{\theta}) \tag{3.169}$$

$$p(d_j = 1 \mid X_w, \boldsymbol{\theta}) = 1 - \sigma(X_w \boldsymbol{\theta}) \tag{3.170}$$

其中，$\sigma(X_w \boldsymbol{\theta}) = \dfrac{1}{1 + \mathrm{e}^{-X_w \boldsymbol{\theta}}}$，利用逻辑回归计算概率的正样本。

似然函数可以写成

$$P(w \mid \text{Context}(w)) = \prod_{j=2}^{l^w} p(d_j^w \mid X_w, \theta_{j-1}^w) \tag{3.171}$$

其中，l^w 是到任意词 w 路径上节点的个数。$p(d_j^w \mid X_w, \theta_{j-1}^w)$ 为

$$p(d_j^w \mid X_w, \theta_{j-1}^w) = \left[\sigma(X_w^{\mathrm{T}} \theta_{j-1}^w)\right]^{1-d_j^w} \left[1 - \sigma(X_w^{\mathrm{T}} \theta_{j-1}^w)\right]^{d_j^w} \tag{3.172}$$

那么目标函数写成

$$\ell = \sum_{w \in C} \sum_{j=2}^{l^w} \{(1-d_j^w)\log[\sigma(X_w^T \theta_{j-1}^w)] + d_j^w \log[1-\sigma(X_w^T \theta_{j-1}^w)]\} \qquad (3.173)$$

$\ell(w, j)$ 表示梯度计算的累加式

$$\ell(w, j) = (1-d_j^w)\log[\sigma(X_w^T \theta_{j-1}^w)] + d_j^w \log[1-\sigma(X_w^T \theta_{j-1}^w)] \qquad (3.174)$$

对未知参数 θ_{j-1}^w 进行微分

$$\frac{\partial \ell(w, j)}{\partial \theta_{j-1}^w} = \left[1-d_j^w-\sigma(X_w^T \theta_{j-1}^w)\right]X_w \qquad (3.175)$$

θ_{j-1}^w 的迭代优化如式（3.87）所示，η 为学习率

$$\theta_{j-1}^w := \theta_{j-1}^w + \eta[1-d_j^w-\sigma(X_w^T \theta_{j-1}^w)]X_w \qquad (3.176)$$

对未知参数 X_w 进行微分

$$\frac{\partial \ell(w, j)}{\partial X_w} = \left[1-d_j^w-\sigma(X_w^T \theta_{j-1}^w)\right]\theta_{j-1}^w \qquad (3.177)$$

X_w 的迭代优化公式为

$$X_w := X_w + \eta \sum_{j=2}^{l^w}[1-d_j^w-\sigma(X_w^T \theta_{j-1}^w)]\theta_{j-1}^w \qquad (3.178)$$

（2）负采样模式

Hierarchical softmax 模式尽管极大提高了训练效率，但是如果遇到词列表中"长尾分布"的词时，哈弗曼树就非常复杂。因此直观负采样的想法就出现了。假设一个词为 w，它的上下文为 Context(w)，那么词 w 就是一个正例，其他词为负例。对于任意训练实例，通过采样获得负例，然后建立一个二分类模型即可，分类可以采用最大似然估计完成。但是负例样本太多了，如何选取负例，也就是如何进行负采样呢？实际上，负例的选择是和单词词频联系起来的，采样时要求高频词选中概率较大，低频词选中概率较小，这本质就是一个带权采样过程。假设词典 D，其中的词在语料 C 中，词典 D 的长度为 N，那么取一个 $[0, 1]$ 区间的线段，非等距剖分为 N 份，每一份代表一个词。每一份的切分长度与词频成正比。采样的时候，将 $[0, 1]$ 等距离剖分为 M 等分，且 $M \gg N$，这样就保证生成 $[1, M{-}1]$ 之间的任意整数 i，都能落到一个词上，生成词可以为正例或负例样本，当采样为正例时，就拒绝采样。

上述过程可用数学公式来描述。假设词典 D 中每一个词 w 对应一个线段 $l(w)$，其长度表示为

$$\text{len}(w) = \frac{\text{counter}(w)}{\sum_{u \in D} \text{counter}(u)} \qquad (3.179)$$

其中，counter(·) 表示一个词在语料 C 中出现的次数。将这些线段首尾相连拼接在一起，形成长度为 1 的单位线段。记 $l_0 = 0$，那么

$$l_k = \sum_{j=1}^{k} \text{len}(w_j), \ k = 1, 2, \cdots, N \qquad (3.180)$$

其中，w_j 表示词典 D 中第 j 个词。l_k $(k = 0, 1, \cdots, N)$ 将 $[0, 1]$ 中划分为 N 个非等分区间，记为 $I_i = (l_{i-1}, l_i]$，$i = 1, 2, \cdots, N$。同时，在区间 $[0, 1]$ 上另外引入一个等分区间，部分节点记为 m_j，$j = 0, 1, \cdots, M$，$M \gg N$。该过程的示意图如图 3-48 所示。

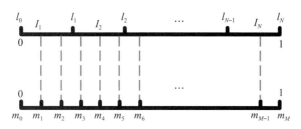

图 3-48　负采样模式示意图

之后，建立映射关系，如式（3.181）所示：

$$\text{Table}(i) = w_j,\ m_j \in I_k,\ i = 1, 2, \cdots, M - 1 \tag{3.181}$$

然而，word2vec 模型只考虑到了词的局部信息，没有考虑到词与局部窗口之外的词联系，因此 Glove 模型和 Fasttext 模型相继出现。这里我们对 Glove 模型（Global Vectors for Word Representation）进行简要介绍[48]。Glove 模型同时考虑了局部信息和整体信息，在预训练的过程中首先基于全局词频统计生成词共现矩阵，只需要在初始的时候生成一次。通过分析一个词与语料库中其他词共现的频次，词共现比率包含了某种关联，其本质是通过对词共现矩阵降维最终得到词向量。假设共现矩阵用 X 表示，其元素为 X_{ij}，损失函数基本形式 J 与共现矩阵的关系如下：

$$J = \sum_{i,j}^{V} f(X_{ij})(\boldsymbol{\omega}_i^{\mathrm{T}} \boldsymbol{\omega}_j + b_j + b_i - \log X_{ij})^2 \tag{3.182}$$

其中，$\boldsymbol{\omega}_i$ 和 $\boldsymbol{\omega}_j$ 表示单词 i 和单词 j 的词向量，b_i 和 b_j 是两个标量；共现矩阵 X_{ij} 表示单词 j 出现在单词 i 上下文中的次数，X_i 表示单词 i 上下文中所有单词出现的总次数，$f(X_{ij})$ 为加权函数，这里表示单词 j 出现在单词 i 上下文中的概率，$\log X_{ij}$ 为分类标签；V 为词汇表的大小。

以上预训练语言模型的词表示层中，单纯使用单个字或者词的向量表示存在很多问题。一方面，预训练词向量规模大，但待处理任务训练数据集较小，在网络模型训练的过程中常出现过拟合的现象。另外，由于文字错误、词典容量不足等问题，模型无法捕捉到文本中未登录词的信息；这些预训练模型给出的是静态的词向量，导致"词在不同语境下的分布式表示相同"，但实际上一词多义情况时有发生，因此仍然需要探索新的预训练语言模型。

2. ELMo 模型

同一个词不同语境下应该有不同语义向量表示，因此以 ELMo（Embedding from Language Models）为代表的融合上下文特征的预训练模型出现了。ELMo 模型结构如图 3-49 所示，采用基于上下文对词向量动态调整的双向神经网络语言模型[49]。即根据上下文推断每个词对应的词向量，根据语境达到对多义词理解的目的。

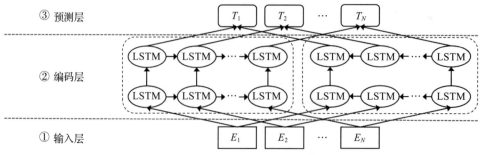

图 3-49   ELMo 模型示意图[⊖]

ELMo 是一种双向语言模型，其预训练过程分两个阶段：

第一阶段采用双层双向的 LSTM 模型进行预训练。Context-before 称为上文，之后的单词序列 Context-after 称为下文。对于给定序列的 N 个 tokens，即 $t_1, t_2, \cdots, t_N$，在前向过程中，采用第 k 个词之前的单词的条件概率 $(P(t_k | t_1, t_2, \cdots, t_{k-1}))$ 预测该词，前向过程计算的序列的概率为

$$P(t_1, t_2, \cdots, t_N) = \prod_{k=1}^{N} P(t_k | t_1, t_2, \cdots, t_{k-1}) \tag{3.183}$$

后向过程则用 $k+1$ 及其以后的单词的条件概率 $(P(t_k | t_{k+1}, t_{k+2}, \cdots, t_N))$ 预测 k 单词，后向过程计算的序列的概率为

$$P(t_1, t_2, \cdots, t_N) = \prod_{k=1}^{N} P(t_k | t_{k+1}, t_{k+2}, \cdots, t_N) \tag{3.184}$$

双向 LSTM 层编码如下式所示：

$$\sum_{k=1}^{N} (\log P(t_k | t_1, t_2, \cdots, t_{k-1}; \theta_x, \vec{\boldsymbol{\theta}}_{f-LSTM}, \theta_s) + \log P(t_k | t_1, t_2, t_{k-1}; \theta_x, \overleftarrow{\boldsymbol{\theta}}_{b-LSTM}, \theta_s)) \tag{3.185}$$

其中，θ_x 为 token 表示，θ_s 表示 softmax 层参数，$\vec{\boldsymbol{\theta}}_{f-LSTM}$ 为前向 LSTM 表示，$\overleftarrow{\boldsymbol{\theta}}_{b-LSTM}$ 为后向 LSTM 表示。

当 Bi-LSTM 有多层时，由于每层会学到不同的特征，这些特征在具体应用中的侧重点不同，每层的关注度也不同，采用 softmax 层预测分类。假设前向 / 后向 LSTM 的序列长度为 L，对于每一个 token，除了 Bi-LSTM 输出，还有 token 输出层向量，组合起来有 $2L+1$ 个向量表示，ELMo 每个 token 表示为

$$\text{ELMo}_k^{\text{output}} = \gamma \sum_{j=0}^{L} s_j h_{kj}, \ k = 1, 2, \cdots, N \tag{3.186}$$

其中，h_{kj} 是 token k 第 j 层隐层状态的输出，$j = 0$ 时为输入层 token 的向量表示，可以通过各类网络结构引入特征表示。s_j 是 softmax 层归一化的计算结果，γ 为调整输出向量的参数。

⊖   本图引自参考文献 [49]。

第二阶段处理下游任务时，ELMo 模型提取对应单词网络各层中的词向量作为新特征，添加到下游任务中，然后进一步微调训练。由于原始词向量层和每个 LSTM 隐藏层都设置了可训练参数，也就是说，预训练过程不仅仅学会单词的词向量，还学会了一个双层 Bi-LSTM 编码的上下文相关向量。这样根据上下文动态调整后的词向量就能够随着场景变化而变化，这是 ELMo 超出之前的预训练模型之处。

尽管如此，ELMo 也存在问题。从图 3-48 中也可以看出，双向 LSTM 模型分别训练的是"不完全双向"模型。对于一个序列，前向遍历一遍获得左边的 LSTM，后向遍历一遍获得右边的 LSTM，得到的隐藏层向量直接拼接。双向模型按顺序做推理，并非完全同时的双向计算。要预测的下一个词在给定的序列中已经出现，这就是"自己看见自己"问题，是 LSTM 结构固有缺陷。

3. BERT 模型

考虑到 ELMo 模型使用的是 LSTM 结构，存在非同时双向计算和并行计算局限。2018 年谷歌推出了 BERT 模型[50]。BERT 在结构上抛弃常见的 CNN 和 RNN 编码，采用了 2017 年提出的多层双向 Transformer 模型架构，Transformer 结构特征在 3.4 中已经介绍，主要包括如下：

①多头注意力机制。由于单词存在高维向量表示，每一维空间都可以学到不同的特征，相邻空间所学结果更相似，相较于全体空间放到一起对应更加合理。所谓多头注意力机制，将一个词的 vector 切分成 h 个维度，计算每个 h 维度的 attention 相似度。比如，对于向量维度为 512 的词向量，取 $h = 8$，每 64 维做一个 attention 计算，细化学习结果。

②自注意力机制。每个词位的词都可以无视方向和距离，有机会直接和句子中的每个词建立关系。

③位置嵌入。因为序列位置信息对于自然语言非常重要，Transformer 结构引入周期性正弦波表示词位置信息，一定程度上增加模型的泛化能力。

④模型输入。将上述特征表示叠加为每个单词的向量输入。此外，因为训练数据都是由两个句子构成的，两个句子通过分隔符 [CLS] 分割，最前和最后增加两个标识符号。那么每个句子整体的表示项也对应给每个单词进行叠加，就形成了每个词的模型输入。

BERT 是一个句子级别的预训练语言模型，可以直接获得一整个句子的唯一向量表示。由于 Transformer 结构可以把全局信息进行编码，作为句子 / 句对的表示直接跟 softmax 输出层连接，梯度反向传播可以学到整个输入层特征。

BERT 预训练是个多任务过程，提出了与以往不同的两种预训练任务。

（1）Masked Language Model

为了训练双向特征，采用了 Masked Language Model 预训练方法。随机掩盖语料句子中 15% 的词，然后将掩盖词位置输出的最终隐藏层向量送入 softmax 来预测掩盖词。这样输入一个句子，每次只预测句子中大概 15% 的词。由于掩盖词的特殊标记在下游 NLP 任务中不存在，为了和后续任务保持一致，作者按一定的比例在需要预测的词位置上输入原词或者输入某个随机的词。

对于输入句子：my dog is hairy

有 80% 的概率用"[MASK]"标记来替换——my dog is [MASK]

有 10% 的概率用随机采样的一个单词来替换——my dog is apple

有 10% 的概率不做替换——my dog is hairy

（2）句子预测

很多语言类理解任务还需要捕捉一些句子级的模式，需要句子表示、句间交互与匹配。对此，BERT 又引入了另一个极其重要却又极其轻量级的任务，即预测输入 BERT 的两端文本是否为连续的文本。即给出两个句子 A 和 B，B 有一半的可能性是 A 的下一句话，训练模型来预测 B 是不是 A 的下一句话。训练时输入模型的第二个片段会以 50% 的概率从全部文本中随机选取，剩下 50% 的概率选取第一个片段后续的文本。 即首先给定一个句子，它下一个句子为正例，随机采样句子作为负例，然后做二分类（即判断句子是当前句子的下一句还是噪声），下面为句子预测任务示例：

对于输入句子：[CLS]my dog is [MASK][SEP] I love it [MASK] much [SEP]

标签：正例

对于输入句子：[CLS]my dog is [MASK][SEP] He is singing [MASK] high [SEP]

标签：负例

BERT 模型采用 Transformer 结构可以加深层数，提升并行学习效率，masked LM 任务解决了 EMLo 遇到的"自己看到自己"的问题，通过自注意力机制控制权重来减小 [MASK] 标记影响。而且生成的句子级向量表示为下游任务带来了更多方便。在 BERT 基础上，一系列衍生模型陆续诞生，包括 XLNet[51]、ALBERT、TinyBERT、Transfomr-XL[52]、ERNIE[53] 模型等，感兴趣的读者可以阅读相关文献。

4. 小结与讨论

预训练语言模型在大文本数据集中训练，可以学习到丰富的语义知识，本书通过采集 116M 中文科技文献，分别训练了 Word2vec、GloVe 和 Fasttext 模型并可以直接加载模型。对于"人工智能"这一词的相关词预测结果如下，可以看出由于考虑全局信息，GloVe 模型可以给出共现的人工智能应用场景，而 Word2vec 模型通常给出相近的词汇。因此，需要考虑不同任务和场景，应用不同的词向量结果。

Word2vec 模型预测结果：

跨语言：0.684172987938

问题分类：0.675148248672

提问：0.672681748867

对话：0.657931804657

对话语句：0.657418429852

近场效应：0.646778821945

句子类型：0.637829363346

人机对话：0.62647998333

翻译结果：0.625398159027

口语：0.623550772667

GloVe 模型预测结果：

近场效应：0.527323126793

儿科医生：0.525238513947

问题分类：0.508325576782

场景化：0.482765525579

期刊信息：0.475941956043

对话：0.472305744886

新闻：0.467389315367

模块存储单元：0.454270064831

推估：0.440265655518

机电设备：0.43057090044

　　预训练词向量通常会与下游任务一起使用。特别是考虑上下文相关表示的预训练模型，通过微调训练直接用于小数据集学习中，可以加快收敛速度并提升新任务的效果。以一个命名实体识别任务试验为例，数据为自标注的含有 6 类实体的科技文本，划分为训练集、验证集和测试集，采用测试集对命名实体识别模型进行评估。基础模型采用经典的 Bi-LSTM+CRF 模型，分别将 Word2vec 词向量、BERT 预训练模型和 ALBERT 预训练模型加入模型训练，具体结果如表 3-6 所示。可以看出，BERT 模型对任务效果提升明显，而更小巧的 ALBERT 模型不仅将任务效果提升更高，训练后的模型容量也得到了压缩，对于工业级应用显示了更好的潜力。

表 3-6　不同模型结构对比

模型结构	正确率 /Acc	准确率 /P	召回率 /R	F1
Word2vec+Bi-LSTM+CRF	66.67%	27.54%	28.79%	28.15%
BERT+Bi-LSTM+CRF	84.07%	43.84%	54.24%	48.48%
AL BERT+Bi-LSTM+CRF	84.31%	54.55%	61.02	57.60%

　　目前，预训练语言模型上下文表征方式划分为两大类，一类是自回归模型，比如 ELMO 这种的模型，在训练的过程中只用到上文的 token 信息来预测下一个 token，无法对上下文表征，适合文本生成任务；另一类是自编码模型，以 BERT 为代表，依据上下文预测被掩盖掉的 token。由于引入独立性假设，认为掩盖的 token 之间不相关，就会造成"预训练和微调"两阶段任务不一致。因此各种改进模型层出不穷。尽管预训练语言模型不断提高自己的预测能力，但是仍然存在任务适配等各种挑战。此外，从自然语言到视觉、听觉数据，如何融合多模态信息，打造全面、简便的预训练语言模型值得思考。

①引入知识。预训练模型通常依赖大规模自然语言文本进行学习，缺少知识参与。现有研究将知识图谱中预先训练的实体嵌入与语言文本的实体提及（Entity Mention）相结合，融入知识表示，共同优化知识嵌入和语言建模目标。在多模态预训练方面，为通用的视觉和语言特征设计编码表示，在多模数据（带有文字的语音、视频、图像）语料库上进行预训练。此外，根据行业领域的差异，将特定场景知识引入预训练。

②模型压缩。通常预训练语言模型参数量巨大，需要的部署和运行资源过多，模型压缩是必不可少的。在真实工业场景下，如何在保持模型效果的前提下，精简模型结构和参数？目前比较流行的是知识蒸馏压缩方法，常见的压缩方法为模型剪枝、模型量化、参数共享等。通过蒸馏技巧，将模型知识导入小模型，将高精度模型用低精度来表示，舍弃部分参数，从而让模型更小，本书也将持续跟踪这方面的进展。

3.4.5 前沿与思考

近年来，深度学习领域新思路层出不穷，比如深度强化学习、图神经网络、神经符号处理等引起了业界的瞩目。巧妙利用归纳偏置，向模型灌输常识，有助于解决"未见过的任务"。但是深度学习仍然面临如下问题：

①如何衡量模型的泛化能力？如何有效地将其知识适应下游任务是一个关键问题。迁移学习的方式主要有归纳迁移（顺序迁移学习、多任务学习）、领域自适应（转导迁移）、跨语言学习等。

②如何寻找任务适配模型？

③如何逼近类脑学习机制？

针对这些问题，也有很多相关的尝试。

①模型泛化和迁移学习。如何有效地将其知识适应下游任务是一个关键问题。针对自然语言处理，选择合适的预训练任务和语言模型，设计模型架构，将下游任务近似为预训练任务。选择对任务处理有效的表示层进行迁移，比如嵌入层迁移、初始层迁移和整层迁移。如 word2vec 和 Glove 模型可采用嵌入层迁移，BERT 模型可采用初始层迁移，ELMo 模型可采用整层迁移。根据特定任务选择微调策略。选择加入常识概念表示来捕捉更高层次的事实特征。目前，迁移学习形成了归纳迁移（顺序迁移学习、多任务学习）、领域自适应（转导迁移）、跨语言学习等方式。

②模型自动化设计。深度学习自动化框架 AutoML 是深度学习的新方式，做到"Learning to Learn"，实现机器学习过程而不是学习结果。如何自动选择模型？目前，人们普遍关注特征工程和超参数优化的自动化选择，运用预先设置好的神经结构搜索 (NAS) 策略，根据搜索空间，搜索逻辑和性能评估，自动生成满足特定任务的人工神经网络结构 [54]。

③类脑新机制。构造更接近人的神经系统结构，在复杂环境里面去训练并发育出类脑处理功能。比如模拟人脑记忆过程，不同于 LSTM 模型的内部记忆结构，人们通过设计关注存储内容的外部记忆存储缓冲区，模拟大脑的控制器对外部存储器中的特征进行读写操作。这种方式可以记忆信息，具有增强记忆的能力。此外，网络结构设计上创新不断，

Geoffrey Hinton 团队提出一种全新的胶囊神经网络 (CapsuleNet) 结构，胶囊对其输入执行一些相当复杂的内部计算，利用囊间动态路由算法训练胶囊参数，将计算结果封装成输出小向量 [43]。更进一步，加入更多认知逻辑。比如是否可以将东方人的阴阳五行认知加入这些类脑结构中学习，对于命理的自动预测和预判，这些似乎有一点玄妙的趣味。本书的一个预判：开发"某些方面比人强得多，某些方面比人弱"的机器，通过人机互补形成和谐的人机共同体，将成为未来类脑研究的目标。

小结

　　本章探讨了自然语言文本特征，进而论述了自然语言统计学习的基本概念、语料库、统计采样方法。结合语言模型演示了语言学习流程。进一步结合第 2 章提出的文本任务，讨论了各类机器学习算法模型。随着深度神经网络结构的涌现，在特征工程、模型设计、模型优化和模型泛化方面带来了突破性的进展，神经网络结构结合语法结构、语义特征、上下文距离特征、计算效率、任务分析几个维度进行设计，让我们能够通过核心特征集，实现多层次文本特征深度表示学习。

　　随着预训练语言模型的引入，"预训练＋微调"两阶段处理掀开了自然语言理解的新篇章。目前，人们把关注点放在了迁移学习、模型自动搜索、类脑计算等方面。可以预见的是，深度学习仍然面临着可解释性难题，认知障碍仍然没有突破。如何融入知识成为我们要回答的问题。下一章我们将融入知识，研究知识图谱指导下的自然语言理解，探索通向认知智能之路。

参考文献

第 4 章

知 识 图 谱

4.1　语言知识与语言知识库

　　自然语言的深入理解依赖于语言知识，这些知识主要包括通用百科知识、常识（概念、词汇）知识、行业知识等 [1]。第 3 章提到的语料实际上是语言知识的载体，经过加工抽取出词汇关系、语法、规则、语义概念等意义明确的语言单位，形成显性化的具有丰富语义信息的语言知识。因此语言知识相比语料而言要包含更丰富的语义信息。研究表明人类在理解语言的过程中，首先建立概念模型，将客观世界对象与相关概念、关系、属性等名称映射起来，进而形成认知。这种认知机制与哲学中基于共享概念模型的本体逻辑相一致，因此人们逐渐通过构建本体来建立语义计算框架。本体定义了五种元素（建模元语）：类或概念、关系、函数、公理和实例，描述了语言知识中涉及的实体类型、实体属性、实体间关系、推理陈述、实体特性以及上述知识间的约束关系。本体不仅为语言知识的语义表示提供了数据模型，也为知识推理、语义计算等操作奠定了逻辑基础。在本体构建基础上，语言知识库（有文献称为语义知识库）[2] 建设得以实现。目前常见的语言知识库包括 [3] 以下内容。

1. WordNet

　　WordNet 始建于 1985 年，是由美国普林斯顿大学认知科学实验室开发的一种基于认知学的英语词林知识库 [4]。它基于词汇和词汇语义关系表示词汇知识，其中，词汇语义关系用词汇本身的同义词（以及对应解释说明）、子概念集合来表示。WordNet 将名词、动词、形容词、副词组织到上述这种词汇集合中，有助于明确语言单位本身的完整语义信息，对于计算机认知英文语言起到了重要作用。当前版本已经包括超过 15 万个词、20 万个语义关系以及 11 万组同义词集合，详情可以参考 WordNet 主页[⊖]。

　　⊖　http://wordnet.princeton.edu

2. FrameNet

FrameNet 是基于框架结构和词汇库建立的英语词汇语义知识库。首先由语义框架定义概念元素，比如实体类型、实体属性、实体间关系、事件关系等。而在这个框架下组织词汇知识，每一个词汇通过一组经过语义角色标注的句子，用于表示词汇语义。通过句子样本标注结果来验证每个词在句法中的语义角色特征。目前该知识库已经标注了超过 17 万的句子训练集，还定义了 1000 多个语义框架，为句法分析、角色抽取和意图推理奠定了基础[5]。

3. 知网

知网（HowNet）是以揭示概念、概念属性以及概念关系为基本内容的中文常识知识库◯。知网是以通用概念为描述对象，进一步利用部件、属性、关系来描述概念，形成一个网状知识系统，这与其他树状词汇库的本质不同。通过部件对概念进行解构描述，通过概念属性反映概念的共性和个性。定义了诸如"上下位""同义""部件 – 整体""相关"等关系来描述概念间关系。在知网体系中，义原是一个重要概念，是用以描述概念的最小语素单位 [6]。知网基于还原论思想，通过迭代归纳的方式，力争找到全部义原，来标注各种粒度的中文语料，最后形成一个逻辑严密的语言知识系统。知网目前已经在知识表示、语义消歧方面发挥着重要的作用。

4. 北京大学综合语言语料库

北京大学综合语言语料库（CLKB）是北京大学计算语言所建立的综合语言知识库。该知识库通过对人民日报语料进行切分和标注，以语法信息词典和语义词典为参考，实现语法标注、语法规则库、词句篇章标注、同义词集、平行语料、领域术语等不同粒度的语义描述，最后也形成了现代汉语多级标注语料库。根据语料库加工规范定义，现代汉语多级标注语料库包括了 26 个词类代码以及 3 类标记子类，对多义词、多音词、命名实体都有详细标注结果。CLKB 目前是国际上规模最大的汉语语言知识来源。

5. 概念层次网络

概念层次网络（HNC）也是面向中文自然语言理解的语言框架。考虑到中文字少词多，几千个汉字组合就可以演变出不计其数的词汇，那么是否可以给出有限个汉字语义基元来表示中文概念的方法呢？答案也许是肯定的。HNC 将概念分为抽象概念和具体概念，具体概念一般可以通过临近相似概念进行表达。而抽象概念则比较关键，从语义基元出发，利用五元组、语义网络和概念组合结构来表达。其中，五元组通过"动态、静态、属性、值、效应"五个特征表示词性基元，进而表示概念外延特征。通过利用语义网络层次结构和对应层次符号，可以用来表达概念内涵，进一步再通过概念组合结构建立概念的表达体系。HNC 建立了一种描述语言概念的全新的处理模式。除此之外，还有同义词词林、内涵逻辑语义模型以及其他相关工作，都为中文语言知识描述、概念表示以及语义计算奠定了基础。

◯ http://www.keenage.com/html/c_index.html

上述语言知识、概念、语义框架也是下一节介绍的知识图谱演进过程中的关键环节。

4.2 知识图谱演进

20世纪50年代产生了以符号表示为代表的人工智能，促进了早期知识工程的诞生。在经历了"Web 1.0"文档互联时代，以及"Web 2.0"数据互联时代，我们也迈向了以知识互联和知识图谱为代表的"Web 3.0"时代。如图4-1所示，下面我们简要介绍一下知识图谱的发展流程。

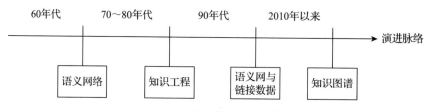

图4-1　知识图谱的演进脉络图

1. 符号主义兴起

知识图谱可以说源自早期的符号主义研究，伴随着人工智能浪潮而逐步演进。1956年8月达特茅斯会议开启了人工智能的闸门，其中以符号主义学派的Newell和Simon为代表，最先取得丰硕成果[7]。符号主义认为智能建立在数理逻辑基础上，通过对符号的操作和运算让机器产生智能。基于这种思路，设计了可人机对战的自动跳棋程序，掀起了人工智能发展的第一个高潮[8]。进入60年代后，Collins提出了"语义网络（Semantic Network）"的概念，前述WordNet正是语义网络的典型代表，通过建立自然语言的语义关系来增加机器的"学问"。然而语义网络本身只是一种事实表征，由于泛化性较差，并不具备推理能力，因此这一时期人工智能陷入了瓶颈。直到爱德华·费根鲍姆（Edward Albert Feigenbaum）引入知识和推理机制，人工智能才得以继续发展[9]。

2. 知识工程诞生

20世纪70~80年代，费根鲍姆提出了著名的论断"Knowledge is the power in AI"。在他的指导下，一种特定领域内的问题解决系统"专家系统"诞生了。专家系统在已有知识基础上，引入了推理引擎，模拟人脑推理机制运用知识[9]。而语义网络加入推理能力后形成了"描述逻辑"，也奠定了后续语义网时代的知识表示框架标准的基础[10]。前面提到的本体成为专家系统知识组织和逻辑推理的基础，使得知识更易于交互和加工，费根鲍姆将其正式命名为知识工程[11]。这一时期的知识工程，通过自顶向下搭建知识库，在规则明确、任务清晰、应用边界封闭的场景中表现出色。一些典型知识库系统也如雨后春笋般出现：Douglas Lenat设立的Cyc知识库，共涉及50万条概念和500万条知识，还提供了很多推理引擎[12]。WordNet、知网等语言知识库也相继出现。但是，上述知识的运用太依赖专家经验，而且开放领域知识容易超出已有认知边界，暴增的知识难以表征和更新。因此到了 20 世纪 80 年代之后知识工程就销声匿迹了，但知识工程中本体构建、逻辑推理等方法却指导了后来知识图谱的发展。

3. 语义网浪潮

20 世纪 90 年代互联网浪潮开启，如何在网络上表示、组织、传播大规模多模态知识成为热门研究课题。Tim Berners-Lee 提出了基于链接数据思想构建互联网开放数据交互方案，进一步他于 1998 年提出了语义网（Semantic Web）[13]。由于语义网需要"自顶向下"的设计，特别是在开放域互联网大数据带来的知识爆炸面前，完备的语义本体设计非常困难，于是人们开始重点关注自底向上的关联数据，搭建底层链接知识库。语义网以资源描述框架（Resource Description Framework, RDF）描述知识三元组（Subject, Predicate, Object），为互联网提供一个知识描述框架。由于 RDF 本身只是知识描述语言，W3C 标准化组织进一步吸收知识工程中的描述逻辑思想，发布了互联网本体语言（OWL），将本体及推理机制融入互联网体系[14]。RDF 通过与 OWL 结合形成基于规则的推理能力，从而产生了语义智能性[15]。随着 RDFa、Microdata、JSON-LD 等相关标准提出，推进开放域数据连接的步伐，为大规模知识图谱如 Yago、Freebase、Wikidata 等搭建奠定了基础。

4. 知识图谱

当互联网海量知识实现开放共享和知识推理以后，知识图谱实质上已经形成了。知识图谱本质可以看作是一种大规模语义网络，或多关系图（Multi-relational Graph）。2012 年，谷歌在消化吸收了 Freebase 知识库的基础上，提出了知识图谱（Knowledge Graph）概念[16]。近些年来，知识图谱涉及的知识抽取、表示、融合、推理、问答等关键问题已经得到一定程度的解决。在知识图谱相关技术的引领下，人类进入大数据知识工程阶段[17]。Schema.org 等开源组织推动了各行各业自顶向下的本体搭建。在自然语言处理技术的加持下，通用百科、常识知识、行业知识不断融合，进一步加深了知识的积累和更新。另外，互联网众包与群智也成为大规模知识获取和加工的新路径。正是在这些工作的推动下，知识图谱逐渐成为语言理解的核心一环，为认知智能奠定了基础。

4.3 知识图谱工程

尽管大规模知识图谱给我们带来了无尽的惊喜，但是如何搭建和运用知识图谱，还需要一步一步实践。知识图谱工程通常划分为两个层次：数据层和模式层。

数据层存储实例知识，自底向上搭建，从链接数据中提取知识。

模式层是数据层之上的概念本体层，用面向对象里"类"的概念储存知识图谱的类模式信息。可以自顶向下构建，也可以自底向上进行抽象归纳。

本小节将介绍知识图谱工程实践的完整流程，如图 4-2 所示。首先知识表示是所有模块的基础，数据层完成数据到输入的转换，代表了此消彼长的符号主义和连接主义成果，未来会走向融合。自顶向下是知识建模与推理模块，实际上是模式层中的本体设计。接下来是知识加工模块，包括对大数据进行知识抽取、知识链接、知识融合和知识验证环节，最后通过知识存储与查询模块进行读写，通过知识更新机制完成迭代。知识图谱工程狭义来讲，可概括为"引、取、存"和"联、融、推"六个环节。此外，在一定生命周期内完成知识本体和知识实例的迭代更新也是必要的，这是知识图谱的系统工程观。

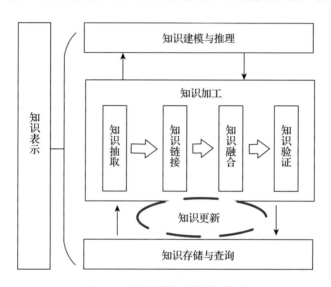

图 4-2　知识图谱工程框架体系

4.3.1　知识表示

知识表示是计算机存储和处理有一定数据结构的知识的基础[18]。了解知识图谱的几种常见知识表示方法，选取合适的数据表示形式，确定知识图谱的核心数据结构，进而可以进行本体建模。比如在逻辑层进行知识的相互映射，在存储层利用序列化文件交互格式，在计算层满足显式实体关系和隐式分布式表达之间的知识关联和推理。

1. 符号表示

无论是早期专家系统时代的知识表示方法，还是语义网时代的知识表示模型，都属于以符号为基础的知识表示方法。

（1）一阶谓词逻辑到语义网络

早期知识表示通过一阶谓词逻辑进行表达。一般步骤是定义一阶谓词，然后将实例代入谓词中，之后用逻辑词连接起来。进一步一阶谓词逻辑的子集"Horn"逻辑，采用规则和原子表示简单子句，由于接近自然语言，有严格的形式定义和推理规则，易于转换为计算机内部形式。比如"海伦的孩子是杰克"这句话，可以表示如下：

规则：has_child(X,Y):-has_son(X,Y)

原子：has_child（海伦，杰克）

但是上述一阶谓词逻辑表示的缺点在于不能表示不确定知识，而且逻辑组合操作爆炸且推理复杂度高。后来引入了产生式系统表示，通过（IF...THEN...）结构定义具有产生式条件的规则系统，符合专家系统的需要。此外，另一种框架组成方法也被提出。它通过将知识用框架表格来表示，有利于更好地处理推理操作，如下面的例子：

＜框架名＞

槽名：侧面名　值1，值2，...，值m

....

约束：约束条件1

....

约束条件n

上述两种表示方法能够解决简单的逻辑操作，但是当操作复杂、组合过多时，会带来推理效率过低的问题。此外，还需考虑自然语言符号转换的便利性问题。初期人们开始构建以数据为中心的语义网络。这是一种用节点表示概念知识，节点之间的边为关系的结构化知识表示方法。这种表示形式使自然语言和语义网络之间的转换容易实现，但是它的推理能力仍然较弱，由此描述逻辑得以引入。描述逻辑是一阶谓词逻辑的可判定子集，由TBox（内涵知识）和Abox（断言知识）构成，用于描述概念、属性。描述逻辑对语言知识构建提供了便捷的表达形式。其中，TBox定义了特定知识领域的概念结构和一系列公理，形成概念间的关系推理。Abox包含了TBox中的概念实例。描述逻辑最终成为W3C推荐的互联网本体语言的逻辑基础[10]。

（2）语义网表示框架

随着互联网时代的到来，海量数据的链接与表示成为难题，语义网表示框架逐渐发展起来，如图4-3所示。对于互联网数据，采用RDF模型来表示数据[19]。RDF的抽象形式为三元组：＜主语（subject）、谓词（predicate）、宾语（object）＞，用于填充数据层和模式层之间的语义间隙[19]。其中，主语是由URI来表示。当谓词表示为属性时，宾语就是属性值；当表示为主语、宾语之间的关系时，宾语是另一个URI表示的资源[20]。由于RDF表示能力有限，RDF Schema（RDFS）提出了一系列类、属性、对象概念定义方式，比如定义了"Class、subClassOf、type、Property、subPropertyOf、Domain、Range"等词汇。RDFS提供了知识建模的灵活性，但在复杂场景下，RDFS语义表达缺少细节表示能力，且查询效率低下。比如RDFS定义了属性值域，该值域是全局性的，但无法说明属性在具体类的值域限制，也无法声明类、属性、个体的等价性。为了更好地开发语义网，人们陆续提出了RDFa、SPARQL和JSON-LD等标准或框架[⊖]。

⊖　https://www.w3.org/standards/semanticweb/

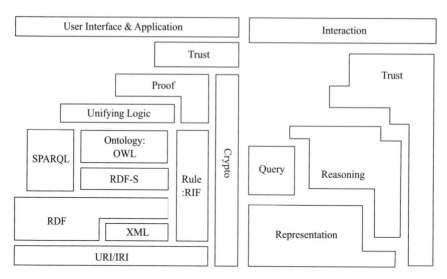

图 4-3　语义网的表示框架

为了满足推理需求，W3C 发布了 OWL 本体语言。OWL 定义了丰富的语义词汇，满足逻辑推理需求，成为目前最规范、严谨且表达最强的表示语言 [14]。一方面 OWL 融合了描述逻辑，如表 4-1 所示；另一方面由于基于 RDF 语法使得任意文本都具有语义结构表示。OWL Lite、OWL DL、OWL Full 三个子语言进一步深化了 OWL 的表达和推理能力，后续版本的陆续推出满足了互联网数据表示的需要。

表 4-1　OWL 术语（Axiom）与描述逻辑规则（DL Syntax）对应表

Axiom	DL syntax
subClassOf	$C_1 \subseteq C_2$
sameClassAs	$C_1 \equiv C_2$
subPropertyOf	$P_1 \subseteq P_2$
samePropertyAs	$P_1 \equiv P_2$
sameIndividualAs	$\{x_1\} \equiv \{x_2\}$
disjointWith	$C_1 \subseteq \neg C_2$
differentIndividualFrom	$\{x_1\} \equiv \neg \{x_2\}$
inverseOf	$P_1 \equiv P_2^-$
transitiveProperty	$P^+ \subseteq P$
uniqueProperty	$T \subseteq \leqslant 1P$
unambiguousProperty	$T \subseteq \leqslant 1P^-$

2. 向量表示

由于符号表示不能满足大规模复杂计算的需要，于是考虑采用数值向量实现知识表示。

这种基于向量空间的知识表示易于与各类表示学习模型集成，这些模型的基本任务旨在学习知识三元组 $<h, r, t>$ 中实体 h、t 和关系 r 的向量化表示，涉及以下 4 个问题：①选择怎样的表征空间；②如何度量特定空间中三元组的合理性；③用什么编码模型编码关系的相互作用；④是否利用辅助信息。其中关键环节就是如何定义知识图谱三元组的损失函数 $f_r(h, t)$。当事实 $<h, r, t>$ 成立时，最小化整个图谱损失函数 $f_r(h, t)$。目前，建立在知识图谱基础上的向量表示有基于距离和翻译两种思路 [21]。

（1）基于距离的表示学习模型

其基本思想是当两个实体属于同一个三元组 $<h, r, t>$ 时，它们的向量表示在投影后的空间中也应该是彼此靠近的。因此，损失函数定义为向量投影后的距离 $f_r(h, t)=\|W_{r,1}h-W_{r,2}t\|$，其中矩阵 $W_{r,1}$ 和 $W_{r,2}$ 表示三元组中头实体 h 和尾实体 t 的投影操作。然而，由于引入了两个单独的投影矩阵，我们很难捕获实体和关系之间的语义相关性，后续有一系列研究对此进行了改进。

（2）基于翻译的表示学习模型

以代表性工作 TransE 模型进行说明 [22]。TransE 是通过向量空间的向量翻译来刻画实体与关系之间的相关性。谓词相同的两个三元组，它们分别的主语与宾语的向量差是相近的。TransE 采用 $f_r(h, t)=\|h+r-t\|_{L1/L2}$ 作为损失函数，其中 $\|...\|_{L1}$ 和 $\|...\|_{L2}$ 分别表示 L_1 和 L_2 范数。该模型假定，若 $<h, r, t>$ 成立，那么尾部实体 t 的嵌入表示应该接近头部实体 h 加上关系向量 r 的嵌入表示，即 $h+r\approx t$。因此，当三元组成立时，得分较低，反之得分较高 [22]。

以上述两类典型知识图谱表示为代表的模型目前仍然面临各种各样的问题，比如不能较好地刻画实体和关系之间的语义相关性，无法较好地处理复杂关系的表示学习，模型由于引入大量参数而过于复杂，计算效率较低以及难以扩展到大规模知识图谱上等，有待进一步深入研究。

3. 跨模态知识表示

第 1 章提到了认知的信息来源，每一种来源都可以看作一种模态，例如视频、图片、语音以及工业场景下的传感数据、红外、声谱等。多模态知识结合了视觉、听觉、触觉、味觉等多种信息，近年来引起了大家广泛关注。人脑思考时大多数情况下是多模态"处理"，将语音、文字、图像、视频等多模数据整合在一起，能够更有效地表达，扩展类、实体和关系以及形成实用的知识表示。为了促进更有效的知识表征，多模态知识表示是将诸如文本描述、类型约束、关系路径以及视觉信息等外部信息和知识图谱融合在一起。目前有多种图文异构的信息嵌入方式，比如 Word2vec，Node2vec，Metapath2vec 等 [23]。

此外，现有的知识表示框架多数是静态表达，并没有考虑动态知识、时空知识等特征，那么是否可以搭建一个更为合理的，融合了时空和多模态的统一知识表示框架呢？随着数据量的增多，计算能力的增强，多模态数据与时空知识图谱的融合将为人工智能提供极富想象力的未来。

4.3.2 知识加工

在知识表示的基础上，如何规模化获取知识、添加知识和固化知识是需要进一步思考的。自底向上加工知识是目前多数行业的选择，具体流程包括多源数据结构化，以实体为对象的知识融合，知识验证，最终获得高质量知识库。总结起来，知识加工过程分为知识抽取、知识链接、知识融合和知识验证。

1. 知识抽取

知识抽取任务大体可以看作第 2 章介绍的信息抽取任务。在工程中，需要根据数据情况采用不同的抽取方案。由于知识的数据源往往来自开放链接数据库、行业垂直网站、在线百科（维基、互动、百度），需要网络爬虫与主题爬虫等来完成。根据采集数据情况，可以划分为结构化数据、半结构化数据、非结构化数据。

对于结构化数据，由于已经有关系数据库 schema 模式，利用一个可定制的 D2RQ Mapping 文件将关系数据库中的数据转换成 RDF 格式[24]。但是由于直接转换为 RDF，难以通过其他格式知识进行融合，增量映射都存在问题。由于半结构化数据具有大量的重复性结构，因此对数据进行少量标注，通过手工编辑、包装器归纳或自动学习抽取规则，对同类型或者符合某种关系的数据进行抽取。目前，手工方法维护成本高；包装器归纳方法需要人工标注训练集，标注成本高；自动学习抽取需要相似结构输入，规则难以学习，维护成本巨大。所以需要根据实际情况进行选择。

实际上大部分数据仍然是"非结构化"的，如何从非结构文本数据进行"语义解析"，开展分词、标注、句法解析等语法任务，进一步实现针对第 2 章描述的各类信息抽取方法进行系统介绍。

（1）实体抽取

知识三元组中首先要获取知识实体，大部分工作属于第 2 章介绍了命名实体识别任务。狭义的实体类型一般包括人名（PER）、地名（LOC）、机构名（ORG）、时间、日期、货币、百分比等。另外，为了得到不同粒度的知识，还可以提取专业实体术语，如图 4-4 所示。

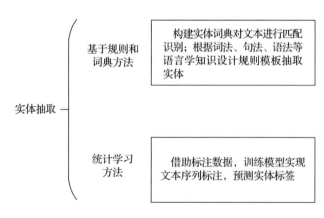

图 4-4　实体抽取基本方法汇总

基于规则和词典方法。一方面，构建实体词典对文本进行匹配识别的方法称为基于词典的方法，比如 WordNet、哈工大同义词词林。但是新词、热词及未登录词出现，一定程度上影响了识别的性能；另外，相关领域的专家根据词法、句法、语法等语言学知识进行设计，构造规则模板（特征：统计信息、标点符号、位置词等），一般规则表达具有简单、易理解、易分析改进等优点，但该方法人工成本高、不同领域系统迁移性能差、适应性差。

统计学习方法则将命名实体识别这一任务视为序列标注任务。特征工程起到了至关重要的作用，如部分句法、词法特征、字词形态性特征等。并且在建模以及训练的过程中，模型借助大量的标注数据学习得到文本内部的相关特征。相比基于规则的方法，基于统计的方法不依赖复杂的语言学知识，移植性能高，适应性强，但是对标注数据的数量和质量要求较高。

（2）关系抽取

第 2 章介绍了关系抽取任务，目的是获取知识三元组中的关系名称，确定两个实体之间的关系类型。关系抽取任务有不同的定义模式，正在逐渐从特定领域（Close Domain）、预先定义类型、依赖专业知识和小规模数据，走向开放域（Open IE），抽取非自定义关系。通常识别实体间关系的问题可以转化为文本分类任务，或与实体识别一起形成联合抽取任务。这些任务属于监督学习，因此需要大量的训练语料。为了提高效率，通常会训练两个分类器，第一个分类器是 yes/no 的二分类，判断命名实体间是否有关系，如果有关系，再送到第二个分类器，给实体对分配关系类别。另一方面，面向任务加工特征集来提高解决效果。从方法上看，基于规则模板和统计学习是两种重要的方法，如图 4-5 所示。

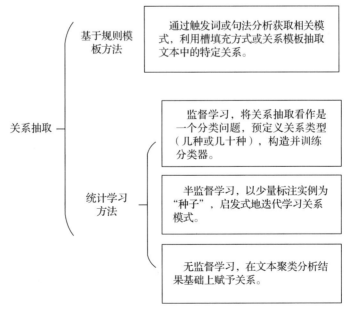

图 4-5　关系抽取方法汇总

基于规则模板的方法。运用语言学知识，比如触发词分类、句法分析或角色标注，构造出若干语义模式集合来设计规则模板，通过填充关系模板槽的方式获取文本中特定的关系。进一步引入"宏"的概念，修改相应"宏"中的参数设置，将依赖规则以一种可扩展的通用方式表达，能够快速配置好特定领域任务的关系模式。当进行关系抽取时，将经过预处理的语句片段与语义模式进行匹配。这种方式准确率很高，可以为特定领域定制，但是存在召回率低的问题，因为要对所有可能的关系模式考虑周全很难，无法推广或迁移。目前，基于统计学习的方法成为关系抽取主流，可以抽取并有效利用特征，在获得高准确率和高召回率方面更有优势，包括基于有监督学习的方法、基于半监督学习的方法和基于无监督学习的方法。

监督学习方法将关系抽取看作是一个分类问题，通常仅考虑预定义的关系类型（几种或几十种），通过具体的学习算法构造分类器。将包含多个实体的句子作为输入，来预测这些实体间的关系类别。特别地，基于深度神经网络模型充分利用词向量、位置等特征，构建联合抽取模型，同时抽取实体和实体间的关系，减少串接级联模型的错误累积，同时提高关系抽取和实体抽取的准确率 [25]。然而，监督学习需要大量标注数据集进行训练，而人工标注代价过大。因此部分研究使用半监督或无监督方法来处理文本数据。

半监督学习主要利用少量的标注信息进行启发式学习 [26]。该方法利用少量的实例作为初始种子集合，然后利用模式学习从非结构化数据中抽取实例，不断的迭代，新学到模式可以扩充模式集合。进一步加入更合理的模式描述、限制条件和评分策略 [27]。半监督学习方法解决了监督学习语料依赖问题，但是初始种子的选择比较困难，存在着语义偏移严重的问题。此外，还有融合启发式方法和监督学习的远监督方法。它使用一个大的数据库来得到种子样本，然后从这些样本中创建样本特征，与有监督的分类器相结合。最后在关系模板聚类结果中筛选出代表性的模板，使得关系抽取的准确率和召回率都有所提高 [28]。

无监督学习是在文本聚类基础上赋予关系。通过计算文本中各实体对特征间的相似度，并依靠聚类算法判别实体关系。不需要训练样本集，可以适应各种关系和新的关系类型。由于要计算实体对间的两两相似度，其计算复杂度很高。而且聚类本身就存在难以进行关系描述且低频实例召回率低的问题，因此无监督学习难以获得稳定可靠的关系抽取效果，难以在实际应用中使用。

综上，如何在无标注（Zero-shot）或少标注（Few-shot）数据集的前提下获取高可信度的实体关系是目前亟待处理的问题。随着各类结构化知识库的出现，人们开始尝试利用知识库中已知的实体关系知识对文本进行标注并生成训练集，进而训练关系抽取模型。总体来说，实体关系抽取研究在近些年来进步取得了大批研究成果，但关系挖掘的准确性和覆盖面积仍有待提高。

（3）事件（片段）抽取

事件（片段）抽取任务在第 2 章中也进行了介绍，主要包括事件抽取、对象片段抽取、情感角色抽取等，属于集成了文本分类、文本序列标注的联合任务。

1）事件抽取

事件抽取基于事件模式信息，解决包括事件类型、事件触发词、事件角色标注等子任务。进一步分析事件之间的时序关系、共指关系、从属关系和因果关系[29]。概括起来解决方案如图 4-6 所示。

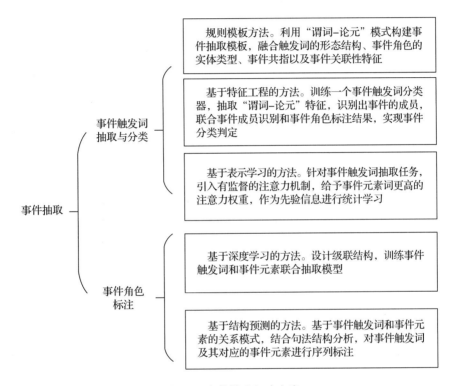

图 4-6　事件抽取解决方案

① 事件触发词抽取与分类

规则模板方法。现有事件抽取标注语料较少，如果大规模标注语料，所花费的成本很大。利用"谓词－论元"模式构建事件抽取模板，增加事件触发词的形态结构、事件角色的实体类型、事件共指以及事件关联性特征，能够结合知识库进行触发词抽取和时间分类。比如利用 4.1 节介绍的 FrameNet 语言知识库，基于事件抽取所需语料的相似性扩展语料，并实现事件分类；利用 Freebase 知识库检测出关键的事件元素，在百科知识中可以自动回标，也能够生成事件分类训练数据；利用语言知识库中多语言融合思想还能解决事件元素歧义问题。

基于特征工程的方法。根据事件抽取标注规范中每种事件类型的标注样例特征，分别设计触发词分类和事件成员分类特征工程。构建串行级联（Pipeline）模型，先训练事件触发词分类器，也就是对待测词二元分类判断其是否为触发词，确定待测词的事件类型；进一步抽取"谓词－论元"特征，初步识别出事件的成员，然后对事件成员和角色进行分类，最后进行事件类型的最终判定。由于任务的先后顺序影响，这类方法天然存在着错误传递问题。

基于表示学习的方法。基于特征工程的事件抽取方法存在特征选择耗时耗力以及特征提取过程中错误传递的情况，人们开始专注于深度表示学习模型。采用 CNN 模型、双向 RNN 模型或联合模型，仅以词的词向量和实体类型等信息进行表示学习，在事件触发词分类任务中效果提高明显。目前，随着有监督的注意力机制的引入，给予事件成员更高权重的注意力，作为先验信息，其表示学习效果更佳，逐渐成为事件抽取任务中的主流模型结构。

② 事件角色标注。

事件角色标注分为基于深度学习的方法和基于结构预测的方法。基于深度学习的方法，使用分布式词向量表示词汇特征，进一步学习词位置、依赖关系、外源知识等特征，使用论元推理来抽取论元，为事件标注角色[30]。将事件抽取分为触发词抽取和论元抽取两个步骤，前一个的输出是后一个的输入。为了解决误差传播问题，目前主流模型多有效利用两个子任务的特征；基于结构预测的方法，引入记忆矩阵，在判断文本存在触发词的情况下，继续判断是否存在事件元素，通过句法结构或关系模式预测事件触发词及其对应的事件元素。

2）对象片段抽取

第 2 章针对语用类任务中的细粒度情感分析、情感对象和对象评论片段抽取，通过对象角色指称项表达赋予片段内容，达到细粒度的抽取目的。对象片段抽取任务比较复杂，目前主要围绕对象，对片段类型进行分类，或者标注片段内容，如图 4-7 所示。以细粒度情感分析为例，传统方法主要是对情感极性进行分类，而深度学习方法可以联合实现情感片段抽取和对应极性（正面或负面）判断。

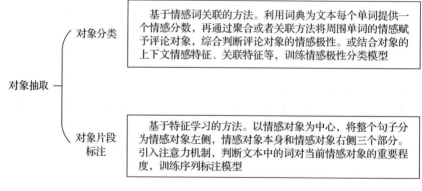

图 4-7　对象片段抽取任务主要内容

对象分类主要采用基于情感词关联的方法，包括基于词典的方法、基于句法的无监督学习方法和有监督的机器学习算法。利用词典为文本每个单词提供一个情感分数，然后通过聚合或者关联的方法将周围单词的情感赋给评论对象，最后判断评论对象的情感极性。在一定程度上解决细粒度的情感分析，但容易受到情感对象附近一些噪声单词的干扰；基于句法的情感分析方法可以在一定程度上解决邻居噪声干扰问题，结合目标的上下文情感特征和句法特征等利用分类器学习情感极性特征。以上方法在特征选择时费事费力，且需要依赖领域知识，在特征提取过程中存在着错误传递的问题。

对象片段标注采用基于特征学习的方法，以情感对象为中心，将整个句子分为情感对象左侧，情感对象本身和情感对象右侧三个部分。随着注意力机制被引进，判断文本中的词对当前情感对象的重要程度。比如交互式注意力机制网络（Interactive Attention Network, IAN），该网络将情感对象和上下文看成对称的结构，利用两个注意力机制分别关注观点对象和上下文中的重要信息。层级注意机制（Attention-over-Attention，AOA）[31] 也基于单词级的注意力机制，得到情感对象与上下文词的重要性权重，与 IAN 相比取得了更好的效果。

上述知识抽取任务，都存在大样本依赖、标注成本高、特征工程复杂、多任务等问题。在抽取效率改进方面，未来需要利用弱监督、无监督策略，以端到端深度学习模型降低特征工程复杂度，利用先验知识降低样本依赖。通过已有知识库进行约束和配合，提高模型的抽取效果和可解释性。

2. 知识链接

知识链接就是第 2 章介绍的实体链接（实体对齐），由于实体本身存在语义多样性和歧义性，如何让实体指向真实世界的一个对象？在不考虑 NIL（Unlinkable，待消歧的实体指称项所对应的实体不存在于知识库当中）的情况下，链接基本流程包括：文本内容解析、候选生成、实体对齐（指称项与候选实体集相似度计算）、召回结果排序，筛选修正获得链接结果。核心环节在于候选生成和知识对齐两块，如图 4-8 所示。

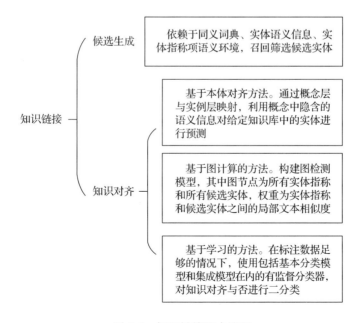

图 4-8　知识链接基本流程

候选生成旨在缩小实体指称项对应实体的搜索范围。候选生成一般依赖于同义词典，但是词典生成需要大量经验和人工，很难普遍推广。因此从实体语义建模以及实体指称项的语义环境建模两个角度进行模型构建。其中，实体语义建模考虑统计共现实体对（两个实体出现在同一文本的频率）来衡量实体距离；实体指称项语义环境是计算同一文本中出现的多个实体指称项的耦合度，可以利用图计算方法给出。进一步从对应的候选实体集找到给语义匹配度最高的实体，需要知识对齐。

知识对齐环节主要困难在于相似度计算，如何挖掘更多、更有效的消歧证据，设计更高性能的消歧算法依然是实体链接核心研究问题。现有对齐方法有如下分类：

①基于本体的对齐方法。对齐策略包括语言学可比性、概念结构可比性，通过概念层与实例层映射，基于贪心算法获得相似度组合，将概念层中隐含的语义通过实体链接映射到给定知识库实体上。

②基于图计算的方法。其中图节点为所有实体指称和所有候选实体，边分为两类：一类是实体指称项和候选实体之间的边，权重为彼此相似度；另一类是候选实体之间的边，权重为候选实体之间的语义距离。从上述图结构中抽取一个候选实体的密集子图作为最可能的对应实体。

③基于统计学习的方法。在标注数据足够的情况下，使用文本分类器判断实体对是否匹配；当训练数据不足时，可采用半监督学习方法；也可以将实体对齐建模为聚类问题，无监督获得各个簇内部的同义实体对。目前主流方法都是基于深度神经网络模型，一般以有监督的方式计算语义表示相似度，对候选实体进行排序。随着知识图谱的引入，融合图计算和深度学习方法，在关联性测试、消歧性能方面都具有更好效果。

3. 知识融合

知识融合（Knowledge Fusion）也就是第 2 章介绍的信息融合任务。在知识链接基础上，将多个数据源抽取的同一个实体相关知识（概念、实体、属性）进行融合，形成更加完整准确统一的实体信息或术语的结构，降低图谱中数据的冗余性。其中，模式层（本体）匹配扮演着非常重要的角色，包括对概念、概念上下位关系、概念属性集合的融合。进一步添加实例或属性约束，如实例、实例关系、属性定义域与值域等，形成了各种各样的知识融合算法。知识融合一般包括模式匹配和实例匹配，如图 4-9 所示。

模式匹配主要寻找概念、属性的对应关系。比如利用 WordNet 语言知识库的本体结构信息与目标本体进行各层级模式的匹配，然后根据自定义权重策略整合计算结果，再进行一致性迭代检查。或者，根据对本体划分组块，在不同组块中进行基于锚的匹配，这里的锚是预先匹配好的实例（实体）对。最后再从匹配的组块中找出对应的概念和属性，实现模式匹配。在这个过程中，匹配计算逐渐从模式层转移到实例层。

实例匹配将不同数据源同一实例信息进行融合，主要是评估实例对的相似度。通常使用向量空间模型表示实例的描述信息，比如不同粒度属性特征，计算出候选的相似实例对。文献 [41] 基于贝叶斯决策的风险最小化提出一个动态的合并方法，根据本体的特征，在计算每个实例对的相似度时动态地选择匹配算法，其灵活性带来了很好的匹配结果。实例匹配过程中，还涉及属性对齐任务，旨在识别实例同义属性，以及属性间包含、相关、对应关系。具有时态特性的属性还需要考虑新老数据替换问题。属性对齐基本方法有：

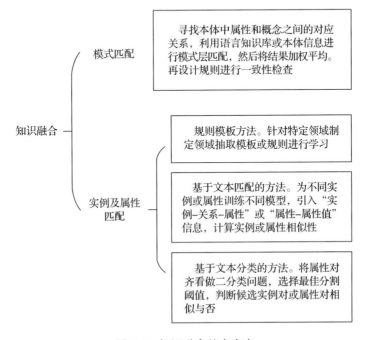

图 4-9　知识融合基本内容

① 规则模板方法——针对特定领域制定领域抽取模板和规则直接做属性匹配。

② 基于机器学习的方法——引入语义信息计算字符串相似性，比如添加更多特征，提高特征对不同属性关系的表示能力，为不同属性训练不同模型。

③ 基于扩展学习的方法——现有的基于扩展的方法大都建立在统计学习之上，将属性对齐看作二分类问题，关键步骤包括确定候选属性对、计算属性对的相似性以及选择最佳分割阈值。常用匹配次数以及共现次数两个指标评估相似度，阈值的选取一般在验证数据集上多次实验确定最佳分割点。

需要注意的是，同义属性对识别很困难，为了召回更多相似属性，可利用同义关系的传递性，找出没有在相同实体中出现过但仍可能同义的属性。因此，需要全面考虑属性相似性、差异性和同义关系传递性，提高属性对齐效果。

4.知识验证

知识验证也是知识图谱构建的重要组成部分，其意义从全周期角度出发进行图谱质量控制。通过对知识可信度的量化来评估知识质量，比如发现和补全实体类型、关系、属性中的缺失内容，发现与纠正错误知识等[1]。

一种方法是利用强业务规则进行筛选和评估，利用众包抽样打分。比如谷歌"Knowledge Vault"项目，根据指定数据抽取频率对信息可信度评分，然后从可信知识库中得到先验知识对可信度进行修正；另一种方法是根据业务需求定义质量评估函数，或者通过对多种评估方法综合考评确定知识最终质量评分。当然也可以通过人工标注方式对句子三元组标注，作为训练集，使用逻辑回归模型计算抽取结果置信度。

4.3.3 知识建模与计算

知识建模是在知识表示基础上，对概念层次结构化，明确术语、关系及其形式化描述的过程，建立一个形式化表示的可共享本体。而知识计算根据本体或表示学习完成逻辑推理、关系预测等，重在知识推理。下面以本体构建和知识推理进行阐述。

1. 本体构建

本体的核心就是建立统一的框架或规范模型，第 2 章介绍了本体抽取任务，提供了一种数据驱动的自底向上的本体自动构建方法。由于自动构建的可靠性和复杂性问题，在 Schema.org 开放组织的推动下，大多数开放域知识图谱采用自顶向下的方法搭建本体，比如使用前面介绍的以描述逻辑为基础的 OWL 本体语言来实现。目前大型知识图谱如 Freebase、Wikidata、YAGO 等都以事实型知识为主，很多时候所涉及的实体类型非常有限，降低了本体构建要求。

另外，本体构建还可以从数据库的模型 Schema 中，通过人工（借助本体编辑软件）搭建或修改，比如利用 Protégé 本体编辑工具，屏蔽具体的本体描述语言，构建本体和数据库模型之间的结构映射，这一步与传统的本体设计极为相似。基本目标是把认知领域的基本框架赋予机器。内容包括指定领域的基本概念，以及概念类别关系，明确概念属性、属性值类别或者范围。此外，定义约束或规则，比如部分属性具有单值约束、属性对互逆等规则。上述构建基本都是人工完成的，后续也可以通过机器学习自动进行概念识别。

2. 知识推理

知识推理主要指第 2 章介绍了关联推理任务，支持从图谱中挖掘隐含的知识，建立推理机制。常用的推理方法包括本体推理、规则挖掘推理和表示学习推理。随着深度学习在人工智能领域的地位变得越来越重要，基于分布式表示学习的推理也成为目前研究的热点，如图 4-10 所示。

（1）本体推理

本体推理通常从一个已有的知识图谱，利用描述逻辑从知识图谱中获取推理规则，进行实体关系推理和逻辑冲突检测 [32]。对于 W3C 国际组织推荐的 RDFS 等表示框架，一般将描述逻辑和 OWL 结合，提升语义网中知识推理效率和可扩展性。上述本体推理仅能在预定义的本体公理上推理，无法针对自定义的词汇支持灵活推理，因此规则挖掘就很必要了。

（2）规则挖掘推理

规则挖掘推理的典型方法有模式归纳和统计学习两种方法。模式归纳方法从实例和背景知识中获得最一般的概念（即顶概念）开始，采用启发式搜索方法使该概念不断特殊化，最终得到概念的定义[33]。基于图论的方法，归纳逻辑使用精细化算子预测实体间的隐藏关系[34]。一般都是先将网络转化成邻接矩阵，然后再用机器学习模型完成社区检测、链接预测、离群点检测等，获取异常子图和对应关系。还有经典的路径排序方法，首先寻找两实体间的路径集合生成特征矩阵，之后利用随机漫游中各个边的出现概率为这些边赋予权重，最后用这些特征构造分类器实现关系预测[35]。最后将上述挖掘的关系通过构建事务表转换为关联规则，修正本体。除了以上思路外，也可以采用统计关系学习，通过统计规律从知识图谱中学习到新的实体间关系。但是现有统计关系学习方法不能很好地对动态关系数据进行建模和分析，因此针对海量关系数据，设计大规模分布式表示学习算法值得深入探索。

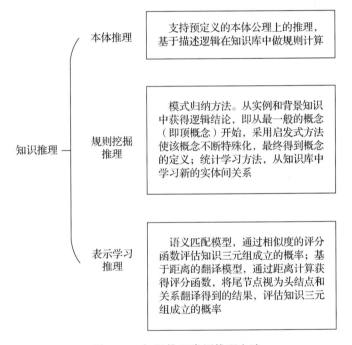

图 4-10　知识推理常用推理方法

（3）表示学习推理

上述图计算方法所用的图邻接矩阵通常都很稀疏，且维数很大。表示学习比如Word2vec，Node2vec，Metapath2vec 模型，可以将关系嵌入到低维向量空间中，实现网络特征精细学习。一般而言，表示学习模型分两类。一类是基于语义的匹配模型，将三元组中的实体和关系映射到隐语义空间中进行相似度度量，前面 4.3.1 节已经进行过描述。张量分解 RESCAL 方法也引入到知识图谱的关联关系预测中[36]。该方法使用张量模型表示图谱中实体间存在的多对多关系，并使用张量分解来获取实体和关系的语义表示。相关深度学习模型也层出不穷[37]。以上方法存在着训练参数过多，训练过程较复杂等问题；另一类是基于翻译的表示学习模型，前述 4.3.1 节已经提到，以 TransE 为代表的翻译模型认为关系向量中承载了头实体翻译至尾实体的潜在特征，通过发掘、对比向量空间中存在类似潜在特征的实体向量对，减轻了嵌入过程中的计算量，但其预测准确性却有了提升。为了修正 TransE 中"未考虑一对多的关系"问题，TransH 模型通过将实体投影到关系所在超平面，从而习得实体在不同关系下的不同表示 [38]。TransR 模型通过投影矩阵将实体投影到关系子空间，进一步提高不同关系下的不同实体表示效果 [39]。全息嵌入（Holographic Embedding，HolE）模型也提供了一种思路，利用圆周相关计算三元组的组合表示并恢复出实体及关系的表示，有效减少了训练参数，提高了训练效率 [40]。

综上所述，上述三种方法各有优势，本体推理可以利用知识图谱的模式规则进行推理，有效得出实体间存在的强关系，但该方法难以对大规模图谱的全局特征进行建模。规则挖掘方法可解释性强，但是处理稀疏关系效率不高；而表示学习方法表示潜在特征效率较高，处理多对多关系能力差，但难以较好地处理有大量强关联关系的图谱，可解释性不强。因此这些方法间可以互补。目前基于混合特征的方法融合了图特征和语义特征，但是也存在模型复杂、参数过多、训练难度较大等问题，以上问题还需要深入研究。

4.3.4　知识存储与查询

知识存储与查询是知识管理的一部分，旨在实现知识图谱数据的有效管理和高效访问。知识以图结构进行建模计算，让存储和查询（推理）更加复杂。知识存储核心问题是如何有效地实现单机或者分布式环境下，构建知识三元组、时空状态信息、概念标签等索引。典型的知识存储引擎主要包括关系数据库存储和原生图存储，实践中多为混合结构存储。特别的，原生图存储常借助于图数据库实现。而对于知识图谱查询而言，通常需要建立相应的图索引结构，包括基于子图结构的索引和关键字索引，进一步满足特定子图结构查询（比如路径、社区、一般子图等）和关键字查询。下面我们详细介绍面向知识存储的图数据库和知识查询。

1. 图数据库

根据用户查询场景的不同，往往采用不同的存储架构，如关系数据库或 NoSQL 数据库。关系数据库在存储知识图谱数据（比如 RDF 数据）时，需要考虑如何构建关系表，并且使 SQL 查询语句查询性能更高。关系数据库存储方式灵活性方面比较差，其关系模式都是提前定义好的。由于现实生活中实体和关系比较复杂，图数据结构是一种符合逻辑的存储方式。为了解决可扩展性问题，后来发展出的 NoSQL 数据库普遍放弃了关系模式，特别是图数据库，开辟了知识图存储的道路，如表 4-2 所示，有两种存储方式。

一种方式是通过 RDF（资源描述框架）这样的规范存储格式进行图数据存储，比较常用的有 Jena 工具等。基于 RDF 表示的知识三元组，用统一资源标志符（Uniform Resource Identifier, URI）命名实体节点和关系，有严格的语义约束。借鉴成熟的图算法，有利于语义知识查询和推理。RDF 的优势在于推理，但是不包含属性信息，知识三元组形式使得复杂关系的表达很困难。此外，相对于普通的图模型，RDF 表示的关系带有标签，不易查询，时间复杂度较高；还有一种方式，就是直接使用图数据库存储属性图。由于属性图没有严格的语义，可以比较自由地声明节点和边的属性，可以通过查询语言（如 Gremlin）实现模式查找、图遍历（Traverse）和推理。尽管推理逻辑不容易标准化，实际工程应用还是主要采用基于图数据库的属性图模型对知识进行存储。

表 4-2　RDF 模型和一般属性图模型对比

RDF 模型	属性图模型
W3C 标准，存储 RDF 三元组	节点和边带有属性
标准推理引擎，互联网发布交互	没有标准推理引擎，图遍历效率高
学术交流使用	事务管理，工业应用较多

目前，各类图数据库逐渐发展成熟，参考开放社区的情况调查，如图 4-11 所示。可以看到图数据库的增长持续进行，其中 Neo4j 数据库是使用率排名第一的图数据库，应用面非常广。Neo4j 拥有活跃的社区，系统本身的查询效率高，但分布式部署支持有限。相反，OrientDB 和 JanusGraph（原 Titan）支持分布式，但社区不如 Neo4j 活跃。Neo4j 提供了多种加载数据的方式，小规模数据（1 万到 10 万条）可以通过 CSV 格式加载，映射成为 Neo4j 要求的数据格式，实现节点和关系数据的索引和更新。一个路径查询可以遍历整个图结构，为后续高效的知识查询奠定了基础。

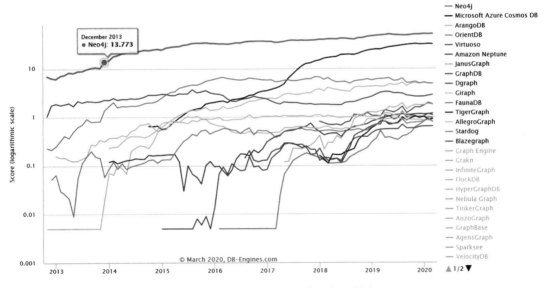

图 4-11　国际主流图数据库使用情况排名 [14]

2. 知识查询

图数据库把重点放在了高效的图查询和搜索上。结合上述两种图数据存储方式，设计图查询语言以方便检索。对于 RDF 表示的知识三元组而言，一个重要的设计原则是数据的易发布以及共享，主流图数据库设计了支持 RDF 查询语言 SPARQL（Protocal and RDF

Query Language）。如果选择使用 RDF 的存储系统，可以直接开发面向 RDF 知识图谱的原生（Native）知识图存储和查询系统。考虑到 RDF 知识图谱管理的特性，也可以从关系数据库的底层进行改造，将面向 RDF 知识表示的 SPARQL 查询转换为面向成熟关系数据库管理系统的 SQL 查询。

实际行业应用中，图数据库一般以属性图为基本的知识三元组表示形式。其中，实体和关系可以包含属性。在查询方面，通过节点、边和属性来表示和存储图结构，更容易表达现实的业务场景。可以利用图计算（如 PageRank 和最短路径计算）方法实现子图匹配，建立查询语句与 SPARQL 语句的映射关系，直接在图数据库中进行搜索。下面的代码是针对 ArangoDB 图数据库中的属性图查询示例，能够高效查询和返回节点及其多跳关系路径。

```
from pyArango.connection import *
#建立和连接ArrangoDB图数据库
def imp_categories(lst_urls, dict_category_all):
    conn = Connection(arangoURL="http://localhost:27017", username="root",password="123")
    db = conn["test_kg"]
    col = db["Categories"]
    #在arrangoDB数据库中直接查询节点关系
    ar_rows = ar_db.AQLQuery(aql, rawResults=True, batchSize=100)
    # 查询与某节点有关两跳关系
    ar_result = [row for row in ar_rows]
    for row in ar_result:
        if row['e']['_from'] == center_entity_document._id and row['e']['_to']
            not in ar_all_entity_doc_id_list:
                ar_all_entity_doc_id_list.append(row['e']['_to'])
        if row['e']['_to'] == center_entity_document._id and row['e']['_from']
            not in ar_all_entity_doc_id_list:
                ar_all_entity_doc_id_list.append(row['e']['_from'])
    return ar_all_entity_doc_id_list
```

4.3.5　知识更新

现有的知识图谱研究大多数都关注的是静态知识图谱，也就是假设知识不会随着时间而变化。实际应用中，很多知识仅仅在特定的时间段内成立，所以不断迭代的时序信息是非常重要。为了与之前的静态知识图谱对比，将其称为"时序知识图谱"，需要知识生命周期闭环管理，也就是知识更新 [41]。从逻辑上看，知识更新包括概念层的更新和数据层的更新。概念层的更新是指将新的概念添加到知识库的概念层中，数据层的更新是指实体、关系、属性值新增或更新。这些更新需要考虑数据的一致性（是否存在矛盾或冗杂等问题）和可靠性。

知识更新要考虑频率、时序、准确率分析等因素，需要设置更新优先级，构建有效的自反馈模型，实现及时、自动、高准确率的知识更新 [1]。常见知识更新机制有三种方式。

① 全面更新：以全部数据更新为目的，从零开始构建知识图谱。方法简单，但资源消耗和系统维护工作巨大。

② 周期更新：基于搜索日志、用户操作、事件监控或知识变化，设计定时策略，更新

概念或数据。

③ 增量更新：以当前新增知识为输入，向现有知识图谱中直接添加。这种方式资源消耗小，但人工干预和规则制定工作量较大。

4.4　知识图谱智能

知识图谱工程实践仅仅是迈向智能的第一步。丰富的结构化知识很有用，但是如何将这些符号化的知识融合应用到计算框架中仍然是一大挑战。通过与各类自然语言处理算法或模型结合，由知识驱动的显式事实知识和隐式语言表征，集成语言知识，才能发挥认知智能的威力，推动常识理解和推理能力的进步。下面我们将介绍知识图谱如何提升智能水平。

4.4.1　语义匹配

语义匹配是搜索推荐、智能问答和辅助决策的基础。在没有知识图谱以前，文本匹配主要依靠字面匹配为主，通过数据库搜索来获取匹配结果。但这种做法存在两个问题，一方面是文本输入本身的局限性造成检索遗漏；另一方面，检索结果的评价缺少可解释性，排序受到质疑，因此往往无法搜到想要的结果。知识图谱的出现有效解决了上述两个问题，一方面通过关键词扩展获得更多输入效果，另一方面通过实体链接或对齐、概念层匹配，从数据库中获得对输入结果的解释和说明，进一步扩展了输入。如果输入为句子文本，还可以结合角色标注获得语义理解效果。

知识图谱在语义匹配方面，在如图 4-12 所示的几个方面增强了智能性。

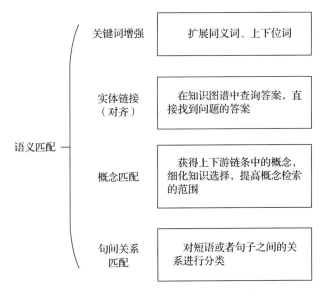

图 4-12　知识图谱为语义匹配增强智能性

1. 关键词增强

先定义词的同义词、上下位词等词集合，当关键词被检索时，其他与该关键词相关的词也通过图搜索的方式被检索出来，用来扩展或约束搜索，更加全面、准确地查找自己需要的信息。

2. 实体链接（对齐）

对自然语言描述的问题进行语法和语义分析，进而将其转化成结构化形式的查询语句，在知识图谱中直接查询甚至命中答案，而非召回大量网页链接。比如搜索"茶圣的作品是什么？"，可以返回答案"茶经"。其中茶圣链接到了陆羽，再从陆羽的知识卡片中查到了作品名称茶经。

3. 概念匹配

基于建立的知识库，通过图形用户接口（可视化的本体概念树）或关键词提交查询，系统、快速、有效地检索出某个概念的所有实例。在图谱中搜索"机器人"，可查看与该概念有关系的实例（比如软体机器人、码垛机器人等），这是概念的下位词。通过概念关系，也可以获得上下游链条中的概念，从而帮助我们细化知识选择，提高概念检索的范围。实现从网页链接向概念链接转变，支持按概念主题而不是字符串检索。以图形化方式向用户展示经过分类整理的结构化知识，从而使人们从人工过滤网页寻找答案的模式中解脱出来。

4. 句间关系匹配

句间关系匹配是对两个短语或者句子之间的关系进行分类，常见句间关系匹配如自然语言推理（Natural Language Inference, NLI）、语义相似度判断（Semantic Textual Similarity, STS）等。通过关系分类或预测，可以从句子级别计算语义匹配度，提高语义分析能力。

4.4.2 搜索推荐

大数据时代，每天都在产生海量信息，迅速和准确获取感兴趣的文本越来越困难，大量"长尾分布"内容更是没有机会被发现或关注。基于这样的背景，第2章提到了搜索推荐这个语用任务。从自然语言输入和输出的角度看，搜索可以视为被动推荐，推荐也可以看成是自发搜索，因此某种程度上可以合在一起讨论。早期根据用户输入进行搜索，通过建立索引和输入字面匹配来获得结果召回，不能获得精确答案，局限性强。依托知识图谱实现语义扩展，可以获得更好的排序召回结果。如图4-13所示搜索过程的几个方面，体现知识图谱智能的威力。

1. 实体与概念识别

对于用户输入的自然语句，通过预处理、查询纠错、分词，进一步实现词向量模型、句法分析和模式挖掘。搜索推荐的查询语句将映射到词向量空间中，建立合适的向量表示学习模型，识别概念模式、实体类型和实体。

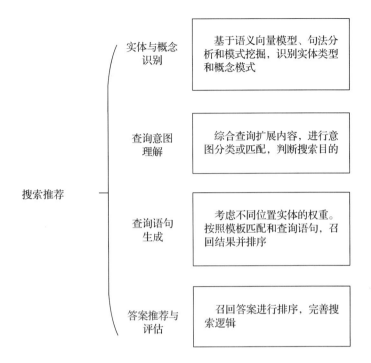

图 4-13　搜索推荐的主要内容

2. 查询意图理解

执行上述实体、概念查询，在知识图谱中完成实体链接和概念模式匹配。通过计算局部实体链接、短文链接、跨语言链接，获得实体理解。进一步配合多例归纳，实现概念理解。综合查询扩展内容，进行意图分类或匹配，从而完成搜索意图判断。

3. 查询语句生成

按照意图分析或模板匹配，进一步按照查询位置或查询重要度，生成 SQL 查询语句或 SPAQRL 语句。

4. 答案推荐与评估

对于上述查询获得召回答案进行排序，然后评估搜索效果，完善搜索逻辑。由于知识图谱的加持，通过注入基于知识图谱的辅助信息（例如，实体、关系和属性），我们能够对用户、商品、行为制作精细画像。比如用户信息可能包括用户 ID、用户属性（性别、年龄、地区）或先前浏览文本。商品是系统推荐的实体，如视频、歌曲或图书。行为可以包括查询 / 上下文、点击、浏览、收藏、交易等。这些信息辅助查询排序。

推荐可以看作主动搜索，但往往不能解决交互稀疏性问题和冷启动问题。基于约束和实例的推荐将外部信息引入，为推荐系统赋予常识推理的能力，在某种程度可以看成是一种推理，能够解决冷启动问题。针对交互稀疏性问题，可以利用知识图谱的图结构，将搜索推荐交互看作"实体－关系"路径，从而基于路径计算预测文本偏好。

4.4.3 问答对话

近几年问答对话受到广泛的关注，特别是在知识图谱助力下，使得第 2 章介绍的知识图谱问答取得了长足发展。由于对话可以视为多轮问答，因此仅以问答简言。知识图谱问答根据用户问题的语义直接在知识图谱上查找、推理，把知识图谱作为先验知识融入到问答中，获得相匹配的答案。其优点包括：经处理之后的数据质量高，因此图谱问答回答更为准确，检索效率更高，能够支持推理。这种问答方式自动、准确而直接，是搜索引擎的新形态，其智能性体现如图 4-14 所示。

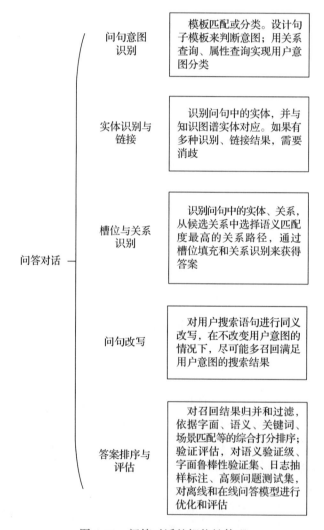

图 4-14 问答对话的智能性体现

1. 问句意图识别

将用户意图划分为关系查询、属性查询、比较、判断等不同类别。设计句子模板，进行匹配判断，或通过实体链接和属性匹配来识别。比如直接匹配了实体和属性，那么返回属性值或关系名称；或者基于图计算方法对意图打标签。目前比较流行的基于深度学习的方法，通过输入语句表示学习，完成意图分类。

2. 实体识别与连接

意图识别完成以后，要进行实体识别和链接，识别问句中的实体，并与知识图谱实体对应。如果有多个候选链接结果则要进行消歧。基于第 3 章介绍的文本标注、文本匹配和图计算方法，最后返回最佳识别或链接结果。

3. 槽位与关系识别

识别问句中的实体、约束、关系，从候选关系中选择语义匹配度最高的关系路径。这主要通过槽位填充或关系识别完成。通过实体约束条件判断主实体和约束关系，通过实体链接和排序模型，最后给出问题关系路径识别。

4. 问句改写

在关系路径识别基础上，对输入问句进行同义改写。需要对改写后查询语句和原输入问句做语义一致性判断，只有语义一致的问句改写对才能生效。在不改变用户意图的情况下，尽可能多的召回满足用户意图的搜索结果。

5. 答案排序与评估

调用排序模块，对召回结果归并和过滤。依据关键词串、知识扩展、场景匹配等的综合打分。验证评估方面，通过对语义验证集、日志抽样标注集的分析，对离线和在线问答模型进行优化和评估。其中语义验证集通过同义业务记录抽样获得，日志抽样标注集通过用户历史日志直接匹配、推荐或标注获得。同时，通过与文本问答的数据融合，进一步反向补全和更新知识图谱，从而完成知识生命周期闭环。

4.4.4 推理决策

推理决策是知识图谱智能输出的主要方式，一般运用于知识发现、冲突与异常检测，是知识精细化工作和决策分析的主要实现方式。前面章节已经介绍了知识推理的常见方法，包括本体推理、规则挖掘推理、表示学习推理。针对不同的应用场景，选择不同的推理方法。在实际应用中，基于本体结构与所定义的规则，执行确定性推理。通常需要在已知事实上反复迭代使用规则，如下图 4-15 所示，推理杨宗保和杨金花的关系，就需要执行规则的构建和迭代。可以推理出以下关系：hasChild（杨宗保，杨金花）。

根据图中的已知关系路径建立推理路径。通过对增量知识和规则的快速加载，推理生成新的数据以及更多实体链接和关系，需要知识图谱推理引擎支持。

$$hasChild(A,B) \Rightarrow hasParent(B,A)$$
$$marryTo(A,B) \Rightarrow marryTo(B,A)$$
$$marryTo(A,B) \wedge hasChild(A,C) \Rightarrow hasChild(B,C)$$

在时序知识图谱条件下，描述粒度更大、动态演化的事件图谱，主要体现在两方面：一个是事件识别，一个是事件的影响分析。

图 4-15　基于规则直接推理

事件识别可以理解为事件的建模，或者说事件本体的构建。比如诉讼事件可以简单建模成 { 事件类型：诉讼事件；影响标的：某公司；情感分析：-0.5；事件热度：0.8；事件影响度：0.5 }；也可以对此进行更加复杂的建模，把原告、被告、诉讼金额、诉讼地点等识别出来，从而更加精准地对事件加以描述。

事件的影响分析有两个维度，一是事件回测，二是事件传播影响。事件回测是对历史上同类事件的发生做一个数据统计分析，目的是看历史上同类事件发生后，对于相关公司会有什么样的影响。通过事件识别命中某个事件主体的企业链信息、股权链信息和产业链信息。事件自身的正负面、影响度、热度会沿着知识图谱实体的关系网络进行传播，对这个传播影响进行定性或者定量的分析。对行业数据实时查询和联动分析，通过将上述文本进行表示学习，可以预测事件关联关系，帮助企业实现因果逻辑推理决策。比如原材料涨价，对行业上下游的公司有什么影响？从生产角度看，通过市场前景估计，分析自己和竞争对手的产量、成本、利润率。比如从供需关系出发，计算市场容量、供应和存量关系，减少定价政策盲目性。这类问题的起点是一个个具体的事件，寻找的答案是事件的影响分析。

4.4.5　区块链协作

从知识到价值，如何对知识归属和定价进行确认，实现数字化价值呢？知识图谱是信息沉淀的最终形式，从知识定价开始衡量价值是最合适的定价方式。由于区块链最大优势是数据的一致性、不可篡改和透明化，那么将知识图谱与区块链结合就可以产生知识认证或知识通证（knowledge token）。知识通证是一个权益证明，也是一种使用权证，可交换、可衡量，让知识在使用过程中付费。通过区块链推动知识的价值传播，使得任何有价值传递属性的产业都可能被重塑。比如属于用户的行为知识、画像知识，通过区块链进行确权，通过流通变现，为用户权益赋予价值，进一步激发用户知识贡献的热情。这就是未来知识价值生态圈的发展模式。那么区块链怎么与知识图谱进行协作呢？实际上，语义网早期理念就包括了知识互联、去中心化的架构和知识可信三个方面。今天知识图谱在一定程度上实现了"知识互联"的理念，进一步我们可以在知识鉴真和去中心化架构两个层面思考解决方案。

1. 知识一致性鉴真

众筹、知识鉴真是当前很多知识图谱项目所面临的挑战。由于数据来源广泛，知识的可信度量需要作用到实体级别，怎样有效的对海量事实进行管理、追踪和鉴真，成为区块链技术在知识图谱领域的一个重要应用方向。比如互联网法院的电子存证区块链平台，通过时间、地点、人物、事前、事中、事后等六个维度，解决数据认证问题，让电子数据的生产、存储、传播和使用实现全流程可信。从链路上看，互联网上案件信息是互通的，任何一个环节的电子证据都可以被抓取。比如网络购物案件中淘宝订单，通过实名认证、时间戳、加密、隐私保护、风控、信用评价等，让分布于多个节点的证据一一对应，使得诉讼信息都可沉淀、挖掘、应用，从而验证知识一致性，完成鉴真工作。

2. 去中心化的价值图谱

过去由于知识分散，知识发布者难以拥有完整的控制权。近年来，区块链技术正在实现包括去中心化的实体 ID 管理、基于分布式账本的术语及实体名称管理、基于分布式账本的知识溯源、知识签名和权限管理等功能。面对传统的产业链生态，需要重新分配商业价值，实现价值共享。基于去中心化的区块链确权正是为达到这一目的而生，让每个个体、每个组织都能够基于自己的劳动力、生产力发行通证，形成群体协作，能够公平地分享价值，促进自组织的价值生态圈构建。因此，通过区块链的共识机制，在分布式条件下实现价值分配，将知识图谱变成价值图谱。

4.5 通用知识图谱

通用知识图谱大体可以分为百科知识图谱（Encyclopedia Knowledge Graph）和常识知识图谱（Common Sense Knowledge Graph）。百科知识图谱是百科事实构成的，通常是"非黑即白"的确定性知识。早在 2010 年微软就开始构建商用知识图谱，应用于旗下的搜索、广告、Cortana 等项目。2012 年谷歌基于 Freebase 正式发布 Google Knowledge Graph。目前微软和谷歌拥有全世界最大的通用知识图谱，脸书拥有全世界最大的社交知识图谱。而阿里巴巴和亚马逊则分别构建了商品知识图谱。相比之下，国内知识图谱创业公司则从智能客服、金融、法律、公安、航空、医疗等"知识密集型"领域作为图谱构建切入点。除了上述商业通用图谱以外，DBpedia、Yago、Wikidata、BabelNet 等开放域百科知识图谱也蓬勃发展。

另一种常识知识图谱，则集成了语言知识和概念常识，通常关心的是带有一定的概率的不确定事实，因此需要挖掘常识图谱的语言关联或发生概率。下面，我们将对两类知识图谱做详细介绍。

4.5.1 百科知识图谱

百科知识图谱构建模式可以分为两类。一类是对单百科数据源进行深度抽取，典型代表有 DBpedia。另一类是结合了语言知识库（如 WordNet）后，出现了一大批兼具语言知识的百科知识库，如 Google Knowledge Graph 后端的 Freebase、IBM Waston 后端的 YAGO，以及 BabelNet。此外，还有世界最大开放知识库 WikiData 等。下面我们分别进行介绍。

1. DBpedia

DBpedia 是始于 2007 年的早期语义网项目，也就是数据库版本的多语言维基百科。DBpedia 采用了严格的本体设计，包含人物、地点、音乐、组织机构等类型定义。从对维基百科条目和链接数据集中抽取包括 abstract、infobox、category 等信息。DBpedia 采用了 RDF 语义框架描述，DBpedia 与 Freebase、OpenCyc、BioRDF 等其他数据集也建立了实体映射关系，目前拥有 127 种语言的超过 2800 万个实体与 30 亿个 RDF 三元组。根据抽样评测，RDF 三元组的正确率达到 88%[一]。

2. YAGO

YAGO 由德国马普研究所于 2007 年研制，集成了维基百科、wordNet 和 GeoNames 三个来源的数据，是 IBM 沃森大脑的后端知识库之一。YAGO 利用规则对维基百科实体的 infobox 进行抽取，通过实体类别推断构建"概念 – 实体"、"实体 – 属性"间的关系。另外 YAGO 也融合了语言知识，比如将维基百科标签与 WordNet 中的概念（Synset）进行映射，以 WordNet 概念体系完成百科知识本体构建。很多知识条目也增加了时空属性维度描述。目前，YAGO 拥有 10 种语言约 459 万个实体，2400 万个知识三元组。YAGO2 包含了 100 个以上关系类型，20 万实体类别，300 万实体和 2.2 亿知识三元组等。通过人工评测，YAGO 中三元组的正确率约为 95%[二]。

3. Freebase

Freebase 是 Google Knowledge Graph 的早期版本，由 MetaWeb 公司在 2005 年建立，通过开源免费共享方式众筹数据[三]。Freebase 通过对象、事实、类型和属性进行知识表示，其中一个重要的创新在于采用复合值类型（Compound Value Type，CVT）来处理多元关系，也就是说一个关系包含多个子二元关系。这样采用 CVT 唯一标识扩展了关系表示的能力。目前 Freebase 正在向 Wikidata 上迁移以进一步支持谷歌语义搜索。

4. BabelNet

BabelNet 是目前世界上最大的多语言百科知识库之一，它本身可被视为一个由概念、实体、关系构成的语义网络[四]。BabelNet 采用类似 YAGO 的思路，将维基百科页面标题与 WordNet 概念进行映射，通过维基百科跨语言页面链接以及机器翻译系统，为 WordNet 提供非英语语种链接数据。目前 BabelNet 共拥有 271 个语言版本，包含了 1400 万个概念、36.4 万个词语关系和 3.8 万个链接数据，拥有超过 19 亿个 RDF 三元组。BabelNet 中每个概念包含所有表达相同含义的不同语言的同义词。由于 BabelNet 中的错误来源主要在于维

㊀　https://wiki.dbpedia.org/develop/datasets

㊁　https://www.mpi-inf.mpg.de/departments/databases-and-information-systems/research/yago-naga/

㊂　https://www.npmjs.com/package/freebase

㊃　https://babelnet.org/

基百科与 WordNet 之间的映射，目前的映射正确率大约在 91%。

5. Wikidata

Wikidata 顾名思义，与维基百科有着千丝万缕的联系。它由维基媒体基金会发起和维持，目前是一个可以众包协作编辑的多语言百科知识库。Wikidata 中的每个实体存在多个不同语言的标签、别名、描述，通过三元组声明表示每一个条目，比如实体"London-中文标签 – 伦敦"。此外，Wikidata 利用参考文献标识每个条目的来源或出处，通过备注处理复杂多元表示，刻画多元关系。截至 2017 年，Wikidata 能够支持近 350 种语言、2500 万个实体及 7000 万个声明，支持数据集的完全下载⊖。

4.5.2　常识知识图谱

常识知识图谱除了 4.1 节介绍的语言知识库以外，还包括 Cyc、ConceptNet、NELL 以及 Microsoft ConceptGraph。现阶段百科和常识知识图谱的融合越来越多，下面详细介绍一下。

1. Cyc

Cyc 是 1984 年由 Douglas Lenat 创建的，作为知识工程时代一项重要进展，最初目标是建立人类最大的常识知识库。Cyc 知识库主要由术语和断言组成，术语包含概念、关系和实体的定义。而断言用来建立术语间关系，通过形式化谓词逻辑进行描述，包括事实描述和规则描述。Cyc 主要特点是基于形式化语言表示方法来刻画知识，支持复杂推理，但是也导致扩展性和灵活性不够，现有 Cyc 知识库包括 50 万条术语和 700 万条断言[42]。

2. ConceptNet

ConceptNet 是一个大规模的多语言常识知识库，起源于一个 MIT 媒体实验室众包项目 Open Mind Common Sense（OMCS），其本质为一个描述人类常识的大型语义网络⊖。ConceptNet 侧重于用近似自然语言描述三元组知识间关系，类似于 WordNet。ConceptNet 中拥有如"IsA、UsedFor、CapableOf"等多种固定关系，允许节点是自然语言片段或句子，但关系类型确定有利于降低知识获取的难度。ConceptNet 知识表示框架包含了如下要素：概念、词汇、短语、断言和边。其中断言描述概念间的关系，类似于 RDF 中的声明，边类似于 RDF 中的属性，一个概念包含了多条边，而一条边可能有多个来源和附加属性。ConceptNet 目前拥有 304 个语言的版本，超过 390 万个概念，2800 万个断言，知识三元组正确率约为 81%，支持数据集的完全下载。

3. Microsoft ConceptGraph

Microsoft ConceptGraph 前身是 Probase，以概念层次体系（Taxonomy）为核心，主要

⊖　https://dumps.wikimedia.org/wikidatawiki/

⊖　http://alumni.media.mit.edu/~hugo/conceptnet/

包含的是概念间关系，如"IsA""isPropertyOf""Co-occurance"以及实例（等同于上文中的实体）。其中每一个关系均附带一个概率值，用于对概念进行界定，因此在语义消歧中作用很大。比如说概念电动汽车，实体可以为特斯拉，那么通过 IsA 关系描述中"汽车"或"人名"，加上时间属性，保证了语义理解的正确性。目前，Microsoft ConceptGraph 拥有 500 多万个概念、1200 多万个实例以及 8500 万个 IsA 关系（正确率约为 92.8%）。支持 HTTP API 调用[⊖]。

4. NELL

NELL（Never-Ending Language Learner）是卡内基梅隆大学基于互联网数据抽取而开发的三元组知识库。它的基本理念是给定少量初始样本（少量概念、实体类型、关系），利用机器学习方法自动从互联网学习和抽取新的知识，目前 NELL 已经抽取了 400 多万条高置信度的三元组知识。

4.5.3　中文类知识图谱

中文类知识图谱对于中文自然语言理解至关重要，特别是中文开放知识图谱联盟（OpenKG）的努力，推动了中文知识图谱普及与应用[⊜]。OpenKG 借鉴了 Schema.org 知识众包模式，搭建了中文知识图谱建模、推理、学习的可解释接口规范 cnSchema，构建中文知识图谱核心数据结构，包括数据（实体、本体、陈述）、元数据（版本管理、信息溯源、上下文），支持 RDF 逻辑层、JSON-LD 存储层和计算层三个层次的知识表示。OpenKG 技术平台目前已经包含了 Zhishi.me、CN-DBPedia、PKUBase、XLore，以及常识、医疗、金融、城市、出行等 15 类开放中文知识图谱。下面我们介绍几个常见的中文知识图谱项目。

1. Zhishi.me

Zhishi.me 是构建中文链接数据的第一份工作，借鉴 DBpedia 的思路，对百度百科、互动百科和中文维基百科中的信息进行抽取，然后对多源同一实体进行对齐和链接[⊜]。此外，结合社交站点的分类目录及标签云，Zhishi.me 也融合中文模式（Schema），包含三种概念间关系，即 equal、related 与 subClassOf 关系。Zhishi.me 中拥有约 40 万个中文概念、1000 万个实体与 1.2 亿个 RDF 三元组，所有数据可以通过在线查询得到。人工评测正确率约为 84%，并支持数据集的完全下载。

2. XLore

XLore 是一个大型的中英文知识图谱，它旨在从各种不同的中英文在线百科中抽取并生成 RDF 三元组，并建立中英文实体间的跨语言链接[⊛]。目前，XLore 大约有 246 万个概念、

　⊖　http://concept.research.microsoft.com

　⊜　http://www.openkg.cn/

　⊜　http://zhishi.me/

　⊛　https://xlore.org/

44 万个关系或属性、1600 万个实体，详细情况可以参考其官方网站。

3. CN-DBpedia

CN-DBpedia 是目前规模最大的开放百科中文知识图谱之一，主要从中文百科类网站（如百度百科、互动百科、中文维基百科等）页面中提取信息[一]。CN-DBpedia 的概念本体复用已有成熟的概念体系（如 DBpedia、YAGO、Freebase 等）。针对实体正文内容涉及的属性构建一个抽取器（分类器），从百科文本抽取内容，经过滤、融合、推断等操作后，最终形成高质量的结构化数据。目前 CN-DBpedia 涵盖 1600 万以上个实体、2.2 亿个关系，相关知识服务 API 累计调用量已达 2.6 亿次。

在中文领域，还有上交大发布的知识图谱 AceKG，超 1 亿个实体，近 100G 数据量，使用 Apache Jena 框架进行驱动[二]。思知平台发布的 ownthink 通用知识图谱[三]。此外，百度公司在过去多年的实践中，内部积累通用 / 领域 / 多源异构类知识图谱规模已经达到亿级实体和千亿级属性关系。

4.6 行业知识图谱

行业知识图谱本质上是对行业知识的组织、管理、应用，实践过程中涉及行业基础设施、应用范围、市场规模、业务理解等，也要注意成本、规模、质量。行业具有场景性约束，对于语言理解任务而言极大降低了发散的可能性，知识图谱带来的可解释性大大增加。根据行业特点，需求相对通用知识图谱更明确，易于打造符合行业需求的智能应用。在商业模式上，主要有三类：一类以定制方案，与用户深度绑定；一类是提供类似 SaaS 产品或产品标准化组件，或者即插即用嵌入产品中销售；还有一类是以知识图谱某一块打磨完善，提供设施服务的能力。

借助第 3 章的算法模型、4.3 和 4.4 节的知识图谱工程和智能服务，这些都是知识图谱通用的流程、能力和方法。行业知识、行业痛点和场景应用三者才是一个行业知识图谱的进入壁垒。

首先要掌握行业知识，无论是主动还是被动获取，都要有丰富的知识，这样知识图谱才能将点线面关联起来，对企业内部数据和外部数据信息有强烈需求，对于行业来讲，你要定义哪些是知识？需要打造协同构建平台来进行知识编辑，主要依靠用户使用来实现。因为知识图谱数据量大、专业且标准，能够对情报分析精准高效，在构建过程中深度学习模型对结构化抽取效果也很好。信息计算和存储成本低，使得信息化应用可能性增加。

其次要清楚行业痛点，比如金融行业的风控、反欺诈、投研方面有巨大需求，军事方面的情报融合、反恐、案例推送，医疗方面的导诊、问诊、治疗方案、养生保健，电商的

　⊖　http://kw.fudan.edu.cn/cndbpedia/intro/

　⊜　http://jena.apache.org

　⊝　https://www.ownthink.com/

潜在客户挖掘、精准营销、客服售后、竞品分析等，都需要有清楚的认识，这样才能根据问题，有针对性地解决。

最后就是场景应用，通过知识图谱的搭建，完成面向具体场景的解决方案，从而真正将图谱智能发挥出来。

下面我们将挑选目前知识图谱落地效果比较好的行业深入介绍。

4.6.1 金融知识图谱

金融行业是现代经济的血液，金融数据又是沉淀了信息的财富，虽然行业信息化程度非常高，但仍然有大部分知识隐藏于非结构化的文本里，如何挖掘数据价值？金融业有几大细分类别：银行类、投资类、保险类、支付类等。行业痛点集中在银行业务反欺诈、风控、审计，投资业务的投研，保险业务的征信等方面。结合具体场景，我们可以看看究竟如何发挥知识图谱的作用。当使用知识图谱的业务由点及面，并且在各个场景中逐步产生数据的增量价值，金融知识图谱的威力也会进一步凸显。

1. 行业知识

金融行业知识门类众多，来源广泛，包含金融实体、价格及其他因素等上亿种数据联系，提供关于银行类、投资类、保险类、支付类的完整生态的知识版图。以投资类知识为例，涉及的知识如表 4-3 所示。

表 4-3 金融行业投资知识

涉及知识板块	板块内容详情
机构自身知识	基本情况、历史、业绩、产品
公司内部情况	股权关系、成员画像、业务基本面
公司外部情况	行情、产业链、竞争对手、占有率

机构自身知识包括银行、信托、券商、投资机构、保险、互联网（金融）公司等实体名称，以及他们的基本情况、历史、业绩、产品等信息。

公司相关知识以投资类为例，由于投资主要针对企业，所以要对企业有翔实的数据刻画：公司内部基本信息、公告数据、成员画像（股东和股权关系），这些是公司的基本面知识。公司的股权关系包括：股权结构、股东关系、投资关系、母子公司关系、担保关系、质押关系等，可以了解公司的稳健、管理、资本运作能力。

公司外部的行情数据、产业链数据、研报、舆情诉讼、市场营销、风控。其中，公司的关联实体，包括合资企业和战略联盟、供应链、相关公司和竞争对手；产业链数据配合股权数据，这样的投资知识图谱才基本在数据上完整。产业链关系则包括：公司主营产品信息、公司行业分类、产品所属细分行业、产品上下游、行业上下游等。这些信息是公司的投资分析基础，对于研究行业地位、上下游构成和占有率非常关键。

2. 行业痛点

行业知识图谱就是为解决行业痛点而生。怎么寻找行业痛点？一种是从业务线的角度出发，从行业细分类别的业务线服务流程及细分环节，拆解落实到实际业务场景中找出痛点，四个细分门类涉及的行业痛点如图 4-16 所示。

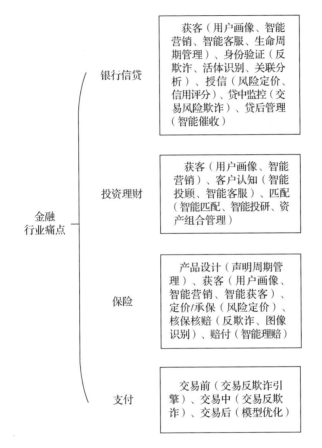

图 4-16　金融行业痛点

银行信贷领域的重点是获客、身份验证以及授信环节。获客需要建立用户画像，追踪用户的完整生命周期；身份验证即通过活体识别、OCR 等技术进行申请人的验证问题，任务关联分析需要图关联技术，找出任务关系图谱；授信环节更要汇聚多方数据源，通过多维度历史数据进行建模并取得风险定价，输出信用分给金融机构。

投资理财领域的重点是营销获客和智能投顾。营销与信贷类似，需要建立用户画像实现精准营销；智能投顾需要投借匹配，要重点分析用户风险等级及偏好。

保险领域的重点是营销获客与核保核赔。在核保核赔环节需要建立反欺诈预警模型，降低欺诈风险。

支付领域的核心是交易反欺诈，需要通过各种技术建立交易反欺诈引擎，并根据交易数据进行反欺诈引擎模型优化。

进一步对每种业务细分任务，如图 4-16 中括号内容指示。实际上不同业务面临相同的痛点，因此很多业务可以共享知识，这也是现在数据中台设计关注的内容。基于一套数据提供公共服务接口，实现不同业务共同痛点问题的解决，同时也激发了另一种痛点获取和解决方案。

另一种角度从行业问题大类出发，归纳行业共有的痛点，比如风控问题，是行业多个业务面临的普遍问题，那么先考虑风控问题解决的基本逻辑，再结合不同业务数据讨论各自场景下的解决方案。在金融行业业务线细分场景中，营销、投研和风控是核心问题，因此以这些痛点切入金融业务的公司很多。

营销：线上社交渠道获客，线下活动透视分析获客，销售报表分析。

投研：研报、公告、财务模型优化、投资策略与报告生成。

风控：信贷、反欺诈、异常交易、违规账户侦测、风险定价、客户关联监控、失踪复联、黑产识别。

投顾：理财策略、配置、合理避税。

客服：分流引导。

支付：生物识别支付、无人支付、账户关联。

理赔：辅助拍摄、精准定损、材料提取与审核、维修方案分析、年保费评估、快速赔付。

无论是从那种视角出发，最后都会归结为具体场景问题。依托知识图谱中的关联推理、图计算等智能模块对痛点进行解决，比如风控过程中，对信息的一致性进行验证，整合用户、账户频繁汇入、汇出、汇聚等数据，解决数据孤岛、风险不可控等痛点。

3. 场景解决方案

从行业落地现状出发，我们不过分总结业务大类的痛点解决流程，因为每个场景需要的方案千差万别。通过具体场景的痛点分析，归纳符合具体需求的知识图谱解决方案。

（1）信贷评估

银行类信贷业务需要解决信贷申请风控问题，因为贷款风险比率是衡量商业银行风险最重要的指标之一。过去通常都是从个体（如企业、个人、账户等）本身的角度出发，很少从个体之间的关联关系角度去分析。在知识图谱的帮助下，信贷评估配合规则使用，涉及语义匹配与搜索、推理计算、图计算模块，可能涉及的流程如下：

①数据搜索。对于每一个搜索的关键词，返回更丰富、更全面的可解释性信息。从图谱中获得客户实体及担保等关联实体、地址、社会关系、受理分支行、受理行员等信息。在信贷评估时，比对客户输入知识库信息，比如消费记录、行为记录、关系信息、网上浏览记录，运营商数据、第三方数据及用户的通信。

②推理计算。首先建立一个信贷风控本体，方便对申请者的背景调查和评估，包括公

司、个人、关联实体等的基本信息（实体 ID 关联电话、邮件、地址等）、行为信息、经营状况、社会关系，确保该本体能够正确描述信贷业务和流程。推理可以理解成"链接预测"，也就是从已有图谱里推导出新的关系或链接，比如手机、设备、账号、地域等关系风险要素。

③一致性检测和图计算。一致性检测可以用来判断个体欺诈风险，支持个性化定制风险审核项。"一致性验证"引擎会触发读取个体 ID，返回与这个人相关的所有历史借款记录、联系人信息、行为特征标签（比如信用污点、诉讼事件、担保方过多等）。当统计某个类型节点的边数量超过一个，比如同一个 ID、电话或地址同时有两个信贷申请者时，就可能形成关注的风险点。进一步利用图计算中的社区发现、标签传播等方法，基于行为特征寻找异常关系网，从而大大提升信用风险管理能力。

（2）审计反欺诈

在借贷、合同审查、背景审核中需要反欺诈识别，如身份造假、团体欺诈、代办包装等。在反欺诈场景中，需要把消费记录、行为记录、关系信息、线上日志信息等整合到知识图谱里，再进行相关计算，其中异常检测和图计算非常常见。

①异常检测（Anomaly Detection）。给定一块图结构和某个时间点，从中去发现一些异常点（比如有异常的子图）。在短时间内知识图谱结构的变化不会太大，如果变化很大，就说明可能存在异常，比如循环转账等异常资金往来。

②图计算。由于欺诈往往呈现团伙形式，通常会存在用户和用户、用户和设备、设备和设备较多关联及相似特性，关系图可以帮助识别出多层、多维度关联的欺诈团伙，比如共用设备、共用 Wi-Fi 的节点组合；还可在已有的反欺诈规则上进行推理，预测可疑设备、可疑用户来进行预警。固化此种欺诈模式，利用图搜索算法定时批量监听，智能监管跟踪，减少审计成本。

（3）投资理财

投资类业务涉及公司股票分析问题，一般情况下，很难通过一个维度给出可信的结论，需要从招股书、公告、研究报告、新闻等批量自动抽取公司相关信息，涉及公司内部知识、关联知识和外部行业知识。理财业务主要面向公众，这个场景需要银行、理财机构的基本信息、历史业绩和产品信息。经过加工融合后构建知识图谱，促进如下工具的运用：

①投研监控。股票会遇到突发事件、经济周期、宏观政策等影响，这些知识的更新和挖掘，需要知识图谱的语义匹配、语义搜索和推理决策智能。某个宏观经济事件或者企业相关事件发生的时候，券商分析师、交易员、基金公司基金经理等投资研究人员可以通过此图谱做更深层次的分析和更好的投资决策。

②舆情分析。对海量定性数据进行摘要、归纳、缩简，支持决策，主要功能包括资讯分类标签（按公司、产品、行业、概念板块等）、情感正负面分析（文章、公司或产品的情感）、自动文摘（文章的主要内容）、资讯个性化推荐、舆情监测预警（热点热度、云图、负面预警等）。在这个场景中，金融知识图谱有助于更准确地进行资讯舆情分析。

③理财问答。调用知识图谱的智能问答模块，不仅要通过模块内嵌算法理解用户问题意图给出推荐，还要引导用户交互对话，利用上下文信息给出答案。融合了知识图谱和问

答库检索式的方法在召回率和准确率方面都有显著提升。

（4）保险理赔

保险类理赔问题的专业性极强、涉及面广、产品更新快。理赔业务涉及的知识包括保险产品、疾病、工种、理赔人等术语知识，充分利用知识图谱的语义匹配和推理计算，可解释的获得理赔方案推荐和召回排序。

首先，通过语义匹配和搜索获得保险术语匹配，必要时通过外源知识，包括医学知识等来协助推理。

其次，对于理赔方案需要合理计算。保险也有严格的投保、核保和理赔规则，如果回复不精准，将会给用户带来巨大的损失并产生大量的用户投诉。利用知识图谱的上下位关系、实体的并列相似性等特性，对理赔需求进行扩展和改写，从而实现更丰富的召回。在排序阶段，融入知识图谱中各方面权重信息，计算理赔额度，实现理赔结果更精准的推荐。

（5）精准营销

精准营销问题在金融行业各类业务中普遍存在，因此要建立营销产品、客户的知识库，把客户的文本类数据（客服反馈信息、社交媒体上的客户评价、客户调查反馈等）进行解析，打上客户标签，形成对个体或群体的完整画像，以获得更好的客户洞察。比如客户兴趣洞察（产品兴趣）和客户态度洞察（对公司和服务满意度、改进意见等）。

针对个人客户，往往针对一类人群制定营销策略。用知识图谱去分析用户画像之间的关系，如共同爱好、电商交易数据、社交数据等，还可以分析客户群体行为，从而推理出哪些关联产品适合推送。应用场景主要包括智能客服和智能运营，基于图计算找到目标对象的触达路径，从而提升销售效率。

针对企业客户，分析企业基本数据、投资关系、成员关系、诉讼数据、失信数据，主营业务方面的招投标数据、研报、新闻等，勾画企业画像。通过推理计算模块，给出企业市场地位、投融资压力、竞争关系等评估报告，进而为企业推荐合适的金融产品、服务。

总之，金融行业的场景驱动和图谱智能需要相辅相成、紧密结合，才能产生巨大的落地价值。

4.6.2　医疗知识图谱

随着智能时代的到来，医疗行业大数据也成为亟待开发的宝藏。医疗也涉及了广阔的领域知识，为了满足多样化的应用场景，医疗知识图谱提供基于语义搜索/问答/推理的临床辅助、疾病趋势预测、易感人群预防、热词搜索、忌食、理疗食谱等能力。

1. 行业知识

在医疗领域，需要从疾病、症状、检查、检验、体征、药品等维度，以及医生、科室、医院等角度，综合考虑归纳建立本体。在医疗生态圈内，从大量的医学概念、疾病信息、临床数据、病历、医药、处方等数据，结构化建立实体之间的语义关系，形成医疗新闻、临床指南、医院历史数据、药品库、疾病库、处方库、风险因子库和医疗资源库。具体知识来源如下：

医学概念包括疾病、检查检验、症状、药品药物、身体部位、手术知识、医案、诊疗经验、循证规范、文献和本体。比如以 CMeKG 图谱为例[一]，包括 6310 种疾病、19 853 种药物（西药、中成药、中草药）、1237 种诊疗技术及设备的结构化知识描述。CMeKG 图谱涵盖疾病的临床症状、发病部位、药物治疗、手术治疗、鉴别诊断、影像学检查、高危因素、传播途径、多发群体、就诊科室，以及药物的成分、适应症、用法用量、有效期、禁忌证等 30 余种常见关系类型。目前的概念关系实例及属性三元组达 100 余万。

医学临床证据包括医学文献、病历数据、临床指南、组学数据、医学科普、诊断意见、处方。具体而言，临床数据是医院信息系统的电子病历、影像、检验等业务系统产生的数据集合。临床指南针对特定的临床情况，帮助临床医生和患者根据特定的临床情况做出恰当决策的指导意见。组学数据包括基因组学、蛋白组学及代谢组学产生的生物信息数据。

其他知识是围绕人产生的，比如医生、护士、患者、药剂师信息构成的医患库。

基于上述数据，可以建立完整的医疗行业知识图谱。

2. 行业痛点

医疗行业一直都存在看病难、医患关系紧张、看病贵的问题，如图 4-17 所示，原因在于医疗资源的稀缺，以及医学智能化落后。在预防诊疗过程中，有多个环节需要智能工具的参与来提高效率。

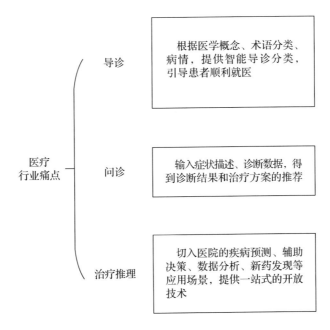

图 4-17　医疗行业痛点

〇　http://cmekg.pcl.ac.cn/

①导诊。由于患者不了解医学概念和分类，也不能准确描述病情，因此智能导诊技术为患者提供移动端的智能导诊服务，引导患者顺利就医，缓解医院导诊咨询的压力。

②问诊。医疗领域积累的医学知识图谱、诊断模型、病情理解、名医专家库等 AI 辅诊基础能力，以及病案管理、诊疗风险监控。人们往往希望输入症状描述、诊断数据，得到诊断结果和治疗方案的推荐。

③治疗推理。切入医院的疾病预测、辅助决策、数据分析、新药发现等应用场景，提供一站式的开放技术。但是目前缺少完备全科医学知识，病历结构化、临床决策可靠性还难以保证，特别是针对重大疾病和特殊疾病的辅助诊断，治疗方案推荐存在困难。

3. 场景解决方案

（1）智能导诊

导诊根据医院科室划分、职能划分和医生资源分布情况，提供定制化接入。需要用户输入个人信息（年龄、性别、职业、提供的症状词），根据用户年龄、性别、症状等个人信息进行算法分析、统计、排除、排序，得出相关性得分，最后将排序结果反馈回来支持导诊决策。常见的导诊解决方案如下：

① 疾病预测。在搜索某个疾病，会出现该疾病的概述、症状、治疗护理和专家意见等卡片式的内容呈现，方便让用户对疾病有更全面、清晰的了解，缓解医院导诊咨询压力。

② 导诊路径计算。搜索某个症状时，将该症状可能会涉及的疾病以及概率计算出来，同时将科室和具体的症状列出供用户参考。甚至当用户搜索某个疾病后，利用医院的地理位置和科室设置等信息，直接计算推荐离用户最近的医院。

③ 智能分诊。通过用户提交的症状，比如文本和语音，对疾病的类型、就诊建议等作出判断和推荐。利用历史数据和城市级别的其他数据有效优化资源的使用，让合适的患者获得合适的医疗服务。

（2）问诊运营

问诊服务需要提供问诊查询、交互、导览、决策支持，能够快速简单地判断病情，减少线下接触，提升医疗资源利用效率，这一点在临床数据分析中更为重要。依托知识建模实现病历、病案标准化，降低因各类"错误书写"和"信息缺失"造成的医疗事故，比如将"发热、发烧、高烧、39 度"统一为"发烧"；对医疗机构和区域医疗的运营核心指标（包括收入、利润、门／急诊、住院、抗菌药管理等指标）跟踪分析，基于疾病与检查检验关系推荐检查检验；此外，基于疾病与症状关系辅助诊断。通过知识图谱能够直观展示确诊病例之间的接触关系，例如同住、同行、就学等，为病情传播途径、传播能力、流行性研判提供依据，便于早发现早防范。

（3）治疗推理

治疗推理侧重建设电子病历，在可解释性、可循证性、资源可信度上，通过知识图谱实现病历分析、语义分析和方案推荐。图谱数据量大、数据覆盖面广、数据质量高是知识图谱能够走入临床辅助治疗的根本原因。

①推荐医疗证据。通过结构化病历知识学习，进行症状推理、相似病历推荐、医嘱质

控、医学知识查询。推理分析查缺补漏，减少误诊的概率。

②推荐用药。在此前医生确诊的基础上，给出可用药物、剂量、剂型、频次。方便汇总、复盘，找出可能存在诊断问题的病历，减少医生的出错率。构建多模态多病种影像平台，降低误诊、漏诊率，覆盖诊前、诊中、诊后全流程端到端的解决方案。

③治疗线索挖掘。传统数据库无法一次性调出与病人、病历、药物情况相关的数据库，比如电子病历、医疗保险、描述药物数据，该场景是经典医疗链接网络，每个节点之间具有相互依赖性，比如"患者年龄和性别"与特定药物（或药物组合）的结果、特定剂量、疾病阶段、潜在的药物相互作用都有关。图计算的出现使得线索挖掘成为可能，结合图搜索和推荐模型能够找出治疗线索。

4.6.3　教育知识图谱

1. 行业知识

教育行业知识来源于学科知识、教育大纲、专家经验、知识分类体系、教育概念模型、教材教辅、电子读物等。针对教育知识图谱的一般特点确定"教育者""受教育者""教育措施"为教育知识图谱的三类主要实体。虽然知识图谱的涵盖范围大，实体关系复杂多样，但是基于知识的可延展性，需要不断地对知识图谱进行更新与维护。

教育知识图谱应从知识建模、导航认知、知识库生命周期管理等多维视角出发，从静态和动态两方面，根据不同年龄段的需求获取知识：

①学前阶段。主要为启蒙阶段的幼教方向，知识来源于双语、启蒙类益智物、舞蹈、音乐等艺术内容。

②K12阶段（小学–高中）教育。包括小学–初中–普通高中（包含：中专、技校、职高），知识来源于学科、学习规划、咨询培训、文体、计算机等通识内容。

③成人教育。包括大学–硕士研究生–博士研究生，知识来源于职业课程体系、辅导培训、专业技能、管理等。

总结来看，教育知识图谱由于其独特的性质，与其他领域的知识图谱相比有很大的差别。在教育知识图谱中，相关实体的专业名词多、中英文概念复杂、知识点间关联密切使得在教育知识图谱的构建过程中需要重新定义本体框架、优化实体与属性抽取方式、建立全新的更新补全算法，集成教学资源、学习者画像、学习诊断、个性化推荐内容等。

2. 行业痛点

教育行业无论哪个细分领域，如图4-18所示，都面临一些共性问题：教学资源建设、教育评测、自适应学习助手、专家系统等，每个问题都是环环相扣的有机整体，具有彼此的依赖性和一体性。

①教学资源整合。传统教育通常是以班、组为单位，由老师提供统一的教学内容和进度安排，学习内容统一化。需要构建知识图谱工程的所有内容。

②个性化测评。对于教育测评需要建立学习者画像和行为特征库，对应建设测评本体

和测评数据，可解释评价学习目标，制定学习策略。

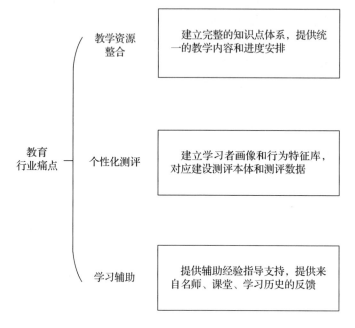

图 4-18   教育行业痛点

③学习辅助。对于学习者而言，要建立完整的知识点体系，提供搜索推荐和智能问答服务，让薄弱知识点按路线一个个突破。而智能服务提供经验指导，面临如何提供来自名师、课堂、学习历史的反馈难题，这是专家系统需要解决的。

除了以上困难，由于教学规定、考核规定的变动，实时更新也是挑战。因此我们需要在一个完整的路线图引导下，让教育图谱的价值成立。

3. 场景解决方案

（1）教学知识整合

教学知识包括教育分类体系、核心概念体系、教学内容等。根据关联逻辑拆分知识点，关联和梳理知识点和知识体系，链接到知识图谱对应实体，对知识点颗粒化和结构化，比如清华大学所做的基础教育知识图谱就是这方面的有益尝试。

（2）个性化测评

教育测评有效地运用数字化的经验，依托个体画像和行为特征知识库，接受不同的学习进度和学习内容，练习与测评内容的个性化程度高。围绕知识点打造评测分析报告、学情报告等个性化学习报告，判断学生掌握的熟悉程度。对学习行为和能力边界多维评估，同时连接教师端教学，提高教学质量，具备自我学习和综合分析的能力。系统可以获取、更新知识，不再只是静态的规则和事实，为学生提供职业生涯规划、自动作业批改和心理咨询等服务。

（3）学习助理

自适应教育是以个人为单位，系统规划个性化学习路径。因此依托搜索推荐问答服务，为学习者提供陪练答疑、助教等服务的学习助理成为关注焦点。这类虚拟化的"助手"能够低成本为学习者提供个性化的服务，一方面找到学习弱项，巩固闭环，推送微课和习题，形成千人千面的推荐，帮助学习者自适应学习；另一方面，将获取到的学习者的数据分析反馈给已有的知识图谱，为学习者提供个性化难度和个性化节奏的课程和习题等，及时反馈学生练习后的结果，获取各种行为数据；同时提供智能问答服务，涉及问题理解（记忆类问题）、查询意图理解、逻辑推理、答案生成，构建一个完整的面向学科的学习助理，成为教育产品闭环的重要手段，也有利于提高学习者的学习效率和学习效果。

4.6.4　公安知识图谱

1.行业知识

公安知识图谱建设的目的在于打破数据壁垒，提升公安工作智能化水平，以机器换人力、以智能增效能，一定限度地释放警力，提高公安机关核心战斗力。公安知识包括各垂直系统的纵向业务数据、各单位横向数据，大致分为以下几个方面：

①基本信息方面。基于人、事、地、物、组织、虚拟身份的标签档案、视频、图像库的关联。"资金账户－人－公司"关联知识。

②动态信息方面。随着感知智能的快速发展，围绕社会中企业、个人的交易明细、通话、出行、住宿、工商、税务等信息，进一步提高预警研判的准度、精度。

③部门业务方面。各类案件描述、笔录等非结构化文本中抽取人（受害人、嫌疑人、报案人）、事、物、组织、卡号、时间、地点等信息，链接并补充到原有的知识图谱中形成一个完整的证据链。

上述知识结合属性、时空、语义等联系建立相互关系，形成一张关联大网，并按照一定机制自动更新。

2.行业痛点

通过知识图谱模块化、组件化集成，跨警种大数据融合业务落地应用。从领导决策到基层民警的基础作业，均可以提供全方位的业务决策辅助。公安系统的行业痛点如图 4-19 所示。

①警务管理。公安各警种的内部管理、行政管理等。在情报、科信、刑侦、技侦、交管、禁毒、网络诈骗、盗窃治安、舆情管控、反恐维稳等的实战场景中发挥作用。

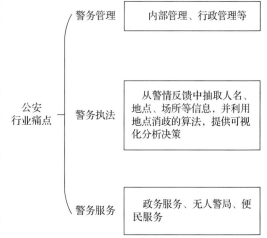

图 4-19　公安行业痛点

②警务执法。从警情反馈中抽取人名、地点、场所等信息，并利用地点消歧的算法，提供可视化分析决策，比如串并案、保护伞挖掘等功能。再比如银行和公安经侦监控资金账户，当有一段时间内有大量资金流动并集中到某个账户的时候很可能是非法集资预警。

③警务服务。构建治安知识图谱，提供政务服务、无人警局、便民服务。目前在警务情报一体化研判、突发响应、治安防控等场景中广泛应用。

3. 场景解决方案

（1）警务研判

公安知识图谱将公安中的各类数据，汇总融合为人、事、地、物、组织、虚拟身份等不同实体。根据其中的属性联系、时空联系、语义联系、特征联系、位置联系等，重构数据之间的联系，并将数据之间的联系以一张关系大网的形式呈现出来，并根据数据的接入实时进行自动更新。

警务情报涉及人（受害人、嫌疑人、报案人）、事、物、组织、卡号、时间、地点等各种信息融合，因此需要结合具体警务问题对各类知识进行综合判断。以某非法集资案为例，首先通过知识图谱从案件信息等非结构化文本抽取各类事件元素和角色，形成证据链。融合企业和个人银行资金交易明细、通话、出行、住宿、工商、税务等信息，调用推理计算模块获得"资金账户-人-公司"关联关系。通过异常分析工具发现一段时间内有大量资金流动并集中到账户，根据规则设置阈值判断非法集资触发预警。进一步，通过图计算进行社区发现，辅助公安刑侦、经侦、银行进行案件线索侦查和挖掘同伙。

（2）突发事件

在公安业务范围内，突发事件比比皆是。现有的大型公开知识库普遍是以"实体及实体间的关系"为核心，缺乏对"事理逻辑"知识的挖掘。事理逻辑（抽象事件之间的演化规律和模式）是一种非常有价值的常识知识，挖掘这种知识对我们认识人类行为和社会发展变化规律非常有意义。

基于公安知识图谱的构建，有力推动事件抽取和事理逻辑推理。比如说以谓词作为事件触发词，通过谓词作为关系特征，而事件元素成为知识库中的实体，通过语义匹配对事件结构化。通过对新闻信息中事件解构，以及对评论标签分类和极性判断，实现舆情监测。通过时空标签，对事件的演化进行预测。通过对事理关系进行分析，通过因果、转折、顺承进行判断。

利用知识图谱推理模块，对演化结果进行评估，最后可以根据结果推荐应对方案。

（3）智能安防

在公安领域，智能安防时代已经到来，以 AIoT 为核心的万物智联时代已经在安防行业渗透。行业应用已经从最初的人脸识别、车辆识别等感知层应用，向情报研判等认知智能应用发展。结合公安业务经验打造公安行业的智慧大脑，促进公安智慧研判的演进。

通过知识图谱的信息共享服务，将人脸识别、视频结构化标签、文本特征围绕人案进行知识融合。结合语义匹配和搜索对知识库进行挖掘，进行情报分析。通过标签匹配和人案本体，推理计算获取异常危险点，实现人案分析、多维感知，在智能应用平台的警务信息中进行流程化处理。

4.6.5 司法知识图谱

1. 知识来源

司法知识图谱是机器进行法律知识推理的基础，将法律规定、法律文书、证据材料及其他法律资料中的法律知识点以一定的法律逻辑连接在一起形成概念框架，每个知识实体或概念又分别与法律法规、司法经验、案例、证据材料等按时序挂接，从而建立起法律概念、法律法规、事实、证据之间的动态关联关系。

司法知识包括法学领域内的应用、概念与属性。

①法律概念知识。法律类专业数据库很多是树状结构。第一构建逻辑单一，第二分层的随意性大，第三层级之间的关系比较乱。右边红框的层级之间有的是父子包含关系，有的是并列关系；而左边红框的层级非常多，必须用目录索引才能很好地使用它的知识库。

②司法经验案例。一般我们对于法律的概念知识对接的是传统的知识库，而司法实践知识是通过批量的文书处理和专家的干预去构建，以应用为导向，还包括参考性案例、量刑指导意见、罪名知识、法务问答对、法律资讯、案由量刑知识。

③法条与司法解释。不同于英美法系的判例法，在中国成文法的背景下，知识图谱将法条和司法解释用更加有逻辑的语言表达出来，且比文字更加明确，更加有逻辑。知识图谱优势在于可以根据法条、司法解释的更新进行迭代，因此可以构建出以知识图谱为主、以大数据为辅助的人工智能审判框架。法律行业每年会产出 4 亿页卷宗。

2. 行业痛点

法律知识体系是多种逻辑的结合。法律的知识体系非常复杂，可以从法律法规自上而下构建体系，也可以从法学概念的相关性去构建体系。司法行业痛点如图 4-20 所示。

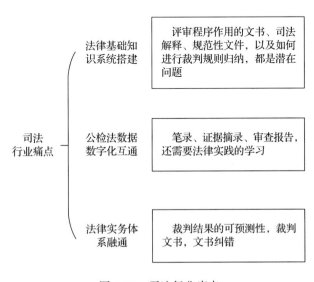

图 4-20　司法行业痛点

①法律基础知识系统搭建。和现有的数据库整合相对困难，因为各数据库的建设逻辑都不太一样。法律又是一个要求绝对正确而不是80%正确的事，所以在这个环节就要人工参与。庭审笔录、公诉意见书、检委会、审委会记录、评审程序作用的文书、司法解释、规范性文件，以及如何进行裁判规则归纳，都是潜在问题。

②公检法数据数字化互通。常见公检法业务数据包括笔录、证据摘录、审查报告、判决书、法律文书。海量数据的阅读理解严重依赖人工参与和法律实践，目前急需整理法律文书的时间线路、线索、文书间逻辑关系、电子卷宗、要素化诉请、证据指引、结案报告、起诉书等。

③法律实务体系融通。我们国家是一个成文法体系的国家，不是遵循先例的角度去看，需要用一种比较统一的方法去处理整个国家的法律知识，才有可能实现裁判结果的可预测性。

3. 应用案例

（1）辅助判案

法律知识图谱需要考虑法律的逻辑，将法律文书信息以结构化形式呈现，提高法院审判工作质量和效率。

①争点整理。法律争点往往直接被作为一级要素，而事实争点可被作为二级要素，通过争点整理可以促进要素提取的便捷化与清晰性。

②法务问题自动问答服务。判案过程中，支持法官和当事人的语义问答以及探索性地获取答案等。

③法务问题类型分类。提炼裁判规则，以实现在类型化案件中裁判规则、司法经验。完成有限智能化。

④法律事件演化路径分析。运用于要素式的审判，法律行为分析的预测等。

（2）文书生成

文书生成核心点就是事实类别识别和识别要素提取。短时间内可以做一个文书的摘要，长时间则可以把涉案事实结构化，找到知识图谱中间对应的实体概念，触发知识图谱里的一些推送知识。

先解析前置文书，前置文书指的是起诉书、答辩状、开庭笔录等。通过解析起诉书、答辩状和开庭笔录后会生成一个判决模板，从前置文书中解析出来当事人、法官、适用程序、诉讼请求等数据填充到相应的位置，同时给法院推送适当的焦点和裁判规则。

4.6.6　电商生活知识图谱

电商首先需要认识到用户有哪些需求，其次以商品为中心的知识体系在理解用户需求时，存在天然缺陷，要弥补这样的语义鸿沟，需要构建电商知识图谱。

1. 知识来源

电商知识来源于商品、商家、用户、供应链、物流、支付等几个细分领域。相关生活娱乐知识主要包括餐饮、酒店、商店、电影剧院、旅游景点等领域知识。人、店、商品、标签基本信息作为属性，商户与商品、用户的关联作为边，涵盖以菜品、价格、服务、环境等各个场景用户评论、偏好数据，相关知识如表 4-4 所示。

表 4-4　电商生活知识图谱的生活娱乐场景及场景知识

生活娱乐场景	场 景 知 识
餐饮	商户、推荐菜、口味、食材、区位、价格……
酒店	区位、折扣、价格、距离、类型、配套……
商店	距离、配送、促销品、价格、品类……
电影剧院	上映时间、导演、演员、影片类型、票价……
旅游景点	区位、配套、门票价格、开放时间……

2. 行业痛点

如何拿到高质量的商品，如何精准营销？需要建立用户画像，记录用户产生这些数据的日志，并把使用场景和背景知识建立出来，那么数据就会产生非常巨大的价值。

如何根据客户反馈满足需求，需要充分挖掘关联各个场景数据。要能够"阅读"用户评论和行为数据，理解用户在菜品、价格、服务、环境等方面的喜好，构建人、店、商品、场景之间的知识关联。

3. 场景解决方案

（1）全链质量追溯

建立商品从 0 到 1 的全流程追溯。以中药材为例，通过种植生产监控、加工生产、包装仓储系统技术，建立起完善的药材质量追溯体系，为下游药企提供中药原料集成供应方案及可追溯方案。通过全链条追溯，建立中药材种植、加工数据库，为相关主管部门提供动态监测数据。通过围绕人和机构打造的知识图谱，实现如下几个方面的追溯体系：

①种植生产追溯。利用自主开发的基于物联网、互联网信息化技术的"种植生产监控系统"，监测收集种植主体、土壤、品种、种源、面积、植保、采收等图像及文字数据，真正实现从源头追溯。

②加工生产追溯。利用自主开发的"初加工生产管理系统"，对初加工生产全过程中鲜货入库、净选、切制、干燥、分级等重要节点进行实时数据录入及视频监控，实现加工生产过程的有效追溯。

③仓储物流追溯。利用自主开发的"包装仓储管理系统"，结合新型中药材专用气调养护包装、防伪追溯标签技术，在成品包装上粘贴防伪追溯标签，做到"一袋一码、一箱一码"，实现全程追溯，真正做到来源可查、质量可追、责任可究。

（2）运营与广告

在广告、报表等业务上，做应用分析、效果分析、定向优化等。在推荐方面则优化相关排名、个性化推荐以及热点点击分析等。图计算的出现满足计算量大、效率要求高的应用场景需求。

运营成本降低方面，智能客服的实现减少企业的客服人力成本，对于相同产品会存在大量重复采购、同类产品故障单重复出现等问题。构建供应商的产品图谱，自动挖掘抽取工单信息，并通过关联分析检测重复工单，即可复用该经验，从而减少人力成本；商业分析服务主要聚焦于单店的现金流、客源分析。挖掘商户及顾客之间的关联关系，可以提供围绕商户到顾客、商户到所在商圈的更多维度细粒度运营指导。顾客的年龄层、性别分布，还可以推理出顾客的消费水平、就餐环境偏好、适合的推荐菜，让店老板有针对性的调整价格、更新菜品、优化就餐环境。

广告投放方面，将用户－场景－货物进行有效的关联，可以挖掘出更多的用户标签，精准感知用户场景，有效提高货品转化率。根据招投标信息构建的商情图谱，并基于商情图谱为用户推荐相似招投标项目，能让用户发现商机。基于知识图谱推理，还可以帮助客户发现更多的二次商机。这样既能有效提升企业的业务量，又能增加企业营收。

（3）评论分析与推荐

通过这两种模型挖掘出来的标签，再加上知识图谱里面的一些推理，最终构建出商户的标签。

如何进行评论数据的情感挖掘，分析出情感倾向。通过用户短短的评价，分析出交通、环境、卫生、菜品、口味等方面的不同的情感分析结果。评论中用户对店菜的评价，能很好地反映用户偏好与店菜的实际特征，利用知识获取方法，从评论中提取出店菜实体、用户对店菜的评价内容与评价情感，对补充实体信息、分析用户偏好、指导店家进行改善有着非常重要的意义。通过细粒度用户评论全方位分析，从而可以发现商家在市场上的竞争优势／劣势。进一步可以细致刻画商家服务现状，指导商家精准优化经营模式。

新品推荐。当从文本中发现一个新的实体，给出实体相应的概念，比如用该实体的上下文特征与其他类型下的实体特征进行对比，将新实体归入最相似类型中。进而抽象出每个簇对应的类型，完成实体归类。归类后的实体可用于后续推荐。

4.6.7　图书文献知识图谱

1.知识来源

图书文献知识来自图情资源（图书、期刊、论文、专利、报刊等）、百科数据和行业网站数据，主要包括分类体系、文献内容编目、特定专业知识三大类知识。

在分类体系方面，现有图书文献管理组织的常见结构包括点集结构、树形结构和网状结构。点集结构主要是词与词之间的关系；树形结构显示上下位关系，主要是用概念层树形结构；网状结构一般和词条知识有关的词条通过超链接来揭示，所有词条形成一个网状结构。网状结构不强调上下位关系，而是认为他们和其他关系重要程度类似，揭示不同词汇对应的所有相关词汇。

文献编目是对叙词节点或叙词蕴含的概念进行组织。从叙词表到本体构建，词间关系可以用上位词、下位词、同位词、近义词、反义词、相关词等来表示，定位一个概念。词条间的关系基本类型有 3 种，包括等同、层级和相关关系。其中只有层级关系是有方向的，包括部分 – 整体，类属和概念实例等子类，相关关系比较复杂。借鉴汉语主题词表、汉语科技词系统的数据模型，确定行业词知识结构，主要包括几个方面：①词条基本信息；②词条定义和注释知识；③词条关系知识；④词条属性知识；⑤词条多维分类知识；⑥词条形式化概念描述知识。

针对特定的专业文献，每一种知识库也存在各自的本体结构。比如专利文本，知识来源包括开放文本、技术库、产品库、功能库等相关知识，如图 4-21 所示。

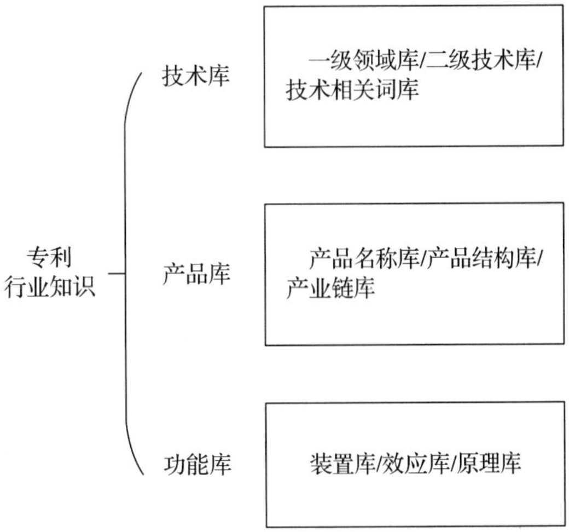

图 4-21 专利行业痛点

2. 行业痛点

文献图书行业是对人类知识的传承、智慧的承载，起到继往开来的作用。但是内容浩如烟海，杂乱无章，对人们准确掌握知识带来了巨大困难。因此涉及经典文献图书筛选，人们所关心的领域、学科、技术、产品的发展脉络梳理，乃至通过信息的掌握与挖掘，推进发明创造与智慧提炼，这些都是本行业的主要痛点。

3. 场景解决方案

（1）引文分析

文献价值评估、关联脉络、技术趋势判断是主要的应用场景。为了客观判断文献价值，引文数据往往成为客观背景知识。特别是同行引用的定量分析，被广泛应用在重要的文献中，引文分析在文献和学科评估中扮演了客观而重要的角色和作用，在科研评估中作为定量指标。通过行业引用数据来挖掘行业的重要性，考虑一些新的思路。

通过图计算方法可以面向共被引分析、关联分析应用，通过关键词文本聚类可以面向聚类分析应用，通过文本聚类和异常检测可以获得时区图与突变内容。进而能够推断作者、国家、机构的相关情况。

（2）认知萃智

当今世界仍然面临着创新难题，特别是在技术突破陷入僵局的情况下，辅助创新理论、方法、工具仍然是迫切需求。文献挖掘或发明创新是文献图书行业的潜力应用。由于文献理解困难、分析流程复杂，跨语言困境，探索高效可行的创新方法论至关重要。当下人们逐渐从头脑风暴、专家经验、问卷调研等传统定性方法逐渐过渡到广为认可的萃智创新方法论，有条理有路线有策略的调用创新知识库解决问题；从已有文献中挖掘新点子、新方案，一批自然语言处理工具被广泛应用。

随着 1946 年以来阿奇舒勒萃智创新方法论的出现,从 40 万份专利中提炼了跨行业技术系统本身的通用解决问题工具,包括发明问题描述、系统分析、矛盾矩阵、物场模型等抽象标准描述,以及 40 个发明原理、四个分离原理、76 个物场标准解和科学效应知识库等解决方案。现代萃智内容进一步深化了发明创新方法的内涵,也更接近于建立一套完整的发明理论体系。为了匹配这套发明体系,通过知识加工获取文献图书中的知识,进而结合知识建模完成本体搭建和推理机制设计,从而建立基于关联和分析的认知萃智方法。

4.6.8 房地产知识图谱

1. 知识来源

房地产行业主要构成包括上游基建、地产本身、经纪实体三大类。因此相关知识也基本围绕这些类别组织和管理。现有知识来源包括围绕地产业务的从业人员和用户群体的画像、外部数据(直接上游基建配套、下游房屋建筑、环境周边)、经纪数据(经纪人行为数据、投诉举报数据、交易数据等)等内容。

如果再广义划分,房地产也会涉及国民经济多个门类知识,与前述各类图谱知识可以互融互通,这里我们不展开分析。

2. 行业痛点

房地产线上平台需要考虑房主客户的交互沟通问题,本质上是房产电商交易问题。因此电商生活中的所有痛点,在房地产平台也会遇到。但是具体到房产搜索推荐、广告投放、智能客服的效率和转化率计算业务,会与电商不同。此外,房产本身的重资产属性,房产数据的静态性、价格波动的实时性,也带来了数据真实性、合规性、准确性问题。线上浏览需要的资料更多更全面。会对图片、视频、VR 等多模数据的需求更多。

以上这些需求往往成为房地产行业的痛点。除了前面电商生活、金融的共性问题以外,我们从如下几个角度考虑几个具体知识图谱应用场景。

3. 场景解决方案

本节主要针对地产经纪业务展开,主要基于图计算、图谱工程和图谱智能服务,满足的场景包括准入防控、房客匹配、品质管理、查案溯源等。

(1)准入防控

准入防控主要是针对经纪门店、加盟商、经纪人的加入门槛,利用图计算中路径查询、风险路径异常检测,对用户、房屋、小区、城区进行相似度计算和关系预测,满足体外公司搜索、负面信息评估、人员历史风险估计等。针对经纪人应用,主要是基于知识图谱中的业务经验、违规抽象、社交关联关系分析、企业或职业背景关联、事实黑种子、黑白灰分级管理等进行信息交叉核验。利用图计算的图嵌入表示,通过频繁子图挖掘、图聚类、社区发现方法识别异常风险,实现证据链采集、异常名单推送、风险罗盘管控等。

（2）房客匹配

房客匹配是精准营销、广告投放、房屋推荐上层应用的基础应用场景。通过对优选房屋、带看历史等信息的知识沉淀，包括二手交易信息、租房信息、新房信息组织管理。

针对不同业务需要的同质图数据、异质图数据、关系强度计算等建立基本图谱知识。利用图计算中最短路径分析、关键路径计算、图聚类、社区发现，结合知识推理方法，挖掘关联标签和关键路径，满足关系预测、影响力分析、房客聚类，进而满足房客产品快速多度查询和推荐等业务场景需求。

（3）交易风控

针对房地产业务而言，交易风控涉及了金融知识图谱的相关场景，包括打通信贷审核、投融资调研、背景调查等。主要是以下风险的识别和推荐，包括营销欺诈（虚假流量、营销套利）、支付欺诈（个体套现）、信贷欺诈（虚假身份、中介马甲、团伙攻击）、交易欺诈（刷评价）、账户欺诈（银行卡盗刷、额度透支）、账号欺诈（撞库、钓鱼、虚假注册）。相关解决方案可以参考金融知识图谱对应部分，不再重复介绍。

小结

随着知识图谱技术应用的深化，知识图谱产业日益成熟，对知识图谱的工程实践方面提出更多的需求。本章针对知识图谱技术实践中的几个关键问题做了探讨，从本体论和语言知识出发，引出了知识图谱的底层能力。接着，从符号主义流派出发，梳理了早期专家系统、知识工程、语义网、知识图谱的演进脉络，逐步可解释地实现自然语言语义理解。

在当下知识图谱搭建过程中，首先给出知识图谱的技术地图，阐述如何从非结构化、半结构化，以及结构化数据中获取知识。然后介绍知识图谱构建的关键技术，包括知识表示、知识加工、知识建模与计算、知识存储与查询。当知识图谱建立以后，可以明显提高一些语义和语用类任务的解决效果，体现出图谱独有的智能性。

正是知识图谱智能打开了认知的大门，让人们开始全身心投入其中。面向通用的百科、常识知识图谱已经迈出了第一步，为各行各业提供了自顶向下和自下而上的构建思路。此外，在金融、医疗、教育、公安、司法、电商生活、军事、图书情报、房地产等垂直领域已经有一大批行业知识图谱的落地和应用。知识图谱对行业赋能，就体现在直面行业痛点，结合细分场景给出各种基于知识图谱的解决方案。

当然，知识图谱在认知层面还有很多突破点需要研究：

① 可解释性。在知识图谱和文本之间共享信息的互注意力机制，通过注意力的可视化技术实现可解释性。在透明度和可解释性方面仍存在局限性。

② 时序知识图谱。知识图谱局限性体现在知识静态快照，也就是说需要不同时间节点的一系列知识图。自动构建时序知识图谱，将可以解决传统知识表征和推理的局限性。

③ 知识推理。在结合逻辑规则和嵌入方面，利用高效地嵌入获取不确定性，利用逻辑规则并处理其不确定性，是未来一个值得注意的研究方向。带有时序正则化的联合学习框

架，从而引入时间顺序和一致性信息的时序推理逻辑。

④ 知识校验与更新。为知识建立统一的语义空间表征，数据不一致需要元数据约束校验、业务逻辑正确性校验等。使用本体对各类数据可动态化"概念 – 实体 – 属性 – 关系"建模。百亿图存储及查询引擎，构建分层增量系统，同时搭建完整的容灾容错、灰度、子图回滚机制。

上面这些问题的解答都需要我们认真实践。知识图谱究竟怎么样赋能行业？如何从零开始打造一套行业知识图谱工具？从下一章开始，我们将逐步给出回答。

CHAPTER 5

第 5 章

行业知识工程实践

　　行业是很宽泛的概念，现阶段没有合适的分类和边界划分方法，另外跨界冲击也造成了行业的内涵和外延变化巨大。本书将从多视角（宏观、中观、微观）出发，以微观层面的企业视角看待行业，阐述企业如何做知识图谱，以及如何从商业模式的应用中获取收益。

　　前面我们已经介绍了自然语言理解体系和知识图谱等内容，这些内容在具体行业的场景约束下更容易实现，其应用场景主要体现在行业文本认知、业务自动化和智能化服务等。目前的商业化产品主要包括语音助手、搜索推荐、客服机器人、机器翻译等，在这些具体的行业或领域中，知识图谱发挥了巨大作用。那么如何将前述各章的内容转化为实际应用产品呢？本章及后续章节内容将结合前述语言理解的概念、流程和方法，结合具体的场景需求，以专利行业文本工程为例，探索行业知识图谱的通用化实践方案。

　　本章首先介绍行业知识工程。尽管目前没有形成公认的知识工程定义（早期的知识工程与现实知识图谱存在差异），但从我们的实践经验来看，知识工程大致涵盖了知识图谱的各项基础环节，包括行业知识库、行业模型算法库和标注、训练、更新等，如图 5-1 所示。

　　行业知识库主要包括行业语料库、术语知识库、文本规则库、特征字段库、行业本体库、行业附图库、行业产品库、行业标准库、应用知识库等。行业语料库主要是指行业采集的原始语料，比如未标注的生语料和已经标注的熟语料。术语知识库主要是行业专用语（词、短语、句等），以及语言知识（上下位、同位、反义、解释说明等）。文本规则库主要是结合行业语料和语言结构特征，制定的文本抽取规则。特征字段库是通过规则库和后文论述的模型库抽取获得，具有行业特征。行业本体库主要是以行业需求为目标，建立概念体系，比如专利行业的"领域 – 技术 – 组件 – 属性参数"本体。行业附图库是伴随语料库的图像或符号，也可以是配合语义理解的多模态数据；行业产品库主要是与行业相关的产品名称、产品类别、产品说明等内容。行业标准库是一个行业的标准文件集合，具有操作指南意义，也是行业知识积累流程化、标准化、常规化的必要步骤。应用知识库涉及历史行为记录、点击日志、画像信息等。

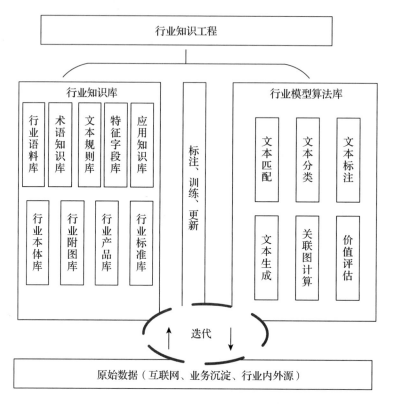

图 5-1 行业知识工程基本框架

行业模型算法库提供必不可少的行业知识计算和模型。其中，分类、标注、匹配、生成、关联图计算都可以围绕应用目的分别构建，面向用户意图和应用需求封装不同的服务接口。在行业应用过程中，有些时候还可以搭建一些基础定制模型，比如主题模型是根据用户文本集合聚类生成的多个主题，价值评估可以通过"特征+权重"统计算法对文件进行质量衡量，机器翻译可以直接提供跨语言的分析理解。通过将上述模型算法进行服务封装，可以在后续知识图谱模块或平台中直接应用。

标注、训练、更新也是知识工程中重要组成部分，往往能形成平台级工具，比如数据标注平台、智能算法训练平台。考虑到知识工程的生命周期，还需要设计知识库存用管理以及模型迁移过程中的持久化和更新机制。

下面，我们结合工程实践，进行详细说明。

5.1 行业知识库

任何一个行业，都有自己的文本积累，从开源互联网、业务渠道处可以收集各类行业数据。根据各种数据结构特征，对原始数据进行预处理，包括行业数据清洗、字段对齐和补齐，然后完成加工入库、分布式存储、索引构建和增量更新等环节。根据经验，行业知识库主要包括如下几种：行业语料库、术语知识库、文本规则库、特征字段库、行业本体库、行业附图库、行业产品库、行业标准库和应用知识库等。

5.1.1　行业语料库

行业语料库的搭建依赖于我们对行业的理解，具体可分为生语料和熟语料。生语料未经过标注，可以来自行业新闻、社交网站、门户网站、百科数据等，也可以来自行业内部数据。对于互联网来源的数据，可以编写爬虫进行爬取。以专利语料制作为例，生语料就是公开的原始专利文本，目前可以获得全球 1.2 亿篇以上的专利。专利文本在外观设计、实用新型和发明的内容和格式上都有差别，由于数据语言多样，且都来自不同国家或地区的专利局。因此需要对不同来源的数据规范字段格式，进行字段对齐。

考虑到国家知识产权局公开专利文献网站没有相应的应用程序接口供我们直接调用，因此需要设计自动提取网页的程序。通过不断地从当前（初始）网页抽取新的 URL 放入队列，直到满足一定的停止条件，从而实现网页自动获取，这就是常说的爬虫技术。在了解目标网站以后，设计爬虫引擎用于 URL 队列爬取，并分配队列给下载器，用于多线程页面下载。编写的爬虫会解析下载的应答包，多线程自动化提取出里面的实体（封装类），再存入数据库。概括起来就是如下基本步骤：

① 爬虫引擎从调度器中取出一个 URL 链接，封装成一个请求传给下载器。
② 下载器下载资源，并封装成应答包。
③ 爬虫解析应答包。
④ 解析出页面实体，进一步下载存储。

爬虫程序编写通常使用 Python 语言，有多种方法可以实现，比如常见的 Requests 和 BeautifulSoup 库，但这类方法效率较低。一般而言，最好在服务器集群上进行多机并行爬取，一方面可以充分利用 CPU 资源，另一方面它提供了分布式处理和断点保存功能，可支持多线程管理。多线程加速在 Python 中可以通过加载 concurrent.futures 并发模块，并设置多线程的个数来实现。同时引入 aiohttp 模块异步处理 HTTP 请求，实现异步文件读写，从而提高速度。

除了上述方法以外，另外一种实现方式是使用 Scrapy 框架并结合 BeautifulSoup 库和正则表达式来解析网页，效率比较理想，这也是目前最为常用的方式。当然，还要考虑验证码识别、反爬虫机制、断点续传等问题。一些跳转页面需要填写参数，如图 5-2 所示。

根据网站公布的专利文本特征，如图 5-3 所示，确定爬取字段，包括申请号、申请日、申请人、摘要、摘要附图、法律状态等信息，通过数据结构分析，确定需要存储的字段，选择数据库构建表和关联关系。

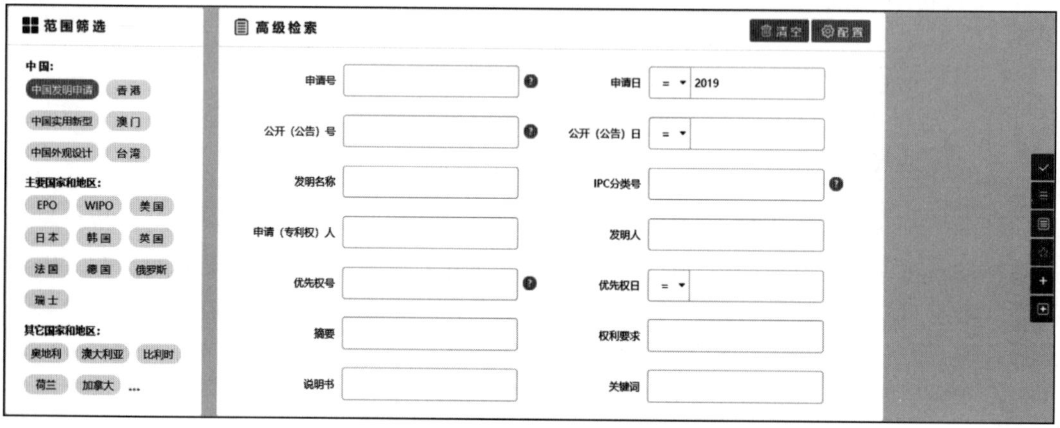

图 5-2　专利文本爬取的页面

图 5-3　网站上公布的各类专利文本基本特征

编写爬虫程序，然后针对爬取的专利文本数据，经过重新组织、字段对齐、数据清洗等步骤后，根据业务需要对字段进行标准化对齐，方便后续多源专利数据的融合，如图 5-4 所示。

分类	字段含义	字段名称	字段名称	字段类型	过滤条件
	标题	title		String	
	公开号	pubid		String	
	摘要	abst		String	
	发明人	inventorList		List<String>	yes
	申请号	appid		String	
	申请人	applicantList		String	yes
	申请日	appDate		String	
	申请国家	country		String	yes
	独立权利要求	claimsIndList		List<String>	
	法律状态	legalStatus		String	yes
	权利要求数	claimsCount		Integer	

图 5-4　专利文本的字段对齐

最后，形成符合程序读写使用的交互格式数据（例如 JSON 格式），方便存取调用。经过上述预处理步骤，获取专利文本及其基本字段的规模语料，并入库形成规范文本数据。进一步，根据应用或业务需要可以为每一个专利文本加工特征字段，包括了已有结构化字段标准化，也包括从非结构化文本中标注或抽取信息，形成结构化字段。以上经过标注后的专利语料，制作形成专利行业的熟语料。比如对图 5-5 中专利的权利要求文本加工，形成了 claimsCount、claimsList、claimsIndCount、claimsIndList 等多个特征字段，用于训练学习及应用。另外，考虑到架构和应用问题，需要明确哪些数据需要持久化，哪些需要不断更新。因此，结合专利文献自身的特点，可以选用 NoSQL 数据库进行存储，以支持事务一致性以及后续扩展，避免反复迭代，为下一步的图谱构建和功能模块搭建奠定基础。


```
"claimsCount" : 8,
"claimsList" : [
    "1、一种光测弹性应力的方法，将被测模型置於正交偏振光场中，在电光调制器无电致双折射补偿的情况下，转动模型一个角度
    "2、如权利要求1所述的方法，其特征在于所述的旋光法是利用电磁旋光效应使被测模型前的偏振光的偏振方向旋转一个角度，
    "3、如权利要求1、2所述的测量方法，其特征在于被测点的条纹级数是用双波长测量法按下列步骤综合而得：（1）以λ光在补
    "4、根据权利要求1、2所述的测量方法，其特征在于主应力的确切方向是由以下三个条件定出：（1）使系统达到非补偿消光态
    "5、一种由光源（1）、起偏器（2）、检偏器（3）、电光调制器（4）、光电转换器（5）、监示器（6）和电光调制器电源（
    "6、如权利要求5所述的装置，其特征在于旋光器（8）、（9）是一对法拉弟旋光器，在可控直流电源（14）驱动下，它们使光
    "7、如权利要求5、6所述的装置具特征在于光源（1）采用100w或150w球形汞灯。",
    "8、如权利要求5、6、7所述的装置其特征在于有微处理机（20）（见图4），微处理机通过直流可控电源（14）控制并检测旋
],
"claimsIndCount" : 2,
"claimsIndList" : [
    "1、一种光测弹性应力的方法，将被测模型置於正交偏振光场中，在电光调制器无电致双折射补偿的情况下，转动模型一个角度
    "5、一种由光源（1）、起偏器（2）、检偏器（3）、电光调制器（4）、光电转换器（5）、监示器（6）和电光调制器电源（
],
```


图 5-5　专利文本的字段扩展

除了常用的基本文档外，行业语料还包括内部业务文档、外部关联知识等。以专利行业为例，除了专利文本外，科技文献、内部业务文档、行业报告、企事业单位信息、工商财务数据、法律法规数据、诉讼案例、设计图文档、产品文档、标准化文本等，都是专利行业语料库的组成部分，后续将选择典型语料进行加工，形成完备的行业知识。

行业语料库制作完毕以后，后续还需要加工出面向关系抽取的技术语料库，面向产品抽取的产品语料库。这部分内容需要考虑标注规范和使用场景，为后续的语义搜索、关键词推荐、技术关联奠定基础。

5.1.2 行业术语知识库

行业术语是行业文本理解的基础，也是知识三元组中实体名称的主要组成部分。依托行业数据库和专业知识，制作行业术语知识库，用于关键词助手、语义搜索和个性推荐等图谱模块或服务。术语知识库包括术语词库、术语关联词库（TermNet）和术语关系分类库等。

1. 术语词库

以专利行业为例，术语指专利技术方案中有助于方案分析的各类技术词汇，往往是专有技术名词或组合词，目前没有公开的术语词库。因此需要结合专利语料特征和自然语言处理算法等，加工形成术语词库。根据专利行业的经验，我们提出以下几种术语抽取方案：

（1）语言规则

专利文本中，术语通常是单个专有名词，或者多个词的组合词。通过文本分词，去除停用词等预处理步骤后，可以得到词语词性特征和组合特征，如表 5-1 所示。具体流程如下：

① 对文本进行分词和词性标注，去除无关词。

② 根据术语定义，制定规则完成术语抽取。当一句话的分词结果满足表格中的搭配规则时，就可以获取对应的术语，常见的词性组合规则如表 5-1 所示。

③ 进一步结合词频、TF-IDF 等特征指标筛选术语。

④ 与已有术语词表进行比对，保留新发现的术语词。

表 5-1　词性组合规则

词元素组合	词性规则（基本词性有 n、v、vn、vi、a 等）
二元组	搭配包括 n+n、n+vn、a+n、a+vn、vi+n、vi+vn、v+n、v+vn
多元组（少于五元）	首词词性为以上词性之一，中间词词性排除代词 / 量词 / 助词 / 语气词等，结尾词性为 n、vn

以下展示了基于词法规则的术语抽取核心代码。

```
#checking function for pre-word
def checkPre(flag):
    if flag[0] =="v" or flag == "l" or flag =="q":
        return True
    return False
#checking function for current word and next word
def checkRull(flag):
```

```
    if fllag == "n" or flag == "l"  or flag == "vn"  or flag == "eng" or flag ==
        "v" or flag =="q":
        return True
    return False
```

也可以考虑进一步使用句法规则，在短语结构和依存关系的基础上制定术语抽取模板，进而抽取术语。基于上述语言规则获得的抽取词结果如图 5-6 所示，可以看出仍有大量不合理的术语词存在，比如“节约大量”“包括机架”等，需要进一步过滤去除。

生产成本低
限位板
木材利用率
加工机械技术
装饰材料
电木板
热压成型
包括机架
木质纤维
木塑复合材料
实木复合地板
木材加工行业
加工精度
加工成型
装饰效果
节约大量

图 5-6　词性规则抽取术语结果

（2）信息论和术语度

除了语言规则外，还可以计算文本特征的互信息（第 3 章）来获取术语。通常情况下，中文术语是两个或多个词的变量组合。由于互信息本质就是体现两个变量相互依赖的程度，在中文分词基础上，假设前后两个词用随机变量 X 和 Y 表示，它们的互信息值越高，则相关性也越高，那么它们组成术语的可能性就越大；反之，如果 X 和 Y 的互信息值越低，则相关性越低，那么它们组成术语的可能性也越低。互信息计算公式为

$$I(x;y)=\log\frac{p(x\mid y)}{p(x)}=\log\frac{p(x,y)}{p(x)p(y)} \tag{5.1}$$

其中，$p(x)$ 为 X 的先验概率，$p(x\mid y)$ 是在随机变量 Y 前提下 X 的条件概率或后验概率。

对于一组文本而言，“人工→智能”在文章中一共出现了 2 次，而二阶组合词一共有 100 个，所以上式的 $p(x,y)=\frac{2}{100}$。同理，可以求出 $p(x)$ 和 $p(y)$，进而可计算互信息，挖掘相邻词成为术语的程度。此外，还可以通过计算组合词的熵增判断边界的方法获取术语。熵是对随机变量不确定性的度量，对于多词语组合左右边界的划分，往往可以通过熵来衡量。左右熵是指多词语组合左边界的熵和右边界的熵。如果左右熵大于一定的阈值，那么多词语组合就可以视为一个完整的术语。

上述基于统计和信息论的方法在实践过程中，对低频术语和三个词及以上组合的多词术语抽取效果并不佳，因此可以考虑混合算法，加入术语度计算等约束条件。首先通过语言规则和上述概率计算过滤多词组合，获取候选术语。然后根据多词组合频率、多词组合长度、领域类别、被嵌套多词组合权重降低等因素，计算 C-value 值。C-value 值的高低可以作为术语评判标准。C-value 计算公式如下：

$$C\text{-value}(x)=\begin{cases}\log_2|x|\times f(x) & x\text{未被嵌套}\\ \log_2|x|\times\left[f(x)-\dfrac{1}{c(x)}\displaystyle\sum_{i=1}^{c(x)}f(y_i)\right] & \text{其他}\end{cases} \tag{5.2}$$

其中，x 为抽取的某个候选术语，$|x|$ 为候选术语 x 的长度，$f(x)$ 表示候选术语 x 在语

料库中的词频，y_i 表示抽取的包含 x 的候选术语（嵌套术语，即被更长的多词串所包含），$c(x)$ 表示嵌套术语的数量。式（5.2）中上式表示 x 未被嵌套的情况，下式表示 x 被嵌套的情况。

　　进一步，开展术语抽取工作。首先抽取中文专利语料库的专利文本，包括标题、摘要、权利要求、申请人等内容，利用开源分词工具对标题、摘要、权利要求进行分词，经过去除停用词等预处理，获得分词结果和词性结果。调整校验 C-value 阈值，对获得的结果进行随机筛选和人工评判，最终选择的术语部分结果如图 5-7 所示。从图中可以看出，基于这种统计学方法的结果仍存在明显噪声，比如"满足高品质"等。这些噪声，一方面由分词工具引入，比如由于分词粒度和词性判断的结果存在问题；另一方面，一些中文高频多词组合本身不符合人们习惯的语法结构，利用 C-value 值进行筛选仍不能完全将其滤除。对噪声的过滤还需要进一步研究。

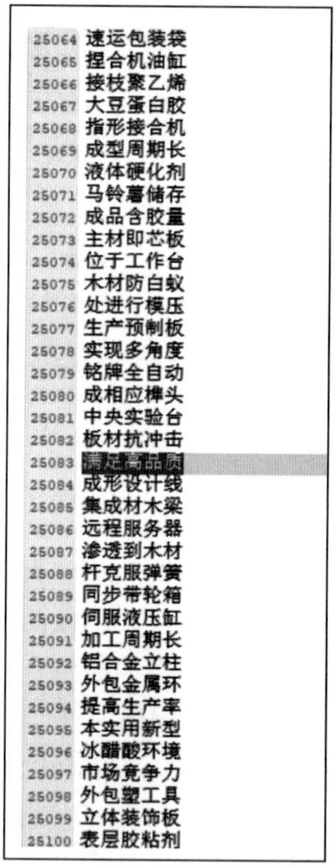

　　（3）机器学习和深度学习

　　术语抽取在机器学习任务中属于文本标注任务，通过提取术语的首尾字边界来推断术语。条件随机场（CRF）是普遍使用的模型，具有较高的准确率。考虑到该标注任务对特征工程的要求较为严苛，即有效特征难以获取，可以利用深度神经网络结构来获取文本特征，自动推断相关特征。近年来，由于文本序列的依赖性问题，不考虑马尔可夫假设，而是通过设计长短时记忆网络（LSTM）来实现长文本的特征表示。因此衍生出了前文介绍的多类深度神经网络结构。前面已经详细介绍了 LSTM 的输入输出方式，考虑到术语双向读取的特征表示可以更好地学习术语的上下文信息，有利于提高模型效果，所以采用 Bi-LSTM 输出当前术语候选项对应的标签概率分布，把 Bi-LSTM 层看成术语上下文的一个编码层。进一步接入条件随机场层，在给定随机变量 X 的条件下，比如编码特征的概率分布，编码层输出的分布作为 CRF 层的特征分布输入，通过在 CRF 中学习特征转移概率，从而预测另一个标注结果 Y 的分布。这就是我们采用的用于术语抽取的 Bi-LSTM+CRF 模型，如图 5-8 所示，该模型结构主要由三层构成，分别为词向量嵌入层、Bi-LSTM 层以及 CRF 层。

图 5-7　C-value 算法给出的术语抽取结果

　　① 输入为获取序列的词向量嵌入层。

　　② 双向 LSTM 层由三部分构成，分别为前向 LSTM 网络、后向 LSTM 网络以及拼接层。前向 LSTM 网络采用自左向右的计算方式，提取文本序列的上文信息；与之相反，后

向 LSTM 网络则采用自右向左的计算方式，提取文本序列中的下文信息；拼接层将前向网络的隐藏层输出与后向网络的隐藏层输出直接拼接，作为网络计算获取的上下文特征信息。

③ 条件随机场层根据上下文特征信息对序列进行解码，完成序列标注输出。

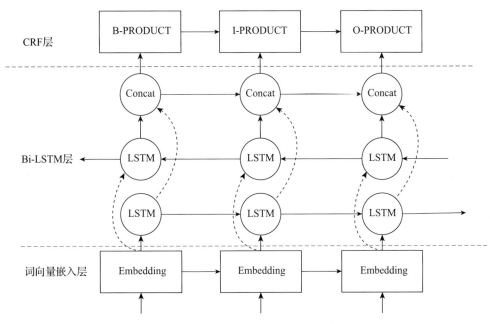

图 5-8　Bi-LSTM+CRF 模型结构示意图

术语抽取的流程如下：首先准备专利文本语料，通过专利分类号随机选择每个分类下的待标注语料，保证样本采集分布尽可能均匀。术语标记需要统一标准，一般术语出现在标题和摘要中的情况居多，利用斯坦福大学开发的 Brat 工具进行标准化标注。通过 Word2vec 预训练模型给出语料的词嵌入输入向量，视为输入层的初始化向量，如图 5-9 所示。

```
5661 100
，  -1.582564 2.396755 1.803624 -0.425334 -1.339964 -1.544204 1.403232 -1.084940 -2.714719 -1.687861 -2.551890
的  0.623699 0.281955 2.002877 -0.003750 -1.203350 0.389108 -0.658073 -1.505337 -1.242039 1.230543 -0.451862 0.
一  -0.550636 -1.854764 1.929449 -2.561080 -1.100224 7.024420 -3.911911 5.399547 -8.518155 0.552050 0.617936 2.
2.485673 1.222022 -1.168527 -0.573070 -0.490837 -1.434555 1.611226 -5.156074 -2.836700 -0.319062 -4.807766
用  1.327770 -0.669489 -1.222389 3.158481 -2.704622 4.746866 -2.429640 -0.368652 2.294256 -9.967020 6.595507 -0
有  -3.685393 3.939150 -1.682445 1.353165 0.876425 4.307845 -0.511909 -0.832276 -3.582278 4.841027 4.216176 0.1
所  4.809046 2.384028 -1.402202 -2.116157 0.836375 -2.012378 3.387516 6.313947 -0.035587 2.601939 5.084901 -1.8
．  -0.831594 4.509846 3.539413 -1.552779 -7.672938 0.252403 -1.769494 -2.014390 -3.517697 -0.660081 -6.287090
述  5.134311 -4.461082 1.495300 3.274821 5.030373 2.148596 2.824535 -7.582983 -1.538279 -1.843672 2.535963 -4.0
置  0.917513 3.653889 0.195445 4.823415 -2.852462 -0.306959 0.279123 0.927877 -0.858381 0.216118 -0.931693 -4.7
设  4.183691 -3.747444 -2.890863 3.033349 -2.711387 2.122553 -0.923078 1.099836 3.950209 -0.767414 -1.269625 5.
本  -2.108726 3.219322 1.790161 -2.096445 -5.077630 2.268268 1.603340 0.370735 1.754915 1.891335 0.487201 -0.87
装  2.525168 -1.347283 -9.257271 -3.710228 -2.375214 3.942062 1.681748 0.242056 -0.007624 8.219402 -0.387664 2.
种  -1.711424 0.277420 0.402594 -2.516772 -0.815802 0.673160 -3.702155 -10.260190 6.797023 3.835492 -0.923903 3
电  3.660066 0.441374 -0.115650 -3.566404 -6.067856 -5.861740 -1.312728 -0.537609 3.278266 1.200387 -3.811356 -
和  3.944340 0.439976 0.410621 0.261650 0.236471 -2.338110 0.762446 -3.139217 -2.707499 0.519619 -1.650155 0.04
接  3.503584 2.240833 6.205058 -5.301300 -1.630591 -0.827697 0.944257 2.995926 -5.037283 -4.339500 -0.684543 -4.
上  4.052674 -0.060314 -2.193711 1.430046 2.899659 0.544721 6.966423 1.184602 -1.358400 -0.579471 -0.310708 -1.
发  -1.427481 4.274951 -1.424006 -4.334772 -6.208271 0.781088 -4.019807 -4.460751 -3.138000 0.288004 6.333156 1
方  -1.858802 1.372069 -2.418026 0.424600 -4.042281 4.364158 -5.437395 2.125473 3.146223 6.191501 0.643246 -3.
于  0.440321 6.639462 -0.444565 -6.933192 -2.234989 -0.140845 0.715587 -3.514757 2.513824 6.120170 -3.283623 -
```

图 5-9　模型初始化词向量

初始化模型参数，开始训练 Bi-LSTM+CRF 模型。利用最大化概率的对数似然求解，来迭代优化神经网络权重参数矩阵。在解码预测阶段，采用 Viterbi 算法输出预测正确的术语标签序列，最后标注出预测的术语位置。术语预测结果如下所示：

指纹信息的应用方法及移动终端。

```
[{'word': '指纹信息', 'start': 1, 'end': 5, 'type': 'ORG'}, {'word': '应用',
    'start': 6, 'end': 8, 'type': 'ORG'}]
```

移动终端及其屏幕控制方法和系统。

```
[{'word': '屏幕控制', 'start': 7, 'end': 11, 'type': 'ORG'}]
```

一种词语对文本贡献度的确定方法及装置。

```
[{'word': '词语', 'start': 3, 'end': 5, 'type': 'ORG'}, {'word': '文本贡献度',
    'start': 6, 'end': 11, 'type': 'ORG'}]
```

谷歌提出的 BERT 预训练模型在自然语言处理领域得到了应用，这里也可以将 Word2vec 预训练词嵌入替换为 BERT 预训练模型，通过冻结 BERT 参数层进行初始化，利用 fine-tuning 方式进行训练，可以进一步提高术语识别的精度。我们的试验表明，加入 BERT 预训练模型以后，在少样本上的术语识别精度提高了 10%~20%。

```
#### 冻结BERT参数层
```python
# BERT模型参数初始化的地方
init_checkpoint = "chinese_L-12_H-768_A-12/bert_model.ckpt"
# 获取模型中所有的训练参数。
tvars = tf.trainable_variables()
# 加载BERT模型
(assignment_map, initialized_variable_names) = modeling.get_assignment_map_from_
    checkpoint(tvars,init_checkpoint)
tf.train.init_from_checkpoint(init_checkpoint, assignment_map)
```

通过上述预测模型，对千万量级的专利文本进行术语抽取，结果如图 5-10 所示。

基于术语词典自动生成，结合停用词表和人工筛选，可以进一步获得术语词典。这部分术语词库可以与基于 C-value 算法的术语库进行归并和去噪，最后形成行业中文术语词库。基于词库形成的叙词表，可以大大提高中文分词的效果，对读取的专利文本数据进行分类，有助于后续搜索和特征字段加工。图 5-11 所示的结果表明，利用多种方法混合的术语抽取，能有效提高术语词库的质量。

（4）跨语言术语词

在行业应用中，我们经常会遇到跨语言术语理解问题，因此除了中文以外，我们也要考虑跨语言词库制作。与缺少间隔的中文词汇相比，英文单词都是自带空格分割的字母串。除了单个词术语以外，英文也需要考虑 Bi-gram 和 Tri-gram 等多词组合问题，所以对术语
```

的要求更高。一方面借鉴中文的语言规则（词性组合）特征、术语度获取术语，另一方面也可以通过 Bi-LSTM+CRF 模型训练术语预测模型。在具体实践过程中，英文词性特征可以通过 NLTK 算法包来获取，部分英文词性对应说明如下：

图 5-10　基于深度学习的术语抽取效果	图 5-11　基于术语词库的文本分词结果

```
'''
DT 限定词 the, a, some, most,every, no
FW 外来词 dolce, ersatz, esprit, quo,maitre
JJ 形容词 new,good, high, special, big, local
MD 情态动词 can, cannot, could, couldn't
NN 名词 year,home, costs, time, education
NNS 名词复数 undergraduates, scotches
NNP 专有名词 Alison, Africa, April, Washington
NNPS 专有名词复数 Americans, Americas, Amharas, Amityvilles
PDT 前限定词 all, both, half, many
SYM 符号 %, &, ', ' ', ' ', . , ), )
VB 动词 ask, assemble, assess
VBD 动词过去式 dipped, pleaded, swiped
VBG 动词现在分词 telegraphing, stirring, focusing
VBN 动词过去分词 multihulled, dilapidated, aerosolized
```

VBP 动词现在式非第三人称时态 predominate, wrap, resort, sue

VBZ 动词现在式第三人称时态 bases, reconstructs, marks

''''

参考中文 C-value 术语度的计算流程, 结合前述设计的语言规则, 可以获取英文术语。图 5-12 可以看到术语的比例偏低, 有一些词属于常见单词, 不能算术语, 比如 "adjust"。

另一方面, 可以利用成熟的开源英文关键词抽取文本的关键词。对同样的英文专利语料, 术语的抽取效果提升很多, 一些常见词消失了, 而一些专业词汇被保留。进一步, 也可以基于 Bi-LSTM 架构的深度学习方法抽取, 获得相应术语, 结合预训练语言模型进行微调, 将术语抽取作为实体序列标注问题。训练好的模型进行大量文本的解码预测, 给出术语实体的抽取结果。最后合并以上几种方案, 结合停用词表和词形标准化, 给出英文 Bi-gram 和 Tri-gram 术语词库, 如图 5-13 所示。

制作上述词库以后, 将上述词库形成字典查询格式, 提高检索的效率。通过制作术语词库, 即可搭建面向行业的中英文分词工具包, 形成可以直接调用的服务。

```
 1 Preparation
 2 Testing
 3 Manufacture
 4 automobile
 5 control
 6 LED
 7 Robot
 8 production
 9 mobile terminal
10 portable
11 Composition
12 Concrete
13 Multi-function
14 network
15 Solar energy
16 test
17 Catalyzer
18 medicine
19 sensor
20 Engine
21 adjust
22 Compound material
23 automation
24 machining
25 self-adaption
26 Biology
27 Controller
28 Production process
29 traditional Chinese medicine
```

图 5-12　基于 C-value 算法的英文术语抽取结果

```
"localizer": {"captures": 1, "antenna": 1, "web": 1},
"pentachlorophenyl": {"ester": 1, "phenyl": 1, "ethers": 1},
"anogeissus": {"extract": 1}, "fumagillol": {"derivatives":
    {"processes": 1}}, "methoxyphenyl)": {"ethyl": 1},
"fleeces": {"mats": 1}, "circuitry": {"duty": {"ratio": 1},
```

```
wearable-optics-device
wearable-optics
optical-assembly
optics-device
surrounding-environment
display-device
image-source
method-comprising
power-source
device-comprising
system-according
computer-system
radio-frequency
support-structure
```

图 5-13　多种方法融合的英文术语抽取结果

2. 术语关联词库

术语关联词库 (TermNet) 本质是一种术语语言知识库, 如果把术语看作知识图谱中的实体, 那么关联词库就定义了术语三元组知识, 这是建立行业知识的基础。术语关联词库类别主要包括跨语言词、等同词、同位词、上下位词、反义词、解释说明等。这里我们主要介绍术语的中英文关联词、同位词和上下位词等关联词获取方法。

（1）中英文关联词

在建立了中英文术语库的情况下，可以通过机器翻译实现中英术语关联，比如通过中文术语库调用 Google 或者百度机器翻译 API 来实现。同理，通过英文术语库获得对应的中文术语，进而与上述词库进行交叉匹配，最后获得中英文关联词库。除此之外，也可以通过建立自己的机器翻译模型，直接翻译获得跨语言词库。此外，基于已有的叙词表可以进一步爬取该词对应的百科知识，进而抽取出中英文词对。比如在下面的样例中，对"自动驾驶"的英文解释 Autopilot 基于规则进行抽取，从而形成了中英文关联词。

```
{
    "topic_word": "自动驾驶",
    "abstract": "自动驾驶（英语：Autopilot）是一种经由机械、电子仪器、液压系统、陀螺仪等，做
        出无人操控的自动化驾驶。常用在飞行器、船舰及部分的铁路列车。公路交通工具的自动驾驶仍在
        研究开发中，尚未大规模商用。",
    "cols": [
        "相关"
    ],
}
```

（2）同位词和上下位词

同位词和上下位词的一种获取方法如下：可以通过 Word2vec 模型得到术语的语义空间近似词（相关词）组合，通过点击率分析，可以从语义近似词中获得同位词、上下位词的权重，进而迭代获得更准确的结果，下面介绍几种常用方法。

①首先对专利文本语料进行分词。由于 Word2vec 等预训练模型可以获得的是具有语义上下文分布近似词向量，所以可以通过无监督学习获得词嵌入模型，能够获取具有相似上下文词分布特征的词组合。比如，与词语"MIMO"最相关的词有：

SuggestionValue1：多入多出 0.763560831547

SuggestionValue2：多小区 0.75760024786

SuggestionValue3：波束赋形 0.714520514011

SuggestionValue4：多用户场景 0.707141518593

SuggestionValue5：干扰对齐 0.702409267426

SuggestionValue6：空时编码 0.701966762543

SuggestionValue7：Massive 0.700747132301

SuggestionValue8：SISO 0.696803867817

SuggestionValue9：STAP 0.692923426628

SuggestionValue10：有限反馈 0.689963161945

SuggestionValue11：多天线 0.68668627739

分离确认同义词和上下位词需要进一步通过点击行为进行协同推荐。对于某个术语，结合用户使用频次，可以获得一些同位词、上下位词的排序权重，相当于人为定义准确关

联词库。进一步，通过设计 K 近邻分类方法，对每一个候选词进行判断，当满足一定阈值的情况下，将候选词判断分类为同位词或上下位词，从而可以对关联词库进行补全。

由于应用场景的需要，人们也可以在调用该服务的过程中，人工选择同位词和上下位词，并进行更新，不断完善关系分类结果，可以成为其他服务的术语知识，如图 5-14 所示。以网络安全为例，相关的同位词有网络信息安全、Web 安全等，下位词包括攻击检测、攻击防御、攻击分析等。

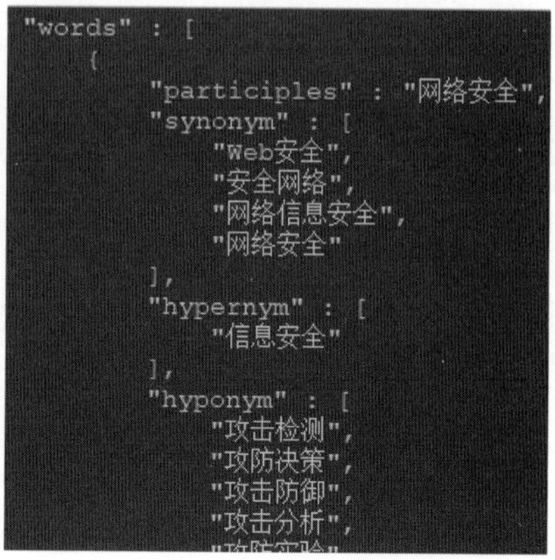

②基于互联网开源知识的关联词爬取和对齐。通过术语词库做通用知识图谱的搜索，获取相关的信息，抽取 infobox 等相关信息，里面会涉及术语的英文名称、同义词、别称、相关说明等信息。对于 infobox 这种半结构化数据，需要通过包装器学习抽取规则，仅需要少量标注，就可以学习某种关系抽取的规则。在存储过程中，对数据重新组织，再通过清洗获得符合要求的知识。如图 5-15 所示，以六甲蜜胺为例，可以看到术语名称和对应的 infobox 信息。通过对相关页

图 5-14　基于点击率不断改进的关联词库

面下面的 extendWords 字段抽取，也可以进一步获得相关词，补充术语词库，并且通过与 Word2vec 模型推荐词进行比对，如果比对成功，那么让机器自动修正模型推荐词的权重，有助于增加第一种方法的效果。

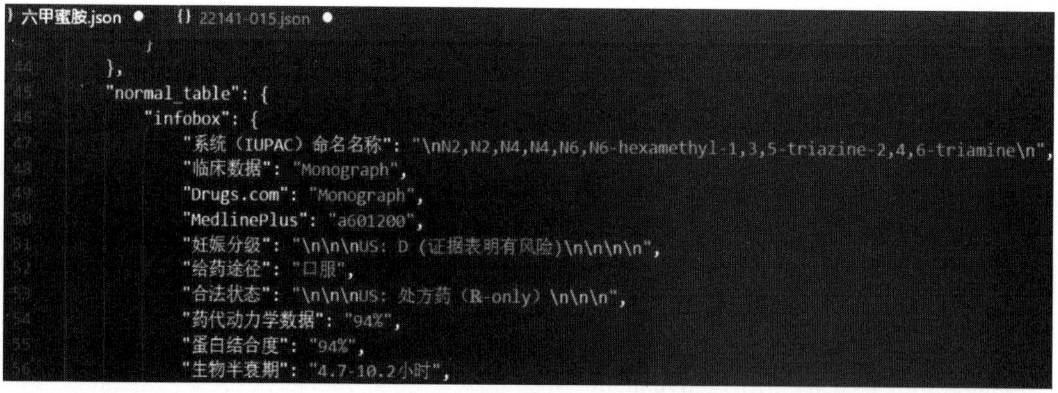

图 5-15　百科知识中抽取关联词

当然也存在一些数据没有 infobox 关联词信息，这时需要考虑其他数据来源。比如搜索维基百科数据等，从维基百科数据中的 infobox 抽取，通过多源数据来进行对齐、清洗和融合，或者从 abstract 或 body 字段中制定规则来抽取，通过规则抽取，获得术语的同位词和上下位词，也可以补充中英文关联词。以图 5-16 所示的北斗星为例，同位词有"北斗七星""天枢"等，上位词为"星群"，下位词包括"天玑""天璇"等。

```
    ],
    "specific_table": {
        "北斗七星": {
            "组成天体": "\n天枢 | 天璇 | 天玑 | 天权 | 玉衡 | 开阳 | 瑶光\n",
            "相关星座及天体": "\n大熊座 | 北极星\n",
            "类型": "\n星群 | 魁星\n"
        },
        "三垣星官": {
            "紫微垣": "\n\n\n北极\n四辅\n天乙\n太乙\n紫微左垣\n紫微右垣\n阴德\n尚",
            "太微垣": "\n\n太微左垣\n太微右垣\n谒者\n三公\n九卿\n五诸侯\n内屏\n",
            "天市垣": "\n\n天市左垣\n天市右垣\n市楼\n车肆\n宗正\n宗人\n宗\n帛度"
        }
    },
    "normal_table": {
        "wikitable": {
            "星名": "天枢",
            "古名": "天枢",
```

图 5-16　维基百科数据中抽取关联词

③通过语法任务中的句法分析来抽取三元组，进而完成同位、上下位关系抽取。

首先利用训练好的句法工具包，比如斯坦福大学的句法分析包或哈工大的 LTP 模型包，对专利文本逐句进行三元组抽取，然后通过与术语词库中的术语（实体）进行链接，对三元组居中的关系名称归并到同位、上下位、英文名称等关系类别中，可以用规则或机器学习的方式实现。也可以通过句法分析获取术语关联词，比如说下面的"包括"一词，表明预设区域和触摸屏之间是上下位关系，"所述"表明操作区域和触摸屏是同位关系，因此可以通过规则来完成关系类别的抽取。

主谓宾　（移动终端，调出，缩略图界面方法）
定语后置动宾关系　（预设区域内，所述，触摸屏）
主谓宾　（当述操作手势，执行，其他操作）
主谓宾　（所述缩略图界面，包括，该子界面）
定语后置动宾关系　（预设区域，所述，触摸屏）

④借助语言知识库和行业本体分类体系。将行业本体映射为同义词林模式，比如哈工大的词林模式，如图 5-17 所示，来自定义编辑行业同义词林，进而通过词林来获得同位词和上下位词等。

比如计算"机器学习"和"自然语言处理"的相近程度，就可以推断两者在细分类上一致性如何，相似度如何，进而推断两者的关系。

```
La06D01= 个谢 个取当 别客气 对说 彼此彼此
La06D020 岂敢
La06D03= 过奖 过誉
La06E01= 深度学习 机器学习 卷积神经网络
La06E02= 机器人 仿生人
La06E03= 自然语言理解 自然语言处理
```

图 5-17　同义词林获取关联词

同位词获取结果：
机器学习　的编码有：['La06E01=']
自然语言处理　的编码有：['La06E03=']

机器学习　自然语言处理　最终的相似度为 0.6391229022429272

总之，通过上述四种方法，可以将整合后的行业关联词库在数据库中存储、索引，方便调用。

5.1.3　行业文本规则库

行业文本规则库主要考虑面向行业语言知识的特征字段处理和更新，下面针对行业文本，我们分中文和英文分别建立规则库。

1. 中文特征抽取

以专利文本为例，在基本清洗和预处理以后，会得到一些基本字段，如标题、摘要、权利要求、说明书等。这些字段文本往往还有继续细分的必要，可以提取出更多的特征字段，用来对专利进行深入的挖掘分析。比如专利说明书中还包括技术领域、背景技术、发明内容、附图说明、具体实施方式等子部分，考虑到各部分的行文特征，一方面有标志词，另一方面有特征结构，因此可以利用正则表达式提取说明书的各个字段，也就是可以对说明书更细致地解耦，相关代码如下：

```
tech = ['技术领域']
back = ['背景技术']
content = ['发明内容',['本发明对','改进'],['本发明','制成'],['本发明','一种'],['上述','
    缺少'],['本发明','贡献'],'本发明的主要目的'],]
imageDesc = ['附图说明','本发明的详细', '实施例',['本发明','实施']]
```

通过上述文本规则可以对中文专利说明书进行解构，然后通过对专利的说明书字段进行逐句的分析，通过 rullCheck 函数进行判断，将符合正则表达式的语句放入对应的字段中。

```
def rullCheck(sentence,tech):
    '''
    :param sentence: 待分词句子
    :param tech: 识别词list，如之前展示的tech
    这里主要支持2个类型的规则识别
    1 首词识别：即找到标记词x，并将sentence中x及x之后的句子内容作为抽取内容或作为类别识别
    2 首尾词识别： 即找到标记词x,y，并将sentence中x,y之间的句子内容作为抽取内容或作为类别识别
    :return:
    '''
    for rull in tech:
        if type(rull) == list:
            #首尾词识别
            current = -1
            listbool = True
            for i in rull:
                if i in sentence:
```

```
                #通过current确定首尾词顺序不可逆
                if current < sentence.index(i):
                    current = sentence.index(i)
                else:
                    listbool = False
                    break
            else:
                listbool = False
                break
        if listbool:
            #print ' matching rull is', rull[0],rull[1]
            return True
    else:
        #print 'word rull match'
        if rull in sentence:
            return True
return False
```

这样对于一篇专利说明书就获得了多个特征字段，如图 5-18 所示的技术（tech）、背景知识（back）、发明内容（content）等字段，进一步方便理解专利。

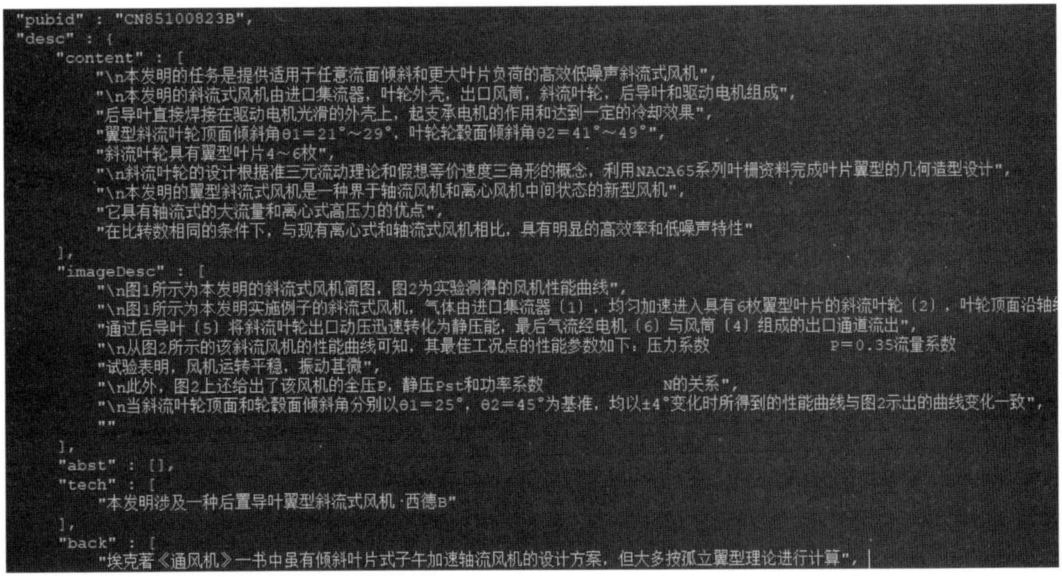

```
"pubid" : "CN85100823B",
"desc" : {
    "content" : [
        "\n本发明的任务是提供适用于任意流面倾斜和更大叶片负荷的高效低噪声斜流式风机",
        "\n本发明的斜流式风机由进口集流器，叶轮外壳，出口风筒，斜流叶轮，后导叶和驱动电机组成",
        "后导叶直接焊接在驱动电机光滑的外壳上，起支承电机的作用和达到一定的冷却效果",
        "翼型斜流叶轮顶面倾斜角θ1＝21°～29°，叶轮轮毂面倾斜角θ2＝41°～49°",
        "斜流叶轮具有翼型叶片4～6枚",
        "\n斜流叶轮的设计根据准三元流动理论和假想等价速度三角形的概念，利用NACA65系列叶栅资料完成叶片翼型的几何造型设计",
        "\n本发明的翼型斜流式风机是一种界于轴流风机和离心风机中间状态的新型风机",
        "它具有轴流式的大流量和离心式高压力的优点",
        "在比转数相同的条件下，与现有离心式和轴流式风机相比，具有明显的高效率和低噪声特性"
    ],
    "imageDesc" : [
        "\n图1所示为本发明的斜流式风机简图，图2为实验测得的风机性能曲线",
        "\n图1所示为本发明实施例子的斜流式风机，气体由进口集流器（1），均匀加速进入具有6枚翼型叶片的斜流叶轮（2），叶轮顶面沿轴
        "通过后导叶（5）将斜流叶轮出口动压迅速转化为静压能，最后气流经电机（6）与风筒（4）组成的出口通道流出",
        "\n从图2所示的该斜流风机的性能曲线可知，其最佳工况点的性能参数如下：压力系数              P＝0.35流量系数
        "试验表明，风机运转平稳，振动甚微",
        "\n此外，图2上还给出了该风机的全压P，静压Pst和功率系数              N的关系",
        "\n当斜流叶轮顶面和轮毂面倾斜角分别以θ1＝25°，θ2＝45°为基准，均以±4°变化时所得到的性能曲线与图2示出的曲线变化一致",
        ""
    ],
    "abst" : [],
    "tech" : [
        "本发明涉及一种后置导叶翼型斜流式风机·西德B"
    ],
    "back" : [
        "埃克著《通风机》一书中虽有倾斜叶片式子午加速轴流风机的设计方案，但大多按孤立翼型理论进行计算",
```


图 5-18 行业知识工程的基本框架

有些时候，行业文本本身没有明显的特征标识，这个时候就要对规则进行系统总结，要结合行业文本的应用来构建规则。以专利为例，专利文本本身有一些基础字段，比如申请人、标题、摘要、权利要求等，但是如果仅仅按这些字段存储专利，我们对于专利的文本理解就有严重的问题，因为标题和摘要仅仅是对技术方案的泛泛论述，而权利要求却是

晦涩的抽象文本，这些都极大增加了机器理解的难度。通过现有的语言分析，往往得不到可以面向应用的情报。

围绕"专利是一种有新创性的技术方案"这一思路，我们需要重新梳理文本逻辑：在某个技术领域内，从技术问题出发，通过提出的技术手段和技术方案，解决问题并达到理想的效果。所以专利文本应该分成四个主要部分：领域、问题、技术、功效。

从特定文本位置抽取特征句子集合，比如从说明书中可以获取的集合：

```
'''
技术领域和背景技术：领域、问题，技术
发明内容：问题、技术和功效
摘要：问题、技术和功效
'''
```

从专利全文视角，制定专利文本四个特征字段抽取规则，如表5-2所示。当然我们可以根据行业应用要求，制定不同的规则，抽取特征文本。为了后续的算法模型调用，也要离线处理出一批可持久化的存储字段，比如权利要求特征信息。

表 5-2　专利行业文本的特征字段抽取规则

抽取规则	特征结构
技术功效	[[' 解决 ',' 弊端 '],' 本发明可 ',' 目的在于 ',' 优点是 ',[' 使 ',' 更 '],' 提高 ',' 降低 ',' 防止 ',[' 具有 ',' 作用 '],[' 使得 ',' 提高 '],[' 使 ',' 增强 '], [' 解决 ',' 问题 ']], \
技术问题	[[' 属于 ',' 问题 '],[' 涉及 ',' 问题 '], [' 针对 ',' 方法 '],[' 针对 ',' 措施 '],[' 针对 ',' 缺点 '],[' 针对 ',' 途径 '], [' 存在 ',' 问题 ']]
技术方案	[[' 涉及 ',' 方法 '],[' 涉及 ',' 装置 '],[' 涉及 ',' 系统 '],[' 对 ',' 工艺 '],[' 涉及 ',' 领域 '],' 涉及 ',[' 为解决 ',' 问题 '],[' 属于 ',' 问题 '],' 公开 ',' 采用 ']
技术领域	[[' 发明 ',' 涉及 '], [' 属 ',' 领域 '], [' 涉及 ',' 领域 '], [' 涉及 ',' 一种 ']]
权利要求特征	[' 特征在于 ']

2.英文特征抽取

考虑到很多行业的文本是英文编写的，且各个国家对文本撰写格式都不一样，所以中文特征很难直接与英文行文特征对应，除了一些基本字段以外。所以要通过一定的规则设计来对英文文献进行分析，比如对于英文专利文本特征抽取可以考虑如表5-3所示规则。

表 5-3　专利行业英文文本的特征字段抽取规则

特征抽取	特征结构
技术功效	[['improve'],'improved','update','updated',['reliability'],'capability','reliability','error-correcting',['correction'],'applicable','reduce']
技术问题	['However', 'Although',['suffer','from'],['degrade'],'problem','prior arts','related arts','techniques','methods',['Technologies','have been']]

（续）

特征抽取	特征结构
技术手段	[['A need','exits'],['is','desired'],['needs','to be'],['employ'], 'needs',]
权利要求	['claimed','is'],['system','comprising'],['system','comprise'],['invention', 'claimed']

行业文本规则是文本分析的第一阶段，能够对文本进行细致的剖解，而且规则一旦确定，面对特定格式的文本进行抽取也非常方便，可以持久化成为处理流程的一部分。最后将规则整理形成规则库，或者制作成规则服务，方便其他模块调用。如图 5-19 所示，对几篇英文专利生成相应的字段文本抽取结果，可以人工校验字段抽取的效果，并不断修正规则。

	A	B	C	D	E	F	G	H
1	pubid	title	claimsIndL	claimsCou	legalStatus	funcSent	fieldSent	techSent
2	US085892	Virtual rea	<claim-text	20	有效专利	enhanced VR features. The server then receives a r	Virtual reality shopping experience	ros,gi,struct,ada,rice,real,non,sense,format,read,comm,ro,op
3	US201300	VIRTUAL R		20	有效专利	enhanced VR features. The server then receives a r	VIRTUAL REALITY SHOPPING EXPER	ros,gi,struct,ada,rice,real,non,sense,format,read,comm,ro,op
4	US201400	VIRTUAL R	<claim-text	20	有效专利	enhanced VR features. The server then receives a r	VIRTUAL REALITY SHOPPING EXPER	system for facilitating shopping and in a web browser for a us
5	US201801	AUGMENT	<claim-text	20	公开		AUGMENTED REALITY DEVICE AND	mini,sto,tap,ag,cc,is,ef,al,by,iv,tag,rising,in,gm,ing,id,gi,rt,itt,(
6	US096528	Augmente	<claim-text	15	有效专利		Augmented reality goal setter	rog,gm,ros,oci,struct,aug,tw,occ,send,smart,real,non,format,x
7	US098367	Augmente	<claim-text	7	有效专利		Augmented reality numberless transacti	system memory, the system memory including instructions wh
8	US094778	Augmente	<claim-text	15	有效专利		Augmented reality numberless transacti	dynamic,rog,gm,oci,struct,aug,send,real,format,name,edit,sig
9	US201801	SYSTEM A	<claim-text	11	公开		SYSTEM AND METHOD FOR CARRYI	is provided a system and method for carrying out a transactio
10	US201702	System an	<claim-text	33	公开		System and Method for Authentication a	a need for the user to remove the viewer.<claim-text> <b>1</
11	US201603	AUGMENT	<claim-text	57	公开		AUGMENTED REALITY SYSTEMS AN	ck,mini,now,56,ag,do,sac,is,ef,am,al,iv,ar,rising,dual,in,gm,in
12	US201703	Remote tou	<claim-text	10	公开		Remote touchscreen interface for virtua	dynamic,thumbs,gm,gi,struct,aug,tw,lk,gre,ada,bin,do,non,kin
13	US201700	AUGMENT	<claim-text	41	公开	capability and configured to identify a target product	AUGMENTED REALITY DEVICES, SY	employee device configured to receive an alert from the chec
14	US201700	METHOD O	<claim-text	20	公开		METHOD OF EFFECTING AN ELECTR	pre,sto,play,ag,do,sac,is,ef,al,iv,ar,rising,in,ons,xp,ing,ie,ep,g
15	US201501	ATM AND	<claim-text	20	公开		ATM AND CARD ACCEPTANCE LOCA	mini,sto,ag,sac,is,ef,iu,al,gy,xe,ar,rising,in,ons,gm,ros,ie,id,a
16	US201300	METHOD A		20	有效专利		METHOD AND APPARATUS FOR ENA	needs of the user. As such, the present invention allows the u
17	US086500	System an	<claim-text	20	有效专利		System and method for a multiple merc	system comprising: <claim-text> an incentive processor con
18	US200400	System an		10	有效专利		System and method for facilitating trans	system for facilitating transactions among consumers and pro

图 5-19 英文文本的规则抽取结果

5.1.4 行业特征字段库

结合上节的特征抽取规则，可以继续完成一些行业文本特征字段的加工和入库，以专利文本为例，可以生成技术问题、技术手段、技术领域、技术功效、产品名称、标准关键词、附图名称等特征字段。以技术领域字段抽取为例，相关代码如下：

```
techField = [['发明','涉及'],'本发明属于',['属','领域'],'发明公开了','一种',['一种','方
    法'],'总体涉及','是一种',['涉及', '领域'],'公开了',['涉及', '一种'],['用于', '领域'],
    ['涉及', '领域'],['用于', '方法']]
def extractSentByRull(sentence,tech,functionType=0):
            sentence = sentence
            for rull in tech:
            if type(rull) == list:
                #print 'list rull match'
                current = -1
                listbool = True
                for i in rull:
                    if i in sentence:
                        if current < sentence.index(i):
                            current = sentence.index(i)
                        else:
                            listbool = False
```

```
                break
            else:
                listbool = False
                break
        if listbool:
            #print ' matching rull is', rull[0],rull[1]
            sub = sentence[ sentence.index(rull[0]) :]
            return sub
    else:
        #print 'word rull match'
        if rull in sentence:
            sub = sentence[ sentence.index(rull) : ]
            return sub
return ''
```

通过对特征句子抽取，进一步还可以做词或短语粒度的特征抽取，比如通过对技术领域句的抽取，再加工领域词和技术词字段，通过一些正则表达式进行清洗后形成更丰富的字段。图 5-20 为抽取的技术领域句特征字段，可以看出是对说明书的进一步精炼。

US08837728B2	2012	FIELD Embodiments of the present disclosure relate generally to radio communication systems
US08989652B2	2012	CROSS-REFERENCE TO RELATED APPLICATIONS This application claims the benefit of and priority to U
US09088420B2	2012	FIELD Embodiments of the present disclosure relate generally to cyber and network security
US09176231B2	2012	FIELD Embodiments of the present disclosure relate generally to portable electronic devices
US09363642B2	2015	CROSS-REFERENCE TO RELATED APPLICATIONS This patent application is a continuation of U
US09523763B2	2013	FIELD Embodiments of the present disclosure relate generally to location determination
US09587951B1	2014	FIELD OF THE INVENTION The present invention generally relates to tracking of assets, and more particularly to map matching method
US09843567B2	2013	CROSS-REFERENCE TO RELATED APPLICATIONS This application is a U
US20150172050A1	2013	TECHNICAL FIELD Various exemplary embodiments disclosed herein relate generally to the use of random values in secure software co
US20150312189A1	2015	FIELD OF THE INVENTION The present invention relates to a method of automatically receiving notification applied to a portable device
US20160030275A1	2015	FIELD OF THE INVENTION The present invention relates generally to a positioning system and the method for operating the same, and
US20160171858A1	2015	TECHNICAL FIELD The present invention relates to an alarm system for monitoring of smoke and gas and moisture in a monitored area
US20160198430A1	2013	TECHNICAL FIELD The present disclosure relates to a communication network node, and to a method performed by such a node, able

图 5-20　行业英文文本的技术领域句抽取

在行业文本特征中，词或短语粒度的特征有助于可视化和统计分析，更好地搜索到具有独特信息的文本。以专利文本为例，由于专利主要看技术领域、技术问题、技术方案和技术功效四个方面的特征，所以如果能够精准抽取这四个字段，就可以很好地衡量一篇专利的全部内容。

本节主要讨论了基于文本规则库生成特征字段的方法，对于行业文本特征挖掘来说，光有规则还是不够的，特别是一些更有价值的字段，比如与行业本体概念体系相关的信息往往有助于后续的关系抽取、推理认知，具有更深层次的价值。后续章节也将讨论通过模型算法库获得离线知识计算或在线服务的能力。

5.1.5　行业本体库

为了把多个数据源获得的行业知识融合，提供术语标准化结构，本体作为术语模型应运而生。行业本体是一种术语概念体系，一般围绕行业需求建立相关本体，进而建立术语映射体系和术语关系及约束规则。不同本体之间也可以相互融合，形成更大规模的本体库。对于专利行业而言，海量的专利文本具有基本字段，但最重要的本体结构是文本分类体系，现有的分类体系包括标准化本体（IPC分类、CPC分类、国民经济分类、新兴战略产业分类等），还有一种本体是面向应用的分类体系，围绕技术方案得来。

1. 行业标准本体

专利行业与其他科技文献行业一样，都有一套标准化分类体系。根据1971年签订的《国际专利分类斯特拉斯堡协定》，编制《国际专利分类表》（IPC分类），是目前国际通用的专利文献管理和检索体系，逐渐成为专利文本标准化本体。PC分成基本版和高级版两级，基本版包括部、大类、小类、大组和小组共约20 000条，高级版约70 000条，是对基本版进一步细分后的条目数。专利行业IPC分类有A-H部，如下所示：

A—人类生活需要（农、轻、医）；

B—作业、运输；

C—化学、冶金；

D—纺织、造纸；

E—固定建筑物；

F—机械工程、照明、加热、武器、爆破；

G—物理；

H—电学。

这种分类尽可能避免了概念交叉，能够将各类技术方案尽可能独一无二地分布在某个部中，从而形成可用的本体。以G部为例，其二层层级结构及解释说明如图5-21所示。通过对解释说明的分词预处理，可以得到G部的分类体系，G部本体可以看成以"物理"作为根节点，其下包括光学、测量、测时、摄影、技术、控制、装置、密码、存储、声学、通信、核物理等二级子节点，各子节点还可以进一步细分，形成各个大部的IPC分类树。同理，CPC分类体系与IPC分类体系类似，不再赘述。

上述分类树构成了行业文本的标准化本体，为了扩大应用范围，这一本体也可以与其他分类体系相互映射转化。国际标准行业分类（ISIC），又称所有经济活动的国际标准行业分类（International Standard Industrial Classification of All Economic Activities），是全球公认的划分经济活动的国际基准分类。自1948年联合国统计委员会会议通过以来，成为世界上多数国家制定本国分类标准的依据。中国国民经济分类也参考该标准，形成分类映射的关系。中国国民经济分类是从商业经济运行角度定义全社会经济活动的分类，从某种程度上来说，是社会经济生活公认的一种分类体系。国民经济分类采用层次编码方法，分为门类、大类、中类和小类四级，中国证监会制定的股票市场分类包括了其中门类和大类两级。其中，门类用一位字母表示，即A、B、C……T依次代表不同门类；大类代码从01开始按照顺序编码；中类前两位为大类代码，第三位为数字顺序代码；小类代码用四位数字表示，前三位为中类代码，第四位为数字顺序代码。表 5-4 展示了国民经济代码与专利 IPC 分类的相互转换关系，建立相互索引机制。因此，这种国民经济分类体系也可以改造成一种专利行业本体。

description	pid	multiLine	multilineCount	ipcDesc
光学	G	[1 element]	1	光学
测量；测试	G	[1 element]	1	测量 测试
测时学	G	[1 element]	1	测时 学
摄影术；电影术；利用了光波以外其…	G	[1 element]	1	摄影术 电影 光波 全息摄影 记录
计算；推算；计数	G	[1 element]	1	计数
控制；调节	G	[1 element]	1	控制 调节
信号装置	G	[1 element]	1	信号
核算装置	G	[1 element]	1	核算
教育；密码术；显示；广告；印鉴	G	[1 element]	1	密码术 印鉴 广告
信息存储	G	[1 element]	1	信息存储
乐器；声学	G	[1 element]	1	乐器 声学
仪器的零部件	G	[1 element]	1	仪器
特别适用于特定应用领域的信息通信…	G	[1 element]	1	信息通信
核物理；核工程	G	[1 element]	1	核物理 核工程
不包含在本部其他类目中的技术主题…	G	[1 element]	1	主题 类目

图 5-21　专利 IPC 分类中 G 部说明

表 5-4　国民经济代码与专利 IPC 分类的对应关系

国民经济行业代码	国民经济行业名称	国际专利分类号 IPC	IPC 解释说明
A	农、林、牧、渔业	—	—
01	农业	—	—
011	谷物种植	—	—
0111	稻谷种植	—	—
—	—	A01C1	在播种或种植前测试或处理种子、根茎或类似物的设备或方法（所需化学药物入 A01N25/00 至 A01N65/00）
—	—	A01C21*	施肥方法（肥料入 C05；土壤调节和土壤稳定材料入 C09K17/00）
—	—	A01D91	农产品的收获方法（要求使用专用机械的，见这类机械各相应组）

此外，还有一种战略新兴产业分类体系，根据《国务院关于加快培育和发展战略性新兴产业的决定》，为满足"十三五"国家战略性新兴产业统计，测算新兴产业规模、结构和

增速制定的，以《国民经济行业分类》（标准编号：GB/T 4754-2017）为基础，对符合"战略性新兴产业"特征的经济活动再分类。这也是一种社会经济生活公认的分类体系。新兴产业分类第一层有 9 个类别，第二层有 40 个类别，第三层有 189 个类别，第四层有 166 个类别。分类编码用"."隔开，每一层用数字编码。表 5-5 展示了新兴产业编码与国民经济行业编码可以对应，因此也可以通过 IPC 分类与之相互对应，形成了三种分类体系相互转换的模式，这也是一种可被改造为标准化本体的分类体系。

表 5-5 战略新兴产业编码与国民经济行业编码

代码	战略性新兴产业分类名称	国民经济行业代码	国民经济行业名称
1	新一代信息技术产业	—	—
1.1	下一代信息网络产业	—	—
1.1.1	网络设备制造	3919*	其他计算机制造
—	—	3921*	通信系统设备制造
1.1.2	新型计算机及信息终端设备制造	3911	计算机整机制造
—	—	3912*	计算机零部件制造
—	—	3913*	计算机外围设备制造
—	—	3914*	工业控制计算机及系统制造
—	—	3919*	其他计算机制造

除了上述可用的标准化本体以外，目前广为认可的还有国际商业市场流行的全球行业分类系统（Global Industry Classification Standard, GICS）。它是由美国标准普尔（S&P）与摩根士丹利公司（MSCI）联合推出的，为国际市场提供了统一的经济板块和行业分类定义。GICS 分为四个层级，包括经济部门、行业组、行业和子行业。每一家公司依托主营业务和行业认可，分到单一子行业里面，这样进行分析统计的时候就不会有重复或遗漏。另一个国际分类体系是伦敦金融时报的全球分类系统，共三个级别。

以上这些行业分类体系，为各行各业（包括专利行业）的行业本体构建提供了依据。

2. 行业应用本体

除了上述行业专家基于国际或国家标准制定的标准化本体（基于分类体系改造）以外，以行业应用为目的，也可以自定义相关本体。比如以行业产品为目标，根据国家统计局的统计产品分类目录，也可以得到匹配国民经济分类的产品本体，如图 5-22 所示的通用设备产品体系。如果以通用设备为本体

代码	产品名称
3501	锅炉及辅助设备
3502	发动机
3503	汽轮机、燃气轮机
3504	水轮机及辅机
3505	非电力相关原动机
3506	金属切削机床
3507	金属成形机床
3508	金属非切削、成形加工机械
3509	数控机床及加工机械
3510	机床附件及辅助装置
3511	焊接设备
3512	轻小型起重设备
3513	起重机
3514	工业车辆

图 5-22 通用设备产品体系

的根节点，那么下面的二级节点就包括了发动机、汽轮机、工业车辆等，可以围绕产品使用场景制作相应的本体。

在实际商业活动中，还有很多面向行业热点或追捧概念的分类体系，比如一些二级市场炒作"概念"，这些概念往往涉及多个标准化本体，并在一定的约束条件下抽取重组形成新的概念本体，来满足实际需要。当行业文本是规范化结构的时候，可以直接抽象出概念体系。以专利为例，文本是以发明创新为目的，围绕技术方案申请授权运营的，所以针对技术方案建立本体，可以构建的本体结构如图 5-23 所示。

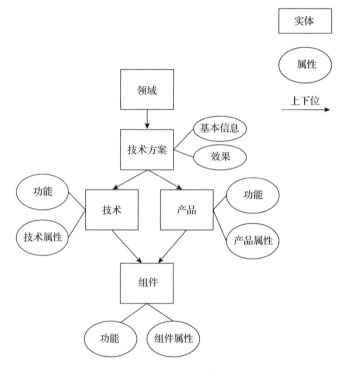

图 5-23　技术方案本体结构

这个本体构建依据发明创新方法论，是对系统分析、解题流程、文本主题拆解以后，给出的一个对应方案。任何一个专利技术方案都属于某个技术领域，彼此是上下位关系。方框中圈出的实体，都有各自的属性信息，比如同位词、上下位词和名称解释等。技术方案也包括了标题、摘要、权利要求、申请人等各项基本信息，这些内容都是技术方案的属性。一个完整的技术方案由一个技术方法或产品构成，而技术方法或产品则进一步细分为多个组件。本体可以通过第 4 章论述的 OWL 本体语言来编写，利用斯坦福大学开源 Protégé 工具[○]来构建并保存，Protégé 工具界面如图 5-24 所示。第 6 章我们将结合推理计算

○　https://protege.stanford.edu/

模块，详细介绍本体搭建和使用方法。

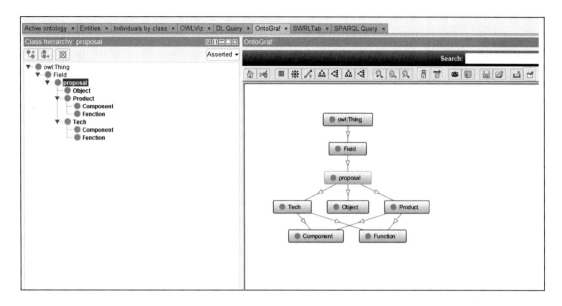

图 5-24　protégé 工具界面

一般情况下，技术方案会描述组件的功能和属性，功能往往是属性在某种条件下基于科学效应产生的，有时候也可能由多个组件构成的方法或产品来产生一个功能。因此相关功能本体、属性本体也是需要设计的，用于建立功能和属性概念体系。最后通过整个技术方案产生的效果达到有新创性的功效，来评价技术方案的新创性。

综上所述，面向应用的本体可以更好地体现文本自身特征，有利于智能的文本挖掘和发明创新。

5.1.6　行业附图库

行业文本本身常常会搭配图像、视频、音频等多模态语言知识，通常情况下都会附带图像或图示符号，对于理解文本或图文关联具有重要价值。以专利文本为例，每一个技术方案都有多个附图，而且嵌入在说明书文本中，需要通过图像抽取方法抽取出来。目前已经有很多 Python 开源程序包支持图像扫描和截取。

第 2 章我们讨论过图像文本描述生成任务，实际上这类任务的解决需要制作大量的图文映射语料。行业内的专业文本往往可以直接提供需要的图文参考资料。以一篇专利 PDF 文本内图像抽取为例，编写如下代码：

```
def imageCatch(img):
    '''
    :param img: 待处理图像的binary型数据。本质上img是一个0,1组成的二维矩阵
    :return:
```

```
'''
imgs = []
(a,b) = img.shape
#图像的横纵大小
line = a/100
head= -1
bottom = -1
height = b/5
begin = 0
#考虑到专利文本的通常情况，对图形进行快速截取
while begin <= a :
    tem = img[begin:begin+line]
    if tem.mean() == 1.0:
        if head != -1 :
            bottom = begin
        else:
            head = begin
        if bottom - head < height:
            head = begin
        else:
            imgs.append((1,head,b-1,bottom))
            head = bottom
    begin = begin + line
#返回待处理的imgs集合，这一步会对这些imgs集合进行识别处理
    return imgs
```

通过对一个 PDF 页面的扫描，目标框选，最后可以抽取相应的附图结果如图 5-25 所示。

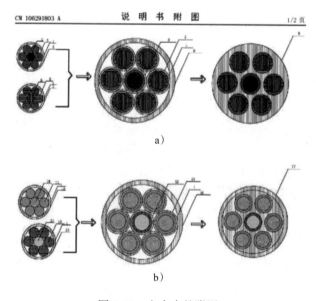

图 5-25 文本中的附图

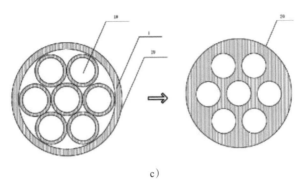

c)

图 5-25　（续）

前面几节我们抽取了附图说明字段特征，那么可以结合抽取到的图建立图文对应关系，比如图 5-26 所示的文本中附图及说明如下：图中 A 为板坯的弯曲界面，图中 B 为矩形界面。使用开源的附图索引工具，可以分别建立图中 A 和 B 的文字索引。这一点为后续基于图的搜索功能提供帮助，特别是当行业对外观图像有搜索要求时，这样的处理图搜图的方式就非常重要。此外，通过这种方法也提供了一种图文对应的多模态语料，方便后续的多模态表示和知识挖掘。

图 5-26　文本中前两个附图（上）及对应的附图说明（下）

5.1.7　行业产品库

在国民经济活动中，各行各业的产品是重要的市场贸易对象，建立产品知识库对行业或企业而言至关重要。行业内产品知识主要是产品链、产品类别、产品名称、产品组件和各类属性参数信息，用行业本体库中搭建的一套行业产品本体可以方便地构建产品库。由于专利文本涉及了国民经济活动中大多数产品，鉴于国际专利 IPC 分类体系与国民经济分类可以对应，那么参考国家统计用产品目录或电商产品体系，就可以建立专利行业产品库。

1. 产品类别库

现实经济主体的产品分类体系五花八门，有一些以公认的行业分类体系作为标准，有一些根据实际交易情况建立产品类别，比如新浪财经对沪深股票的行业分类。根据专利行业的实际应用经验，我们也总结了行业文本中常用的产品来源，主要是在统计局进行经济统计的部分产品、市面上流通性较强的商业产品，所以可以编写爬虫获取统计局、电商平台的产品名录，进一步整合其他来源的产品目录信息，形成两个层级的产品体系基本满足实际需要。

以电工电气类产品为例，如图 5-27 所示，其下层级产品包括配电输电设备、电机、电池、电动机、插头等。对上述产品类别名称进行去重、停用词加工、多源融合后，形成具有一级和二级层级关系的产品类别库。

```
电线、电缆
配电输电设备
工控系统及装备
低压电器
发电机、发电机组
电热设备
电池
电机
绝缘材料
开关
电工仪器仪表
防静电产品
电动机
插头
电子工业用助剂
```

图 5-27　电工电气行业类相关产品

2. 产品链和结构库

除了产品类别层级，我们还需要建立行业上下游产品链，因为围绕产品分析往往视角狭隘，为了全面了解产品，就要了解产品所涉及的各个模块。对于专利行业而言，因为产品特征往往与专利新创性、侵权诉讼比对所用到的证据链对应。如果要搜索到准确的对比文本，就要扩大产品的搜索范围，需要产品的上下游、组件信息。为了找到侵权证据，就要深入产品结构内部，寻找结构与文本描述之间的对应关系。所以产品链和结构库至关重要。

以可穿戴设备为例，涉及二级产品包括手表、眼镜、帽子 | 头戴式设备、手环、佩饰 | 项链 | 领带夹 | 领结 | 发夹戒指 | 指甲套等。对于其中的手表产品，产品结构包括硬件系统中的传感器、数据处理单元、通信模块和电池等。涉及上下游产业链包括显示器、传感器等产品和材料，还有下游集成的软件，包括交互、导航、数据管理平台等。如果希望对手环进行检索，那么就涉及对手环结构进行扩展，再完成搜索，做到查准查全。

由于行业产品库常常动态更新，要结合已有行业产品本体，实现本体补全。实际工作中，以少数产品建立产品本体，可以用来反向标注行业文本，从而形成训练语料，结合机器学习和深度学习模型来预测更多类产品信息，从而逐渐完善产品本体。

硬件系统
　　传感器
　　　　生理传感器
　　　　环境传感器
　　数据处理单元
　　通信模块

电池
软件系统
　　交互
　　　　语音
　　　　手势 | 运动
　　　　表情
　　　　眼球
　　算法
　　　　语音处理
　　　　指纹 | 虹膜
　　　　图像处理
　　　　导航
　　数据管理平台
材料
　　显示器材料 | 传感器材料

3. 产品字段组合

基于上述产品各项相关本体的搭建，可以设计行业文本的产品字段。以专利文本为例，首先整合产品类别字段，加工所用的产品类别名称层级化字段。由于专利技术领域或背景技术中会提及产品信息，因此，可以通过产品词库和规则匹配方式来获得相关专利文本代表的产品列表。

① CN102963215A 具有双层胎面的充气轮胎
轮胎
② CN102963291A 一种汽车尾灯多功能安装杆
尾灯 汽车
③ CN102963347A 一种 APM 车辆用空气制动系统
制动系统
④ CN102963837A 一种升降机支架结构连接方法
支架 升降机

随机筛选一批专利文本，进行测试，仍然存在噪声，因此需要建立停用词表，编写数据清洗程序，最后为每个专利文本生成层级产品字段。在给出行业产品链和结构以后，可以对产品字段进行更新，进一步形成产品字段组合，丰富专利产品描述信息。此外，可以对其他感兴趣字段建立索引，如建立"申请人公司 - 产品"对应索引，方便后续对专利文本进行分类，以及发现商业机会。

依靠产品字段可以获取一个机构涉及的相关产品，比如以某工业大学为例，如图 5-28 所示，如果用 IPC 分类那么发现不了该机构的专利商业价值，而通过产品字段及其组合

（Cluster 所示），却可以获得相关产品情报。

title	mainlpc4	cluster
基于眉毛识别的身份鉴别方法	G06K9	字符
基于信息突变的图像检测方法	G06F17	图像检索
管道缺陷的超声导波时间反转检测装置及方法	G01N29	超声导波
碳钢点焊质量无损检测专用超声传感器	G01N29	声波|材料|超声波
水泥混凝土自收缩率测量仪	G01N33	材料
一种用于大压差下的心输出量检测方法及其装置	A61B5	人体
基于漏磁量来确定应力的方法及其装置	G01N27	材料
一种基于嵌入式技术的便携式振动数据采集装置及方法	G05B19	程序|时间|记录
COD软测量的方法	G01N33	污水处理|软测量
一种污水处理过程中生化需氧量BOD的软测量方法	G01N33	污水处理|软测量
钢绞线预应力的高阶纵向导波测量方法	G01N29	无损检测
心血管参数无损伤检测法及装置	A61B5	人体
检测活性污泥系统动态比耗氧速率的方法	G01N33	速率
检测活性污泥系统动态比耗氧速率的方法	G01N33	速率
检测活性污泥系统动态比耗氧速率的装置	G01N33	速率
优化测量金属材料力学性能退化超声非线性检测装置	G01N29	材料
一种测量金属材料力学性能退化超声非线性检测装置	G01N29	材料
基于换能器阵列虚拟聚焦的板结构兰姆波无损检测	G01N29	无损检测
基于换能器阵列虚拟聚焦的板结构兰姆波无损检测方法	G01N29	无损检测|材料
一种利用金属磁记忆检测判别铁磁材料应力集中的方法	G01N27	材料|磁记忆
通过综合分析对炼钢转炉耳轴轴承进行故障诊断的方法	G01M13	故障诊断|轴承
通过综合分析对炼钢转炉耳轴轴承进行故障诊断的方法	G01M13	故障诊断|轴承
基于时间延迟的导波信号分析方法	G01N29	声波|无损检测|超声波
基于时间延迟的导波信号分析方法	G01N29	声波|无损检测|超声波
金属材料疲劳早期损伤非线性超声在线检测方法	G01N29	声波|无损检测|材料|超声波
金属材料疲劳早期损伤非线性超声在线检测方法	G01N29	声波|无损检测|材料|超声波
一种以TiO2为载体的固定酶电极的制备方法	G01N27	电化学|材料|电极|生物|传感器
基于一发一收法的用于钢绞线检测的单体磁致伸缩传感器	G01N29	材料
基于一发一收法的用于钢绞线检测的单体磁致伸缩传感器	G01N29	材料
粘接结构中界面刚度的超声波测量方法	G01N29	声波|无损检测|超声波
粘接结构中界面刚度的超声波测量方法	G01N29	声波|无损检测|超声波

图 5-28　某工业大学的专利文本中涉及的相关产品（Cluster）

此外，依靠产品字段和组合，还可以找到围绕产品的多家竞争对手，如图 5-29 所示。在电机产品方面，国内有荣事达、新奥、奇瑞汽车等公司都有所涉及，那么他们就成为大连天元电机股份有限公司的潜在竞争对手，需要及时加以注意。

电机：
　合肥荣事达三洋电器股份有限公司_1
　新奥科技发展有限公司_1
　福州力鼎动力有限公司_1
　奇瑞汽车股份有限公司_1
　大连天元电机股份有限公司_1
　大连海顺重工环保设备有限公司_1
　株式会社日立制作所_1
图片处理：
　辉达公司_1
手机：
　华为终端有限公司_1
　中兴通讯股份有限公司_1
钱箱：
　广州广电运通金融电子股份有限公司_1
造粒：
　中冶焊接科技有限公司_1
　中冶建筑研究总院有限公司_1
气象预报：
　国家电网公司_1
　南京南瑞集团公司_1
　浙江省电力公司_1

图 5-29　基于产品字段发现竞争对手

5.1.8　行业标准库

行业标准往往是一个行业流程化、规范化的指导文件，也是可以建立行业业务垄断的工具，因此作为行业知识的重要组成部分，需要整理到标准知识库中。

全球重点行业标准集中在通信、电子等领域，由一系列标准化组织比如 3GPP、IEEE 等参与制定，其中以欧洲电信标准化协会（European Telecommunications Standards Institute, ETSI）的标准库较为全面。以 ETSI 标准库为例⊖，该标准库与标准必要专利有对应关系，可以成为专利文本价值评估的指标之一。为了爬取相关标准文本，需要

⊖　https://ipr.etsi.org/DynamicReporting.aspx

了解 ETSI 标准库网站跳转逻辑，如图 5-30 所示，然后开发爬虫代码获取标准文本。

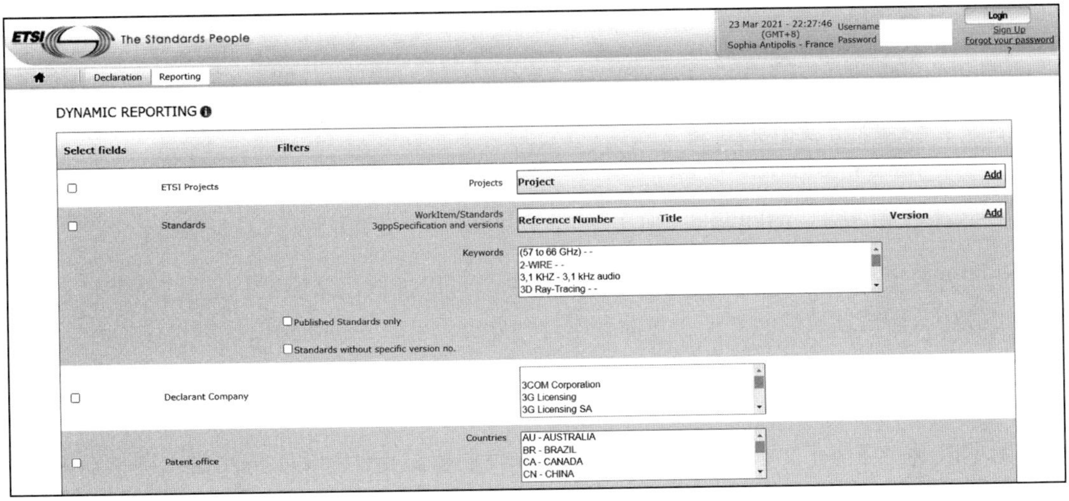

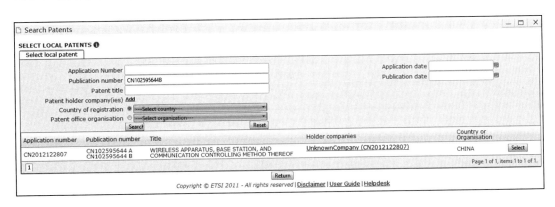

图 5-30   ETSI 声明标准库显示界面

弹出窗口 Search Patents，在 Publication number 项中输入专利公开号，单击 Search 进行查询，如果该专利有 ETSI 声明，那么返回查询结果会列出 ETSI 声明的详细信息，如图 5-31 所示；如果该专利没有 ETSI 声明，那么返回查询结果为空。

图 5-31   存在 ETSI 标准声明的标准必要专利信息

根据这一检索逻辑，编写标准必要专利数据的爬虫代码，对爬取的原始文件按照如下步骤处理：

① 文档格式转换；

② 遍历清洗，标准字段格式对齐；

③ 重建文本入库；

④ 存储处理后的标准必要专利文本信息和对应标准，如图 5-32 所示。

```
/* 2 */
{
    "_id" : ObjectId("5bcedd6779e7b762306f167a"),
    "pubid" : "US6070246 A",
    "title" : "Method and system for secure cable modem initialization",
    "country" : "us_patent",
    "applicant" : "3COM Corporation",
    "standard" : "ES 201 488 v1.1.1",
    "appid" : "US19980018756",
    "declarationDate" : "2000-10-02"
}
```

图 5-32   3GPP 标准声明文件列表和抽取的标准必要专利及对应标准

由于标准文本本身也存在关键词信息，这部分可以抽取出来形成标准关键词字段，也可以继续融合所属领域的同义词，对标准库进行分析，可以为行业价值计算提供指导。

5.1.9   应用知识库

除了以上围绕行业文本制作的知识库以外，我们还需要针对文本应用需求制作知识库。如图 5-33 所示，比如行业参与者静态画像、行为日志等。静态画像包括基本信息、话题领域、文本偏好等，作为一种准静态知识，通常改动较小。行为日志包括各种热点排名、热点名称、热点代表以及热点标签等动态行为统计，通过记录比如点击、收藏、下单等行为来体现，属于动态知识，为搜索、推荐、问答等提供参考依据。

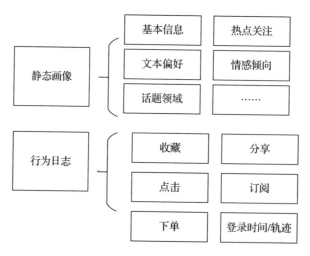

图 5-33   应用知识库概况

除了上述应用知识以外，还存在行业内的专业或常识知识，这些往往根据特定行业差别巨大，比如专业词典、操作手册、服务指南等，与行业文本的使用息息相关。以专利行业为例，依托行业应用本体而搭建的各类知识库就属于专业或常识知识；在功能本体指导下搭建的功能知识库，将数以千计的动词规范化为几类基本操作；在属性本体指导下搭建的属性知识库，将功能作用对象概括为数十个属性和对应参数；围绕对象本体搭建的对象知识库，将常见物质对象概括为固液气粉场五种类型；围绕功能、属性、对象应用过程中的科学知识搭建的科学效应知识库，将科学效应用于指导功能改进。

5.2　行业模型算法库

行业模型算法库将着力于行业知识的加工和运用，完成行业需求和文本理解任务。模型或算法可以封装成基础服务，这将为后续的知识图谱模块搭建提供支持。参照第3章提到的算法任务分类和实际应用需要，我们将给出面向行业文本的常见模型算法库，并给出一个服务基本架构。进一步地，可以在这个架构的基础上，不断封装所需的服务。

一个服务框架的文件结构如下所示（没有后缀名的为文件夹名称），所有的模型算法都可以基于这种架构以服务的形式进行发布。项目主体基于 Flask 框架：project 为项目主体；api 包里包含各项业务，比如分类、匹配、用户管理、权限管理等业务请求接口；controller 包里包含各项业务的控制层，负责业务所需的数据处理和计算；models 是模型层；static 为前端输出的静态文件；templates 为前端输出的请求入口文件；config.py 记录全局配置信息；main.py 为项目启动文件；requirements.txt 记录项目运行环境依赖的列表。后续的算法模型服务都可以通过这种方式进行封装，从而满足服务市场的应用需要。

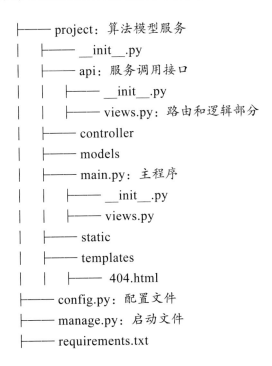

```
├── project：算法模型服务
│   ├── __init__.py
│   ├── api：服务调用接口
│   │   ├── __init__.py
│   │   ├── views.py：路由和逻辑部分
│   ├── controller
│   ├── models
│   ├── main.py：主程序
│   │   ├── __init__.py
│   │   ├── views.py
│   ├── static
│   ├── templates
│   │   ├── 404.html
├── config.py：配置文件
├── manage.py：启动文件
├── requirements.txt
```

5.2.1　文本匹配

文本匹配是行业信息检索、排序、推荐的基础，也是链接、聚类、分类模型的基础，还是后续基于知识图谱的语义匹配的前提。前人把文本之间的逻辑关联关系，比如相似、因果、顺承等视为匹配的内容。考虑到这类逻辑关系的匹配可以作为分类问题讨论，仍然有很多值得研究的内容，所以此处我们主要讨论面向文本相似计算的匹配。

从文本相似的角度看，主要考虑如下两个方面：

语句相似将文本分割成为特征字段，再经过文本标注分词提取出关键词集合，计算关键词集合中每个词的词频、TF-IDF 值等作为权重值。当我们输入词句文本，通过搜索引擎完成字符串匹配，计算加权后的词、词组或字段的匹配值大小，完成召回排序，得到语句相似文本。

语义相似是在语句相似原理的基础上，通过实体链接获得输入词句的候选实体，结合候选实体概念、属性、同位或上下位关系等特征计算语义空间向量相似度，作为权重，最后召回排序，得到语义相似文本。

实际使用过程中，可以考虑将两种相似计算服务融合，对外提供统一的文本匹配接口。

1. 语句相似

绝大多数数据库及搜索引擎系统都是基于语句（字符串）相似来进行搜索的，对文本建立字符级别的倒排索引，然后通过索引完成待搜索词句的精确匹配或模糊匹配，比如常见的 ElasticSearch 搜索引擎（简称 ES）。这种搜索引擎依靠倒排索引机制提高搜索效率，相关搜索细节将在第 7 章介绍。我们将前述专利语料加工出的特征字段，如标题、摘要、权利要求书等，针对不同字段出现的匹配输入词赋予权重值，从而可以给出语句相似的召回排序结果。

以输入一句话为例：

```
sentence = u'本发明提供一种全球定位系统接收天线，没有黏接剂的漏出，由磁体所产生的吸附可靠，并且，天线主体部的安装坚固。'
```

对上面这段语句分词，去掉停用词，进而调用权重计算模块：

```
#将分词结果中的每一个词加入搜索中
for k,v in sorted(wordFre.items(),key=lambda k:k[1],reverse=True):
    #考虑到词出现的位置对于搜索内容重要程度有着不同的关系，
    # 所以对title,abst,claimsIndList和claimsList中出现的检索要素赋予不同的权重
    sub = {'bool':{'should':[{'match_phrase':{'title':{'query':k,'boost':5}}},
                    {'match_phrase':{'abst':{'query':k,'boost':3}}},
                        {'match_phrase':{'claimsIndList':{'query':k,'boost':2}}},{'match_phrase':{'claimsList':{'query':k,'boost':1}}}
                        ]}}
    query['bool']['should'].append(sub)
```

对每一个词进行搜索，对所有词的搜索召回结果加权求和，给出最后的排序，从而得到与输入语句相似的专利文本列表，如图 5-34 所示。

除了上述通过字段加权排序以外，还可以考虑计算输入词的 TF-IDF 值，相关代码如下。通过 TF-IDF 值可以获得语料中所选择字段的关键词权重值，从专利语料直观特征角度，获得权重计算结果，最后仍然通过字符串匹配获得召回排序。

以下就是语句（字符串）相似方法的基本思路。

```
CN1152452C  =  全球定位系统接收天线
CN1325152A  =  全球定位系统接收天线
CN1264463A  =  全球定位系统制导的军火
CN1082656C  =  全球定位系统制导的军火
CN2265636Y  =  多功能全球定位系统(GPS)的接收机
CN1451946A  =  汽车全球定位系统自主导航仪
CN101149427B  =  全球定位系统的方向校正装置及方法
CN1618186A  =  用于提供具有全球定位系统能力的无线通信的系统和方法
CN1678918B  =  用在全球定位系统接收机中的互相关减轻方法和装置
CN1223113C  =  全球定位系统
CN1344943A  =  全球定位系统
CN1837843A  =  全球定位系统帧定时测量的方法
```

图 5-34　语句相似文本列表

```
vectorizer = CountVectorizer()          # 将文本中的词语转化为词频矩阵
X = vectorizer.fit_transform(corpus)    # 计算词语在文本中出现的次数
word = vectorizer.get_feature_names()   # 获取词袋中所有文本关键词
transform = TfidfTransformer()          # 计算TF-IDF值
tfidf = transform.fit_transform(X)
weight = tfidf.toarray()                # 每类文本的TF-IDF词语权重
```

2. 语义相似

语义相似是对语句相似的能力扩展，首先建立行业知识库，然后基于输入词句的语句相似进行知识库实体链接，对于最优候选进行关联扩展，确认合理后再经过语句相似方法，获得召回排序，从而得到更合理的排序结果。

第一步：输入词句“本发明提供一种全球定位系统接收天线，没有黏接剂的漏出，由磁体所产生的吸附可靠，并且，天线主体部的安装坚固。”通过预处理，包括分词、停用词去除等，与语句相似小节处理一致。

第二步：搜索某行业知识库，通过语句相似方法从知识库中获得一系列术语实体的召回。

第三步：实体识别与链接。对每个输入词，通过实体链接模型判断其对应实体。第 4 章知识加工过程中已经介绍了实体链接方法，从行业知识库中获得实体候选项要根据实体指称项的上下文语义环境来计算语义匹配度，通常算法中要考虑知识库中实体语义建模（比如集成同位词、上下位词、相关词等语义向量）、实体指称项语境（上下文、耦合文本）、实体指称项耦合度（基于图计算或概率论的实体协同度）。通过投射到语义向量空间来聚合判断相似程度，从而计算候选项排序，取排序最高者为链接实体。

除了上述知识依赖以外，还可以融合其他先验知识，比如句法结构、语言知识、任务约束等。通过上述步骤以后，获得输入语句的相关实体列表，对每个实体进行语义扩展，获得诸如同位词、上下位词、产品名称、组件名称、属性等信息，这些信息比较适合语义解释，有助于后续搜索和推荐。以实体“定位系统”为例，获得的语义扩展如下：

```
"定位系统" : [
    {
        "synonym" : [
            "导航定位",
            "位置跟踪",
```

```
            "导航系统",
        ],
        "hypernym" : [
            "定位"
        ],
        "hyponym" : [
        "车辆定位",
        "室外定位",
        "定位功能",
        "定位显示",
        "电子定位",
        "智能定位",
        "移动定位",
        "实时定位",
        "导航地图",
    ]
        }
],
```

在前述语句相似代码基础上，增加了语义扩展函数：

```python
def wordsExtend(words):
    '''
    :param words: 待扩展的词
    扩展词主要是从同义词、同位及下位词，还有翻译几个方面去收集与当前词相关的信息
    :return:
    '''
    #通过mongC客户端连接mongoDB数据库，在数据库内，我们已经收集整理好了一部分扩展词的数据
    #同理，在es中我们也整理了一部分相关的数据
    (conn, db, col) = mongC.mqpatMongo('fieldsWord')
    wordDict = {}
    for w in words:
        # 通过enWord方法获得中文翻译
        en = enWord(w)
        extendWords = {}
        esList = set()
        mongoList = set()
        '''
        es 同义词
        mongo 同位，下位词
        translate
        '''
        # es 同义词，在es库中，按照词w去搜索同义词
        index = 'worddescription'
        doc_type = 'baiduwiki'
        body = {'_source': ['extendWords''],
                'query': {'bool': {'should': [{'term': {'tagName': w}}, {'term':
{'tagName': en}}]}}}

        res = es.search(index, doc_type, body, size=1000)
        for v in res['hits']['hits']:
            data = v['_source']
            esList = esList | set(data['extendWords'])
```

```
# mongo 扩展词，在mongo库中提取计算好的扩展词
for data in col.find({}, {'words': 1, '_id': 0}).batch_size(100):
    if 'words' not in data:
        continue
    for word in data['words']:
        # print 'word = ',word
        if type(word) is not dict:
            continue
        # print 'word = ', word
        if existJg(w, en, word):
            mongoList = mongoList | set(word['hyponym']) | set(word
                ['synonym']) | set([word['participles']])
extendWords['es'] = esList
extendWords['mongo'] = mongoList
extendWords['en'] = en
wordDict[w] = extendWords
return wordDict
```

在前述语句相似代码的基础上，增加了检索式语义扩展函数。融合了语义信息以后，最终形成一个完整的检索式，用于搜索召回。对上述"定位系统"的输入语句进行语义相似检索，最后的召回排序结果如下所示。从结果可以看出，通过语义相似获得的结果排序更为合理，深刻地体现了知识库在语义理解方面发挥的重要作用。将上述预处理方法、实体链接模型、语义扩展方法和召回排序合并成一个语义相似服务，可以应用于其他更高级的算法应用，比如结合特征字段定位和权重策略，实现行业文本局部内容的精准搜索和召回排序。除此之外，还可以利用深度神经网络结构构建文本匹配模型（比如 DSSM 模型）实现语义相似计算。

CN1325152A	全球定位系统接收天线	3.4685733
CN1152452C	全球定位系统接收天线	3.4190931
TWM398299U	全球定位系统接收机 GPS RECEIVER	0.569546
CN2657326Y	全球定位系统智能路灯控制器	0.5453919
CN1704767A	水下全球定位系统接收装置	0.5403757
CN1776447A	全球定位系统信号盲区覆盖设备	0.5312936
CN100343688C	水下全球定位系统接收装置	0.49925783
CN1433162A	具红外线传输的全球定位系统（GPS）接收器	0.49908486
CN103686986A	一种全球定位系统 GPS 信号转发装置和方法	0.49608874
CN101540429B	用于全球定位系统的天线	0.4920951
CN103686986B	一种全球定位系统 GPS 信号转发装置和方法	0.4878424
CN101540429A	用于全球定位系统的天线	0.4749911

5.2.2　文本分类

分类任务也是每个行业都需要解决的基本问题之一。实际应用中，可以通过分类模型

或聚类算法来实现分类，尽管两者原理不同，但是可以满足行业需要。由于聚类算法可以无监督实现，仅需要初始化给出种子词，所以通常作为文本分类任务的首选算法。

除了常规聚类和主题聚类以外，根据行业本身的特征，基于预训练模型的语义相似计算也可以成为分类任务解决方案。基于前述行业本体、行业文本特征字段也可用于分类任务，比如专利行业已有 IPC 分类。但是在实际应用中仍然有很多细分需求问题，仍然需要基于统计学习来完成分类，下面我们结合行业文本分类实践，阐述各种模型算法。

1. 基于聚类思想的归类

第 3 章我们已经介绍了常用的文本聚类算法，比如 K-means 算法。考虑到专利行业文本分类实际需求，不仅仅是对向量空间距离的聚类，更看重语义层面理解。在文本匹配方法中，我们提到了基于隐语义的主题模型方法，这种行业的主题生成有助于尽快得到一批文本的各种主题分布概率，可以用来推断文本的主题归属。我们利用 LDA 主题模型来进行归类。借助于 Python 的 gensim 包，可以直接调用 LDA 的主题聚类算法，相关代码如下：

```
#===============train data and save model=====================v
dictionary = corpora.Dictionary(train)
#获得{文档索引：词} 字典
corpus = [dictionary.doc2bow(text) for text in train]
#获得所有的词
lda = LdaModel(corpus=corpus, id2word=dictionary, num_topics=k)
lda.save(savePath)
```

对于一组文本，我们无法一一阅读的时候，需要通过无监督的方式大致了解文本的主题类别。以 36561 篇木材领域的专利文本为例，按照五个主题进行聚类，可以得到如下的结果：五个主题近似为木材原料、木材工具、制备工艺、拼板、加工机器，可以有助于大家从几万篇专利中很快得到木材领域专利概况。

```
36561
<type 'list'>
5
0   0.014*"木材"  +  0.008*"使用"  +  0.006*"生产"  +  0.006*"实用新型"  +  0.006*"制备"  +
    0.005*"表面"  +  0.005*"原料"  +  0.005*"制造"  +  0.005*"处理"  +  0.005*"单板"
1   0.005*"木材加工"  +  0.005*"刀体"  +  0.004*"0.1"  +  0.004*"本体"  +  0.004*"加热介质"  +
    0.004*"推料机构"  +  0.003*"送料辊"  +  0.003*"14"  +  0.003*"实用新型"  +  0.003*"剥皮"
2   0.008*"制备"  +  0.006*"材料"  +  0.005*"木材"  +  0.005*"复合材料"  +  0.005*"工艺"  +
    0.004*"地板"  +  0.003*"板材"  +  0.003*"加工"  +  0.003*"塑料"  +  0.003*"制备"
3   0.005*"自动拼板"  +  0.005*"加工"  +  0.005*"制作方法"  +  0.004*"边框"  +  0.004*"结构"  +
    0.004*"板料"  +  0.004*"竹材"  +  0.003*"拼板"  +  0.003*"方法"  +  0.003*"制作方法"
4   0.023*"实用新型"  +  0.014*"机架"  +  0.013*"安装"  +  0.012*"连接"  +  0.010*"料板"  +
    0.007*"木材加工"  +  0.007*"木材"  +  0.007*"支架"  +  0.006*"电机"  +  0.005*"工作台"
```

为了更为直观地展示主题分布情况，利用降维分析将向量距离降维到二维空间中，结果相当于高维数据的降维可视化。

```
from sklearn.manifold import MDS
#MDS降维分析
MDS()
```

```
mds = MDS(n_components=2, dissimilarity="precomputed", random_state=1)
pos = mds.fit_transform(dist)  # shape (n_components, n_samples)
```

当然，这种针对领域的大样本数主题聚类，效果仍然较差。但是，针对企业或中小规模机构，则可以获得更为直观的效果。以人脸识别领域的某科技有限公司为例，截至 2017 年，共有 180 多项专利，那么这些专利主要分布在哪些方向呢？通过抽取专利技术手段特征字段，利用 LDA 聚类算法，可以对其技术方向有一个大致的掌握，如表 5-6 所示。假设有五个主题方向，那么可以划分为人脸识别模组、摄像、算法、移动终端、视频检测五类主题，基本可以对该公司的主要业务有比较清楚的了解。

表 5-6　LDA 主题模型的文本分类结果

主题聚类	主题词
Cluster1	控制器 339 输出端 96 模块连接 61 人脸 315 传感器 42 输入端 5 服务器 33 采集模块 26 摄像头 109 人脸图像 39
Cluster2	拍摄 295 控制器 58 训练 103 数据库 80 显示屏 56 人脸特征 20 服务器 23 人脸 344 摄像头 61 人脸图像 53
Cluster3	阈值 30 训练 384 数据库 82 矩阵 74 特征向量 86 算法 61 人脸 250 特征提取 19 摄像头 57 人脸图像 56
Cluster4	终端 20 移动终端 200 指纹识别 53 数据库 100

（续）

主题聚类	主题词
Cluster4	显示屏 42 人脸 189 处理器 12 服务器 39 摄像头 68 人脸图像 35
Cluster5	视频 299 人脸检测 96 人脸特征 63 算法 72 人脸 236 处理器 43 服务器 67 采集模块 13 摄像头 57 人脸图像 39

无论是常规聚类算法，还是主题模型，实际上由于无监督学习对样本情况不可控制，因此效果往往不佳，需要采用一些语义可解释或监督学习的模型算法来保证分类质量。

2. 基于语义相似的分类

针对某生产领域的技术分类框架，怎么做？语义相似分类可以直接基于行业知识库来获得，比如前面语义相似计算的例子就可以通过对输入的已知类别名进行语义扩展，在一组行业文本中进行搜索召回，根据一定的语义相似度阈值进行筛选，不断优化输入和阈值，从而获得文本分类效果。

例如，在行业文本库中分别输入"全球定位系统""定位系统天线"两个类名搜索，通过实体链接和语义扩展，结合行业知识库中加工的特征字段，比如问题－领域－技术方案－功效字段，根据加权和打分规则，逐个计算它与一组专利文本的相似度，给出召回集合排序，初步给定阈值为0.5，则获得各自的文本划分结果。经过搜索后给出"全球定位系统"分类集合。

CN202533582U 太阳能全球定位系统
CN201273939Y 一种全球定位系统终端
CN106461786A 室内全球定位系统
CN201601828U 全球定位系统通信终端
CN101876550A 全球定位系统装置
TW200617416A 全球定位系统及方法
CN1782731A 全球定位系统及方法

"定位系统接收天线"的分类结果。

CN1152452C ＝ 全球定位系统接收天线

CN1325152A = 全球定位系统接收天线

CN1618186A = 用于提供具有全球定位系统能力的无线通信系统和方法

CN1678918B = 用在全球定位系统接收机中的互相减轻方法和装置

CN101398477A = 用于使用预下载辅助数据的快速全球定位系统定位的方法和装置

CN1149361A = 用于恢复和跟踪 P 编码信号调制的全球定位系统接收机

CN101158718A = 全球定位系统实时软件接收机及其实时处理方法

这种基于行业知识库的方法仍然需要自主输入类别名，多数情况下，人们并不知道一组文本大致应该有哪些类名，这个时候这种靠先验知识来完成冷启动分类的方法就不太合理。

我们提出了一种准自适应的语义分类方法，依靠预训练语言模型来计算类别候选词的语义相似度，前提是要加工出一组文本的领域词以及技术方案词。由于领域词比较宽泛且数量少，技术方案词具体且数量多，因此先基于语义相似完成领域词归类，再根据领域词类别将技术方案词归入，最后统计每个技术方案词下所有专利，可以允许或禁止专利在不同类别中重复，此处可以另外设计规则，得到初步自动分类。

第一步：通过 Word2vec 预训练语言模型，给出一组专利的领域词组合，并返回每一个领域词的相关词。再根据领域词彼此之间的语义相似度，如果满足一定相似阈值，则彼此合并为一个分类。

第二步：计算技术方案词与每个领域词的语义相似度，如果满足一定阈值，则隶属于该组领域词之下，成为二级类别名，如果与所有领域词都不相似，则归入其他类。

```python
def calculate(similar_dict, idAndword, modelname):
    '''
    :param similar_dict:  key=关键词, value= 相关词
    :param idAndword: key=文章的id号, value = 文章的关键词
    :param modelname: 模型路径
    :return:
    '''
    global model
    similar_result = {}
    for id in idAndword:
        similar_result[id] = []
    # model = Word2vec.Word2Vec.load(modelname)
    for key in similar_dict:
        tmp = similar_dict[key]                      # 1个类里的词
        level = []
        level.append(key)
        for each in tmp:
            level.append(each)                       # 类中所有需要计算关联度的词
        length = len(level)                          # 类中相似词个数
        for id in idAndword:                         # 遍历专利
            patent_word_list = idAndword[id]         # 获取专利号的所有关键词
            similar_list = []                        # 一个专利所有关键词对应的平均相似度
            for patent_word in patent_word_list:     # 遍历关键词
                sim = 0
                for level_word in level:             # 遍历类和类的相似词
                    try:
```

```
                sim += model.similarity(patent_word, level_word)
            except KeyError:
                length -= 1
        if length != 0:
            sim = sim / length        # 关键词中相似度的平均值
        else:
            sim = 0
        similar_list.append(sim)
    score = 0
    for similar in similar_list:      # 取最高的相似度平均值
        if similar > score:
            score = similar
    similar_result[id].append(score)
return similar_result  # dict格式：专利号:[相似度]
```

第三步：根据领域词一级类、技术方案词二级类分类确定以后，将相关专利归入各类中，剩余专利归入其他类别，从而完成自动分类。

第四步：根据自动分类的结果，再进行人工调整领域词一级类名，然后再次调用第二步中的计算函数，优化分类结果。重复上述操作，直至得到最终分类。

某机构大约1000篇专利文本分类结果如图5-35所示，基本可以将该机构的专利归为高能量密度、金属接头、光电子材料和激光四个大类，各类下面有二级分类，基本满足语义分类的要求。

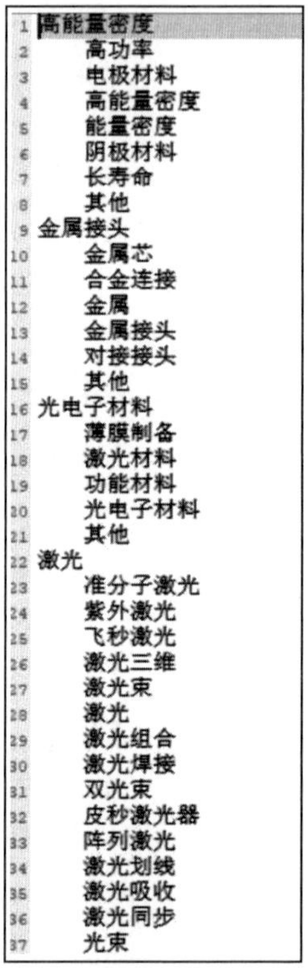
高能量密度
    高功率
    电极材料
    高能量密度
    能量密度
    阴极材料
    长寿命
    其他
金属接头
    金属芯
    合金连接
    金属
    金属接头
    对接接头
    其他
光电子材料
    薄膜制备
    激光材料
    功能材料
    光电子材料
    其他
激光
    准分子激光
    紫外激光
    飞秒激光
    激光三维
    激光束
    激光
    激光组合
    激光焊接
    双光束
    皮秒激光器
    阵列激光
    激光划线
    激光吸收
    激光同步
    光束

图5-35　语义相似分类结果

3. 基于行业本体的分类

前面我们介绍了行业本体库的搭建，其中基于行业专家制定的标准化本体是一个重要的分类体系，比如国民经济分类、新兴战略分类等。从行业文本来看，由于每一篇专利都有自己的IPC分类，因此可以借助IPC分类体系直接完成专利文本分类。但是由于IPC分类说明是一段话，现有的深度学习模型还没有办法可解释的表示篇章语义，所以需要对这些解释说明进行分词、清洗，处理得到IPC特征词字段，进而获得分类类别名称，方便统计。

下面是一些IPC分类说明：

A43D98/00 #### 制作鞋带的机械（皮革的入C14B；一般的编织物入D04C）；在鞋带的末端使用纤维或赛璐珞（从金属薄片中制作鞋带入B21D；从金属丝中制作入B21F）

A61K36/00 #### 含有来自藻类、苔藓、真菌、植物或其派生物，例如传统草药未确定结构的药物制剂

A61Q90/00 #### 本小类其他各组中不包括的有专门用途的化妆品或类似梳妆配制品

A63J25/00 #### 专门适用于电影院用的设备

B02C19/00 #### 其他粉碎装置或方法

B29D33/00 #### *生产轴承的衬套*

编写 IPC 描述相关的处理代码来清洗说明内容:

```python
def wordsProcess(line):
    '''
    :param line: 待处理的数据
    :return:
    '''
    clear = re.sub(u'\[.*\]|\(.*\)|\（.*\）|\[.*\]', '', line)
    #移除句子中的特殊括号及括号内的内容
    words = jiebaInterface.jiebaCut(clear).decode('utf-8')
    #对句子进行分词, words = "w1,w2,w3,w4…" str
    words = re.sub(r'[_0-9]', '', words)[:-1].split(',')
    #移除数字及下划线,并移除结果的最后一位用','分隔
    wList = []
    for w in words:
        w = re.sub('r[a-zA-Z]+', '', w)
        #移除词中a-Z所有英文字母
        if len(w)<2 or w.isspace():
            continue
        #跳过空字符串与空白字符串
        wList.append(w)
    wList = list(set(wList))
    #词结果去重
    if len(wList) == 0 :
        wList = []
        words = pg.cut(clear)
        for word,flag in words:
            wList.append(word)
    #补量策略,对于空召回的数据,直接分词提取结果
    return wList
```

以自动驾驶领域某科技公司的百篇专利集合为例,可以通过 IPC 分类体系直接获得分类结果,如下所示。可以看到分类结果比较清楚,能够明显看出各个类别的差异,分别与 IPC 体系中两个级别的类名和解释对应。后续经过去噪后,可以得到更好的分类效果。

H 电学:

H05 类目: CN107613725A CN207235328U

H04 通信技术: CN106911923B CN106911923A CN106713897A CN206559544U CN107333036A CN107580322A CN107613262A

B 交通:

B62 陆用车辆: CN108116497A CN107223103A CN107264621A CN107521559A

B60 车辆: CN106740841B CN106740841A CN107097781A CN107690399A CN206551980U CN107444257A CN207128833U CN106585623A CN207617638U CN107223101A CN206954219U CN107672597A CN107009968A CN206734295U CN107458367A CN106864361A CN207157062U CN106740584A CN106853787A CN206623754U CN206551929U CN107839620A CN208306565U CN106740872A

G 物理：

G08 信号：CN107438873A　CN108389426A　CN108198409A

G05 控制 调节：CN107894767A　CN107505944A　CN107908186A　CN106598053A　CN106598053B
CN108873896A　CN108107897A　CN107544330A　CN108062101A　CN107577231A　CN109101014A
CN107450539A　CN106647776A　CN207718178U　CN107678427A

G06 计数：CN108197569A　CN108243623A　CN107844858A　CN107862346A　CN108776976A
CN108009587A　CN108921089A　CN108829319A　CN107610084A　CN106981082A　CN106845659A
CN107517592A　CN106651175A　CN107784671A　CN107909612A　CN106910217A　CN109255005A

G01 测量测试：CN206627621U　CN107589432A　CN108871338A　CN108593310A　CN107990899A
CN107831496A　CN107621278A　CN208314185U　CN106840242A　CN106814354A　CN108413971A
CN107607111A　CN108761479A

F 武器 机械工程：

F16 部件 有效运行 机器或设备 元件 措施：CN103982584A　CN103982584B

除此之外，还可以通过加工应用本体，来获得产品的分类体系，进而依赖这种分类体系对专利文本进行筛选。以可穿戴设备产品本体为例，对某工业大学的专利组合进行分类，这样筛选出来的专利分配到的类别也比较精准，如图 5-36 所示。

title	mainIpc4	分类
6LoWPAN中树状拓扑的安全启动方法	H04L29	电路
6LoWPAN中树状拓扑的安全启动方法	H04L29	电路
一种物联网汽车的监控系统	H04L29	物联网
一种基于FPGA的物联网接入模块	H04L29	电路
一种基于安全芯片的可信移动存储方法	H04L29	安全芯片
一种基于安全芯片的可信移动存储方法	H04L29	安全芯片
一种基于FPGA的物联网接入系统及方法	H04L29	物联网
多身份认证信息特征复合认证方法	H04L29	网络
多身份认证信息特征复合认证方法	H04L29	网络
基于ZigBee和GPRS的支架结构无线安全监测系	H04L29	电路
一种适用于可信连接的数据传输方法	H04L29	信息安全
一种基于可信架构的安全消息传递方法	H04L29	信息安全|网络
一种移动终端安全办公系统	H04L29	信息安全
一种基于安全芯片的可信移动存储系统	H04L29	安全芯片
一种基于FPGA的物联网接入模块	H04L29	电路
一种公交车物联网安控终端装置的数据信息采集	H04L29	电路|物联网
一种基于正八边形模板的车载摄像机内参数的标	G06T7	视觉|计算机
一种基于正八边形模板的车载摄像机内参数的标	G06T7	视觉|计算机
一种仿蜥蜴亚目避役科生物视觉坐标提取算法	G06T7	视觉|计算机
一种仿蜥蜴亚目避役科生物视觉坐标提取算法	G06T7	视觉|计算机
基于主成分分析的数字图像的特征提取与匹配方	G06T7	图像分析
室内的视觉定位方法	G06T7	图像处理
一种渐进式图像分割方法	G06T7	视觉|图像处理|计算机|交叉
一种渐进式图像分割方法	G06T7	视觉|图像处理|计算机|交叉

图 5-36　基于应用本体的文本分类

4. 基于特征字段的分类

前面我们介绍过行业文本特征字段的加工，这部分知识也可以用来进行文本分类。比如我们提出的自动分类方法，就借助了领域词和技术方案词特征字段。除此之外，产品字段组合也可以用来指导分类，以深圳某科技公司为例，该企业的专利主要围绕"触控、柔性触摸屏、触控显示、触摸屏、触控面板、显示装置、柔性触控、显示模组、显示屏、触摸控制、触控结构、触摸传感器、触控设备、触控模组、触控传感器、触控面板"这些产品进行生产研发，那么根据该特征字段的语义相似进行分类，可以获得如下分类结果。

从该案例可以看出，通过知识库的参与，可以有效减少语义相似计算的难度，封装成面向各种应用需求的分类算法或模型。

触控传感器：
　　CN206209668U 2016 深圳市 ×× 科技有限公司
　　CN203894715U 2014 深圳市 ×× 科技有限公司
　　CN105518588A 2014 深圳市 ×× 科技有限公司
　　CN105518520A 2015 深圳市 ×× 科技有限公司
　　CN206363291U 2016 深圳市 ×× 科技有限公司
　　CN107980112A 2016 深圳市 ×× 科技有限公司
　　CN107908318A 2017 深圳市 ×× 科技有限公司
触控屏：
　　CN107820596A 2016 深圳市 ×× 科技有限公司
　　CN107820595A 2016 深圳市 ×× 科技有限公司
　　CN107980155A 2016 深圳市 ×× 科技有限公司
触控显示：
　　CN105122188B 2014 深圳市 ×× 科技有限公司
　　CN107820600A 2016 深圳市 ×× 科技有限公司
触控结构：
　　CN206181544U 2016 深圳市 ×× 科技有限公司
触控面板：
　　CN107980174A 2016 深圳市 ×× 科技有限公司
　　CN107820574A 2016 深圳市 ×× 科技有限公司
　　CN107690358A 2016 深圳市 ×× 科技有限公司

5. 基于统计学习的分类

前面主要论述了一些无监督模型、基于知识库和语言模型的分类方法，这些方法很多时候都依赖于场景或资源，难以满足很多分类需求。比如任意给出一篇行业文本，判断该文本的类别归属，这就比较困难，因此我们仍然需要借助统计学习的力量，来获得一些效果可控的分类模型。

对于机器学习分类模型而言，有很多种模型可以选择，比如决策树、集成学习、逻辑回归、SVM 模型等，可以根据需求进行特征选择，进而训练一个具有高预测准确率的模型。第 3 章已经进行了相关统计学习分类方法的对比和试验，显示出了树模型在海量数据和多

维特征条件下的出色效果。当然有时候模型对特征的学习是需要技巧的，特征选择往往也
并没有充分依据。但是当特征没有那么多类
别，或者当输入信息仅为非结构化专利文本
时，比如输入为专利标题和摘要组合文本，可
以考虑利用深度学习模型。通过深度学习模型
的监督学习方式，从非结构化文本中获取分类
的特征，比如 TextCNN 模型或 TextRNN 模型
来自动学习长文本特征，进而训练和预测。

对于 TextRNN 模型，可以结合注意力机
制，设计网络结构，如图 5-37 所示。

可以对上述结构编写如下简略的核心代
码，用于文本分类。

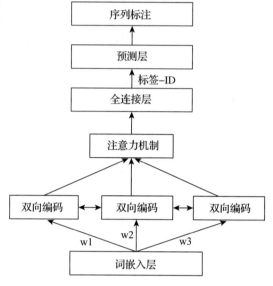

图 5-37　TextRNN 的模型结构

```
class TextRNN(object):
    def __init__(self, config):
        self.config = config
        self.rnn()
    def rnn(self):
    # Define Basic RNN Cell
    def basic_rnn_cell(rnn_size):
        # return tf.contrib.rnn.GRUCell(rnn_size)
        return tf.contrib.rnn.LSTMCell(rnn_size,state_is_tuple=True)
    with tf.name_scope('bi_rnn'):
        rnn_output, _ = tf.nn.bidirectional_dynamic_rnn(fw_rnn_cell, bw_
            rnn_cell, inputs=embedding_inputs, sequence_length= self.
            sequence_lengths, dtype=tf.float32)
    # Attention Layer
    # Add dropout
    # Fully connected layer
    # Calculate cross-entropy loss
    # Create optimizer
    # Calculate accuracy
```

通过对测试样本的分析，可以看出实际结果还是明显显示出预测有好有坏，这依赖于
模型对样本特征的学习能力，需要分析样本数量、样本质量、样本分布对模型的影响。

----------------------the text----------------------

圆柱套筒壁间结合面接触热阻测试方法及装置。圆柱套筒壁间结合面接触热阻测试方
法及装置，本发明将外环测试 ....

the orginal label:G01N

the predict label:G01N

----------------------the text----------------------

高功率灯泵浦大功率固体激光器。本发明公开了一种高功率灯泵浦大功率固体激光器，
其谐振腔为全反镜和部分反 ....

the orginal label:H01S

the predict label:HO1S

----------------------the text------------------------

装配式桁架型轻钢框架－冲孔薄钢板－发泡混凝土组合墙。本发明涉及装配式桁架型轻钢框架－冲孔薄钢板－发泡....

the orginal label:E04B

the predict label:G01N

----------------------the text------------------------

一种相变存储器单元的结构及其实现方法。一种相变存储器的单元结构及实现方法，包括：衬底、层底电极、过渡....

the orginal label:H01L

the predict label:G01N

----------------------the text------------------------

黏接结构中界面刚度的超声波测量方法。本发明涉及黏接结构界面刚度的超声波测量方法，属于无损检测技术领域....

the orginal label:G01N

the predict label:G01N

按照第3章给出的CNN网络结构，搭建相关TextCNN模型。下面这个例子展示了TextCNN模型的预测结果，第一行中文是输入的测试文本，通过比对原始标签和预测标签，可以看出预测结果的准确率较高，除了一个标签预测错误以外，其他标签全部预测正确。通过对文本序列类样本的学习，可以自动学习长序列的特征，不需要像常规机器学习那样构建复杂的特征工程。综合上述两个模型，准确率可以达到94%以上。进一步还需要结合分类应用场景，分析样本特征和样本分布对模型的影响，从而搭建面向专利行业文本的深度学习分类模型。

低维纳米材料显微结构与电学性能测试装置和方法。本发明涉及低维纳米材料显微结构与电学性能的测试装置和方....

the orginal label:G01N

the predict label:G01N

----------------------the text------------------------

一种受抑全内反射激光Q开关装置。本发明涉及一种受抑全内反射激光Q开关装置，属于激光光电子技术及其应用....

the orginal label:H01S

the predict label:HO1S

----------------------the text------------------------

边框与内藏多块钢板墙间嵌耗能条带剪力墙及作法。边框与内藏多块钢板墙间嵌耗能

条带剪力墙及作法，内藏多块 ....

　　the orginal label:E04B

　　the predict label:E04B

　　----------------------the text------------------------

一种薄板 T 型接头的激光－电弧复合焊接方法。本发明涉及一种薄板 T 型接头的激光—电弧复合焊接方法，属于激 ....

　　the orginal label:B23K

　　the predict label:H01L

　　----------------------the text------------------------

两控制型暗框架混凝土复合剪力墙。本实用新型涉及两控制型暗框架混凝土复合剪力墙，属于一种混凝土复合剪力 ....

　　the orginal label:E04B

　　the predict label:E04B

　　----------------------the text------------------------

三轴自对准法制备内腔接触式垂直腔面发射激光器。三轴自对准方法制备的垂直腔面发射激光器属半导体光电子技 ....

　　the orginal label:H01S

　　the predict label:HO1S

　　----------------------the text------------------------

一种盖板削弱型装配式波浪腹板梁柱节点连接装置。本发明涉及一种盖板削弱型装配式波浪腹板梁柱节点连接装置 ....

　　the orginal label:E04B

　　the predict label:E04B

5.2.3　文本标注

　　文本标注是对文本序列的标签信息进行抽取，比如未登录词识别、关系词、事件元素、观点内容、情感要素等，配合其他算法任务形成多任务计算，进而面向事件抽取和角色标注。对于任意一篇生语料，都需要利用标注模型进行序列标注后抽取，从而为后续的知识库链接、对齐、补全奠定基础，进而用于知识库生成，为后续文本匹配、生成和高级分析奠定基础。对于行业应用而言，文本序列标注任务现阶段的代表性成果主要体现在实体和属性识别、实体关系抽取。

1. 命名实体识别

　　以专利文本为例，在实体识别方面，我们前面已经介绍了一些典型的深度学习模型，比如 Bi-LSTM+CRF 模型，以及 BERT 预训练模型的初始化和微调（Fine-tuning）训练。对样本语料的实体标注信息可以进一步划分为：领域、技术、组件、属性等、这些是符合专利领域应用需求的知识，根据应用本体的搭建需要方便挖掘和建立相应的知识库。训练出的命名实体识别 NER 模型，如图 5-38 所示。

名称	修改日期	类型	大小
checkpoint	2019/11/28 23:25	文件	1 KB
ner.ckpt.data-00000-of-00001	2019/11/28 23:25	DATA-00000-OF...	3,764 KB
ner.ckpt.index	2019/11/28 23:25	INDEX 文件	4 KB
ner.ckpt.meta	2019/11/28 23:25	META 文件	1,765 KB

图 5-38　命名实体识别的深度学习模型文件

进一步将模型封装成对外调用的 ner 服务，代码如下。使用单例模式减少模型加载次数。

```
class NerService(object):
    __instance=None
    def __init__(self):
        pass
    def __new__(cls,*args,**kwd):
        if not cls.__instance:
            cls.__instance=object.__new__(cls,*args,**kwd)
        ......
            FLAGS = tf.app.flags.FLAGS
            with open(FLAGS.map_file, "rb") as f:
                    cls.char_to_id, cls.id_to_char, cls.tag_to_id, cls.id_to_tag =
pickle.load(f)
            config = load_config(FLAGS.config_file)
            logger = get_logger(FLAGS.log_file)
            # limit GPU memory
            tf_config = tf.ConfigProto()
            tf_config.gpu_options.allow_growth = True
            cls.sess = tf.Session(config=tf_config)
            cls.model = cls.create_model(cls,cls.sess, Model, FLAGS.ckpt_path,
                config, logger)
        return cls.__instance
```

通过对模型的创建命令，获取已经训练好的模型参数，用于后续的评估与测试。

```
def create_model(self,session, Model_class, path, config, logger):
    # create model, reuse parameters if exists
    model = Model_class(config)
    ckpt = tf.train.get_checkpoint_state(path)
    assert ckpt and tf.train.checkpoint_exists(ckpt.model_checkpoint_path),
        "missing model"
    model.saver.restore(session, ckpt.model_checkpoint_path)
    return model
```

定义输入输出语句的接口，然后测试相关服务的效果。反复优化模型。通过将 ner 模型封装为服务，嵌入到服务框架中，即可通过前端用户输入调用后台 ner 服务，来实现对输入语句的命名实体识别，以规定的接口格式返回预测结果。

```
def ner(content):
    dic = {'content': content}
    data = urllib.parse.urlencode(dic)
    try:
        req = urllib.request.Request('http://{0}:{1}/ner/predict'.format(NER_
            SERVER_IP, NER_SERVER_PORT), data.encode())
        opener = urllib.request.urlopen(req)
        res = json.loads(opener.read().decode())
        return res
    except Exception as e:
        print("请求异常: ", str(e))
    return {'entities': [], 'string': ''}
```

由于样本数量只有一千多条，所以初步的实体识别结果如下，总体准确率在84%左右，总体F1值仅为48%左右。需要进一步在样本标注数量和模型设计策略上进行改进。

```
processed 408 tokens with 59 phrases; found: 73 phrases; correct: 32.
accuracy:  84.07%; precision:  43.84%; recall:  54.24%; F1:  48.48
        COMPONENT: precision:  62.50%; recall:  45.45%; F1:  52.63   8
         FUNCTION: precision:  50.00%; recall:  73.33%; F1:  59.46  22
           OBJECT: precision:  43.75%; recall:  50.00%; F1:  46.67  32
```

2. 实体关系抽取

除了命名实体标注模型以外，对于专利文本的技术（产品）关系抽取也需要考虑。关系抽取也是一种重要的文本标注任务，根据实体关系的类型，关系抽取分为限定域关系抽取和开放域关系抽取；关系抽取方法可以分为基于语言规则的方法和统计学习方法。在深度学习框架下，可以通过深度学习来抽取对应实体，也要配合文本分类一起形成组合任务，然后进一步获得关系抽取的结果。

（1）语言规则抽取

首先我们可以用语言规则实现实体关系三元组标注。这种方法无须人工标注数据集，可以快速直观地获取实体关系。前面提到了基于句法分析的三元组抽取，实际上是从语法学任务出发，对句子组成进行成分标注，相关代码如下。

```
text = 'the least squares theory applied something to estimate smoothed pseudo-distances'
parser = stanford.StanfordParser( model_path="englishPCFG.ser.gz" )
sentences = parser.raw_parse_sents( nltk.sent_tokenize( text ), verbose=True )
print( type( sentences ) )
for line in sentences:
    print( type( line ) )
    for sentence in line:
        print( type( sentence ) )
        print( sentence )
        sentence.draw()
```

通过生成句法树，可以比较直观地对一个句子成分进行分析，如图5-39所示。

考虑到对中文的句法分析支持，可以利用哈工大的LTP模型包来进行关系抽取，比如直接分词以后，对事实三元组进行抽取，相关代码如下。

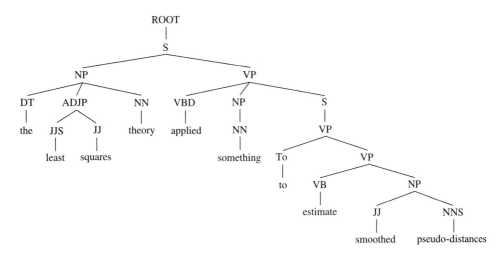

图 5-39　句子成分分析

```
for index in range(len(postags)):
    # 抽取以谓词为中心的事实三元组
    if postags[index] == 'v':
        child_dict = child_dict_list[index]
        # 主谓宾
        if child_dict.has_key('SBV') and child_dict.has_key('VOB'):
            e1 = complete_e(words, postags, child_dict_list, child_dict['SBV'][0])
            r = words[index]
            e2 = complete_e(words, postags, child_dict_list, child_dict['VOB'][0])
            out_file.write("主语谓语宾语关系\t(%s, %s, %s)\n" % (e1, r, e2))
            out_file.flush()
```

　　通过命名实体识别服务抽取句子中的实体，首先判断句子中两个实体是否存在，然后通过句法分析获得两个先后出现的实体的关系词，从而完成三元组抽取。下面这个例子展示了对一段话进行三元组抽取的结果，从结果可以看出关系词基本为动词短语。即把动词作为关系名称，通过动词链接前后两个实体，类似于语义角色标注。上述例子调用了开源句法分析模型，即使词性和句法分析的结果准确度较高，基于规则的关系抽取结果的准确性仍然有待提高，特别是加入了实体结构以后，三元组必须在句子中共现才行，这对实际的文本来讲并不合理。考虑到专利文本的特殊性，如果能够继续加入 schema 约束的三元组知识，可以在权利要求文本中更好地提取实体关系。然而相关句法分析模型并不适用于这类行业文本，还需要考虑基于语义的算法模型获得专利方案的结构信息。

主语谓语宾语关系　（区域，确定，模块）
定语后置动宾关系　（操作区域，操作，手势在所述触摸屏）
定语后置动宾关系　（操作区域，所述，触摸屏）

（2）深度学习抽取

深度学习关系标注模型。目前主流的关系抽取主要是基于监督学习的深度神经网络模型，通过模型获取句子特征（比如前文句法结构信息）和句子相关语义知识特征（行业知识），然后根据标注任务或多任务层来完成模型训练，满足自动构建、关联搜索和推理。

在行业应用中，往往都是小样本学习问题，通常鲜有大规模标注数据。因此结合第 4 章对知识抽取的综述，我们发现远监督学习似乎是一个合适的选择。通过已有知识对未标注数据集进行标注，再将这些数据集作为训练样本用于关系抽取。因此，我们将关系标注分成两个阶段：第一个阶段通过命名实体识别模型进行句子中实体的识别，第二阶段利用实体识别结果和关系规则标注数据，再进行关系抽取模型的训练。

在实体识别阶段，我们仍然采用 BERT+Bi-LSTM+CRF 模型，通过预训练语言模型的加入，能够有效提高小样本学习的泛化能力，如下所示。

① 一种皮纳卫星热流红外笼，本发明涉及一种卫星温控技术领域，特别是一纳卫星热流红外笼。

星热流红外　皮纳卫星　卫星　热流红外笼　种皮纳卫

② 用于微纳卫星的吊具，本发明涉及一种用于航天应用领域的辅助工装。

辅助工装　微纳卫星　航天应用　吊具

③ 一种三单元立方体微纳卫星结构，本发明涉及航天应用领域的卫星结构，特别涉及一种三单元立方体微纳卫星。

微纳卫星结构　卫星结构　微纳卫星　航天

④ 一种模块化可重构的微纳卫星结构，本发明涉及航天卫星领域，尤其涉及一种模块化可重构的微纳卫星结构。

微纳卫星结构　航天卫星

通过对实体识别结果和对应实体类型，然后根据行业应用需求，制定不同实体类型之间的关系规则，比如 PRODUCT 和 COMPONENT 之间是 classOf 关系，反过来就是 subClassOf 关系，这样对于实体关系，我们根据专利应用本体需要的实体标签，定义了实体关系标签，如下所示。将这些关系标签作为文本分类任务层，需要训练模型进行标签预测。

unknown 0
functionOf 1
ofFunction 2
ofProperty 3
propertyOf 4
relevant 5
similar 6
restrictOf 7
ofRestrict 8

classOf 9

subClassOf 10

设置规则制作了关系训练语料，如下所示，可以看到这种思路可以批量产生训练语料，但这种语料质量不高，噪声可能很多，与实体识别准确率不高有关。

卫星　高精度　propertyOf　一种卫星高精度有效载荷多自由度微重力装调装置，本发明属于卫星装调技术领域，涉及一种微重力装调装置，具体涉及一种卫星高精度有效载荷多自由度微重力装调装置

卫星　自由度　propertyOf　一种卫星高精度有效载荷多自由度微重力装调装置，本发明属于卫星装调技术领域，涉及一种微重力装调装置，具体涉及一种卫星高精度有效载荷多自由度微重力装调装置

高精度　自由度　relevant　一种卫星高精度有效载荷多自由度微重力装调装置，本发明属于卫星装调技术领域，涉及一种微重力装调装置，具体涉及一种卫星高精度有效载荷多自由度微重力装调装置

受体　药剂　subClassOf　趋化因子受体激动剂用于干细胞移植的用途，本发明涉及包含受体的至少一种激动剂的药物、药剂用于制备促进干细胞归巢的药物中的用途以及促进造血干细胞成功归巢的方法

受体　激动剂　classOf　趋化因子受体激动剂用于干细胞移植的用途，本发明涉及包含受体的至少一种激动剂的药物、药剂用于制备促进干细胞归巢的药物中的用途以及促进造血干细胞成功归巢的方法

设计 Bi-LSTM 模型和词句注意力机制，对词句向量和关系进行编码，然后将关系抽取转化为分类问题，计算每一组实体对关系类别的最大概率，并预测关系名称。最后通过测试集进行测试，选择概率最大的前三个预测名称（如下所示），最左边的是真实关系类别，可以看出多数关系预测还是准确的。

similar　similar:0.9098137 propertyOf:0.052356087 ofRestrict:0.028765177 空间操控微纳星群电子系统，本发明涉及一种微纳星群电子系统，特别是涉及一种微卫星与纳卫星群的电子系

similar　similar:0.77651495 ofRestrict:0.1582319 propertyOf:0.04764712 空间操控微纳星群电子系统，本发明涉及一种微纳星群电子系统，特别是涉及一种微卫星与纳卫星群的电子系

similar　similar:0.4963573 ofRestrict:0.30932036 propertyOf:0.12370505 空间操控微纳星群电子系统，本发明涉及一种微纳星群电子系统，特别是涉及一种微卫星与纳卫星群的电子系

classOf　classOf:0.37244138 subClassOf:0.3603772 ofRestrict:0.09580008 微小卫星先进电子集成系统，本发明涉及一种集成系统，特别是涉及一种微小卫星先进电子集成系统

subClassOf   classOf:0.48786667 subClassOf:0.42861798 todo:0.05105057 微小卫星先进电子集成系统，本发明涉及一种集成系统，特别是涉及一种微小卫星先进电子集成系统

propertyOf   ofRestrict:0.81015724 similar:0.09357977 propertyOf:0.07299289 微小卫星先进电子集成系统，本发明涉及一种集成系统，特别是涉及一种微小卫星先进电子集成系统

ofRestrict   ofRestrict:0.8762811 similar:0.054643124 propertyOf:0.0456368 微小卫星先进电子集成系统，本发明涉及一种集成系统，特别是涉及一种微小卫星先进电子集成系统

ofProperty   ofRestrict:0.5516136 similar:0.16829868 subClassOf:0.089085564 微小卫星先进电子集成系统，本发明涉及一种集成系统，特别是涉及一种微小卫星先进电子集成系统

propertyOf   propertyOf:0.515139 similar:0.32323563 functionOf:0.06679315 微小卫星随机振动试验下凹控制方法，本发明涉及卫星试验技术领域，特别是涉及一种微小卫星随机振动试验下凹控制

functionOf   functionOf:0.5070217 relevant:0.34946883 propertyOf:0.1305866 微小卫星随机振动试验下凹控制方法，本发明涉及卫星试验技术领域，特别是涉及一种微小卫星随机振动试验下凹控制

对于训练好的模型，可以 saved_model.pkl 保存下来，通过 API 封装成为可以调用的服务，在服务市场中注册。相关代码如下。

```
api=Blueprint("rel_predict-api",__name__)
args.model_path='saved_model.pkl'
relbert=Event_rel_Model(args)
@api.route('/rel_predict/',methods=['POST',"GET"])
def rel_predict():
    content=request.get_json()
    result=relbert.evalue_line(content["content"])
    res={}
    res["result"]=result
    return jsonify(res)
```

启动实体关系抽取服务，进一步接受外部输入的文本，再通过 Python Flask 框架来管理和调用已注册的服务，相关代码如下。

```
from flask import Flask
from relation_extraction_app import api
cur_app=Flask(__name__)
cur_app.register_blueprint(blueprint=api)
if __name__ == '__main__':
    cur_app.run(debug=True,port='5000',host='127.0.0.1')
```

上述关系抽取模型仍然建立在关系标签已经定义的基础上，并不适合开放域的文本关系抽取。且标注数据和小样本启动困难，所以并不具有很好的泛化和迁移能力，仍然需要进一步提高相关模型的关系标注功能。但是很多时候，由于行业应用范围较窄，模型仍然能够在封闭域内解决需求问题，比如本模型就在产品－产品组件的上下位关系抽取中发挥了重要作用。

5.2.4　文本生成

文本生成是算法模型的另外一个重要任务，通过对输入的理解，输出不定长的文本，主要体现在自动摘要和机器翻译的应用上。目前自动摘要在特定领域中，例如股市分析、体育赛事等，充分发挥了大数据分析、生成文章速度快的优势，把人从重复性工作中解放出来。此外，基于机器翻译的各种智能平台和翻译助手已经商用，推进了人类语言隔阂的消除，极具应用潜力。

下面我们将详细介绍面向这两种语用需求的服务搭建。

1. 自动摘要

自动摘要有两种实现方式，一种是抽取式，一种是生成式。抽取式摘要生成往往通过规则或算法确定篇章中的重要句子，按照句子权重计算结果排序，再以排序靠前的句子组合作为摘要的一部分，最后通过句子顺序或流畅度一致性检测来得到自动摘要输出。除了抽取式摘要，人们也研究了利用深度学习、生成对抗网络等方法进行摘要生成的方法，但是这部分工作还需要继续研究。

我们主要利用启发式规则和排序算法，来进行专利行业抽取式文本摘要生成。

首先需要对输入文本进行预处理，获得独立的分句结果，部分功能代码如下。

```
def preprocess(documents):
    docs_sents = []  # list of sents for each doc  每个文档的分句后列表
    clean_sents = []  # list of cleaned sents from all docs 所有文档中清除后句子列表
    raw_sents = []  # list of raw sents from all docs 所有文档中的原始句子列表
    # words 每个文档的句子分词后列表
    for i, doc in enumerate(documents):
        sents = sentence_splitter(doc)
        docs_sents.append(sents)
        for j, sent in enumerate(sents):
            raw_sents.append(sent)
            words = word_splitter(sent)
            words = [w for w in words if w not in sumpunctuation]
            clean_sents.append(' '.join(words))
    return docs_sents, clean_sents, raw_sents
```

计算句子之间的相似度，可以考虑直接利用句法分析，生成句子短语结构图，然后对重要的节点调用文本匹配算法计算相似度，再加权计算句子相似度，从而对那些相似句子集合中不重要的句子滤除。利用 Python network 工具包的 **PageRank** 函数计算每个句子的重要程度，或者通过预训练模型来计算词间相似度，进而计算句间相似度，最后进行结果排序。

```
def create_graph(word_sent, model):
    '''
    :param word_sent: 二维list，里面是每一个句子的词
    :param model: 模型路径
    :return:
    '''
```

```
    num = len(word_sent)
    board = np.zeros((num, num))
    #构建一个二维数据用来存储句子与句子之间的相似度
    for i, j in itertools.product(range(num), repeat=2):
        if i != j:
                #利用词间相似度均值来衡量句子间相似度
                board[i][j] = computer_similarity_by_avg(word_sent[i], word_sent[j], model)
    # 返回 num*num，坐标为句子索引的相似度图
    return board

def sorted_sentence(graph, sentences, topK):
    '''
    :param graph: 句子间相似度的图
    :param sentences: 句子
    :param topK: 阈值
    :return:
    '''
    key_index = []
    key_sentences = []
    nx_graph = nx.from_numpy_matrix(graph)
    # 利用PageRank计算句子重要程度排序结果
    scores = nx.pagerank_numpy(nx_graph)
    sorted_scores = sorted(scores.items(), key=lambda item: item[1], reverse=True)
    #选择最重要的topK句话
    for index, _ in sorted_scores[:topK]:
        key_index.append(index)
    new_index = sorted(key_index)
    for i in new_index:
        key_sentences.append(sentences[i])
    return key_sentences
```

结合上述算法模型，我们准备一段话作为输入，测试一下效果。

本发明涉及动力传输设备及方法技术领域。具体来说是一种动力传输装置及动力传输方法，包括变厚行星齿轮箱和扭矩控制装置。变厚行星齿轮箱的输入端设有传动结构，传动结构通过若干行星销与行星架相连。行星销上还套设有双变厚行星齿轮，双变厚行星齿轮表面分别设有第一齿轮结构和第二齿轮结构。第一变厚齿圈与所述变厚行星齿轮箱的输出轴外侧的输出轴壳体相连。本发明同现有技术相比，设计合理、结构紧凑。可使驱动电机空载启动，载荷则平稳缓慢启动，延长启动时间，降低载荷的加速力矩，从而可提高输送带的使用性能和延长使用寿命。同时更有利于驱动系统实现可控柔性调速的自动控制，易于安装与拆卸。

对句子切分以后，输入摘要生成算法中，进而对排序后的句子选择前面3句进行输出。可以看出效果还是比较理想的。

<class 'str'> 本发明涉及动力传输设备及方法技术领域

<class 'str'> 具体来说是一种动力传输装置及动力传输方法，包括变厚行星齿轮箱和扭矩控制装置

<class 'str'> 变厚行星齿轮箱的输入端设有传动结构，传动结构通过若干行星销与行星架相连

<class 'str'> 行星销上还套设有双变厚行星齿轮，双变厚行星齿轮表面分别设有第一齿轮结构和第二齿轮结构

<class 'str'> 第一变厚齿圈与所述变厚行星齿轮箱的输出轴外侧的输出轴壳体相连

<class 'str'> 本发明同现有技术相比，设计合理、结构紧凑

<class 'str'> 可使驱动电机空载启动，载荷则平稳缓慢启动，延长启动时间，降低载荷的加速力矩，从而可提高输送带的使用性能和延长使用寿命

<class 'str'> 同时更有利于驱动系统实现可控柔性调速的自动控制，易于安装与拆卸

****

抽取摘要结果：

0.1509440357546015 具体来说是一种动力传输装置及动力传输方法，包括变厚行星齿轮箱和扭矩控制装置 <class 'str'>

0.13426741572978104 变厚行星齿轮箱的输入端设有传动结构，传动结构通过若干行星销与行星架相连 <class 'str'>

0.1277286537850432 可使驱动电机空载启动，载荷则平稳缓慢启动，延长启动时间，降低载荷的加速力矩，从而可提高输送带的使用性能和延长使用寿命 <class 'str'>

对于文本生成类任务，一般要通过计算 ROUGE 指标，来定量评价摘要生成的效果。在标注语料稀缺的情况下，也可以通过人工评估，校验相关句子选择是否合理，通过不断优化排序算法，从而获得更好的摘要生成，将该算法封装成服务用于后续调用。

2. 机器翻译

机器翻译是重要的文本生成任务之一，也是行业应用最多的文本理解工具之一。机器翻译方法在 1950～1970 年主要是通过规则来理解语言模型，实现结构上的实例互翻。从 1970 年以来，统计自然语言处理得到了长足发展，并且逐渐实现了统计机器翻译。2014 年以来，深度学习模型结构受到了广泛关注，通常采用编码器 - 解码器结构。编码器对源语句进行编码，转为语义向量，再通过解码器进行解码，生成另一种译文语言。现有的商用机器翻译工具，包括谷歌和百度的 API，都可以实现日常用的跨语言翻译，对于一些术语的翻译效果也不错，但是对于句子或篇章的翻译就差强人意了。

对于专利行业文本来说，我们需要训练面向行业应用的机器翻译模型，以中英文机器翻译模型为例。主要步骤如下：

首先制作中英文平行语料。在前面的知识库制作过程中，我们对原始数据已经进行了预处理。一般情况下，原始专利文本包括中英文对照标题和摘要信息。如图 5-40 所示，通过规则清洗可以得到 title（英文标题）、title_zh（中文标题）、abst（英文摘要）、abst_zh（中文摘要）

的中英文平行语料，这两个字段训练出来的模型很多时候也可以在其他文本字段上迁移使用。

```
"kindCode" : "A",
"appid" : "US55900675A",
"appDate" : "1975-03-17",
"appYear" : "1975",
"appMonth" : "03",
"pubDate" : "1975-12-16",
"pubYear" : "1975",
"pubMonth" : "12",
"applicantFirstType" : "其他",
"applicantFirstExtendedType" : 9,
"countryCode" : "US",
"country" : "美国",
"mainIpcCpc3" : "A47K",
"mainIpcCpc4" : "A47K3",
"cpcList" : [
    "A61H35/006",
    "A47K3/022"
],
"title" : "Foot shower and spray device",
"title_zh" : "脚淋浴和喷雾装置",
"abst" : "Discloses a foot shower and spray device to wash a swimmer's feet preparatory to his enter
"abst_zh" : " 公开了一种足部淋浴和喷雾装置，用于洗涤游泳者的脚准备进入游泳池，包括基座，致动平台，阀门和相对的淋浴喷头。基
```

图 5-40　原始文本中已有平行语料

除了行业文本本身自带一些翻译语料以外，还可以通过调用开源翻译工具 API 来获得平行语料，一些商业化翻译助手在这方面能提供比较高质量的翻译效果。图 5-41 是我们通过调用商业翻译接口服务获取平行语料示例。人工校对可以看出，这些平行语料质量较高。

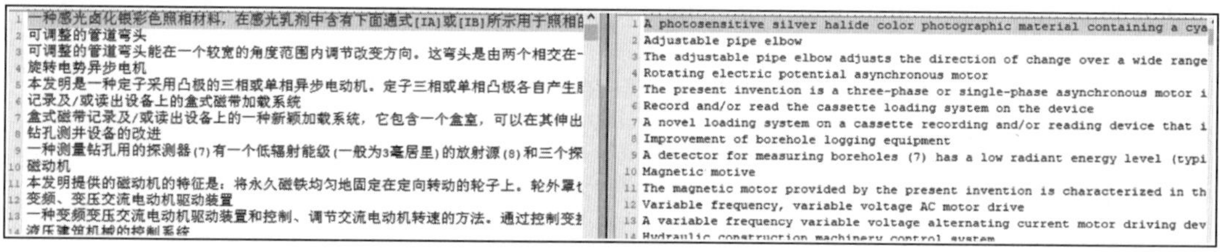

图 5-41　调用机器翻译 API 获得平行语料

在算法模型设计方面，我们参考第 3 章介绍的端到端模型思想，设计了最近比较流行的 Transformer 模型，编码层和解码层功能代码如下所示。

```
# Encoder
with tf.variable_scope("encoder"):
    ## Embedding
    self.enc = embedding(self.x,
                         vocab_size=len(de2idx),
                         num_units=hp.hidden_units,
                         scale=True,
                         scope="enc_embed")
# Decoder
with tf.variable_scope("decoder"):
    ## Embedding
        self.dec = embedding(self.decoder_inputs,
```

```
                              vocab_size=len(en2idx),
                              num_units=hp.hidden_units,
                              scale=True,
                              scope="dec_embed")
```

在具体嵌入输入方式上，编码层和解码层都需要考虑位置信息嵌入 Positional Encoding。

```
## Positional Encoding
if hp.sinusoid:
    self.enc += positional_encoding(self.x,
                        num_units=hp.hidden_units,
                        zero_pad=False,
                        scale=False,
                        scope="enc_pe")
```

此外，Transformer 模型的多头注意力机制也在模型中加以体现。

```
### Multihead Attention
self.enc = multihead_attention(queries=self.enc,
                                    keys=self.enc,
                                    num_units=hp.hidden_units,
                                    num_heads=hp.num_heads,
                                    dropout_rate=hp.dropout_rate,
                                    is_training=is_training,
                                    causality=False)
```

训练过程中采用交叉熵损失函数，模型评估使用第 3 章介绍的 BLEU 得分来评价模型。

```
## Calculate bleu score
score = corpus_bleu(list_of_refs, hypotheses)
fout.write("Bleu Score = " + str(100*score))
```

模型训练好后，我们输入英文句子进行测试。输入的英文句子和翻译结果如下所示，可以看出一些主题词并没有很好地翻译，但是句子整体逻辑是正确的，由于训练资源有限，目前模型还需要继续调优。

```
"The invention relates to a production device and a production method of bricks
    in building materials."
```

给出翻译结果：

```
[    1  226 1241  143   65   45   24  176  431  368  149    3   30   61
    11  104  169    2]
```

<sos> 无梭磁及其制造薄膜层的方法和设备 <eos>

我们也可以制作测试文件。将一组分词后的中文作为模型输入，如图 5-42 所示为真实翻译和机器翻译的部分结果，从两者翻译结果的对比可以看出我们的模型在测试集上的翻译效果不错。上述机器翻译模型也可以封装成可以调用的服务，在满足处理器性能的情况下离线使用，作为文本生成的助手，对文本匹配、搜索推荐和语言理解都能发挥重要作用。

```
- source: 可调整 的 管道弯头
- expected: Adjustable pipe elbow
- got: Adjustable angle board

- source: 旋转 电势 异步电机
- expected: Rotating electric potential asynchronous motor
- got: Rotating asynchronous motor

- source: 钻孔测井 设备 的 改进
- expected: Improvement of borehole logging equipment
- got: Improvement of <UNK> equipment
```

图 5-42　行业文本的机器翻译结果

5.2.5　关联图计算

关联图计算依赖行业文本数据之间的关联信息，比如引用、共现、多跳连接、关联图等文本关联特征，主要使用关联分析、推荐算法、图挖掘算法来实现，能够满足重要文本提取、主题文本聚类、文本推荐等需求，因此也是一类重要的算法模型服务。

设计图关联算法，比如图遍历算法，可以从广度图遍历和深度图遍历两个方面来实现，以深度遍历代码进行说明。在专利行业，文本关联信息主要以引文、类别名称、概念关联为主。以专利引文特征为例，可以分别计算出人工智能芯片领域的专利文本的关联演化路线。从中找到最关键的文本节点，比如我们查询了截至 2016 年人工智能芯片行业的美国专利只有 4277 篇，其中最早一篇是 1990 年的专利（专利号：US5163111A），最近一篇是 2016 年的专利（专利号：US20170011288A1）。通过引文关联分析性，奠定第一种引文推荐路线的专利是 1995 年的一篇，被引用了 93 次，一直到 2008 年仍然有相关引用。而另一个 1994 年的专利则被引用了 26 次，2008 年也仍然有人引用，说明了技术生命力非常强。我们也可以看到最后一行的连续引用记录，最长跨度是从 1995 年到 2008 年的技术路线，说明这种技术延续性保持良好。

```
4277
US20170011288A1 2016
US5163111A 1990
1995_93 ['2008_8', '1999_42', '2002_29']
1994_26 ['2008_2']
1994_16 ['2002_2']
['1995_93', '2008_8']
```

我们也可以给出对应的引文分析可视化结果，对于某个虚拟现实细分行业，如图 5-43 所示，寻找这个领域的最早一篇文献（US4027403A），以及被引用次数最多的一篇专利（US5616030A）。然后一些共被引用或者共引用的专利之间会存在一定的相似性，可以建立技术传承体系，这也是关联分析获得的特征之一。上述分析结果可以对后续的虚拟现实细分行业发展路线提供指导作用。

进一步结合图计算，能够实现行业基本信息 - 行业技术 - 产品 - 功能等信息的关联和融合。以上述某虚拟现实细分行业分析为例，调用成熟的 Networkx 算法包就可以简单实现相关功能。将关联文本特征推广到关联图等多模特征，可以给出新颖的文本挖掘结果，如图 5-43b 所示。另外寻找节点之间的最短路径，挖掘节点之间的联系紧密度，能够从全局角度抽取技术发展脉络。基于图搜索的关联挖掘算法模型研究也是一个发展方向。

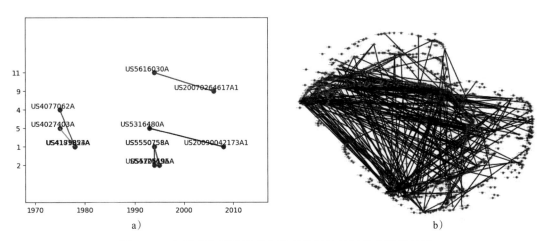

　　a)　　　　　　　　　　　　　　　　　　　　　　b)

图 5-43　虚拟现实领域的引文关联结果及最短路径挖掘结果

```
from networkx import *
pathlengths = []
# 单源最短路径算法求出节点v到图G每个节点的最短路径，存入pathlengths
for v in G.nodes():
    spl = single_source_shortest_path_length(G, v)
    for p in spl.values():
        pathlengths.append(p)
        #取每条路径计算平均值。
```

5.2.6　价值评估

　　行业文本有时候也要考虑文本编写质量、文本方案水平以及文本经济收益，这些都是文本价值评估的参考角度。通过设计价值评估模型，可以得到文本的定量评估，是后续文本分级管理的基础。

1. 评估维度

　　研究现有的行业文本评估体系，在此基础上优化评估算法和模型。以专利为例，一般认为专利文本质量指的是行文撰写好坏、审查水平高低、权利要求保护范围适当与否等。国际上较为典型的专利评价体系为欧洲专利局主导研发的 IP Score 评估系统、美国 CHI Research 公司专利记分牌体系、韩国知识产权局 SMART3 评估系统、LexisNexis 公司的 PatentSight 等。国内典型专利筛选评价体系为国家知识产权局与中国技术交易所共同开发的价值指标体系，结合了专利文本技术价值、法律价值、市场价值、战略价值和经济价值维度综合评判。系统总结发现，主流评价体系仍以专利的法律、技术、经济价值为核心评价对象。

但是上述评估对象都存在各种各样的难题。

① 法律：行业稳定性、实施可规避性、实施依赖性、行业侵权可判定性主观评价多。

② 技术：面向通业，行业评估指标包括先进性、领域发展趋势、适用范围、配套技术依存度、可替代性、成熟度等难以量化。

③ 经济：经济价值产生和传递过程复杂，很难清晰划分。

经过对上述问题的分析，我们结合专利行业知识库的搭建，在现有主流评价指标基础上剔除依赖主观判断的评价指标，制定了量化解决方案。

基本面：专利类型、发明人、申请人数量、申请人类型、专利寿命、权利要求长度。

法律方面：整合了已有法律状态字段取值，不仅包括"有效专利""无效专利""失效专利""实质审查""公开"，还有"主动放弃""申请恢复""撤回"等，分别赋予不同的权重。

技术方面：限定在细分领域内（通过领域字段搜索清洗获得领域名称），将引证、同族、新技术发现、是否标准/必要等因子定量化评估。其中新技术发现依赖于双重先进性行业筛选条件，将同时出现在专利和其他科技文献中、能代表一定技术发展趋势的技术前沿方向挖掘出来，并确定关键技术特征。

经济方面：考虑"诉讼记录""专利权质押""实施许可""权利转移""专利权保全""质押注销"等特征字段值，结合企业自身的工商数据、经济指标赋予评估权重，进行协同优化，从而得到经济价值评估方案。

2. 评估模型

评估模型如图 5-44 所示，包括技术领域内的双重先进性筛选（左图）和文本质量筛选（右图）两个方面。双重先进性筛选方法结合文本检索和行业特征知识库，提供了一种定性间接评估专利价值的方法。与专利质量筛选相结合，可以起到沙中淘金的效果，大大降低了高价值专利筛选的难度。左图中双重先进性筛选将同时出现在专利和科技文献中、能代表一定技术发展趋势的技术前沿方向挖掘出来，并确定关键技术特征。建立并整合了文献和专利数据，基于技术关键词共现原理识别技术前沿方向。然后，根据这些关键技术特征（关键词的组合），确定申请日期靠前的一组专利。

具体流程如下：

① 调用文本检索组件，针对细分领域调用关键词助手和搜索问答模块获得领域检索式。

② 基于检索式获得该领域专利集合和科技文献集合。因为这两个开源资料源基本囊括了领域内所有技术信息。针对专利文本，基于已有的领域描述方法与检索方法，领域专家加工出领域专利集合，较为精准地提取特定领域的专利数据。利用专利检索式提炼出文献检索方案，在开源网站上获取文献集合，进一步通过专家完成文献筛选。

③ 获取专利文本领域、技术特征知识，以及文献关键词列表。基于技术词库、技术词提取、词性整合等方法，课题组可以从专利和文献中得到大量的与技术相关的词汇。利用专利书写的规范性与格式要求，通过自然语言处理方法可以从专利中提取特殊字段（如标题、

摘要、技术领域等），进而从这些文本中抽取技术关键词。同理，抽取文献的关键词集合。

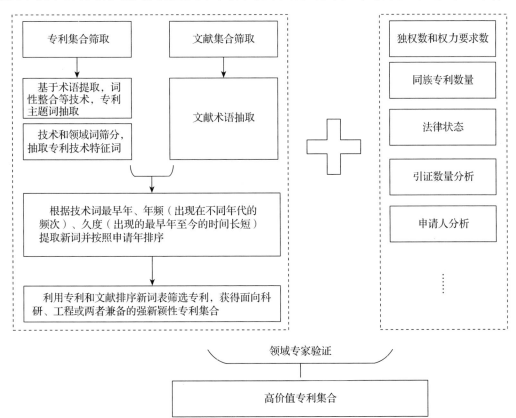

图 5-44　高价值专利文本的评估模型

④ 领域当前年度技术关键词集合。将专利数据按照申请年度排序，对每年（甚至每月）的专利分别解析。将提取的专利词汇表整合加权去重，提取领域当年（甚至当月）专利的技术词集合。进一步，统计出不同技术词在该领域的技术词代（技术词出现的最早年代），提取年频（出现的不同年度数）和技术词的久度（技术词在该领域出现的最早年至当前年的年度差），将以上指标结合作为过滤条件，筛选出属于该领域当年度技术关键词集合。同理，按照上述方法给出文献中该领域当年度技术关键词集合。上述关键词集合按照时间顺序排序，形成新词集合。

⑤ 新颖专利集合筛选。通过领域内每篇专利的技术关键词与新词进行比对，如果专利申请年早于新词出现年度（或月份），那么认为该专利具有新颖性，从而给出基于领域专利新词的新颖专利集合。同理，给出领域文献新词的新颖专利集合。进一步，通过两个集合的比对，筛选出重复专利作为最终的强新颖性专利集合。通过这种方法筛选出的专利集合，往往在科研和实践落地方面都有不错的潜力。此外，针对新兴领域，比如近一两年内出现的领域，往往在专利中大量布局，所以新颖专利通常出现在基于领域专利新词的新颖专利

集合中，所以该方法在应用中要适当结合领域专家的判断。上述双重先进性方法筛选出领域内具有新创性的专利。以国内人工智能芯片领域为例，评估结果如图 5-45 所示，可以看到排名靠前的专利，基本来自大公司和科研实力雄厚的科研院所。

applicant	title	standard	Amount score
高通股份有限公司	连续时间尖峰神经网络基于事件的模拟	120.4614659	96
清华大学	一种基于神经形态电路的类脑协处理器	112.4401504	88
英特尔公司	用于有效使用高速缓存及存储器的指令辅助高速缓存管理	110.7926508	87
高通股份有限公司	用于神经处理器中的可替代突触权重存储的方法和系统	106.129752	82
辉达公司	用于自适应功率消耗的方法和装置	104.5512582	81
辉达公司	用于自适应功率消耗的方法和装置	104.1179537	80
辉达公司	用于自适应功率消耗的方法和装置	104.0410306	80
中国科学院计算技术研究所	一种二值卷积装置及相应的二值卷积神经网络处理器	103.8583707	80
中国科学院自动化研究所	基于参数量化的深度卷积神经网络的加速与压缩方法	102.2885198	78
中国科学院计算技术研究所	一种二值卷积神经网络处理器的方法及使用方法	101.403829	77
英特尔公司	有效使用高速缓存器和存储器的方法、处理器和网络线路卡	100.2538051	76
清华大学	一种基于神经形态电路的类脑协处理器	99.96401476	76
高通股份有限公司	用于使用监督式学习对种类加标签的方法和装置	99.95005556	76
浙江大学	一种数模混合神经网络芯片体系结构	98.93944383	75
中国科学院计算技术研究所	神经网络计算装置及包含该计算装置的处理器	97.71469043	74
兰州理工大学	一种模拟神经元互连系统及采用该系统的可编程神经元阵列芯片	97.54951229	74
微软公司	并行处理机器学习决策树训练	97.48290894	73
高通股份有限公司	用于神经处理器中的可替代突触权重存储的方法和系统	97.32239585	73
重庆大学	面向深度学习的稀疏自适应神经网络、算法及实现装置	96.93141814	73
中国科学院计算技术研究所	一种二值卷积神经网络处理器的方法及使用方法	96.403829	72
中国科学院计算技术研究所	一种时分复用的通用神经网络处理器	96.30222524	72
兰州理工大学	一种模拟神经元互连系统及采用该系统的可编程神经元阵列芯片	96.12206582	72
上海新储集成电路有限公司	人工神经网络芯片及配备人工神经网络芯片的机器人	95.85215596	72

图 5-45　某细分领域的文本价值计算结果（最右侧一列）

5.3　标注、训练和更新

对于行业知识工程而言，光有知识库、模型算法库仍然不够，还不能形成一个有机的特征工程和试验协作平台。从实际业务需求来看，还需要考虑将特征标注、模型训练、知识运维更新加入进来，构成知识库和模型算法库之间的桥梁。尽管有各种各样的规则或算法来抽取文本特征，仍然有大量的特征需要标注，特别是面向本体搭建需要的各种结构化特征，往往不能自动生成，而只能靠手工标注，标注工具是监督学习所用到的熟语料的必需手段。另外，标注后的熟语料也需要加载进入模型中训练，那么搭建模型和训练模型往往也需要工具，一个用户友好的训练平台再好不过。最后一系列模型运行起来产生新的知识，一些旧的知识需要增删改查，那么一套知识更新引擎也是必不可少的。以上服务搭建好以后，才能完成一个知识工程的完整生命周期，从原始数据到知识，再到新知识，循环迭代。

5.3.1　标注工具

对于文本标注而言，一方面通过搭建标注服务来实现，另一方面可以考虑利用开源的标注工具，比如目前比较流行的斯坦福大学开发的 Brat 工具，下载工具包。

进入工具包路径目录，输入启动命令，然后输入用户邮箱和密码，再执行 Python 脚本启动服务。服务启动以后会开放标注服务端口，在浏览器中输入 IP 地址即可以登录 Brat 服务界面，启动后如图 5-46 所示。

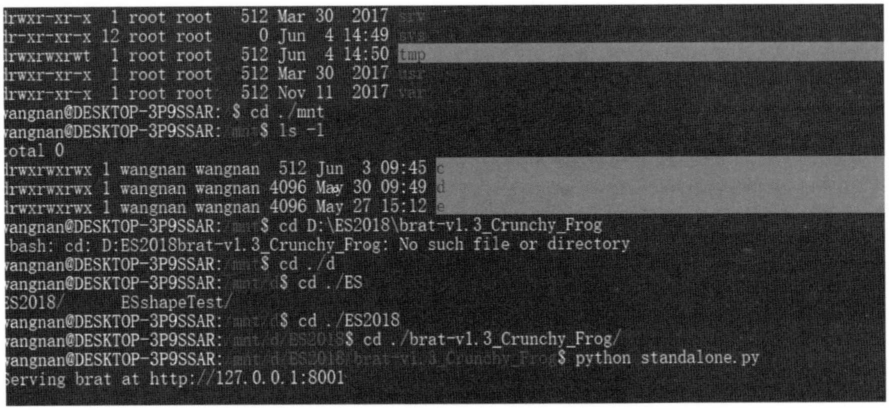

图 5-46　标注工具启动界面

在使用 Brat 进行原始文本标注之前，需要准备文本（txt 文件）及其对应的标注文件（ann 文件），如图 5-47 所示。

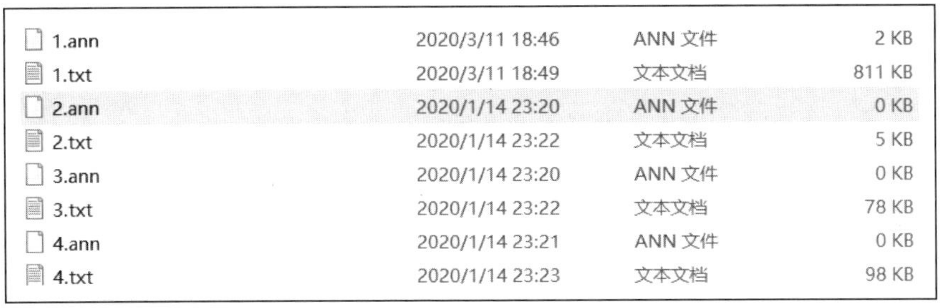

📄 1.ann	2020/3/11 18:46	ANN 文件	2 KB
📄 1.txt	2020/3/11 18:49	文本文档	811 KB
📄 2.ann	2020/1/14 23:20	ANN 文件	0 KB
📄 2.txt	2020/1/14 23:22	文本文档	5 KB
📄 3.ann	2020/1/14 23:20	ANN 文件	0 KB
📄 3.txt	2020/1/14 23:22	文本文档	78 KB
📄 4.ann	2020/1/14 23:21	ANN 文件	0 KB
📄 4.txt	2020/1/14 23:23	文本文档	98 KB

图 5-47　标注文件准备示意图

另外标注之前，需要打开 annotation.conf 文件，根据自己的任务定义标注的实体类型。比如本书涉及的文本中会提到产品和产品组件两种实体，那么就需要定义产品和产品组件两种实体类型。

```
# ACE'05 entity, relation and event definitions
# (http://projects.ldc.upenn.edu/ace/annotation/2005Tasks.html).
[entities]
Component
Product
[relations]
# typically "Arg1" and "Arg2".
Located              Arg1:Person, Arg2:GPE
Geographical_part    Arg1:GPE,    Arg2:GPE
```

```
Family              Arg1:Person, Arg2:Person
[events]
# Definition of events.
!Life
    Be-born    Person-Arg:Person, Place-Arg?:GPE
    Marry      Person-Arg{2}:Person, Place-Arg?:GPE
    Divorce    Person-Arg{2}:Person, Place-Arg?:GPE
    Die        Person-Arg:Person, Agent-Arg?:<POG>, Place-Arg?:GPE
[attributes]
# Definition of entity and event attributes.
Negation       Arg:<EVENT>
Confidence     Arg:<EVENT>, Value:High|Neutral|Low
```

此外，如果需要标注的类型较多，那么为了标注方便，也可以修改 visual.conf 文件，将需要标注的类型用不同的颜色表示，这样方便后续的标注使用。

```
# color scheme from
# http://www.colourlovers.com/palette/314275/marmalade_skies
# 20663F 259959 ABD406 FFD412 FF821C
Component    bgColor:#FFD412
Product      bgColor:#20663F
```

标注样例如图 5-48 所示，可以获得标注了术语类型的熟语料。

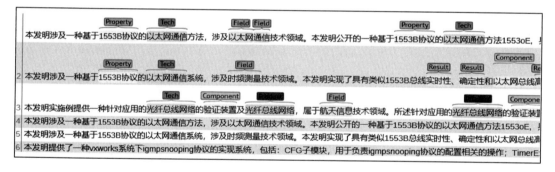

图 5-48   文本标注结果示意图

除了使用 Brat 开源工具以外，还可以采用 doccano 工具⊖，也能够对文本标注任务所需语料进行编辑，界面友好简洁。标注后的文件可以加工成 annotation.json 返回，以命名实体识别任务为例，标注后返回的实体标注结果的参数如表 5-7 所示，方便后续接口处理。

表 5-7   开源标注工具的标注结果

参数名称	类型	说明	必须
ID	String	实体 ID	是
entity_type	String	实体类型	是

⊖ http://doccano.herokuapp.com/demo/named-entity-recognition/

（续）

参数名称	类型	说明	必须
start_pos	int	实体开始位置	是
end_pos	int	实体结束位置	是
entity_name	String	实体名称	是

5.3.2　训练框架

训练框架需要综合考虑知识工程中数据标注、算法开发、模型设计与训练以及算法服务运行流程管理等。集成面向多语言的各类机器学习工具包和算法模型。整体上看，训练框架主要包括文本特征标注与预处理、训练流程管理（算法模型接口文件链接、模型生命周期管理、输入输出运维）及可视化组件（监控服务日志）等辅助功能，如图5-49所示。

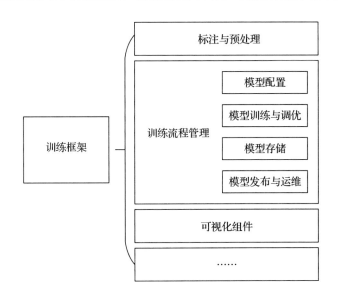

图 5-49　知识工程训练框架示意图

训练框架还要支持文本标注特征处理、算法模型接口文件链接、模型生命周期管理、输入输出的运维、可视化监控服务日志等辅助功能。

1. 标注与预处理

针对算法模型，支持多种文本输入格式，制定统一的标准数据集生成方法。通过简单接口配置，方便算法模型调用对应数据。提供多设备间的数据交换一致性模型，存储一些预处理后的文本任务数据集，如图5-50所示。

名称	属性	数量
WebQuestions	英文	5810
Freebase（Wikidata）	英文	24700000
NLPCC2016DBQA KG	中文	4300

图 5-50　训练框架内接入的文本数据集

2. 训练流程管理

训练流程管理是训练框架的核心，集成基本数据结构、计算模块、优化求解方法等基础模块。提供模型参数配置、模型调优、模型存储、模型发布与运维等工具包，并提供统一访问接口。如图 5-51 所示，管理工具能够集成常见的开源机器学习框架（TensorFlow、Torch、Theano、Keras、Paddlepaddle 等），将训练好的算法服务或模块输出保存，最后与应用接口互通。通过服务容器运维，便于版本的控制与升级。

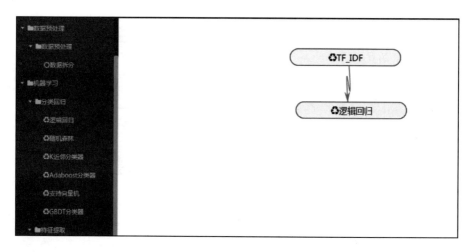

图 5-51　模型管理与运维界面

在实践过程中，要定义模型挂载接口和资源调度接口。对上与算法模型库互通，统一算法模型挂载机制，便于分析不同模型的性能；对下调度计算资源和内存资源，其中资源单元注册唯一标签。当训练资源被满足时，就调度和执行任务。具体包括如下内容。

定义模型数据结构：保存输入数据、模型参数、模型权重、变量等数据结构。

定制模型组件：采用组件流程化的形式，支持模型样本构建、样本管理、模型训练、模型评估组件推荐与拼接。

计算结构配置：定义模型参数，提供常用模型层计算结构配置，允许自定义计算结构。

训练优化执行：集成各类损失函数、梯度优化方法、正则化方法（如 L1 正则、L2 正则、设置 Dropout 参数等）。

模型管理：模型生成、输出与封装发布，根据需要提供运维管理。

3. 可视分析

可视分析以图形界面交互方式，将上述数据处理和训练流程各环节可视化监控，包括数据可视化、模型可视化、过程可视化、输出可视化等相关任务。方便数据预处理、训练流程、测试流程等运行维护。

5.3.3　知识更新

行业知识往往具有时间属性，知识更新主要表现在概念本体层更新和数据层更新。

概念本体层的更新：行业知识本体规模一般不大，比如前述提出的面向专利行业的应用本体的模式类别数目在几十个左右。本体层的定义多是行业专家定义和维护的，通过模型算法库中的标注、分类、匹配算法可以自动发现新的概念或类别，专家干预判断是否更新本体，而且也要考虑这种更新对已有模型算法的影响，以及对其他知识库的影响。一般情况下本体层的更新频率比较低，一般以年或月为更新单位，需要更新的类别数也较少。

数据层的更新：一般情况下，数据层更新的规模、频度都超过了概念本体层的更新。数据层更新可以是主动的也可以是被动的。比如文本标注模型预测了一批新的实体关系三元组知识，更新入库，一些旧的知识可能会被覆盖，一些时间戳和历史记录回滚机制也要考虑，所以一般以小时或天为更新单位。

行业应用过程中，需要设计知识更新机制，保持知识运维的动态效率，更新机制设置成为知识生命周期管理的重要环节。

小结

尽管学术界和工业界对知识图谱和知识工程的定义还有各种争论，结合行业实践，我们认为知识工程是知识图谱的基础，而知识图谱兼具知识工程和智能应用特征。

本章主要介绍了行业知识工程的基本框架和流程，结合专利行业的具体实践，从 0 到 1 阐述了行业知识工程的搭建过程，包括三个主要内容：行业知识库、模型算法库，以及标注、训练和更新引擎。从原始数据开始，到语料标注，再到算法模型设计训练，最后以服务形式对外应用。结合更新机制实现整个知识生命周期的管理。除了关注上述三个方面的问题以外，还需要注意以下几点：

在线和离线问题。在不同的行业应用场景下，需要考虑知识库和模型算法库是否需要满足在线实时响应需求，或仅提供离线服务即可。很多情况下，文本录入以后，我们希望及时看到知识库相关内容的更新，比如某个细分领域内文本价值评估的重新计算。也有一些时候，我们可以容忍文本关联的产品信息一天或一周以后再更新。

成本和效率问题。知识工程是一项系统工程，周期长、见效慢、成本高，工程属性明显。还可能完全不好用，需要迭代优化。根据资源和成本投入，很多时候有针对性的建设几个局部环节就能够满足日常业务需要。此外，由于模型算法更新迭代频繁，对计算资源要求也很高，所以需要在复杂模型和应用效果上进行折中，这些都是值得注意的知识工程问题。

行业知识工程是知识图谱落地的基础，在此基础上，下一章继续封装搭建知识图谱模块，更好地体现文本智能的一面。

CHAPTER 6

第6章

行业知识图谱模块

行业知识图谱是行业认知工具。第5章我们介绍了行业知识工程的相关内容，为行业搭建了知识库和模型算法库等基础环节。很多时候，知识、算法、模型可以形成单独的服务直接被调用，但是这样的使用方式并没有体现出知识图谱智能性的巨大威力。本章将介绍知识图谱模块的搭建。这些模块是对第5章知识库和模型算法库一些基础服务的集合，通过串联或并联的方式，以一个功能模块的形式发挥智能作用，真正从工程走向智能。

行业知识图谱模块的基本框架如图6-1所示。

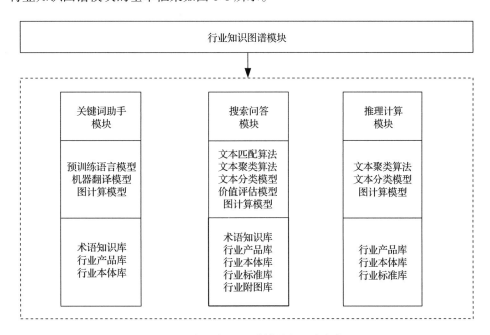

图 6-1　行业知识图谱模块的基本框架

1. 关键词助手模块

传统的关键词搜索是通过语句（字符串）相似搜索召回，在常见数据库和搜索引擎中会进行精确召回或模糊召回。然而这远不能满足应用需要，一方面我们检索关键词不仅仅为了了解这个词本身，还希望建立更多的关联词、解释说明、相关热搜等。另外，如果输入有误或有错别字等，也会带来检索异常，因此这种场景下一种基于知识图谱的模块——关键词助手诞生了，它可以在知识图谱的帮助下，在下面几个环节发挥作用。

实体链接：通过将关键词与知识库中的实体进行语句匹配，获得实体候选项。通过实体链接算法判断最佳实体候选项，作为输入关键词的链接对象。

语义扩展：在前述链接完成以后，通过链接对象索引知识库中的关联知识，包括术语知识、产品知识、本体等，结合预训练语言模型相关词推荐，完成关键词的语义扩展，进而获得可解释信息。

检索式补全：通过对语义多层级知识构建布尔检索逻辑，进而关键词检索式补全，形成一个完整的检索方案。最后经过人工干预或规则加工，触发搜索。

2. 搜索问答模块

搜索和问答本是两种不同的语用任务，搜索主要通过输入转化为 SQL 语句，索引一系列结果并排序，而问答则通过提供自然语言输入来获得答案，最优结果是精确唯一的。此处我们仅考虑事实型问答，与知识三元组关系紧密，而片段生成式问答目前还有待探索。因此，搜索和问答这两个任务在知识图谱的推动下，功能流程上走向融合，统一称为搜索问答模块。

在冷启动阶段，主要是个性推荐。通过用户画像知识、行为知识、情景提示、其他关联知识，利用推荐算法（包括内容协同过滤、用户协同过滤、情境感知推荐等），可以为用户直接推荐出结果列表。

在查询输入阶段，属于搜索以及智能问答。通过文本匹配模型识别查询实体，分类模型识别查询意图。情境感知和意图理解是查询和问答理解的重要任务，结合关键词助手模块完成实体语义关系路径判断，进而语义扩展启动搜索。

在召回排序阶段，对于事实性问答模式，则通过知识三元组直接推荐答案结果；如果列表答案召回，那么可以根据输入语句与答案的语义匹配度进行排序，这种排序往往有较好的可解释性。通过对文本价值的评估，进一步筛选有价值文本。

3. 推理计算模块

过去，基于符号描述逻辑的推理一直是推理计算的主流，通过专家制定推理规则，形成一套行业内的推理机。但是这种模式严重依赖专家经验，更新速度慢，难以适应新知识的涌入，所以逐渐遭遇瓶颈。随着互联网的规模化应用，大数据逐渐成为知识工程的知识来源，特别是在知识图谱出现以后，推理计算可能出现质的飞跃。

本体构建方面：出现了面向语义网的本体框架和本体语言，随着开源社区和知识众包的发展，本体构建可以集思广益，本体编辑和更新速度加快，质量更高。面向行业应用的本体也可以方便地集成进入推理计算模块，通过迭代优化推理效果。

规则补全方面：过去都是通过专家经验来制定规则，现在可以通过海量数据的统计学习，结合知识库先验或后验约束，完成规则关系抽取，进而实现行业规则自动补全。

关联图计算方面：由于知识图谱的加入，为图节点和关系路径提供了可解释的权重，进而提高了同构图甚至异构图计算的效果。此外通过图数据库对图结构知识的存储，极大加快了聚合搜索的速度，对于关联搜索、异常识别和社区发现具有重要意义。

上述三个模块是知识图谱发挥智能功能的独特优势，通过进一步封装成模块 DEMO，进行演示优化，逐渐形成行业知识图谱应用的标准化模块，方便上层业务的使用。下面为基于 Python 语言搭建知识图谱模块的 DEMO 演示版本的文件结构，仅供参考。config.py 文件中包含一些 demo.py 中使用的变量。

```
├──project
│    ├── __init__.py
│    ├── package
│    │    ├── __init__.py
│    │    ├── demo_1_0.py: 版本号为1.0的demo服务
│    ├── models.py: 数据库的模型
├── config.py: 配置文件
├── main.py: 项目启动文件
├── requirements.txt
```

6.1　关键词助手

现有行业文本分析系统多基于行业数据库开发，面向文本查询、分析、挖掘等需求的管理系统，基础能力是基于布尔搜索逻辑的检索。尽管很多商业系统试图将语义搜索、多特征字段、智能分类、智能评估等功能作为系统主打特色，但是这些功能到底怎么来的，是否智能，难以说清。如果我们根据使用场景仔细分析，会发现只要有用户输入文本，那么就需要根据不同粒度（如字词、句粒度）对文本进行语义分析，得到一个最佳检索式完成检索。

首先是在字词粒度基础上考虑语义完备性。前述行业知识库（包括术语词库、产品库、附图库、语言知识库等）、算法模型层面的文本匹配以及机器翻译模型、预训练词嵌入模型，都可用于输入字词的语义相似度计算，可以推荐同位词或者上下位词、英文翻译、语义解释等内容，类似用户感兴趣词的百科知识 infobox。不仅可以帮助用户快速找到想要的检索词或特征词，还能提高行业文本可解释性。

因此，我们可以将算法模型服务、知识库组合起来，封装成一个关键词智能工具模块，帮助用户融合外数据源知识，发挥知识图谱的智能威力。

如图 6-2 所示，行业文本主要描述方法和产品两大内容，因此可以根据应用场景需要，将关键词助手模块划分为两大部分：术语图谱和产品图谱，进一步通过知识约束提高语义扩展的精确性。

6.1.1 术语图谱

行业术语广义上来讲内涵丰富，既有科学、技术、标准方面的内容，也包括各细分领域专业词汇、用户属性（画像、行为）等。从专利行业角度讲，可以仅考虑与专利技术方案相关的词汇。术语图谱模块将基于使用流程，封装相应的知识库和服务，提供术语词图谱。下面我们以实际案例来阐述术语图谱的使用。

首先，如图 6-3 所示，我们输入文本"人机交互"，调用文本分类模型判断该输入为术语，而不是产品，此处可以增加人工选择和编辑的能力，如果分类错误，我们可以通过点击修改标记数据来完善模型。

图 6-2　关键词助手模块示意图

当前类型：	cn	
当前领域：	人机交互	
领域描述：	人机交互	图谱助手: enter键 --查询
当前领域：	请输入申请人描述	or ⌄

图 6-3　术语图谱界面

此处我们假设每一个被分类为术语的词代表了实体名称。因此进一步通过调用语句匹配服务，从知识库中搜索相关实体，给出实体列表，如图 6-4 所示，可以看到人机交互有多种召回，在没有一个良好本体库的情况下，可能有很多实体候选项，比如工业设计专业术语、人机交互技术、触摸屏技术等。

```
用户界面,描述,用户界面(User Interface)是指对软件的人机交互、操作逻辑、界面美观的整体设计
人机交互[工业设计专业术语],描述,人机交互、人机互动(英文：Human-Computer Interaction或Human-Machine Interaction, 简称HCI
人机交互[工业设计专业术语],中文名,人机交互
人机交互[工业设计专业术语],外文名,Human-Computer Interaction
人机交互[工业设计专业术语],简称,HCI
人机交互[工业设计专业术语],拼音,ren ji jiao hu
人机交互[工业设计专业术语],研究对象,系统与用户之间的交互关系
人机交互[工业设计专业术语],特指,用户可见的部分
人机交互[工业设计专业术语],标签,语言
人机交互[工业设计专业术语],标签,文化
人机交互[工业设计专业术语],标签,出版物
人机交互[工业设计专业术语],标签,书籍
优势可用性网,描述,优势可用性网(UnderstandUsability.COM)成立于2005年5月, 其创立的宗旨是为中国从事人机交互和可用性领域的
咨询服务。
雅信CAT,特点,主要采用翻译记忆和人机交互技术
人机交互技术,描述,人机交互技术(Human-Computer Interaction Techniques)是指通过计算机输入、输出设备, 以有效的方式实现人
人机交互技术,中文名,人机交互技术
人机交互技术,功能,实现人与计算机对话的技术
人机交互技术,适合,人机
人机交互技术,类型,技术
人机交互技术,标签,软件
人机交互技术,标签,科学
人机交互技术,标签,技术
触摸屏技术,描述,触摸屏技术是一种新型的人机交互输入方式, 与传统的键盘和鼠标输入方式相比, 触摸屏输入更直观
触摸屏技术,技术相关,新型的人机交互输入方式
```

图 6-4　术语扩展所需的语义知识

进一步调用实体链接模型，获得人机交互实体的最佳选择。由于排序中多数结果评分一致且候选项名称相同，因此可以融合这些知识，返回一个对象，包括别称、关联词组合、解释说明等内容。通过人工挑选获得语义扩展。

对于扩展不够全面的术语，可以再调用机器翻译模型和预训练语言模型，进一步推荐相关词列表。如图 6-5 所示，这些词列表由于根据用户点击完成排序更新，因此一些排序靠前的词可以被选择为语义扩展词。语义扩展的过程可以反复迭代，直到满足应用需求即可。

图 6-5　术语的语义扩展界面

文本语义扩展主要是扩展同位词、上位词、下位词等，如图 6-6 所示。因为这些内容与输入实体的搜索能力关系最为密切，所以可以将上述词汇进行编辑，形成关系词候选列表。将关系词选择完毕之后，可以进一步增删改查，这些都是该图谱模块的操作逻辑。

图 6-6　词语关系语义扩展

最后将编辑好的输入实体语义扩展结果生成检索式，此处需要结合布尔搜索服务进行处理。布尔搜索有多种操作符，比如 and、or、not 等，还有距离间隔符、模糊替代符等多种不同的应用。多数情况下，我们默认同位词（同义词）在进入布尔搜索时，使用 or 操作符彼此连接，操作符的功能代码如下。

```python
def orOperator(m1, m2):
    '''
    :param m1: or 布尔操作符的左侧部分 可以为 dict or str
    :param m2: or 布尔操作符的右侧部分 可以为 dict or str
    :return:
    '''
```

```
global words
# words = dict , key = word , value = field_info, words预处理了每一个检索要素在搜
  索中所检索的范围
#e.g  人工职能: ['title','abst']

# 整个程序是布尔解析程序的一部分,所以存在4种情况, m1, m2 = dict, str。当m = dict时, m是
  组成query中的一个字dict,否则m是一个搜索元素
if type(m1) != dict and type(m2) != dict:
    # 当m1 与m2 均为搜索元素时, or_operator 会将两者相较,用shuold: List方式组合
    words.append(m1)
    words.append(m2)
    resultList = areaSelect(m1)
    # areaSelect包含了当前搜索的范围,相关范围参数作为一个搜索元素:范围的词典已经加载至程序中
    query = {'bool': {'should': []}}
    for i in resultList:
        query['bool']['should'].append(i)
    resultList = areaSelect(m2)
    for i in resultList:
        query['bool']['should'].append(i)
    return query


if type(m1) != dict and type(m2) == dict:
    # 当m=dict时,不需要进行搜索领域的组成,但是要判断dict中是否存在should,进而进行
      should合并,节省搜索数据大小
    words.append(m1)
    resultList = areaSelect(m1)
    if 'should' in m2['bool']:
        for i in resultList:
            m2['bool']['should'].append(i)
        return m2
    else:
        query = {'bool': {'should': []}}
        for i in resultList:
            query['bool']['should'].append(i)
        query['bool']['should'].append(m2)
        return query

if type(m2) != dict and type(m1) == dict:
    words.append(m2)
    resultList = areaSelect(m2)
    if 'should' in m1['bool']:
        for i in resultList:
            m1['bool']['should'].append(i)
        return m1
    else:
        query = {'bool': {'should': []}}
        for i in resultList:
            query['bool']['should'].append(i)
        query['bool']['should'].append(m1)
        return query

if type(m1) == dict and type(m2) == dict:
    query = {'bool': {'should': []}}
```

```
query['bool']['should'].append(m1)
query['bool']['should'].append(m2)
return query
```

通过对语义扩展后的词汇组合形成布尔逻辑检索式，如图 6-7 所示，最后可以执行搜索。

复制检索式
(TAC:(人机交互 OR 人机交互式 OR 人机接口 OR 交互信息显示 OR 智能交互 OR 智能人机交互 OR 人机界面 OR 人机界面显示 OR 人机交互显示 OR 交互式操作 OR 人机交流))

图 6-7　语义扩展检索式结果

6.1.2　产品图谱

除了术语图谱以外，专利行业另外一个关注点是产品实体。根据行业产品库建设的经验，跟产品相关的内容包括产业链 / 产品 / 产品结构、上下游软硬件、下游应用场景等复杂情况，所以产品图谱要涉及更多知识库和算法模型服务。

以"指纹识别器"产品为例，我们总结了该类产品的应用本体，如表 6-1 所示，主要包括电容式指纹传感器、指纹活体检测模组两大部分。如果单纯从术语图谱角度看，传感器和检测模组基本不存在语义关联，但是在第三级别的产品结构术语"纹路检测"，与"活体检测模组"的第三级别"生理属性检测"和"物理属性检测"却存在语义相似。因此对于产品词知识扩展而言，首先要建立产品的应用本体。

表 6-1　指纹识别器产品应用本体

指纹识别器	电容式指纹传感器	硬件结构	电路结构
			层膜结构
			电极结构
			封装结构
		信号处理	纹路检测
			图像处理
			特征提取
	指纹活体检测模组	活体检测	生理属性检测
			物理属性检测
			电属性检测
			外观形态检测
		指纹活体检测装置	光学
			半导体
			超声波

然后针对产品的应用本体，对二级及以下节点词汇调用语义相似服务，根据设定相似度阈值判断同一级别节点词汇的语义相似程度。比如根节点"指纹识别器"，如图 6-8 所示，分别从知识库和相关词中挑选语义关系词。

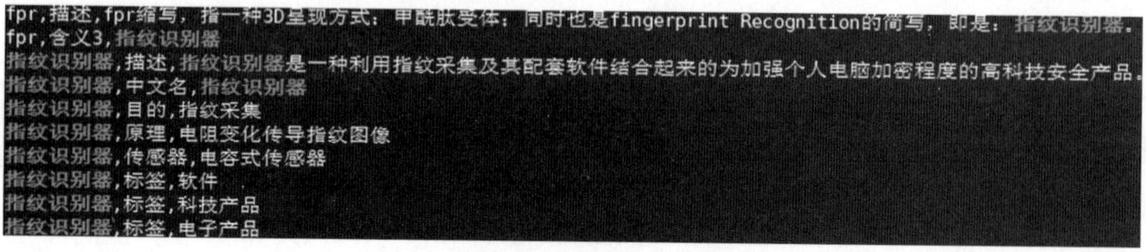

图 6-8　指纹识别器的语义扩展

对于语义隔离的词汇，调用术语图谱助手，分别获得各自的语义扩展。比如，对与"指纹识别器"语义隔离的二级节点词"活体检测"，同样进行语义扩展，如图 6-9 所示。其他节点词汇按照上述方式一一进行编辑处理，形成每个节点的语义扩展集合。最后，"指纹识别器"产品的语义扩展以产品概念的形式返回，形成一个树形图结构。经过人工编辑，最后形成产品检索式用于搜索召回。

图 6-9　二级节点词"活体检测"的语义扩展

综上所示，行业关键词助手需要集成分类模型、文本匹配服务、机器翻译模型、预训练语言模型、语义关系编辑、布尔检索式生成服务等算法模型，也要依托行业知识库（包括本体库）的支持，形成一个强大的字词粒度语言理解模块。

6.2　搜索问答

搜索问答是基于自然语言句子粒度理解的知识图谱模块。传统信息检索主要通过将句子视为词袋，将句子分词为字词粒度后进行语句字符串匹配，缺少语义理解且排序特征有限，因此检索效果往往很差。引入行业知识图谱以后，通过对句子中实体的识别（而不是简单分词），基于算法模型提供的语义信息，完成实体链接和关系判断，明确搜索意图，因此极大提高了搜索效果。

由于问答与搜索的处理逻辑近乎一致，且输入都是自然语言，特别是事实型问答主要通过知识图谱完成召回排序，所以我们将搜索和问答（事实型问答）合并为一个模块，该模块的智能关键在于行业知识图谱的支持。

对于查询文本，处理逻辑如图 6-10 所示。通过分类模型将其分为搜索、问答（事实型问答）两个意图。如果是搜索，那么还要根据应用任务继续划分为分析、监控任务和文本挖掘任务，相对应有语义搜索和功能搜索两种搜索逻辑。如果是（事实型）问答，则通过对文本和知识库中关系路径挖掘和分类，直接生成答案内容或答案列表。

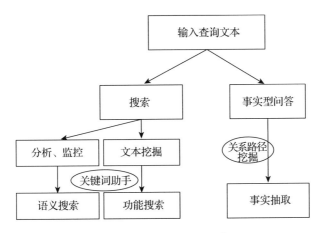

图 6-10　搜索问答模块示意图

下面以专利行业的文本搜索问答为例进行流程说明。比如我们输入"一种人机交互方法"进入模块。首先是搜索意图识别。通过判断该用户的专业（行为）知识记录的分类模型，在"分析、监控、挖掘"三类任务中预测该用户偏好分析，因此默认推荐用户进入分析平台。如果预测为监控类型，则进入预警平台，两者都对应选择语义搜索。而挖掘对应选择功能搜索。

在搜索召回排序过程中需要考虑场景、策略和效果评价几个部分。在场景方面，结合行业用户画像（行为知识分类、产品库、标准库等），策略主要通过图计算方法实现，对结果通过在线或离线指标进行评价。在实际应用过程中，由于缺少标注数据，就需要人工判断搜索问答效果。下面，我们结合不同应用场景详细介绍。

6.2.1　语义搜索

进入分析和预警平台，将主要使用语义搜索智能服务。以"一种平面振膜扬声器及耳机"作为输入，如果利用普通搜索，先分词，再按照布尔搜索直接进行检索（也要考虑多个分词情况下排序加权问题），可以给出如下的结果，基本上能够看出字符串匹配效果比较理想。

CN107426652A 平面振膜扬声器及耳机
CN206820948U 平面振膜扬声器及耳机
CN206820949U 平面振膜扬声器及耳机

CN206963023U 平面振膜扬声器及耳机

CN206728286U 可抑制非线性振动的平面振膜以及扬声器

CN109285530A 基于规整音程矩阵及人体特性的超音域数码简谱键盘琴

CN108810763A 活塞式扬声器

CN207200960U 平面振膜和耳机

但我们希望对其他厂商的专利进行分析，而不是仅仅对本专利申请人自身专利的分析，所以这样的检索逻辑并不合理。考虑到知识图谱提供的强大语义能力，实现关键词映射图扩充，是否可以把语义知识加入检索逻辑中呢？答案是肯定的！

首先，通过调用实体识别模型对输入文本抽取实体和类型，如下所示。

平面振膜，type：技术

扬声器，type：产品

耳机，type：产品

可以看出输入文本包含了技术和产品两类实体，那么在没有其他外源信息的约束下，我们将利用关键词助手对两类实体对应的三个实例分别进行语义扩展。以技术词"平面振膜"为例，可以得到相关词汇。而对于扬声器，如果我们的知识库中没有相关本体，那么就直接对该产品名称进行语义扩展，如图6-11所示。从行业知识库中可以获得产品的概念分类信息，比如扬声器是广播音响系统的下位词，跟扬声器系统属于同位词，进而可以丰富产品语义扩展的内容。

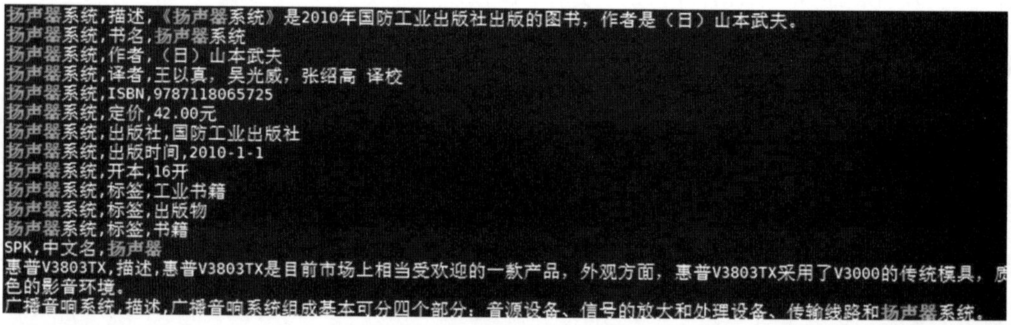

图6-11　扬声器的语义扩展

通过关联用户画像和行为知识库等，也可以进一步优化检索内容。将上述三个实例的语义扩展组合加工以后，还需要一个布尔搜索智能搭建服务，也就是根据三个实例的组合形式来判断彼此之间的布尔逻辑。通常来讲，如果一个技术词在产品词之前，那么往往希望以"and"操作符的形式组合"技术词＋产品词"，而另外一个产品词与前述技术词以"and"操作符连接，与第一个产品词之间则以"or"操作符组合，因此，该检索式构成如下所示。

（平面振膜语义组合 and 扬声器语义组合）or（平面振膜语义组合 and 耳机语义组合）

上述检索式的生成依赖于行业规则库或模型算法库提供的智能搭建服务，再结合关键词助手的布尔搜索服务，最后形成了一个完整的语义检索式，从而能够满足搜索的准确性要求。根据语义空间向量的相似计算排序，相关搜索结果如图 6-12 所示。

	pubid	applicants	mainIpc4	title		similar
1	pubid	applicants	mainIpc4	title		similar
2	CN206490823U	广东欧珀移动通信	H04R9	平面振膜扬声器		96
3	CN102395091A	庄志捷 | 边仿 | 何	H04R9	一种具有驱动单元的平面振膜扬声器		96
4	CN207802365U	深圳市吉瑞德电子	H04R9	动圈式平面振膜喇叭		90
5	CN2362252Y	杨坚辉	H04R7	高音平面振膜装置		90
6	CN201479360U	王立鑫	H04R9	平面振膜发声设备		70
7	CN204206457U	广东欧珀移动通信	H04R9	螺旋增压平面振膜扬声器		70
8	CN207968949U	薛洪 |	H04R9	一种微型平面振膜扬声器		70
9	CN1891009A	申定烈 |	H04R7	具有线圈板引导装置的平面扬声器		70
10	CN203661281U	广东欧珀移动通信	H04R9	一种平面振膜扬声器		69
11	CN205793258U	珠海惠威科技有限	H04R7	一种平面振膜		69
12	CN108810763A	朱幕松 |	H04R9	活塞式扬声器		69
13	CN2822084Y	张凡 |	H04R9	具有电阻负载特性的内磁式换能器驱动器		67
14	CN1741683B	张凡 |	H04R9	具有电阻负载特性的内磁式换能器驱动器		66

图 6-12 语义搜索排序结果

相比于传统搜索，语义搜索需要调用知识库、产品库、特征字段、算法模型服务，结果更多体现了用户搜索的本意，希望获得更多竞品的信息，帮助完善自己的产品，也希望看到新技术的出现和应用。如果上述搜索结果仍然不如人意，那么可以人工编辑上述的检索式，也可以采用文本特征库中提供的特征知识约束。同时通过机器翻译，实现跨语言的检索和关联，在更为完备的专利库集合中进行搜索。除了上述检索逻辑以外，随着算法模型的进化，对自然语句进行结构化分析，可以实现端到端的"文本 -SQL 语句"转换，比如 text2SQL 模型。

这些高级算法模型、行为知识和用户画像知识可以帮助语义搜索效果不断迭代，给出匹配用户输入意图的最佳答案或最佳答案排序。

6.2.2 功能搜索

对于希望进行行业文本挖掘的用户，可以通过意图分类导流进入功能搜索服务。将问题场景设计为一个技术系统，采用 U-TRIZ 创新方法中的功能属性操作，通过功能定义的结构化检索式，找到发出功能动作的主体检索方式，即通过功能定义形成检索式，进一步通过查询获取功能的解决方案 [2]。技术系统采用 SVO 或 SVOP 功能语义形式表达，SVO 即主谓宾结构，S 为主语（Subject），V 是动作（Verb），O 为宾语作用的对象（Object）；SVOP 为主谓宾结构 + 属性参数，其中 P 为对象的属性参数。以 SVO 为例，经过一般化处理后，VO 是 SVO 语句抽象后的结果。经过规范化后的 VO 或 VOP 是为功能导向搜索（Function oriented search, FOS）做准备。下面是不同功能的语义表达，可以实现基于本体的智能扩展。

❑ 功能本体：去除 VOP 中的 O，获得 VP 简化模型。VP 模式是通过操作属性参数来调节功能。从数千动词中规范抽象为简明动作 M，对属性参数 P 的操作，即 MP 模式。

❑ 对象本体：从上万个文本对象名词中规范抽象形成作用对象 O，由 V 调节 O 实现对功能的操作。

❑ 属性本体：属性参数 P 简化为几十个属性 A，即 MA 模式，通过直接调节属性 A 来改善功能。

从 SVO 或 SVOP，到 VO 或 VOP，再到 MP，最后抽象为 MA 模式，逐渐对主语、谓语、宾语进行抽象和规范化。功能搜索服务是围绕行业应用需求搭建概念本体，利用"操作 V+ 问题对象 O+ 对象属性 P"结构来构建检索式，在行业应用知识库（比如科学效应知识库）中进行搜索，可以获得类似功能的解决案例或解决方案。

无论哪种搜索问答，都会给出召回结果，排序或直接推荐。从文本方案中寻找合理的办法，定义或优化产品组件。在专利行业，依托功能语义本体和行业的应用知识库，应用知识库包括功能知识库、属性知识库、对象知识库、科学效应知识库、特征字段库。

通过对作用对象上位词的一般化扩展而找到一般化解决方案，通过在下位词中进行特殊化扩展而找到解决方案。比如对宾语作用对象的语义扩展而找到更多实例，通过直接匹配 VO 而找到的同位词实例都属于解决方案。一个通用的功能搜索流程如图 6-13 所示。

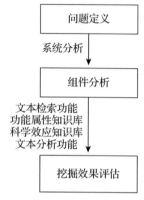

图 6-13　功能搜索的流程图

比如一个储存氧气设备的案例，需要解决的问题就是如何储存氧气。那么我们就可以按照（V+O）模式输入自然语言内容：储存 – 氧气，经过解析以后进入功能检索阶段。

首先，通过功能本体、对象本体、功能和对象知识库扩展功能词集合，包括功能和对象概念的上位词和同位词。其中储存功能的上位词"改变、增加、减少、测量、稳定"中选择的是增加，同位词包括"积累、压缩、约束"等。而对于"氧气"来说，基于对象概念给出的上位词是气态，同位词包括"空气、氮气"等。

进一步可以对"氧气"的属性和属性参数进行扩展，将查询词条向上下位、同位及近义词扩展。依托属性知识库，比如我们的目的是在有限空间多储存氧气，那么对相应的属性扩展，就是从属性概念和对应的属性参数实例中进行选择，其中属性选择了"内能、致密性"，对应参数选择了"温度、密度"等。经过上面两步功能语义扩展形成最后的功能布尔检索式。经过人工或自动解析确认后，进而搜索科学效应知识库、特征字段库。特征字段包括专利文献的领域、技术、产品、组件、属性、功能字段，也就是从专利应用本体抽取的概念体系和相关实例。

在行业文本特征字段库中搜索，比如功能扩展词可以在功能字段中调用文本匹配模型进行搜索，属性和属性参数扩展词可以在属性字段中匹配搜索，对象扩展的同位词可以在产品、组件中匹配搜索。根据搜索结果赋予权重排序，直接给出推荐列表，或者直接给出最佳推荐方案。

上述语义扩展搜索，利于获得各领域中拥有相同功能的技术成果，可对位获得通用方案、特例方案和类比方案，保证搜索的准确性和全面性，有利于后续的领域内技术方案分析。比如检索获得多个类似方案，其中一个方案是"富勒烯吸附剂低压储存氧气"的技术方案。查看方案可知，富勒烯在结晶状态下形成面心立方晶体结构，吸附剂在常压下比活性炭等具有更大的吸附能力，不仅增大储存氧气的含量，也让气罐压力降低，安全性得到了提高。

后续再结合系统分析基础，完成功能扩展，推进结构优化。既可吸取问题解决经验，也可直接引用相关技术，完成功能替换和最佳方案筛选，快速形成候选方案。

6.2.3　事实型问答

除了搜索以外，还有一类为问答服务，而知识问答一定要结合行业知识图谱来实现。现有的知识图谱问答主要有语句解析和语义计算两种。第一种方法将输入文本转化为结构化表示，进一步转化为查询语言（SQL 或 SPARQL）。第二种方法通过语义向量表示，对输入文本中提及的知识图谱进行实体识别与链接计算，生成候选答案 / 关系路径，评估候选答案 / 关系路径为真的概率。对于监督学习训练模型而言，特别针对事实型问答任务，实体链接能够可解释地消除真实答案与召回的候选答案标注不一致性。

问答任务首先要明确问句意图，确定问题的类型（例如为布尔型或计数型），与搜索意图识别类似，可以通过意图分类模型进行预测，然后再根据意图启动不同的答案召回流程。对于专利行业而言，常见应用场景是事实型问答，由于不是阅读理解类问答，因此会直接从知识库返回答案这种情况。

事实型问答主要分为三个子任务，仍然以上述"一种平面振膜扬声器及耳机"作为输入进行说明。

实体识别与链接任务：通过命名实体识别模型和实体链接模型，识别问句中提及的实体，从结果可以看出问句意图是平面振膜扬声器以及耳机，因此需要从知识库中获得相应的答案。但是我们的知识库并没有"平面振膜扬声器"这样的知识，如此就要找到相似的答案。这就是下面要讲的关系路径生成任务。

平面振膜，type：技术
扬声器，type：产品
耳机，type：产品

关系路径生成任务：关系抽取是从文本中获得描述两实体间的某种关系，与之类比，关系路径生成任务根据意图类型，通过输入问句语义与从知识库获取的候选关系路径（比如知识三元组）的相似度计算，实现对应问句的某个答案元素的预测，从而推荐答案。

查询答案排序任务：考虑到很多关系路径会与问句意图存在错误映射，因此要获得语义相似度高的关系路径，从而返回答案，也就是说候选关系路径生成意味着相应的候选答案。

仍然以上述问句为例，我们希望在扬声器实体下返回带有平面振膜属性的对象，但是在没有办法精确匹配的情况下就要做相似的关系路径计算，比如说计算"平面振膜扬声器"

与如下关系路径的相似度，如图 6-14 所示。建立各种算法模型来实现，在一定的阈值设置下，召回结果并生成候选关系路径。

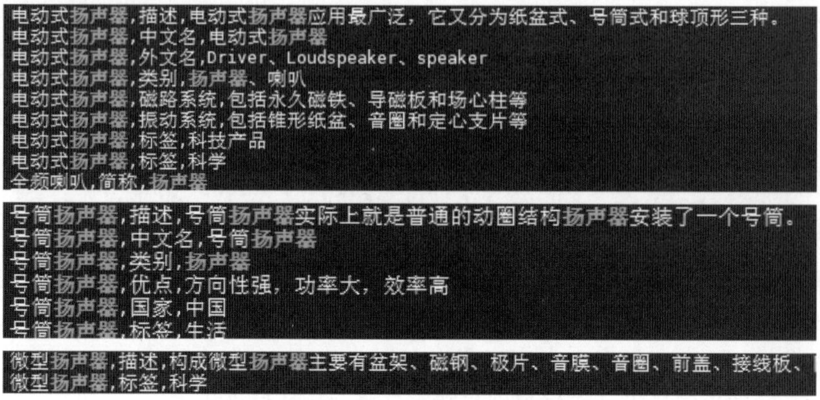

图 6-14   候选关系路径知识计算

最后，通过对召回答案的评估，获得合理的问答模型，从而可以用来进行行业文本问答。目前行业事实型问答模型仍然面临很多问题，比如需要大规模知识库支持、识别问题类型（比如布尔型）不准确、标注噪声问题、查询逻辑（聚合、比较排序）复杂等，因此我们将搜索和问答合在一起，统一作为一个知识图谱的功能模块。

6.3 推理计算

推理计算是知识图谱发挥智能优势的重要模块之一。在大数据和互联网推动下，基于本体语言和本体构建的推理计算表现出巨大潜力。通过面向行业的本体库搭建，我们发现在具体应用场景下可以通过本体扩大查询解释范围，推断实体之间的关系，补全关系规则，进而对关联推荐也发挥积极作用。实际上，推理计算模块集成了知识建模和计算方法，具体而言，就是本体构建和推理两部分服务内容。

本体构建服务可以利用第 4 章提到的本体语言 OWL 来搭建，目前多采用开源工具 Protege 构建本体，进行一些简单规则设计。如果考虑复杂规则设定，则需要人工编写规则或者利用开源推理机来实现，一种开源工具 Jena 可以用来进行本体的读取和推理，可以使用一些推理规则工具比如 SWRL，也可以尝试推理机比如 Hermit、Pellet 等。最后，可以使用图数据库 SPARQL 语言进行查询调用，从而完成推理计算，满足行业内的基本使用需求。

当然，很多时候本体人工构建是非常困难的，需要自动完成，进一步丰富本体概念和规则库。考虑利用第 3 章讨论过的图计算、关联推荐等统计学习方法，结合第 4 章提到的描述逻辑、规则挖掘、表示学习等语义类任务，最后完成应用中需要的路径推理，形成一个完整的图谱智能模块。

下面我们介绍一下人工本体构建的流程，如图 6-15 所示，可以通过 Protégé 工具来实现，每个本体有一个总类 owl:Thing。

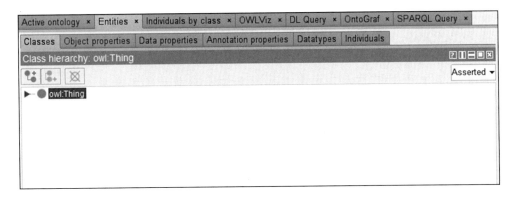

图 6-15　本体构建界面

同理如图 6-16 所示，我们也对一些类和类的属性进行了声明，给出类的实例，以及对个体（Individual）及其 Property Assertion 声明对象属性、数据属性等。

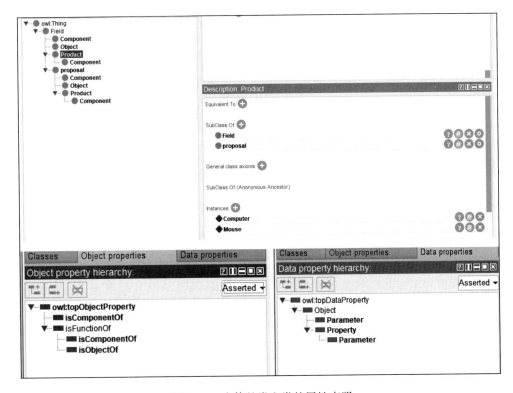

图 6-16　本体的类和类的属性声明

如图 6-17 所示，我们在这个类的下面构建专利技术方案本体，就能实现一个类的架构。

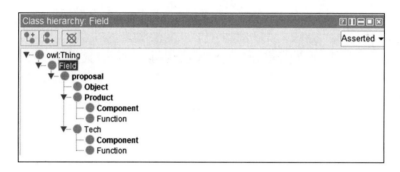

图 6-17 专利技术方案本体

通过 SWRLTab 制定规则来完成推理（SWRL 编写规则方法[○]参照官网中的提示来实现）。通过推理可以进一步完善本体，如图 6-18 所示，最后保存为 OWL 文件用于后续推理调用。

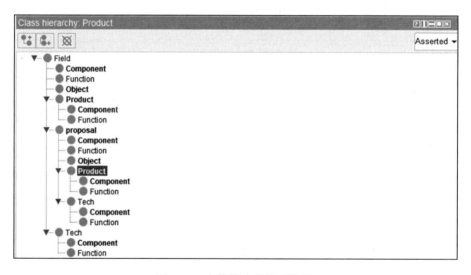

图 6-18 本体搭建的最后结果

通过读取 OWL 本体文件，创建本体 Model，利用 OWL API 加载推理机或本体规则库进行推理，比如常用的 Jena 工具。Jena 通过 DIG 接口挂接 RACER、FaCT、Pellet 等推理引擎。

```
public class ReasonerImpl implements IReasoner {
private InfModel inf = null;
/**
```

○ http://www.w3.org/Submission/SWRL/

```
 * 获取推理的本体test.owl
 * @param path
 * @return
 */
private OntModel getOntModel(String path) {
Model model = ModelFactory.createDefaultModel();
model.read(path);  //"test.owl"
OntModel ont = ModelFactory.createOntologyModel(OntModelSpec.OWL_DL_MEM_RDFS_INF,
    model);
Resource configuration = ont.createResource(); //a new anonymous resource linked
    to this model
configuration.addProperty(ReasonerVocabulary.PROPruleMode, "hybrid");
return ont;
}
```

　　基于上述本体的推理计算，可以实现查询解释。我们搜集了一批行业文本，为了查找竞争对手的情况，我们设定如下的推理规则。在具体操作时，可以将规则用SWRL语言编写，然后读入推理服务中提供调用。

　　同一类产品有多家公司，那么彼此就是竞争对手。

　　首先我们以通信行业的中兴通讯公司为例进行说明，如图6-19所示，拥有通信终端产品的公司彼此就是竞争对手。但是终端的范围太广了，由于我们不能确定用哪些产品类型进行搜索，就会产生错误的结果。

　　我们可以通过上述本体的产品概念，建立一个小本体进行范围细化，将中兴通讯公司的终端产品映射到产品本体上，也就是假设包括手机、电视两类终端。以中兴通讯公司为例，它的部分产品层级分布如表6-2所示。

终端：
　　上海辰锐信息科技公司_1
　　广东欧珀移动通信有限公司_2
　　腾讯科技(深圳)有限公司_1
　　深圳市酷开网络科技有限公司_1
　　中兴通讯股份有限公司_5
　　华为技术有限公司_1
　　宇龙计算机通信科技(深圳)有限公司_1
　　惠州TCL移动通信有限公司_1
　　日本电气株式会社_1
　　高通股份有限公司_1
　　华为终端有限公司_6
　　LG电子株式会社_2
　　三星电子株式会社_1
　　江阴中科今朝科技有限公司_1
　　索尼公司_1
　　上海华建电力设备股份有限公司_1
　　东莞宇龙通信科技有限公司_1
　　青岛海信移动通信技术股份有限公司_1

图6-19　通信终端产品的竞争对手集合

表6-2　中兴公司部分产品层级关系表

通信设备	基站	服务器
		网关
	终端	手机
		电视

　　通过制定产品上下位关系的推理规则，我们再次对拥有这两类终端产品的公司进行搜索和推理，可以发现一些终端产品中的潜在竞争对手，如图6-20所示。

　　因此按照前面的规则，如果通过终端来寻找竞争对手，往往可能将以上所有公司归为竞争对手，而分不清具体哪个细分产品中存在竞争。如果仅考虑中兴通讯公司为手机产品供应商，会发现对中兴通讯公司而言称得上竞争对手的只有华为终端有限公司，这个推理结果也可能有片面性。因此我们会发现最初制定的推理规则是不完备的，需要改进规则如下所示。

如果产品分布有层级体系，那么拥有最下一级产品的公司彼此为竞争对手。

这样不断反复，通过人工制定规则或自动挖掘规则，不断给出逼近答案的结果，从而完成基于本体的推理过程。如果没有本体和规则，那么我们的搜索只会返回一组模糊的结果。因此，本体推理服务是保证文本检索和文本分析有效性的重要环节。此外还要注意，我们加工后的特征知识、产品知识等都需要通过本体推理进一步清洗，才能获得逻辑清楚的知识库内容。

```
手机：
    华为终端有限公司_1
    中兴通讯股份有限公司_1

电视：
    中兴通讯股份有限公司_1
    高亿实业有限公司_1
    北京数字太和科技有限责任公司_1
    北京牡丹视源电子有限责任公司_1
```

图 6-20　终端产品的细分类别中的潜在竞争对手推理结果

本体推理往往建立在一个完备的概念本体基础上，这是一种自顶向下的构建逻辑，也需要充分制定规则。但不是每个行业都能够很快建立这样一套满足需求的本体，所以就要考虑以自底向上的方式挖掘规则，挖掘本体结构，不断堆积形成本体。比如我们从通用百科知识中抽取行业三元组的过程中可以看到不同来源的知识混了一起。在没有一个很好的产品本体情况下，我们只能通过知识归纳法来完成知识抽取。通过行业规则库和算法模型库来进行"实例–概念"归纳，比如简称、中文名、英文名都可以归纳为同义词（同位词），组成归纳为"上下位词"，从而将关系类型归类形成术语实体的关系图，相关三元组来自不同知识库。在此基础上就可以利用关联图计算方法为 RDF 图数据建立结构索引（扩展的类和关系组成），通过本体或规则推理抽取数据中隐含知识，或者在知识图谱网络结构上完成社区发现，预测实体间隐含的关联路径。

小结

本章讨论了行业知识图谱的智能模块及其工作流程，实际上行业知识图谱之所以能够有认知特征，就在于它能够在关键词扩展、语义级搜索问答、推理计算这几个环节发挥智能作用。其中，关键词扩展可以获得各类关联词，极大丰富了词的内涵和外延；语义级搜索问答则可以判断输入意图，结合算法模型和行业知识库，直接反馈搜索结果或问题答案，是对搜索推荐的语义支持；推理计算则一直都是符号主义和连接主义的前沿研究课题，是知识图谱智能的核心命题之一，也是通往认知的"金钥匙"。本章我们仅仅依托行业文本讨论了一些初步的推理模块搭建方法，未来还需要在推理引擎、知识挖掘机制、模块易用性等多个方面深入探索。

在搭建这些智能模块以后，可以结合应用流程设计平台功能组件，将基本文本功能模块和图谱智能模块进一步组合，形成应用产品。或进一步嵌入平台中，形成更强有力的平台服务，这将是下一章讨论的重点。

CHAPTER 7

第 7 章

行业智能应用平台

前面两章主要介绍了知识工程构建，从原始数据到行业知识库，结合算法模型库（分类、关联、匹配、生成、标注等）来实现，再进一步封装知识图谱功能模块，本章将主要介绍面向应用层的平台集成。通过对行业任务需求的梳理，我们将搭建一个个功能组件，最后以服务、插件的形式组装成文本智能平台。平台主要是面向文本处理和智能应用，最终目的是实现商业化服务，要能保证每一个业务功能顺利运行，能够完成各自的数据闭环和价值闭环，通过数据流驱动提高智能性，实现初步的行业认知。

7.1 平台架构初探

行业智能应用平台可以采用目前流行的微服务架构，方便进行组合分解。平台有三类用户：开发者、管理者和使用者。首先开发者将知识工程相关算法模型、知识图谱模块通过微服务注册在 Docker 容器中，然后发布在微服务市场（Docker 实例集群中）。管理者制定前后台开发调用接口标准，维护数据仓库、监控服务流程，对前端提供服务路由并统一对外开放服务界面。使用者通过前端服务界面，完成功能调用和反馈。开发者接收管理者和使用者的反馈迭代测试更新。以上就是一个基本的平台架构工作流程。

在上述过程中，平台架构要满足如下五个方面的能力：

① 高性能。通过各类中间件，包括消息队列、异步并发、分布式缓存、HTTP 缓存、搜索优化查询等，保证平台性能稳定。

② 高可用。主要体现在 Docker 容器服务集群主从备份（至少保证一个处于活动状态），提供并发熔断处理、服务降级、超时重试机制、分布式一致性检验能力等。

③ 弹性伸缩。注意服务器硬件（云）集群和搜索集群可伸缩、容器编排可调度、数据库分库分表、线性伸缩。

④ 可扩展性。采用 Docker 微服务架构可以满足即插即用，可查可拔，因此也就保证了可扩展性。

⑤ 安全性。集群采用高防 IP、日志监控、Nginx 反向代理、HTTPS 和 HTTP/2.0 协议等。

基于上述架构认知，我们提出了通用行业文本智能平台的初步设计方案，下面进行详细说明。

7.1.1　硬件拓扑架构

智能平台基于 GPU 计算加速器、存储体系架构，统筹管理结构化 / 非结构化数据，支撑离线分析与在线实时计算，构建集成算法、模型、知识的文本应用平台。

本书以线上生产环境下的平台为例，平台的硬件拓扑如图 7-1 所示。主要采用集群方式部署，采用 Kubernates 开源框架作为容器调度管理的基础工具，开发环境、测试环境的 Docker 容器都由其负责调度管理。依托 Kubernetes 进行资源调度、服务运行、负载均衡等。实现了 Master-Salve 节点部署的形式。

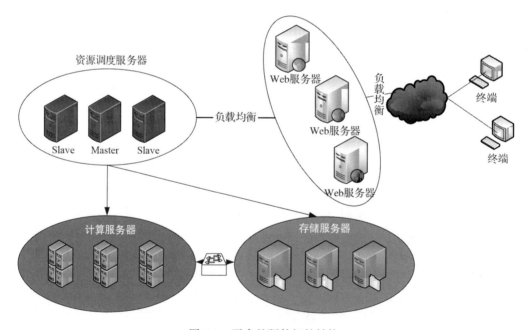

图 7-1　平台的硬件拓扑结构

7.1.2　平台系统架构

我们把行业文本智能平台划分为四个层次，底层是基础设施层，上一层是资源服务层，之后是我们搭建的各类功能服务形成的微服务层，最上层是面向使用者的应用服务层，各层的具体内容如图 7-2 所示。

基础设施层：主要提供各类基础软硬件、网关网闸路由、安全保密设备等。

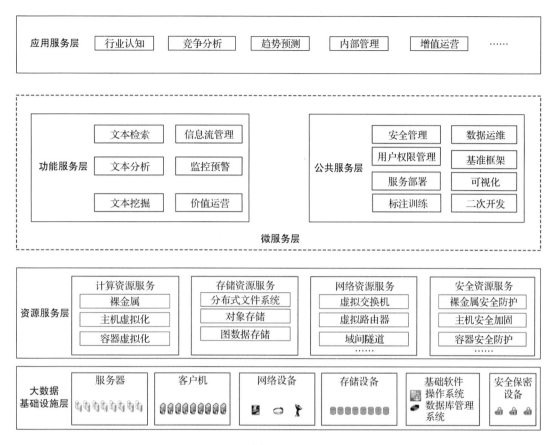

图 7-2　文本智能平台系统架构图

资源服务层：是计算、内存、存储、网络资源的管理调度系统，通过一套软硬件调度管理工具，实现资源虚拟化，将底层资源分配调度业务与上面的微服务层绝缘，对平台运行环境指标进行监控，提供安全、权限管理，通过数据库监控、日志服务、工作流引擎、报表工具、指令管理等对管理者提供各类运行细节。

功能服务层：主要包括行业文本分析、文本挖掘、文本检索、监控预警、价值运营、信息流管理等应用服务，都是由以上单个模块或多模块组合构成的。其中，文本检索将集成关键词助手、搜索问答知识图谱模块，文本挖掘集成推理计算模块，文本分析集成分级分类模型、可视化服务等，价值运营集成行业价值评估模型，监控预警集成推理计算模块。

公共服务层：涉及多个基础组件，包括用户权限管理、安全管理、可视化、二次开发等，当然我们前面讨论的知识工程训练、标注、部署等组件也可以在这里发布出来。在弹性扩展支持下，满足数据更新、知识的递增，用户使用行为留存等数据运维管理。

应用服务层：可以提供行业认知、趋势预测、竞争分析、增值运营等应用。

上述功能服务完整生命周期可以通过图 7-3 的流程进行管理。在基础分布式支撑环境下，以微服务框架规范为底层，基于 Docker 容器技术，以 Kubernetes 管理和调度各服务容器，很好地解决了服务调度、负载均衡、服务自愈和弹性扩容等问题，具有快速及高可移植的特性。服务通过资源管理和持续集成来部署，发布过程中通过消息中间件来维持消息队列，消息通信采用 http 协议传输，兼顾轻量和标准化特性，实现异构系统上的对接和运维。进一步，对外通过服务路由和服务发现对接入的应用服务进行动态调配。

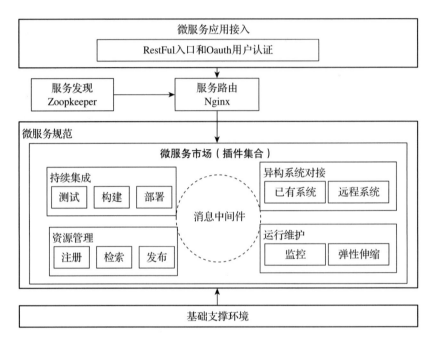

图 7-3   文本智能平台的微服务架构设计

在架构设计方面，分布式微服务架构的开发、测试、部署和运维自动化配置都需要考虑，容器作为应用发布的载体，贯穿整个软件开发流程。一个完整的架构设计包括如下四层内容。

微服务应用接入层：接入服务，对外提供统一的 RestFul 入口和 Oauth 用户访问认证，支持用户权限访问的认证。

微服务调度层：用消息队列技术提升数据的完整性和一致性。通过服务设计器来管理，对上由 Nginx 服务和 Zookeeper 服务分配节点，保证负载均衡。Nginx 提供统一的出入访问认证，均衡地配置多个应用服务器，且各个服务之间独立部署。考虑到多服务多节点管理、高可用性和更大的并发读写等需求，搭建 Zookeeper 集群作为服务注册和变更的通知中心，保证数据一致性。

微服务市场资源层：主要实现业务的逻辑和抽象共用的基础服务。在 Jenkins 工具上配置自动编译或者部署任务，提交服务代码后触发 Jenkins 任务，并打包成容器镜像，部署到 Kubernetes 集成环境中，实现持续集成和部署。

微服务基础层：实现数据存储和检索，同时包含各多源数据计算运行器和所需的高可用集群环境。

7.1.3 功能服务架构

面向行业应用，我们主要讨论平台的核心板块——基础功能和高级功能。如图 7-4 所示，该板块中专利检索是基础功能组件，把关键词助手、搜索问答模块加入其中，形成一套智能服务流程，满足用户的高频使用。其他组件，属于高级文本处理功能，为了满足商业需要，这些组件定制化，与整个平台保持松耦合的关系。对不同的组件进行添加，需要配置相应的算法模型服务和知识图谱模块，也需要配置对应用户权限的数据库表。为了提高异构数据库的读写能力，使用分布式架构将行业知识库进行分离。

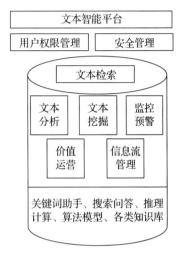

用户权限管理和安全管理组件也是行业应用过程中的关键环节。由于平台使用涉及太多的用户角色和权限操作问题，进行用户权限管理，形成个性化的操作空间，用户数据的保存、更新和学习也是平台构建中需要考虑的。通过分等级的用户权限设计，可以让用户对不同组件、不同库表的操作进行隔离，保证了业务数据的稳定使用。安全管理也主要为了防止恶意攻击等黑客行为，毕竟数据安全是生命线。

图 7-4　平台的功能服务设计图

日志监控和运维管理，建立一套用户日志挖掘流程，需要考虑智能运维问题。现在弹性运维管理非常流行，满足服务版本升级和自动化部署，控制串行系统延迟，加快了系统演化速度。

只有在考虑上述各种约束的情况下，我们才能设计出一套高可用、可扩展、安全高效的行业分析平台系统。

7.2　平台认知功能组件

平台的文本认知能力，往往综合考虑分析流程的各项功能组件组成，每个组件是基本功能模块、行业知识库、算法模型和知识图谱模块有机的组合。一些组件也要依赖其他组件的支持和配合，从而实现一个组件的完整能力。

通用的文本认知功能组件包括文本检索、文本分析、文本挖掘、监控预警、价值运营和信息流管理六大部分，如图 7-5 所示，具体内容下面详细介绍。

7.2.1 文本检索

文本检索功能组件主要由基本的搜索引擎构成，集成了布尔搜索和语义搜索两大功能，并同时调用了第 6 章的搜索问答模块，具备了文本匹配模型的相似计算能力。

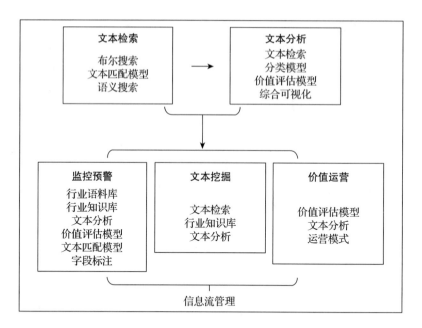

图 7-5　平台的文本认知功能组件图

1. 搜索引擎

为了满足用户需求，平台首先要把搜索功能放入，这是最基本的功能。对于其他应用组件或模块的选择，以可扩展方式实现服务添加调用。搜索系统通常由信息收集、信息存储、信息扩展及搜索计算 4 部分组成。一个完整的搜索流程应该是什么样的？首先输入需要的搜索要素形成 Query，进而搜索引擎将 Query 解析、拓展，在尽可能结构化的存储数据中执行搜索，返回召回数据集并根据场景排序，实现基本检索流程。为了实现上面的搜索需求，需要搭建搜索引擎。通常分为专业搜索引擎、用户画像搜索引擎。搜索引擎通常由索引存储、查询生成及搜索计算组成，其中构建索引是重要环节。

由于每一个文本都是一个巨大的词袋，文本 – 词汇矩阵是极其稀疏的，为每一个词建立索引会带来极大的资源浪费。因此，引入了倒排索引逻辑。倒排索引，也就是对行业知识库的各项内容，通过事先为这些内容建立索引（Index），从而加速搜索过程。倒排索引由索引词表和倒排表两部分组成。

索引词表，文档集中每个词的索引表。

倒排表，倒排表中每一个条目包含了词在文档中的位置信息，如词位置、词频、句子和段落等。

如图 7-6 所示，在搜索引擎中，数据会先转成 Term 形式（比如为单个字、字母、词或词组等）再建立索引。文档（Docments, Doc）指行业知识库中的每一条内容。每个文档进入搜索引擎时，会拆成一个个 Term，而每个 Term 所包含的信息包括了当前 Term 出现在哪篇文档以及在当前文档中的位置（Pos）。文档拥有独立标记，因此 Term 也是独一无二的，那么就可以不断更新文档数据，从而将内容拆解为 Term 形式，并与库中 Term 进行合并。这样就可以持续索引输入文本，方便后续搜索。

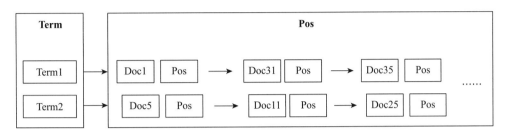

图 7-6　搜索引擎的倒排索引逻辑

在明白了搜索引擎核心机制以后，我们可以搭建一个索引器、检索器、输入输出 UI 接口的搜索引擎，也可以使用成熟的解决方案。目前最常用的开源框架包括 Solr、Lucene 和 Elasticsearch 等，本书主要参考 Elasticsearch。Elasticsearch 是一个分布式可扩展的实时搜索引擎，包括全文搜索功能和分布式实时文件存储，其索引设计是为了提高搜索的性能，因此难免会牺牲其他方面的效果，比如插入、更新等。

关系数据库　　⇒ 数据库 ⇒ 表 ⇒ 行　⇒ 列 (Column)
Elasticsearch ⇒ 索引 (Index) ⇒ 类型 (type) ⇒ 文档 (Docment) ⇒ 字段 (Field)

可以通过 Kibana 可视化系统[注]来查询 Elasticsearch 的搜索情况。除了索引存储以外，搜索引擎还会对查询生成和召回排序进行管理。随着文本数据的增多，需要考虑利用前述介绍的图数据来完成。数据可以以 RDF 格式存储，方便后续的分析和共享。也可以通过属性图数据在图数据库中进行分析。对于 RDF 数据，以 SPARQL 语言进行查询，可以将数据编写为 TTL 或 RDF 文件，然后编写 SPARQL 查询语句。在平台内，可以通过编写常用 SQL 查询语句与 SPARQL 语句进行转换，从而保证彼此调用。对于属性图数据，通过图数据库存储，可以直接利用图数据索引来进行搜索。这种基于图数据的查询，可以极大提高多跳节点的查询效率，在图数据检索场景下非常有用，下面是以 RDF 格式存储的图数据。

```
#################################################################
#   Graph Classes
#################################################################
###
http://www.semanticweb.org/fansl/ontologies/2018/6/untitled-ontology-2#bodyStruct
:bodyStruct rdf:type owl:Class ;
            rdfs:subClassOf :drone .
###  http://www.semanticweb.org/fansl/ontologies/2018/6/untitled-ontology-2#camera
:camera rdf:type owl:Class ;
```

⊖　https://www.elastic.co/cn/kibana

```
        rdfs:subClassOf :paddle .
### http://www.semanticweb.org/fansl/ontologies/2018/6/untitled-ontology-2#drone
:drone rdf:type owl:Class ;
        rdfs:comment "drone"@en ,
                    "paddle"@zh .
```

通过以下 SPARQL 查询语句对存储的图数据直接查询，可以直接显示查询结果。

```
select ?name where{
    :drone rdfs:comment ?name
    filter(lang(?name)='zh')
}
```

最终获得的查询路径和查询结果。

```
D:\Temp>sparql -data=drone.ttl -query=name.rq
---------------
| name        |
===============
| "paddle"@zh |
---------------
```

在查询结果生成环节，通常会与后面介绍的布尔搜索、语义搜索相结合，对输入的内容，包括但不限于词、短语、句子、段落，甚至图片等，进行意图分类和检索要素语义扩展。在召回排序阶段，结合检索要素的权重打分排序，从而完成一个完整检索流程。

下面我们再具体介绍一下布尔搜索和语义搜索。

2. 布尔搜索

布尔搜索是最基础也是使用最广泛的信息检索模型。所谓布尔搜索就是通过 AND、OR、NOT 等逻辑操作符将检索词连接起来的搜索。以一个词汇文档矩阵为例，进行布尔搜索的时候，其实本质就是在为文档矩阵中的每行 1 和 0 组成的二进制数做布尔逻辑运算。AND 操作就是相同的位同时为 1，则结果为 1，否则为 0。OR 操作就是相同的位有一个为 1，则结果为 1，都为 0 结果才为 0。NOT 操作就是先将 NOT 之后的内容取反，再进行 AND 操作。

现在很多布尔检索支持正则相关的表达（比如词距离、模糊代替等）。以词距离为例，如果我想搜索"无人驾驶"和"汽车"，但又不想这两个检索要素距离过远，我们就可以限定"无人驾驶"和"汽车"两个检索要素之间的距离不超过 10，这里距离的含义是底层要素（比如 Term）索引之间的距离。假如一个布尔搜索的检索要素不存在于原始的 Term 中，那该如何完成搜索呢？一个简单的方法是提供 Term 组合的检索方式。假设我们的 Term 中不存在"无人驾驶"，但如果我们的 Term 中存在"无人"和"驾驶"，那么当前的搜索依旧有效，只是需要支持不同的 Query 表达。布尔搜索是一种在专业场景中清晰有效的表达方式，由于它的检索式由可拓展的布尔式组成，因此搜索召回和内容准确性具有较高的水准，但是缺点是操作难且费时费力。日常生活中我们更希望使用自然语言表达直接搜索，内容也不必非常全面。这时候我们就需要与 Query 处理相关的方法，可以是 Query 纠错，也可以是 Query 拓展，甚至可以是基于知识图谱的语义理解等。

布尔检索的本质是查询某些词汇在文档中的有无，但却无法根据相关度进行排序，在结果准确率和召回率上很难达到理想的均衡状态。搜索引擎正在解决这些问题，或者说增强布尔查询能力，比如引入知识图谱智能实现语义搜索等。

3. 语义搜索

广义的语义搜索功能包括了前面提到的布尔搜索服务、搜索问答模块。其中搜索问答模块为该功能提供了语义智能支持。

语义搜索基本流程从文本输入开始。如图 7-7 所示，输入"自动驾驶"以后，进行实体识别，调用关键词助手模块。通过语义扩展给出相关词。

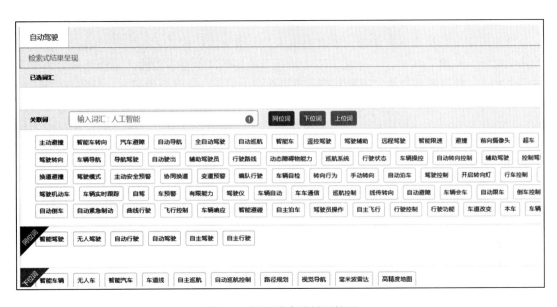

图 7-7　语义搜索关键词扩展

进一步可以人工编辑扩展词，获得关系词组合。确定可用的关系词组合，点击关系词以后，形成关系词构建的检索式，如图 7-8 所示。

图 7-8　关系词组合构建检索式

进一步，可以选择在图 7-9 中的特征字段中进行检索，启动搜索问答模块。如果需要通过行业特征字段进行约束，那么可以在页面勾选相关字段，进一步优化搜索结果。搜索结果可以按照多种方式进行排序，比如按照申请日的远近排序。最后可以保存到用户空间，方便以后的使用。

图 7-9　文本检索约束条件

7.2.2　文本分析

行业文本分析往往侧重于对文本内容检索、分级分类、重点文本价值评估、相似比对等几个部分。如图 7-10 所示，上述文本分析涉及前面的文本检索功能，结合结构化字段筛选一批文本。针对这些文本，通过常规的可视化图表以外，也将分类模型、价值评估模型、文本匹配模型加入进来，完成文本对照分析、文本分类管理。文本分析直接根据需求组织流程，调用公共性可视化模块给出各种图表结果。以专利行业为例，可以对文本分析的整个流程有更清楚的认识。

1. 分级分类

行业文本分级分类是面向应用落地的行业分析基础。合理的分级分类，不仅有利于提高行业文本质量，也有利于后续的价值运营。如图 7-11 所示，分级分类管理可以分为分类和分级两层管理。

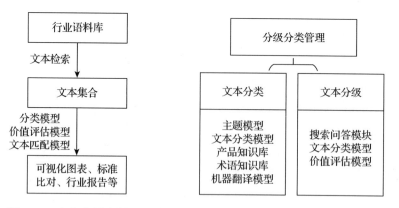

图 7-10　文本分析流程　　图 7-11　分级分类管理涉及的各种知识、算法模块

（1）分类管理

面向中文的分类管理，主要通过自动聚类和人工调整双管齐下的方式来处理，结合深

度学习模型进行判断保证精度，这样既能保证人机交互的有效性，又能够沉淀分类数据，有利于下一步的分类学习、个性化推荐和数据自动更新。通过技术分类等方式，对专利进行多个技术维度的分类，然后根据时间、申请人、发明人等角度，分析不同技术手段的发展趋势和当前发展状况。

调用第 5 章文本分类、产品库、知识库等服务，开发分类流程。在首页点击创新机会导图按键，即可进入创新机会导图模块中。一个技术项目可能包含多个技术路径，例如柔性屏可以包含柔性屏幕、链接装置等多个技术路径。本模块支持在一个技术项目中创建多个技术路径，一般来说，每个技术路径是一个特定的技术。创建分类可以通过以下两个方式。

通过文本分类服务直接进行分类，通过聚类等方式推荐的技术分类词，点击相应的词将跳转至如图 7-12 所示页面，在此页面选择技术词，如柔性显示器、柔性显示屏，此页面所展示的专利为在当前领域中，权利要求包含柔性显示器、柔性显示屏的专利。也可在此窗口中进一步增加技术词，如柔性显示板。

图 7-12　分类词选择与编辑界面

另外也可直接人工编辑，自由输入技术词。通过不断学习用户历史操作记录，为后续的图谱更新提供帮助。以输入法这个细分行业为例，当分类结果建立后，通过语义相似分类算法，进一步给出各细分类别下的专利集合，结合价值计算可以进行分级管理，如图 7-13 所示。

在算法选择上，也可以调用国际通用的 IPC 分类算法，融合人工聚类，来获得可视化效果，如图 7-14 所示。

滑动输入：
    用户输入：
        CN101398834B 2007 北京搜狗科技发展有限公司;
    拼音输入：
        CN1089175C 1996 吕奇;
        CN1153341A 1996 吕裕阁;
        CN1257444C 2000 寇森;
        CN1325051A 2000 寇森;
        CN1270340A 2000 杨东宁;
        CN1372184A 2001 张岩;
        CN1328286A 2001 王永民;
        CN1821937A 2005 北京中数博文信息科技有限公司,普天信息技术研究院;
        CN102662491B 2012 清华大学;
        CN102662491A 2012 清华大学;
        CN103955289A 2014 刘方;
        CN105204660A 2015 刘方;
        CN105786206A 2016 刘方;
        CN105786210A 2016 刘方;
    输入文字：
        CN1088010A 1993 刘志忠;
        CN1281177A 2000 王金石;
        CN105759981A 2014 北京搜狗科技发展有限公司;
        CN106648135A 2016 北京百度网讯科技有限公司;
    手写输入：
        CN1309346A 2001 王永民;
    字符输入：
        CN1103180A 1994 崔怀洋;
        CN1991743A 2005 西门子(中国)有限公司;

图 7-13   分级分类管理的文本列表

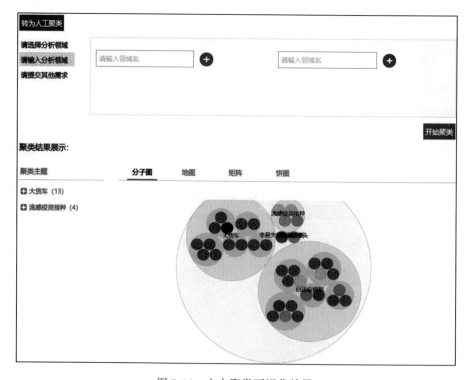

图 7-14   文本聚类可视化效果

（2）分级管理

行业文本分级主要依据价值评估来划分，同时参考技术和产品的业务标准，常常搭配后文的行业价值运营模块一起使用。一般情况下，我们在分类的基础上完成分级管理，并调用行业价值评估服务。以专利分级为例，针对获得的专利数据，价值评估模型将对每个专利进行价值计算，基于以下特征考量，对不同威胁程度的专利文本进行分级预警：

①权利要求撰写质量。

②专利的技术在本领域的创新度。

③专利的布局和授权状态。

④专利与企业技术的相关程度。

在文本分析平台中查看文本时，可以根据文本价值度进行排序，如图 7-15 所示。相关专利文本可以分为高警、中警和未定等层级。进一步自动推荐或人工标引，获取高威胁层级专利。

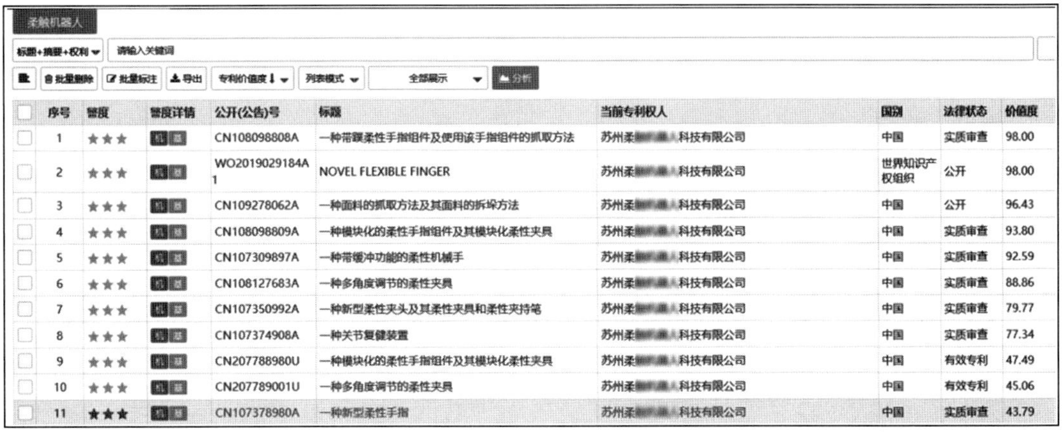

图 7-15　文本价值度排序图

2. 高级分析

对于不同行业而言，在已有知识工程基础上定制各类高级分析模块。技术演进分析、文本标准化程度分析和产品分析属于高级的行业文本分析方式，能够直接面向用户，帮助用户分析自己或竞争对手的信息。因此，我们也探索了这几个高级分析模块，并将其集成到文本分析组件中，还可以提供可视化效果。

（1）技术演进分析

技术演进是通过文本分析，结合关键词助手模块和图计算模型，提炼出不同粒度的技术时序发展脉络，并对一些技术领域的详细情况深入挖掘。如表 7-1 所示，为实现技术时序发展路线图（技术演进图）功能，每个步骤需要知识库、算法模型、图谱模块的支持。

表 7-1 技术演进分析的步骤

编号	功能	说明
1	数据准备	需要文本检索获取文本标签，基于图计算模型支持，筛选特征子图和对应数据集合
2	时序图生成	从数据集合中的文本标签、关联关系、时间，生成可视化图。结合行业特征字段库，进一步筛选文本
3	关键文本筛选和标注	提供筛选参数，包括被引证数量、时间、分类等，并允许文本标注、时序图剪枝
4	关键文本识别	生成技术演进图，基于价值评估模型推荐高价值文本

技术演进分析具体流程如下：

首先，通过文本检索组件获取一组目标专利集合，以某通讯公司为例，搜索该公司 100 多篇专利文献作为文本集合。

然后调用专利文本特征库抽取技术领域和技术手段知识，利用分级管理中的新词发现服务（算法流程细节见第 8.1 节），获得每一个时间节点的领域和技术新词，比如，在上述例子获得的领域和技术新词中，主要有两个层级的新词划分。

2015：

技术：机房 消息分类 接合结构 时间 列表排序 状态 XMPP 周期性 好友 消息 连接结构 通信铁塔 散列 数据上报 柔性 消息发送

领域：即时通讯 即时通信 数据采集

2016：

技术：账号 充值 POS 终端 免密 远程监控 IC 卡充值 账户支付 信息处理 手机 App 公平本发明 账户 交通工具 公交 后台 商品 公交账户扫码付 IC 卡 技术领域

领域：通讯平台 充值 POS 终端 免密 系统 计算机技术 互联网 公交 后台 账户 公交账户 扫码付 扫码 计算机

2017：

技术：信息 灯具 关联用户 信息推送 动态数据 无线接入点

领域：信息推送

还可以进一步查看该公司技术领域的演进以及技术手段演进的内容。关键专利需要结合人工选择，关键专利的内容摘要也需要人工干预，系统根据人工选择自动生成泳道图。关键专利的选择和摘要整理，在能够看到该文本的任何页面都可能涉及到，包括泳道图本身。关键专利之间的关系用箭头表示，通常用来表示引证和被引证关系，在此之前需要先做引证关系相关的数据处理。如果能够建立合理的行业本体，进一步调用推理计算模块对两组知识分别进行清洗，演进的层次性会更加明显。

即时通信：

通讯平台：CN106027572A;CN106296181A;

信息推送：CN106911801A;

即时通讯：CN105119816A;CN105471707A;

账户：CN106027572A;CN106296164A;CN106297070A;CN106296181A;CN106296156A;

比如我们希望继续看一下技术领域"柔性屏－移动终端"技术演进情况，可以调用分类管理服务，那么就可以获得某公司领域内的研发和布局，为公司的技术分析提供了更高一级的视角。软件自动识别若干高被引证数、同族数的专利为关键专利，生成关键专利列表。然后一键生成技术演进图，如图7-16所示，横坐标是时间（年、月、周），纵坐标是技术分类（业内常叫技术构成），展示的内容是关键专利号、关键专利内容摘要，以方块图形式呈现。也可以在此基础上进行修改。

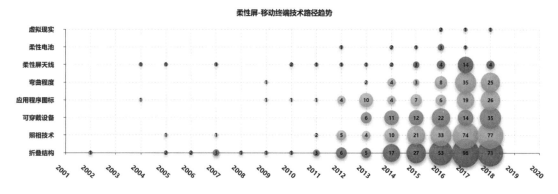

图7-16　技术演进图可视化分析结果

（2）标准化对应分析

行业标准是一个行业规范化运行的标志，因此将文本变成行业标准，可以极大地扩展行业影响力，也是文本价值的重要体现。通常一个发展成熟稳定的行业，都会有其国内外公认标准化组织，比如 ETSI、IEEE 等。在这些协会网站上，往往会公开本领域的标准文件，如图7-17 所示。

那么，我们通过比对自身文本与标准文本的对应性，就可以评估自身文本的价值。以专利行业文本为例，通过权利要求和标准文件进行比对分析，如果对应良好，那么该专利就有机会成为标准必要专利，从而具有行业推广价值，进而可以通过许可转让获得价值运营的收益。在 ETSI 的标准文件对应过程中，首先输入专利文本，通过文本检索组件，获得与标准特征字段（关键词字段、TR 特征、TS 特征等）语义匹配的结果。

图7-17　3GPP 的标准文件

CN104552330B:

    JB/T 5064-1991 0.243

    JB/T 9182-1999 0.198

    JB/T 5063-1991 0.193

    GA/T 142-1996 0.185

    JB/T 5065-1991 0.18

CN104552330A:

    JB/T 5064-1991 0.243

    JB/T 9182-1999 0.198

    JB/T 5063-1991 0.193

    GA/T 142-1996 0.185

    JB/T 5065-1991 0.18

然后充分利用专利行业知识库，对专利权利要求字段分词并调用关键词助手模块，进行语义扩展，语义扩展词集与标准文件特征字段分词集合进行匹配，对于匹配的结果用下划线表示，如表7-2所示。对结果进一步人工分析编辑，最后确定专利文本是否可以与标准对应，从而判断专利文本的价值。标准化对应模块本身可以以插件形式嵌入文本分析组件。

表7-2 文本分析标准化功能展示

某专利权利要求： 1.A macrocell network, comprising: a femtocell network; a macro base station (BS)	3GPP TS 36.300 V12.3.0 (2014-09) 标准文献： 16 Radio Resource Management aspects …In particular, RRM in E-UTRAN provides means to manage (e.g. assign, re-assign and release) radio resources taking into account single and multi-cell aspects.	权利要求中的场景包含一个大基站（Macro Base Station）和一个小区（Femtocell Network），与3GPP标准的36.300协议Radio Resource Management(RRM) 的 multi-cell aspects 对应。

（3）产品链（产品）分析

第5章已经描述了产品本体搭建的过程，第6章也讨论了产品图谱关键词助手。因此可以为产品分析奠定基础。通过产品知识库，获得相关竞争对手的产品布局和竞品分布。

在产品布局方面，首先通过文本检索获得该单位的目标专利集合，以某工业大学为例，搜索到可穿戴设备的相关专利集合。调用分类管理模块中可穿戴设备产品的应用本体分类服务，该产品本体如下所示。

    硬件系统

        传感器

            运动型传感器

            生理传感器

            环境传感器

        数据处理单元

　　　通信

　　　电池

　　软件系统

　　　人机交互

　　　　语音

　　　　手势

　　　　表情

　　　　眼球

　　　操作系统

　　　数据平台

　　　应用软件

　　　用户图形界面

　　产品应用

　　　手表

　　　眼镜

　　　帽子 | 头戴式设备

　　然后对文本在本体各个层次中的频次分布，了解该大学团队在穿戴设备方面的布局，如图 7-18 所示，包括产品应用层面的眼镜和传感器、硬件系统中的通信模块和传感器等。进一步，也可以获取穿戴设备的技术演进图，有利于对整个产业进行技术成熟度估计。

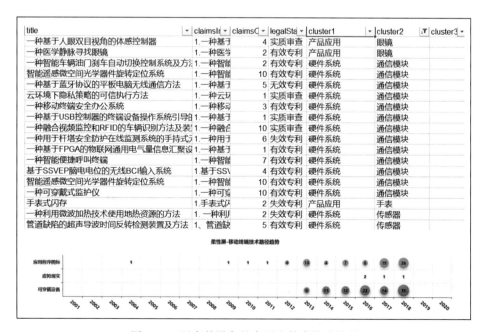

图 7-18　可穿戴设备的布局和技术演进情况

再比如针对竞品分布，同样通过文本检索组件获得围绕产品的专利组合，以"机器人"产品为例。通过调用基于机器人产品特征字段的分类服务，获得如图 7-19 所示的结果，可以看到各个细分产品内，有竞争关系的公司、机构或个人。因此，在产品分析需求方面，可以以定制化插件的方式在平台中集成。

```
救援机器人：
    CN2889642Y    2005    中国科学院自动化研究所；
    CN100591396C  2005    中国科学院自动化研究所；
    CN1994495A    2005    中国科学院自动化研究所；
    CN201837857U  2010    北京航空航天大学；
    CN107323561A  2017    北京航空航天大学；
地面机器人：
    CN101723002A  2009    北京理工大学；
    CN101716961A  2009    北京理工大学；
    CN101723002B  2009    北京理工大学；
    CN101716961B  2009    北京理工大学；
    CN103707314A  2014    北京理工大学；
    CN105150763B  2015    北京理工大学；
    CN105150763A  2015    北京理工大学；
    CN105042008A  2015    北京理工大学；
智能移动机器人：
    CN1864939A    2005    中国科学院自动化研究所；
    CN2810918Y    2005    中国科学院自动化研究所；
    CN100352623C  2005    中国科学院自动化研究所；
    CN102486648B  2010    北京理工大学；
    CN102486648A  2010    北京理工大学；
    CN102323827B  2011    北京航空航天大学；
    CN102323827A  2011    北京航空航天大学；
    CN102183960A  2011    北京航空航天大学；
    CN102183960B  2011    北京航空航天大学；
    CN105014675B  2014    北京信息科技大学；
    CN105014675A  2014    北京信息科技大学；
    CN206984165U  2017    中航航空电子系统股份有限公司北京技术研发中心；
越障机器人：
    CN101579858A  2009    中国电力科学研究院；
    CN101579858B  2009    中国电力科学研究院；
    CN102136696B  2010    中国电力科学研究院；
    CN102136696A  2010    中国电力科学研究院；
    CN201994593U  2010    中国电力科学研究院；
    CN103448831B  2013    北京交通大学；
    CN103448831A  2013    北京交通大学；
```

图 7-19   基于产品特征字段分类查找竞争对手

3. 综合可视化

对于行业文本的综合分析，需要结合可视化手段完成，从而以更加简单清楚的方式实现对文本整体的了解。以专利文本为例，点击分析按钮，可以分析申请人的申请趋势情况，如图 7-20 所示。

除了以图进行分析，也可以表格形式，给出知识图谱领域的最新文本分布情况列表，如图 7-21 所示。

7.2.3   文本挖掘

文本挖掘的目的是对已有文本进行融合、推理和创新，最终实现行业文本内容的智能挖掘。这一点在各领域都有用，根据多源数据来进行趋势预测和信息挖掘，从而得出令人惊喜的结果。

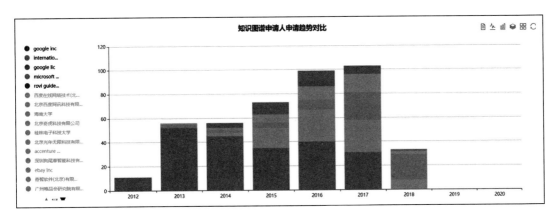

图 7-20　综合可视化示意图

公开号	标题	申请人	公开日期	申请日期	法律状态
知识图谱最新专利列表					
CN109299290A	一种基于知识图谱的配乐推荐方法及电子设备	广东小天才科技有限公司	2019-02-01	2018-12-07	公开
CN109308322A	一种产业经济知识图谱的创建和交易系统	南京橘圈数据科技有限公司	2019-02-05	2018-12-04	公开
CN109284363A	一种问答方法、装置、电子设备及存储介质	北京羽扇智信息科技有限公司	2019-01-29	2018-12-03	公开
CN109271506A	一种基于深度学习的电力通信领域知识图谱问答系统的构建方法	武汉大学	2019-01-25	2018-11-29	公开
CN109308321A	一种知识问答方法、知识问答系统及计算机可读存储介质	烟台中科网络技术研究所,中国科学院计算技术研究所	2019-02-05	2018-11-27	公开
CN109284342A	用于输出信息的方法和装置	北京百度网讯科技有限公司	2019-01-29	2018-11-22	公开
CN109271531A	基于运维知识图谱的数据管理中心	苏州友教习办教育科技有限公司	2019-01-25	2018-11-16	公开
CN109271504A	基于知识图谱的推理对话的方法	爱因互动科技发展(北京)有限公司	2019-01-25	2018-11-07	公开
CN109189947A	一种基于关系数据库的移动数据知识图谱自动构建方法	曲阜师范大学	2019-01-11	2018-11-07	公开
CN109189946A	一种将设备故障语句描述转换为知识图谱表达的方法	湖南云智迅联科技发展有限公司	2019-01-11	2018-11-06	公开
CN109255033A	一种基于位置服务领域的知识图谱的推荐方法	桂林电子科技大学	2019-01-22	2018-11-05	公开
CN109242673A	鹰眼反欺诈大数据风控评估系统	上海良鑫网络科技有限公司	2019-01-18	2018-11-04	公开
CN109214719A	一种基于人工智能的营销稽查分析的系统和方法	广东电网有限责任公司,广东电网有限责任公司佛山供电局	2019-01-15	2018-11-02	公开
CN109189867A	基于公司知识图谱的关系发现方法、装置及存储介质	中山大学	2019-01-11	2018-10-23	公开

图 7-21　知识图谱最新文本列表图

　　通过质量评估，可以挖掘一批高价值的文本，但是这种挖掘方式不涉及对文本内容的理解，仅仅通过一些评价指标衡量，不够充分。结合行业文本特征，将搜索问答智能模块考虑进来，结合文本检索组件、文本分析组件定义挖掘流程。结合专利行业多年摸索，本书提出了一套文本挖掘方法，流程如图 7-22 所示。以技术创新挖掘为例，如何进行发明创新，除了从专利文本本身进行分析以外，还要借助更多的创新方法和创新知识。以发明方案的创新挖掘为例，结合了专利语料库、功能属性知识库、术语知识库等融合，通过对功能、属性的特征抽象和特征匹配，进而推理出新的解决方案，从而完成发明创新。

　　在行业应用知识库和文本特征库加工基础上，文本挖掘组件的工作流程主要包括三个环节：问题分析、功能语义检索（检索式生成）、新创性评估。

1. 问题分析

　　问题分析是文本挖掘的第一步。任何一个发明方案都是通过对某个技术问题的解决来完成的。技术问题可以基于创新方法论的"系统分析 – 组件分析 – 因果链分析"得到，技术系统由系统组件（子系统或元件）组成，系统组件由物质、能量和信息三类对象构成，功能由技术系统实现。

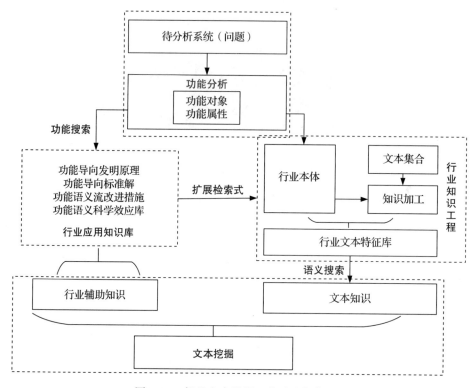

图 7-22　行业文本挖掘工作流程框架图

以最小系统组件为中心，可以分析功能对象和功能属性特征，对象与功能通过属性联系。以上分析中涉及的功能、对象、属性作为问题分析的结果。进一步，在行业应用知识库（功能、对象、属性）和文本特征库的支持下，获得功能语义检索的基本元素。

2. 功能语义检索

功能语义检索包括功能搜索、扩展检索式、语义搜索三部分。通过调用搜索问答模块的功能搜索服务，用于行业应用知识搜索召回。生成对应的功能语义扩展检索式，基本逻辑如下：将问题抽象出的系统组件功能、作用对象、属性（参数）的实例作为输入元素，利用功能语义本体进行各元素的概念、实例、上下位扩展，进而形成对每个元素的语义扩展，设计布尔逻辑规则获得扩展检索式。

通过对行业辅助知识、文本特征字段库的语义搜索，建立彼此的关联。进一步推动创新知识挖掘。利用扩展检索式在重构的创新知识库中语义搜索，通过对各元素上位词的一般化扩展，在下位词中进行特例扩展，在上下位、同位及近义结构自动匹配，从而召回创新导向知识；扩展检索式继续在专利知识图谱的特征字段中搜索，经过同样的语义匹配，对关键词进行自动变形和同义词扩展检索，通过分析按照应用目的筛选通用、特例、类比专利方案。在执行类似功能的领域、申请人、发明人中进一步约束搜索。以"功能、对象、属性（参数）"为基础，吸附两步检索结果，将吸附的专利集合进入新创性评价模型，进行筛选。

3. 新创性评估

基于技术关键词共现原理识别技术前沿方向，确定申请日靠前的一组专利（一般是一年 / 或按比例），操作流程如下：

①在科学文献库中基于扩展检索式搜索获得科技文献 / 专利集合，进一步根据期刊 / 专利的发表时间和关键词集合对期刊 / 专利进行筛选，从期刊 / 专利文本中提取技术、领域、组件、产品字段中的关键词及期刊 / 专利申请时间。

②提取集合中期刊 / 专利的技术词集合。统计专利中不同技术词出现的最早时间、频率和持续时长，筛选出专利的年度技术关键词集合。同理，筛选出期刊的年度技术关键词集合。上述关键词集合按时间顺序进行融合，融合后的集合作为新词序列。

③新创专利筛选。通过比对期刊 / 专利技术关键词与新词序列，并结合专利引用、同族、法律状态、寿命等特征进行定量打分，给出新创性评价结果。

④评价结果排序。在不同的领域中功效改善专利都具有更高的排序权重。综合新创性和权重进行排序打分，获取最终备选文本。

4. 解决方案设计

在特定技术、产品基础上进行创新，在某一方向上进行重点布局，围绕权利要求中的功能和属性挖掘产生新的发明。专利布局实践中，从功能划分开始出发，功能对象和功能属性之间可以衔接起来统一分析。对上述备选方案，通过每个方案特征字段抽取，进行人工摘要编辑或调用抽取式文本生成模型提取现有技术问题、功能对象或功能属性、技术效果，自动生成核心技术方案。进一步提炼发明点，并设计创新方案，具体撰写流程如图 7-23 所示。

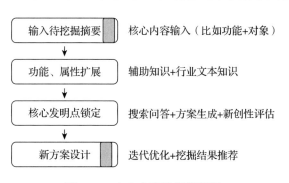

图 7-23　文本方案挖掘流程图

此外，平台要根据辅助知识（创新导向知识、发明案例）、文本之间的融合结果，打上特征标签，如图 7-24 所示。通过第 5 章论述的知识更新机制构建知识库间索引，方便后续的检索、分析和推荐。

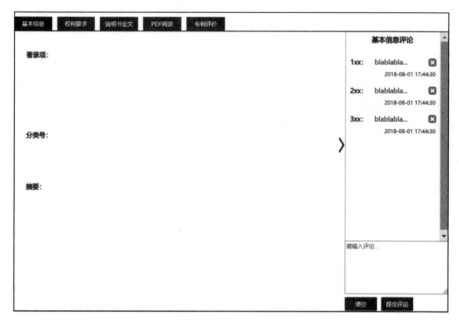

图 7-24　文本评价信息编辑界面

通常情况下，平台还要提供流程制定和差异化功能，分不同级别对业务文本进行管理。这里我们以专利文本管理进行论述：建立众包机制和分享机制，利用平台提高协作能力，让团队参与动态推理和分析过程中去。通过文本挖掘提炼出技术方案，形成专利申请文件，跟踪专利处理流程，标记节点状态，如图 7-25 所示。

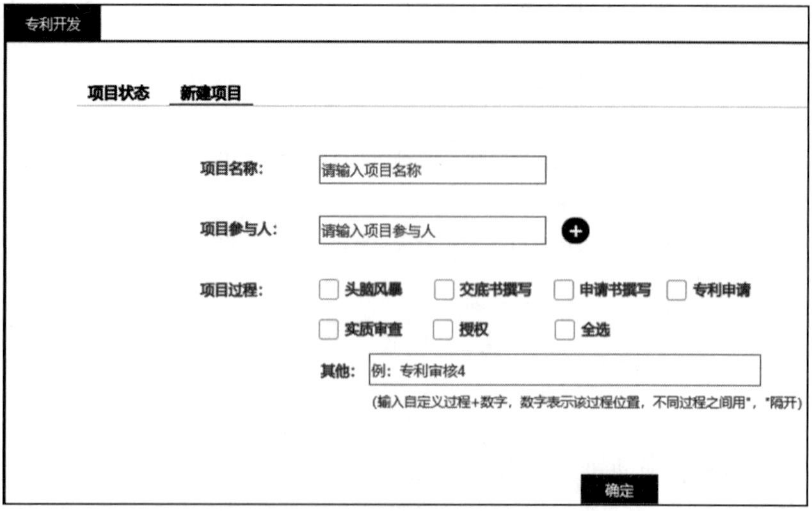

图 7-25　文本挖掘项目节点状态

进一步，将上述方案提交到后续的信息流管理组件，如图 7-26 所示，追踪挖掘方案的后续处理，对全生命周期进行闭环。

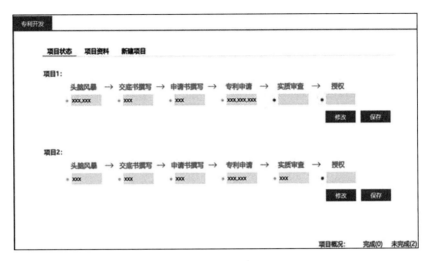

图 7-26　文本挖掘信息流管理

7.2.4　监控预警

监控预警是针对行业重大事件、竞争对手动态、前沿进展的关联文本跟踪的必备工具。一方面，这个功能依赖知识工程中的各语料库和知识库的更新机制，也依赖于价值评估模型、文本匹配模型、文本分析功能，具体的监控流程如图 7-27 所示。

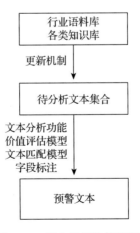

图 7-27　行业情报监控流程

由于需要形成体系，行业情报监控预警往往值得企业投入更多的精力。行业情报监控预警可以找出竞争对手具有威胁的研发方向、具体进行的行业布局等，还可以找出公司目前的短板。如图 7-28 所示为文本情报预警详情的例子，当专利经历过标注后会显示相应标识。其中，"机"代表机器标注，机器标注是系统根据一定的计算方法自动为专利进行部分标注，但并非每一篇专利都有；"基"代表基本情况；"人"代表进行过人工标注；"价"代表标记过价值度；"预"代表标记过预警信息；"标"代表标记过标准信息，部分领域如通信领域常常涉及标准问题。

	序号	公开号	侵权风险	稳定性	风险控制	标准对应	预警状态	标题	法律状态	当前专利权人	公开日期	申请日期	价值度
☐	1	CN101617427B	高	● 待处理	● 待处理	● 待处理	⟳ Open	高分子电解质组合物、高分子电解质膜、膜电极接合体及固体高分子电解质型燃料电池	有效专利	旭化成株式会社	2012-07-18	2008-02-21	98.00
				详细的预警信息展示，点击可进行查看编辑									
☐	2	CN103493250B	高	● 待处理	● 待处理	● 待处理	⟳ Open	改进的电池及装配方法	有效专利	格雷腾能源有限公司	2016-08-10	2012-05-11	95.41
☐	3	CN100521324C	高	● 待处理	● 待处理	● 待处理	⟳ Open	燃料电池	有效专利	三洋电机株式会社	2009-07-29	2007-02-27	94.68

侵权风险　　稳定性分析　　风险控制　　标准对应

警度: ● 高警　○ 中警　○ 无警　○ 待处理
CN同族: ○ 有　○ 无
相关权利要求: ❓
2、3

涉及产品类型: ❓
输入产品型号

提交

图 7-28　文本情报预警效果（上）和标记式具（下）

进一步，在预警详情页面，左侧可以记录或者更改当前专利的信息，例如预警度、核心发明点等，在线框中点击可以切换不同的页面记录更多信息，例如在预警处理中还可以记录当前专利的稳定性、规避难度等信息。哪些文本有威胁，竞争对手动态如何，给出文本列表。

除了进行预警监控以外，还可以通过简讯、消息、邮件等形式及时通知管理人员予以注意。在平台内的信息流管理组件中跟踪处理进度，完成处理的流程闭环。推荐系统会根据设置，每隔一定的时间推荐价值较高的文本，在个人空间和特定邮箱中查看。

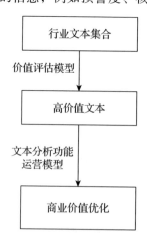

图 7-29　文本价值运营流程

7.2.5　价值运营

价值运营实际上就是行业文本的价值评估、运营和商业化，通过文本价值的生命周期管理，来实现增值。文本价值评估的主要流程如图 7-29 所示。

在这个平台中，要能够把用户的行业管理起来，然后进行运营，这是一件非常重要的事情，彼此能够打通，而且后续可以介入第三方支付平台，进而形成一套完整的行业价值链条。我们通过价值评估模型给出了某个行业内的高价值专利文本。进一步对相关专利进行标注，以便用户进行后续价值分析。如图 7-30 所示，进入右侧为标注区域，选择权利要求中的文字后，点击上方标注，例如点击"标为产品"，即可将文字标注为对应的颜色。同时总结专利发明点、涉及产品、涉及技术领域等，进一步提炼技术价值，从而具有了运营价值。

图 7-30   文本价值详情编辑

在行业范围内继续挖掘高价值文本，从中寻找价值运营的机会。再次分级分类管理，专利价值等级清晰地区分出来后，管理者就能制定针对性的管理和运营策略，例如，对于黄金级的专利，因其技术的基础性，他人无法绕开或难以规避，因而需要重点维护，同时采取较强硬的许可攻势和较高的许可费比例，必要时可通过诉讼威胁促进专利许可；对于白银级的专利，大都涉及改良的技术，对其仍需要积极维护，并可以考虑与基础专利的持有者进行交叉许可；对于青铜级的专利，企业本身并不使用，主要以协商谈判技巧向一些技术的追随者赚取许可费。

7.2.6　信息流管理

信息流管理实际上是对行业文本的完整生命周期的管理，包括文本从 0 到 1 的工作流管理，从零出发制作一篇有价值的文本；或者针对一个有价值文本，并跟踪该文本的生命周期。根据需求使用智能平台组件，信息流管理要满足用户协同操作，自定义文本集合管理等。如图 7-31 所示，对于处于处理流程中的专利，跟踪流程、年费、法律状态、价值等级等信息，直到许可转让或失效，完成专利文本生命周期的跟踪和管理。

对于文本成本管理，如图 7-32 所示，需要跟踪每个文本的年费情况，以及对应的费用情况。根据分级分类结果来判断是否值得继续投入，从而实现文本资产的价值可持续发现。

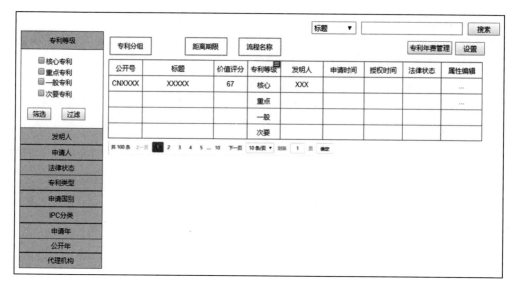

图 7-31　文本信息生命周期管理

缴纳状态	公开号	标题	距离期限	法律状态	发明人	申请时间	授权时间	当前年费	累计年费	缴纳标记
发明人										待缴下一年费
专利类型										已缴纳
距离期限										滞纳中
法律状态										放弃
申请国家										失效
IPC分类										
申请年										
公开年										
代理机构										

图 7-32　文本成本管理

7.3　权限与安全管理

用户权限管理提供用户角色管理、用户角色权限管理、授权管理等相关功能。其中角色管理一般包括普通用户组、收费用户组和管理员三组，如表 7-3 所示，用户分别隶属其中，不同用户类型拥有不同访问权限。

表 7-3   用户权限列表

用户类型	权限说明
普通用户	普通型用户访问部分功能，不能配置管理用户，有时效限制
收费用户	收费用户访问所有功能，不能配置管理用户，根据套餐设置时效限制
管理员	管理员能够配置管理用户，访问所有功能，且时效不受限

7.3.1　架构与流程

根据用户角色进行用户权限分配，服务通过命名空间＋服务名组合定义的方式授权给用户使用。用户角色管理功能包括添加角色、修改角色、移除角色和查看角色。权限管理功能包括为角色添加权限、为角色修改权限和为角色移除权限，该功能仅作为角色的辅助功能使用。服务后台管理内置一个管理员，管理员可以为用户添加角色权限、管理资源和授权资源。资源（服务）需要注册并进行权限托管，由管理员授权给指定用户使用。授权用户基于认证协议（比如 OAuth 2.0）进行资源认证，通过后可获得资源使用权限。

用户角色权限管理服务基于 KRH（Kafka+Redis+HBase）快速缓存机制。平台各业务服务发送请求消息给用户角色权限管理服务，接收到请求消息后，用户角色权限管理服务在 KRH 机制下计算并获取用户操作权限，再返回给业务服务。一个常用的用户角色权限管理的操作流程如下：

服务注册并获取 client_id ,client_secret
请求方式：http 类型 POST
请求 URL：http://IP:PORT/oauth/service_reg_oauth

第二步：资源授权，服务后台录入后生成 client_id,client_secret。

第三步：用户绑定，服务后台为指定用户选择对应角色及权限，手动注册和自动注册会创建默认的权限 ADMIN，对应默认角色管理员。

第四步：托管权限。后台录入权限，可以自定义角色，或者为角色绑定多个权限。本示例展示了一个简单的 Java Web 应用。应用注册在平台，托管了两个权限，平台用户认证后实现身份认证和资源保护。

配置说明：

```
#授权后的clientId
oauth.client.clientId = client1540970001
#授权后的sercet
oauth.client.clientSecret = bc95513a68b1f0749234e5e61ebffaa1
#token地址
oauth.client.accessTokenUri= http://192.168.6.72:18080/oauth/token
#认证地址
```

```
oauth.client.userAuthorizationUri: http://192.168.6.72:18080/oauth/authorize
#token 名称（自定义）
oauth.client.tokenName = oauth_token
oauth. resource. userInfoUri = http://192.168.6.72:18080/oauth/user
#回调地址(工程中只需要相对路径，不用host和端口)
oauth2.serverUrl = /image/call
```

第五步：用户权限认证。常见的基于 OAuth2.0 规范提供用户权限认证的服务——以 GET 类型发送请求 URL：http://IP:PORT/oauth/authorize（服务）。输入用户名和密码登录之后，跳转到回调函数路径，向里面传入参数；以 POST 方式为用户获取令牌（token），请求 URL：http://IP:PORT/oauth/token，请求响应的结果实例如下。

```
{"access_token":"Jv5yyRmZb6QciSAj0v/VhKdLlOz3K0uroZVRVEySysKmqF05Dw2Q647Dyu/
    DQn97n9xBgc5abCBU06WmCcPVKjbirkQlryi6fDKpTKNbPgvU/sJx6LPH8j0xzh9dHPonAn7/
    xPOp37hal1pkb9QiIs4lzgHZrOsBd0DJB2kZn04=","expires_in":5996,"refresh_
    token":"TURI0p64e/nU/HZQ5unhtXJU/APNRaKorP+3jQOa0izozJ48uNfwbODVmv0YAe6Ch
    0DBWlyomINP6W5xwDUwZ2sOyev3MopzPjEjXvUNuc43zBPvlDGDilHqpYFXMQL3h5E0dGLmqI
    OzV9cVbYx+hx0HthVQl7XMqSq3Lq1QOcA=","token_type":"bearer"}
```

第六步：以 GET 方式获得请求 URL：https://IP:PORT/oauth/user?access_token=[]，请求参数示例如表 7-4 所示。返回结果以 JSON 串显示。刷新 token 服务，以 POST 形式请求 URL：http://IP:PORT/oauth/token，验证权限服务，以 JSON 对象返回结果示例。

用户权限认证结果最后以返回的 JSON 字符串判断来确认。如果认证正常，则可以获得相应用户权限，那么用户可以使用注册资源服务。

表 7-4　认证服务返回字符串内容

参　　数	必　填	数据类型	说　　明
namespace	是	String	命名空间名
servicename	是	String	服务实例名称
service_uri	是	String	服务地址
description	是	String	服务描述
redirect_uri	是	String	回调函数（host 或者 domain 必须跟 service_uri 中的一致）或严格 oob 字符串
grant_types	是	String[]	implicit 或 authorization_code
scope	是	String	限定 token 范围，例如 inside,outside…

7.3.2　平台用户管理

文本智能平台完成用户权限管理后，可以进一步细化普通用户权限，方便用户实现基本的配置。从平台页面进入个人空间，如图 7-33 所示，个人空间包括公司配置、后台管理、历史纪录等模块。后台管理可以监控用户使用日志，历史记录可以对操作行为进行跟踪，在知识图谱中可以记录用户画像信息，在密码修改中可更改密码、修改用户基本信息。此外，还可以有简讯提醒设置功能，与监控预警功能配合，可以发送预警简讯至用户设置的邮箱。更改邮箱或增加新的接收简讯的邮箱可以单击"公司配置"完成。

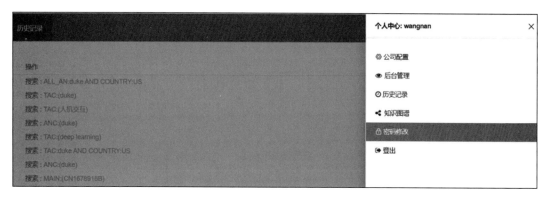

图 7-33　用户个人空间管理

在个人中心，一个重要操作就是公司配置。由于很多公司都存在子公司和分公司，有时在查看实体单位的文本时，会希望将这些实体单位视作同一个，需要归并操作。具体操作为，根据构建的公司树，输入想要搜索查询到的公司名，如商汤，之后会返回如图 7-34所示结果。单击全选或者勾选特定公司前的方框，则可将对应公司归并为统一的名称商汤下，对于一些引入的噪声实体单位，可以通过行业文本特征字段筛选滤除。

图 7-34　公司树等目标实体的编辑管理

7.3.3 安全管理

安全保障机制是平台安全的重要屏障，包括平台、数据的安全运维等。在平台安全方面，需要提供防火墙监控、日志监控以及性能和异常查询等。在数据安全方面，数据的抽样校验，特别是对更新数据（批量或实时）进行随机抽取样本时，需要验证数据导入的准确性。安全保障机制可以通过版本控制，对接口或流程中的环节进行开关切换控制。

如图 3-35 所示，通过建立服务器防火墙，建立防攻击的防护机制。进一步，设计相关策略，控制访问端口。比如利用数字证书认证可以隐藏用户名、密码、数据等，保证数据请求和数据传输的安全性。

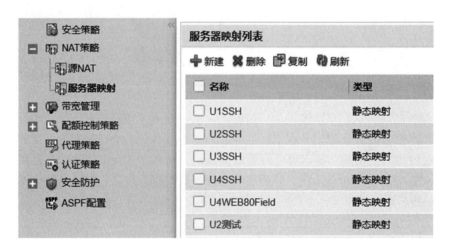

图 7-35　安全管理的防火墙机制示意图

除了数据安全以外，对于用户数据链的安全管理问题，也需要考虑，这里用户安全主要体现在如下几个方面。

① 为用户本身物理识别提供安全机制。

② 为用户之间提供简讯机制。

③ 提供安全链路及信息可信设施。

小结

本章结合前面两章知识工程和智能模块的搭建，从行业应用角度初步探讨了智能平台架构和平台设计问题。平台集成了文本检索、文本分析、文本挖掘、监控预警、价值运营、信息流管理、用户权限和安全管理等功能组件。每个组件可以满足一个文本处理流程，同时与其他组件配合使用，形成文本生命周期的闭环管理。除了上述组件以外，平台还需要关注首页设置，还要考虑看不见的底层组件，比如消息中间件、模型管理器（在线模型和离线模型）、日志组件、运维组件等。

　　行业知识图谱的平台级别应用目标就是行业认知智能。现阶段集成了知识图谱智能模块的文本理解平台，主要针对自然语言文本的认知，能够满足一个行业的日常文本处理和初步认知需求。下一章将结合平台使用，探索一些行业应用，真正让智能产生价值，让认知提高生产力。

第 8 章

行业文本智能应用

本章依托第 7 章的行业文本智能平台，开展行业文本理解的应用。通过文本挖掘组件，我们利用改进价值评估模型发现高价值文本，进而通过价值运营组件产生收益；通过文本分析组件，对行业内各类成果进行分门别类的管理，一些文本可以通过运营实现价值；针对行业的新技术新方向的产生，通过文本高级分析组件来进行抽取和预测，进而通过信息流管理启动文本撰写和创新流程，保持对前沿动态的跟踪；对于行业内个体的背景调查，也可以结合监控推荐组件实现，及时发现威胁和情报资讯。

下面我们通过行业应用案例来说明文本智能平台发挥知识图谱智能的巨大作用，真正提高行业价值挖掘、培育和运营的效率，为各行各业的智能平台提供了范例。

8.1 高价值文本发现

伴随着科创板的热潮，知识产权作为上市 IPO 的敲门砖越来越受到关注。目前，全球已经有 1.2 亿以上多语种的专利文献，各种好坏专利鱼龙混杂，高价值的专利相关申请费、年费、许可费、转让费、各类诉讼费用也堪称天价，但是为了掌握发明和垄断市场，人们仍然愿意投入大量资源和精力追逐高价值专利，于是一个课题产生了，如何发现高价值专利？特别是怎么样从海量文本中自动挖掘高价值专利？前面我们介绍了国内外高价值专利挖掘体系，但是没有一个公认的好的评价标准。借助于行业知识工程和知识图谱模块，我们提出了新的方案，并在一些项目中得到了广泛认可。

8.1.1 高价值文本定义

何谓高价值文本？这是文本挖掘系统分析的起点。在专利行业，高价值文本是指满足新创性前提下，能给竞争对手或者运营目标形成可信诉讼威胁，有经济获利潜力的文本。

那么有哪些线索可以发现符合这些特征的文本呢？结合现有指标评价体系，我们给出一些基本判断规则：

规则一：同时在一定数量的专利和科技文献中提及的技术往往代表较有发展前景的技术方向（双重先进性），与这些技术相关的文本在相应领域中得到实施的可能性较高。则可以把实施前景较好的专利找出来。

规则二：在技术内容相似的一组专利中，在同等条件下，申请日期靠前的文本将具有更大的可能性获得较大权利要求保护范围和较高的权利要求稳定性。

规则三：高价值文本的撰写质量普遍较高，把潜在的具有较大的权利要求保护范围和较高的稳定性的专利挖掘出来。

基于规则我们也提出了文本挖掘方法，集成到文本挖掘组件中。一是要足够准，允许存在一定的低价值文本，但高价值专利的比例要足够高；二是要足够全，遗漏的高价值文本比例要控制在合适的较小的范围内。

8.1.2　高价值文本评价

高价值专利最重要的意义是为了保护企业的创新成果，并通过专利的形式将创新优势转化为市场竞争优势。因此，主要考虑如下四点，并设计了相对应的评价指标。通过实践证明，影响因素主要包括同族专利数量、法律状态、申请人特征、引证频次、独立权利要求特征数和权利要求数量等。基于上述指标给出专利质量评价模型，对双重先进性筛选出的专利集合进一步完成质量评价。以上评估指标的设计，可以进一步约束获取高价值专利。基于上述规则设定，我们设计开发了高价值专利挖掘工作流程，结合第5章的价值评估方法开发，配合专家进行验证，筛选出行业或领域最终的高价值专利。专利质量评价指标主要用于专利组合的价值评估，评价指标大致如表8-1所示。

表 8-1　文本价值评价指标

考察维度	说　明
新创技术对行业的影响力	科技创新体现在哪些方面？是否对整个行业带来较大的影响？
文本布局对核心技术的覆盖度	布局是否将核心技术尤其是对相关行业有较大影响的关键技术有充分、完整的保护
核心文本撰写质量和稳定性	核心文本质量、专利权利要求稳定性
实施及应用前景	是否在自身产品或第三方产品实施、是否进行有效的专利运营（诉讼、许可、转让等）

8.1.3　价值发现与价值运营

高价值文本可以通过价值运营获取收益，以国内某区域拼音输入法领域专利导航分析为例，通过平台的文本搜索组件获得如下数据，并利用高价值文本发现方法进行筛选并人工评估。

常规检索文本特征字段（标题、摘要、权利要求），检索"输入法"得到1085组专利，筛选高价值专利困难，特别是判断具有技术先进性的专利，非专业技术人员很难从技术角度评判，现有较为便利的途径就是被引证专利数，但单独使用说服力不强；利用第5章的价值评估模型，平台筛选后剩余213组专利，工作量大为减少（减少约4/5），理论上保证筛选出的每篇专利均有双重先进性的新技术词条出现，在其选取范围内具有技术领先性。

价值发现具体过程如下：数据组1是在专利范围内查找新技术词后，检索到的相应专利（333组）[⊖]；数据组2是结合科技文献，查找新技术词后，再过滤检索到的相应专利组（294组）；数据组3是将数据组1和数据组2的专利取交集并符合特征数限定获得的共有专利组（213组）。

价值评估验证时，国家知识产权局法律检索中，通过复审无效特征字段检索，获取输入法案件获得的验证组。验证组：输入法领域"复审无效专利组（48组）和诉讼专利组（2组）"。

关于验证组的48组复审无效专利：在平台获得的213组准高价值专利中，涵盖其中13组，未涵盖35组。人工分析：未涵盖35组专利中，真正的稳定性较高被误剔除的专利仅为5组，实际误剔除率为10.4%（5/48=10.4%），进一步分析发现，可通过适当扩大技术先进性中的年限限制降低误剔除率。已涵盖13组中，稳定性较高的为5组；即使不考虑复审案件，已经完全确定的高稳定性专利包含率达38.5%，剩余专利是高价值专利的可能性也较高。排查后，筛选数量从1085降低到213，挖掘效率为5.1（1085/213=5.1），挖掘效率较高。

在平台文本分析和价值运营组件帮助下，对不同层级专利按照"一般""低价值"进行划分打包。对于"高价值"专利包，利用自有技术相似度算法，寻找行业内研发相关技术的企业，寻求技术转移转化合作机会；对于"低价值"专利包，经与高校协商无异议后，代为托管，进行专利资产打包出售，避免闲置或浪费（假设该类专利有1000件，按每件5000元出售计算，可营收500万）；对于"一般"专利包，若高校想暂时留存，可后续协商处理方式。若愿意交付托管运营，可按7.2.5节介绍的运营策略处置。

8.2　成果分级分类管理

促进行业成果转移转化是实施创新驱动发展战略的重要任务，是将文本价值发现以后，进一步实现文本经济价值的必要步骤。通过文本分析组件对文本分级分类，方便文本管理和价值运营，对于激发行业文本潜在收益具有重要意义。

⊖　本章所说的"组"，是进行过申请号合并后的专利数量单位，1组专利可能是一件，也可能是件（如申请文本和授权文本）。

8.2.1 成果分级

在高价值文本挖掘以后，可以进一步将挖掘方法指标化，从而完成对专利文本的价值评价，相关算法服务在第 5 章文本价值评估小节已经介绍。分级规则可以通过对分数段进行划分，进而给出不同层级的文本分布，比如三个级别的划分原则。

A 级：综合评分 90—100 分。高价值专利，能给竞争对手或者运营目标形成可信诉讼威胁，能实现高价格或者有实现高价格潜力的专利。即较有发展前景的技术，在相应领域中得到实施的可能性较高，具有较大权利要求保护范围和较高的权利要求稳定性。

B 级：综合评分 75—89 分。一般价值专利，技术应用前景、可实施性不显著，权利要求保护范围或稳定性存在一定风险；

C 级：综合评分 0—74 分。低价值专利，技术发展前景较差，处于衰退期或即将被取代的技术，在相应领域中得到实施的可能性较低，权利要求保护范围过窄或权利要求稳定性比较差，无法形成可信诉讼威胁。

8.2.2 成果分类

目前中国各大机关单位、科研院所都积累了很多成果，专利是科研成果的结晶，也是最重要的无形资产之一。一系列通知、政策、规定将加速成果转化和技术转移，促进科技、产业、投资融合对接。这些专利资产的商业化运营，让专利与资本的融合成为科技成果转移转化的重要方式，将极大地促进技术与产业的融合，对打造经济发展新引擎具有重要意义：

① 对有效专利进行价值评估，筛选出若干具有较高商业价值的专利。

② 围绕上述较高商业价值的专利，提出商业化运营方案建议。

以某重点大学为例，这所高校应用物理方向积累了大量的科研成果，具有巨大的科技成果转移转化潜力。其中，检索到物理电子器件细分领域约 1100 件专利，作为商业价值评估对象，对专利进行分类管理。调用平台文本分析组件，通过调用行业本体库获得分类类别标签，如图 8-1 所示。

- 芯片检测
  - 增强拉曼
  - 微流控
  - 同步检测
  - 光学检测
  - 电化学检测
  - 激光诱导荧光
  - 荧光检测
  - 生化检测
  - 免疫检测
  - 微全分析
  - 微流控芯片
  - 生物芯片
  - 分离检测
  - 芯片检测
  - 其他
- 传感器
  - 声传感器
  - 温度传感器
  - 位移传感器
  - 声学传感器
  - 激光传感器
  - 阵列传感器
  - 湿度传感器

图 8-1 调用行业本体库获得分类类别

再给每一个文本打上标签，如图 8-2 所示给出细分领域无损检测的分类结果。并结合分级管理给出相应的排序。

在上述分类结果基础上，通过专利价值评估，获得高价值文本和对应的专利组合。进一步探索一条专利有效运营的机制：对于初筛出来的潜在价值较高的专利，进一步进行专家精筛。从专利的技术价值度、法律价值度、经济价值度三个角度分别进行评价。精筛之后，可以对专利各方面的价值进行较为充分的分析，并从中确定有较高商业化运营潜力的专利或专利组合。这类专利要么技术价值较高（技术价值度高），要么运营价值较高（法律价值度、经济价值度较高）。

title	firstCluster	secondCluster	价值	等级
应力状态下纳米材料力电性能与显微结构测量装置	无损检测	缺陷无损检测	95	高警度
一种低阶扭转模态电磁声阵列传感器	无损检测	超声无损检测	85	高警度
一种低阶扭转模态电磁声阵列传感器	无损检测	超声无损检测	85	高警度
基于SH0波电力系统接地网导体的腐蚀检测装置及方	无损检测	超声无损检测	84	中警度
一种对带粘弹性包覆层充液管道导波检测的方法	无损检测	Lamb波	83	中警度
一种可调节磁致伸缩导波传感器	无损检测	Lamb波	83	中警度
一种可调节磁致伸缩导波传感器	无损检测	Lamb波	83	中警度
一种用于古建筑木构件现场检测的木材微钻阻力仪	无损检测	缺陷无损检测	80	中警度
一种基于透射电子显微观察激光诱导晶化纳米薄	无损检测	缺陷无损检测	80	中警度
一种基于透射电子显微观察激光诱导晶化纳米薄	无损检测	缺陷无损检测	75	低警度
接地网圆钢棒腐蚀检测周侧加载传感器	无损检测	管道腐蚀	74	低警度

图 8-2　文本成果分类标签

将上述分类中有价值的专利放入监控推荐组件和信息流管理组件，及时通知高校管理人员研究讨论专利的价值运营。

8.3　新兴方向预测

对于任何一个行业，需要了解行业的未来动向。Gartner 咨询机构对战略性技术趋势的定义是：具有巨大颠覆性潜力的趋势，从新兴状态蜕变为更广泛的影响和使用，或者是发展趋势在未来五年达到临界点。结合第 7 章文本高级分析中的技术演进方法，对行业各类文本知识进行整合，给出技术演进脉络，进而预测新兴方向，大致流程如下：

首先调用文本搜索组件，进行细分领域文本集合的搭建，以人工智能芯片为例，如图 8-3 所示，需要搜集专利文本、科技文献文本、标准文本、技术成果文本等相关文档。

人工智能芯片标准.txt	2018/7/19 13:40	文本文档
人工智能芯片会议论文.txt	2018/7/19 13:40	文本文档
人工智能芯片科技成果.txt	2018/7/19 13:42	文本文档
人工智能芯片期刊.txt	2018/8/1 14:57	文本文档
人工智能芯片全技术.txt	2018/8/1 11:10	文本文档

图 8-3　新兴方向预测需要的文本列表

然后通过搜索问答模块，从文本特征知识库中获取每篇专利文本的申请时间、领域字段、技术字段知识，并且利用文本规则库和模型算法库，完成其他类型文本的关键词字段和时间字段抽取。通过文本分析组件和行业本体，自定义获取技术术语粒度下的技术演进结果。通过专利文本和科技文献文本的融合，进而计算新技术词的发现，得到新兴技术点。比如人工智能芯片领域在各年出现的新词如下所示。

1999：

技术：AI　炉温控制器　8098

2003：

技术：肝癌　肿瘤标志物　生物芯片　人工智能

2006：

技术：cDNA 芯片　对数转换　非转换方法　标准化

2007：

技术：结肠直肠肿瘤　微阵列分析　神经网络　计算机　原发性膀胱移行细胞癌　组织芯片　细胞凋亡　肿瘤　预后

2010：

技术：钛合金　相变　薄膜　组合方法　组合材料芯片技术　阀门定位器　工业以太网接口　功能块

2011：

技术：伤寒沙门菌　luxS　群体感应　生物发光　基因芯片

2015：

技术：常用芯片　AT89S52 单片机　芯片判定

2016：

技术：核心芯片　技术体系　技术趋势　Cortex-M0　DI　DO　MODBUS

2017：

技术：集成电路设计　思路转变　工艺节点　基础结构　GPU　CPU　广电　智慧家庭

2018：

技术：AI 芯片　技术架构　AI 芯片市场需求　模组　物联网　软件定义　集成电路架构创新　高端芯片　IoT　边缘计算　自动驾驶

由于专利要有新创性，所以在专利中首先出现的技术词往往具有非常强的预测性，特别是行业巨头的专利中出现的新兴技术点。比如在液态金属打印行业，如图 8-4 所示，中国科学院在该领域具有非常强的实力，但是同样需要关注清华大学在该领域的研究成果，比如"植入式柔性神经电极"等新的概念。通过及时跟踪，结合文本挖掘，在新兴方向上进一步布局专利方案，起到技术监控引领作用。

如果考虑全面，需要跨语言检索全球专利和相关文献文档，调用机器翻译模型和术语知识库来完成跨语言一致性检测，进一步提炼新词（新兴技术点）。

CN206162 北京梦之墨科技有限公司	一种面包板	有效专利	印刷电路,面包		授权
CN106041 北京梦之墨科技有限公司	一种彩色金属3D打印线材及其制备方法	有效专利	彩色,金属3D打印		授权
CN102802 中国科学院理化技术研究所	一种液态金属印刷电路板及制备方法	有效专利	液态金属,印刷电路板		实施许可
CN102802 中国科学院理化技术研究所	一种液态金属印刷电路板及制备方法	有效专利	液态金属,印刷电路板		实施许可
CN104550 北京机科国创轻量化科学研究院有限公	一种金属3D打印喷头	有效专利	3D打印机喷头		授权
CN103868 中国科学院理化技术研究所	选择性吸收涂层生产工艺及真空集热器	有效专利			授权
CN103868 中国科学院理化技术研究所	选择性吸收涂层生产工艺及真空集热器	有效专利			授权
CN103862 中国科学院理化技术研究所	透明导电薄膜室温沉积装置及方法	有效专利			实施许可
CN103862 中国科学院理化技术研究所	透明导电薄膜室温沉积装置及方法	有效专利			实施许可
CN103963 中国科学院理化技术研究所	一种使金属颗粒带电的装置	有效专利	金属颗粒,金属		授权
CN103963 中国科学院理化技术研究所	一种使金属颗粒带电的装置	有效专利	金属颗粒,金属		授权
CN204914 中国科学院理化技术研究所	一种用于3D打印的复合材料线材	有效专利	线材,3D打印,导电,3D,复合材料		实施许可
CN103366 中国科学院理化技术研究所	液态导电线圈装置	有效专利			授权
CN103837 中国科学院理化技术研究所	反光镜及其制作工艺	有效专利			授权
CN103837 中国科学院理化技术研究所	反光镜及其制作工艺	有效专利			授权
CN103366 中国科学院理化技术研究所	液态导电线圈装置	有效专利			授权
CN107643 北京梦之墨科技有限公司	一种电子电路手写系统、电子电路的手写方法及电子	有效专利	手写		授权
CN104526 清华大学	一种自驱动型液态金属机器及其应用	有效专利	机器,驱动型		授权
CN104526 清华大学	一种自驱动型液态金属机器及其应用	有效专利	机器,驱动型		授权
CN104816 清华大学	一种利用电池驱动的液态金属机器及其应用	有效专利	电池驱动,表面		授权
CN104816 清华大学	一种利用电池驱动的液态金属机器及其应用	有效专利	电池驱动,表面		授权
CN205683 清华大学	一种基于液态金属的植入式柔性神经电极	有效专利	植入式,柔性神经电极		授权
CN105479 清华大学	一种基于液态金属电磁致动的可变形性机器人	有效专利	柔性机器人,电磁致动,机器人,可变形柔性		授权
CN105479 清华大学	一种基于液态金属电磁致动的可变形性机器人	有效专利	柔性机器人,电磁致动,机器人,可变形柔性		授权
CN205380 清华大学	一种基于液态金属电磁致动的可变形柔性机器人	有效专利	柔性机器人,电磁致动,机器人,可变形柔性		授权
CN105036 清华大学	一种带取向性结构的微针尖及其连续输运液体的方法	有效专利	液体,针尖,取向性,表面,图案		授权
CN105036 清华大学	一种带取向性结构的微针尖及其连续输运液体的方法	有效专利	液体,针尖,取向性,表面,图案		授权

图 8-4   液态金属打印行业的文本监控列表

8.4 技术背景调查

企业或个人的技术能力和技术背景是科技时代的价值名片,也是信用背书的关键环节。很多公司因为技术领先而成为巨头,也有公司技术空白而栖息产业链底层。对于个人而言,一份技术背景的信用报告是身价的敲门砖。因此,我们调研了常见的调查方案。做背景调查时,如果通过传统的背调渠道,则通常要取得被调查人的许可;而如果通过公开的渠道查询(如互联网),虽然不需要通过被调查人的许可,但由于通常存在重名,查询结果会有大量噪声。是否有方法能够完成技术背景的调查呢?这就是文本智能平台的价值了。

在监控推荐组件内,结合行业文本特征知识库、应用(行为)知识库、行业本体库,以及推理计算模块的封装,可以形成一个技术背景调查功能。首先是拆解技术背景调查任务,然后搜索推荐知识库内候选实体(企业或个人)的各类标签知识,与输入实体的背景标签进行文本匹配。如图 8-5 所示,左侧输入是某个人的标签,右侧是行业知识库的各类知识,那么如何进行背景匹配认证呢?

平台提供了一种定制化的解决方案,具体流程如下:

①针对被调查对象,根据能获得的信息输入对象画像(各类标签),画像信息包括人物、企业及属性标签、时间类、地点类、行为类等。

②根据上述标签,调用文本搜索组件(实体链接模块),获得被调查对象的召回专利结果列表。

③对每一个专利检索结果,调用文本匹配模型,计算专利知识与调查对象的相似度。

考虑因素包括实体名称匹配、工作单位匹配、技术特征匹配、时间地点匹配等，返回相似度排序列表。

④根据检索结果中的相似程度，对该初步检索结果进行筛选 / 重新排序，迭代检索结果并返回。

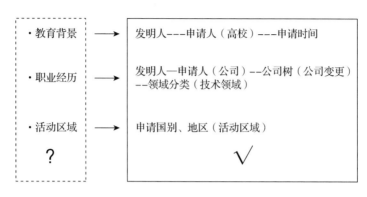

图 8-5　候选实体的背景调查

以个人技术背景调查为例，如图 8-6 所示，根据输入的待考证的人物姓名、公司 / 学校名称、技术标签词组、专利号，其工作经历可作为辅助验证的可选输入项。平台以 API 调用方式返回经过行业知识和算法模型推荐的结果，为用户推荐感兴趣的人、技术领域、竞争对手、合作机构等，由用户人工对结果进行编辑加工，决定是否完成迭代搜索。

API1入参和返回

入参字段
- 人名：*
- 公司名或机构名：*
- 专利号：*
- 专业方向：
- 其他字段（任职时间，毕业院校）

说明：*为必选字段
（人名、公司名）和（人名、专利号）二者必选其二。
其他字段可选输入。

未来根据需求定义其他API
API2
API3

返回字段：
- 人名：匹配 or not
- 公司名或机构名：匹配 or not
- 专利号：匹配 or not（可返回多项）
- 专业描述：IPC说明
- 专业方向：技术领域词中的同义词算匹配
- 合作人：推荐信息
- 合作机构：推荐
- 技术领域关键词：推荐，除了输入以外的技术领域
- 验证结果：完全匹配、不完全匹配、不匹配

说明，人名、公司名、专利号、专业方向四个字段均返回字段内容，每个字段还新增一个匹配结果，如下：

输入：	输出：
姓名：张三	姓名：张三
专利号：CNxxx	姓名匹配度：是
公司名：百度	专利号1：CNxxx
专业方向：计算机软件	专利号匹配度：是
	专利号2：CNxxx
	专利匹配度：否
	公司名：百度科技有限公司
	公司匹配度：是
	专业方向：计算机
	专业匹配度：是

图 8-6　技术背景调查的 API 调用设计

以一个实际案例加以说明，用户输入了创始人许某的相关信息，想对他和他的关联公司进行背景调查。输入和输出如图8-7所示，通过各个环节的匹配度打分，给出返回的结果。进一步，对返回结果详情可以点击查看，了解各部分匹配结果。

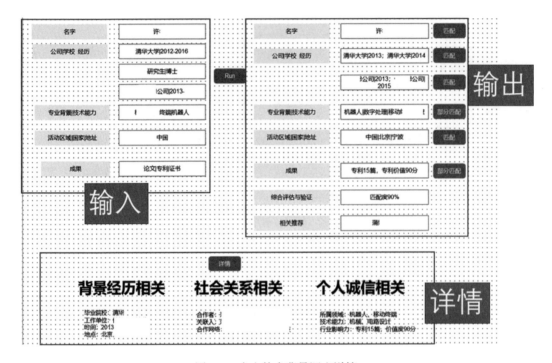

图8-7　个人技术背景调查详情

通过点击上图的详情页面，如图8-8所示，可以查看具体内容，比如个人背景信息、关联人信息与专利信息的对应关系。通过这样的背景调查，可以验证创始人有39篇专利，专利价值高。发明人有多位，与输入的公司关联人一致，输入的专业名称"精密仪器与专利技术特征标签（数字处理、移动终端）语义相似。因此可以看出个人技术背景满足公司和个人诚信考核。进一步通过推理计算模块，对专利申请时间（本例为5年时间）、合作者关系（夫妻、同学）几项指标抽取计算，推理评估他们的技术积累等级较高。这也与他们公司获得天使轮投资的结果相互印证。

小结

本章结合智能平台和专利行业实际需求，给出了四个应用案例，分别是高价值文本发现、成果分级分类管理、新兴方向预测和技术背景调查。这四个应用依托平台知识工程提供的知识基础，结合文本搜索组件提供文本基本检索和语义搜索。部分应用结合算法模型库提供分级分类、文本匹配模型，进行文本分析和价值运营。最后通过信息流管理组件完成全生命周期管理。

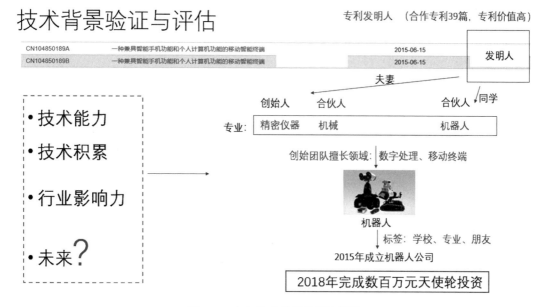

图 8-8　个人技术背景验证与评估

对于一个行业应用需求而言，往往需要平台多个功能组件协同操作，特别是需要知识图谱智能模块提供语言理解能力扩展。因此，需求驱动平台迭代，推动文本智能走向深度认知。

附录 A

概率论基础

在自然界以及日常生活中，有一类事件在一定条件下一定会发生，比如太阳东升西落，石子投入湖中必然泛起涟漪等，这类事件叫作确定性事件。还有一类事件，在一定条件下，可能出现这样的结果，也可能出现那样的结果，比如在新型冠状病毒肺炎疫情中，随机抽取一名市民，他可能感染病毒，也可能未感染病毒，还可能感染病毒但为无症状感染者等。对于这类事件，我们无法事先预知确切的结果，我们称之为随机事件。对于随机事件，我们可能需要判断事件某种结果发生的可能性的大小，比如在新型冠状病毒肺炎疫情中，需要确定某人目前携带新冠病毒的可能性大小，以此开展和制定相应的防疫政策。概率便是用来表征随机事件在一次试验中出现的可能性大小。

A.1 概率

在数学上，概率（Probability）被定义为从随机事件到实数域的映射函数，且须同时满足三个基本条件（假设 $P(A)$ 表示事件 A 的概率，Ω 为样本空间）：

① 非负性，$P(A) \geqslant 0$

② 正则性，$P(\Omega)=1$

③ 可列可加性，假设 $A_1, A_2, \cdots$ 是两两互不相容的事件，即对于任意 i 和 j（$i \neq j$），事件 A_i 和事件 A_j 不相交（$A_i A_j = \varnothing$），有

$$P\left(\bigcup_{i=0}^{\infty} A_i\right) = \sum_{i=0}^{\infty} P(A_i) \tag{A.1}$$

1. 古典概率

如果一个可重复的实验可能出现 N 种不同的结果，实验的一组事件为 $\{A_1, A_2, \cdots, A_i\}$，并且所有结果出现的可能性是相同。假设任意事件 A_i 发生的结果有 N 个，我们说事件 A_i 发

生的频率为 $Q(A_i) = N / M$。如果 N 趋于无穷大，相对频率 $Q(A_i)$ 无限接近概率 $P(A_i)$，则

$$\lim_{N \to \infty} Q(A_i) = P(A_i) \tag{A.2}$$

2. 条件概率

假如我们连续掷硬币两次，事件 A 为至少出现一次正面，事件 B 为两次均为同一面，求在事件 A 已发生的情况下事件 B 出现的概率？我们知道连续掷硬币两次总共有四种可能：正正、正反、反正和反反，事件 A 可能的情况为正正、正反、反正，事件 B 可能的情况是正正、反反。由于事件 A 已经发生，那么事件 B 的结果只能是正正。事件 A 发生的前提下事件 B 发生的概率我们用 $P(B|A)$ 表示，即 $P(B|A) = \dfrac{1}{3}$。在这个例子中，$P(B|A)$ 为条件概率，它的定义为，假设 A 和 B 是样本空间 Ω 中的两个事件，且 $P(A) > 0$，那么在给定 A 的情况下 B 的条件概率（Conditional Probability）为 $P(B|A) = \dfrac{P(A \cap B)}{P(A)}$。

条件概率有三个基本性质。

① 非负性：$P(B|A) \geqslant 0$；

② 正则性：$P(\Omega | B) = 1$；

③ 可列可加性：假设 $A_1, A_2, \cdots$ 是两两互不相容的事件，那么

$$P\left(\sum_{i=1}^{\infty} A_i \,\middle|\, B \right) = \sum_{i=1}^{\infty} P(A_i | B) \tag{A.3}$$

如果 A_i 和 A_j 相互独立，则

$$P(A_i, A_j | B) = P(A_i | B) \times P(A_j | B) \tag{A.4}$$

条件概率有三个非常实用的公式：乘法公式、全概率公式和贝叶斯公式，在最大似然估计、贝叶斯决策理论、自然语言处理中都有广泛应用。

（1）乘法公式

假设 $P(A) > 0$，乘法公式为 $P(A \cap B) = P(A)P(B|A) = P(B)P(A|B)$；

若 $P(A_1 \cap A_2 \cap \cdots \cap A_{n-1}) > 0$，其一般形式为

$$P(A_1 \cap A_2 \cap \cdots \cap A_n) = P(A_1)P(A_2 | A_1)P(A_3 | A_1 \cap A_2)\cdots P\left(A_n \,\middle|\, \bigcap_{i=1}^{n-1} A_i \right) \tag{A.5}$$

该公式也被称为乘法定理或乘法规则。

（2）全概率公式

全概率公式是概率论的重要公式，可以简化复杂概率计算问题，为计算复杂事件的概率提供了一种有效的途径。它的定义如下，假设样本 $A_1, A_2, \cdots, A_n$ 是样本空间 Ω 的一个分割，彼此互不包容且满足 $\bigcup_{i=1}^{n} A_i = \Omega$。如果 $P(A_i) > 0$，$i = 1, 2, \cdots, n$，且 $B \subset \bigcup_{i=1}^{n} A_i$，那么对任意事件 B 有

$$P(B) = \sum_{i=1}^{n} P(A_i)P(B \mid A_i) \qquad\qquad (A.6)$$

（3）贝叶斯公式

贝叶斯公式也被称为贝叶斯法则，或贝叶斯理论（Bayesian Theorem）。假设样本 $A_1, A_2, \cdots, A_n$ 是样本空间的一个分割，彼此互不包容且满足 $\bigcup_{i=1}^{n} A_i = \Omega$。如果 $P(A_i) > 0$，$P(B) > 0$，$i = 1, 2, \cdots, n$，贝叶斯公式的定义为

$$P(A_i \mid B) = \frac{P(A_i)P(B \mid A_i)}{\sum_{i=1}^{n} P(A_i)P(B \mid A_i)}, i = 1, 2, \cdots, n \qquad (A.7)$$

下面通过一个例子来理解贝叶斯公式。假设在新冠肺炎疫情中，某市人口中携带新冠状病毒的比例为 0.5%。当一个人携带病毒时，通过核酸检测出病毒的准确率为 99%，而一个不携带病毒的人被检测手段误判的可能性为 1%。那么，随机给一个人检测时，如果结果呈阳性（携带病毒），则这个人确实携带病毒的可能性有多大？

假设事件 A 为"被检测者携带新冠病毒"，事件 B 为"核酸检测结果呈阳性"。根据描述可以得到 $P(A) = 0.5\%$，$P(\bar{A}) = 99.5\%$，$P(B \mid A) = 99\%$，$P(B \mid \bar{A}) = 1\%$。根据贝叶斯公式可以计算

$$P(A \mid B) = \frac{P(A)P(B \mid A)}{P(A)P(B \mid A) + P(\bar{A})P(B \mid \bar{A})} = \frac{0.5\% \times 99\%}{0.5\% \times 99\% + 99.5\% \times 1\%} = 33.33\%$$

从这个例子可以看出，核酸检测结果呈阳性且受检查确实携带了新冠病毒的患者仅占 33.33%，误判率达到了 66.67%。提高核酸检测准确度固然是降低错检率的关键，例如核酸检测误判率由 1% 降为 0.1%，可能性则变为 83.33%。

如果将"携带新冠病毒"看作"原因"，把"检查结果呈阳性"看作"结果"，那么贝叶斯公式就是从已知"结果"的条件下，推导出了"原因"的概率。$P(A)$ 通常被称为先验概率，$P(A \mid B)$ 称为事件 A 的后验概率。贝叶斯公式用于计算后验概率，通过现象的观察结果对原因事件概率分布的主观判断（即先验概率）进行修正。

A.2　随机变量

1. 随机变量及其分布函数

为了对随机事件进行定量的数学处理，引入了随机变量，用来表示随机事件结果。在数学上，随机变量（Random Variable）定义为样本空间的实值函数，也就是关于样本点的函数。在概率论中，随机变量 X 的分布函数将随机变量的取值和其概率联系起来，用于计算随机变量 X 有关事件的概率，用下列式子表示

$$F(x) = P(X \leqslant x) \quad -\infty < x < \infty \qquad (A.8)$$

例如对任意实数 a 和 b，且 $b > a$，有 $P(a < X \leqslant b) = F(b) - F(a)$。分布函数具有三条基本性质：①单调非减函数；②对于任意 x，有 $0 \leqslant F(x) \leqslant 1$；③右连续。

根据随机变量的取值是否有限，随机变量分为离散随机变量和连续随机变量（取值是数轴上的一个区间）。假设 X 为离散随机变量，其所有可能的取值为 $\{x_1, x_2, \cdots\}$，那么 $p_i = P(X = a_i)$，$i = 1, 2, \cdots$，p_i 为 X 的概率函数，离散随机变量的分布函数为 $F(x) = \sum\limits_{x_i \leqslant x} p(x_i)$。对于连续随机变量，其可能的取值位于某个区间 (a, b)，这个区间内有无穷多个实数，不可能像离散随机变量将取值穷尽出来，因此引入了概率密度函数概念。概率密度函数的积分为连续随机变量的分布函数，$F(x) = \int_{-\infty}^{x} p(x)\mathrm{d}x$，其中 $p(x)$ 称为概率密度函数。需注意的是，在概率密度函数上区间的积分对应为概率，例如，对任意实数 a 和 b 且 $b > a$，$P(a < X < b) = \int_{a}^{b} p(x)\mathrm{d}x$。

2. 随机变量的期望与方差

随机变量的分布函数全面描述了随机变量取值的统计规律，由分布函数可以计算随机变量事件的概率，还可以算出随机变量的均值、方差等特征数，这些特征反映了分布的特征。

假设离散随机变量 X 的概率分布为 $p(x_i) = P(X = x_i)$，$i = 1, 2, \cdots, n$。如果 $\sum\limits_{i=1}^{\infty} |x_i| p(x_i) < \infty$，那么 $E(X) = \sum\limits_{i=1}^{\infty} x_i p(x_i)$。这里 $E(X)$ 称为随机变量 X 的数学期望（Expectation），简称为期望或均值。若级数 $\sum\limits_{i=1}^{\infty} |x_i| p(x_i)$ 不收敛，则 X 的数学期望不存在。随机变量的数学期望是指随机变量所取值的概率平均，随机变量 X 的取值总在期望值附近波动。

随机变量的波动程度用方差（Variance）来描述，它表示随机变量的取值偏离其期望值的程度。假设随机变量 X^2 的数学期望 $E(X^2)$ 存在，称偏差平方 $(X - E(X))^2$ 的数学期望 $E((X - E(X))^2)$ 为随机变量 X 的方差，记为

$$\begin{aligned}
\mathrm{Var}(X) &= E((X - E(X))^2) = \sum_{i} (X - E(X))^2 p(x_i) \\
&= E(X^2) - E^2(X) = E(X^2) - E^2(X)
\end{aligned} \qquad (A.9)$$

方差的平方根 $\sqrt{\mathrm{Var}(X)}$ 为随机变量 X 的标准差，记为 $\sigma(X)$ 或 σ_x。方差和标准差描述随机变量取值的散布大小，方差与标准差的值越小，随机变量取值越集中，反之越分散。

A.3　概率分布

自然语言处理的主要对象为离散随机变量，这一小节主要对离散随机变量的相关内容进行概述，连续随机变量的相关内容请读者参阅相关的概率论专著。

1. 二项分布

随机变量有无穷种，但常见的分布并不多，二项分布是一种常用的离散分布。

假设某事件 A 发生的概率为 p，即 $P(A) = p$，$P(\overline{A}) = 1 - p$。现将试验独立重复 n 次。如果用随机变量 X 表示事件 A 在 n 次试验中发生的次数，则 X 的可能取值为 $0, 1, \cdots, n$。假设 n 次试验中有 k 个 A，$n-k$ 个 $\overline{A}$，由独立性可知，$\{X = k\}$ 的概率分布 $p_k = p^k(1-p)^{n-k}$。事件 $\{X = k\}$ 中 A 可能出现在 n 个位置的任何一处，那么 X 的概率分布为

$$P(X = k) = \binom{n}{k} p^k(1-p)^{n-k}, \quad k = 1, 2, \cdots, n \tag{A.10}$$

其中，$\binom{n}{k} = \dfrac{n!}{k!(n-k)!}$，又记为 C_n^k，表示所有取值的可能性。这种分布称为二项分布（Binomial Distribution），记为 $X \sim b(n, p)$，n 和 p 分别表示事件发生的概率和试验重复的次数。二项分布是一种常用的离散分布，当 $n = 1$ 时为最简单的二项分布，即 $b(1, p)$，也被称为二点分布（0-1 分布或伯努利分布），其概率分布为

$$P(X = x) = p^x(1-p)^{1-x}, \quad x = 0, 1 \tag{A.11}$$

二点分布 $b(1, p)$ 主要用于描述一次伯努利试验中某事件 A 的次数（0 或 1）。

2. 二维随机变量的联合分布、边际分布、条件分布

（1）联合分布

实际应用中每个样本点只用一个随机变量去描述是不够的，比如监督学习中仅研究输入变量 X 或输出变量 Y 是不够的，需要将 X 和 Y 作为整体考虑，从而探讨总体变化的统计规律性。统计学习假设数据存在一定的统计规律，那么 X 和 Y 具有联合概率分布的假设是统计学习中数据的基本假设。

多维随机变量定义为同一样本空间的多个随机变量，例如研究青少年儿童的发育情况，每个儿童的身高和体重就组成一个二维随机变量。多维随机变量的分布函数称为联合分布。对任意 n 个实数 $x_1, x_2, \cdots, x_n$，事件 $\{X_1 \leq x_1\}$，$\{X_2 \leq x_2\}$，$\cdots$，$\{X_n \leq x_n\}$ 同时发生的概率记为 $F(x_1, x_2, \cdots, x_n) = P(X_1 \leq x_1, X_2 \leq x_2, \cdots, X_n \leq x_n)$，称为多维随机变量 $(X_1, X_2, \cdots, X_n)$ 的联合分布函数。针对二维随机变量 (X, Y)，其联合分布函数为

$$F(x, y) = P(X \leq x, Y \leq y) \tag{A.12}$$

在二维离散随机变量 (X, Y) 中，假设 (X, Y) 只取有限个数对 (x_i, y_i)，那么 (X, Y) 的联合分布（Joint Distribution）概率为

$$p_{ij} = P(X = x_i, Y = y_i), \quad i, j = 1, 2, \cdots \tag{A.13}$$

（2）边际概率分布

多维随机变量联合分布函数中每个变量的分布称为边际分布，表示每个变量的所有信息。在二维随机变量的联合分布函数 $F(x, y)$ 中令 $y \to \infty$，则 $|Y < \infty|$ 为必然事件，那么

$$\lim_{y \to \infty} F(x, y) = P(X \leqslant x, Y < \infty) = P(X \leqslant x) \tag{A.14}$$

联合分布函数 $F(x, y)$ 求得的关于 X 的分布函数，被称为 X 的边际概率分布，记为

$$F_x(X) = F(x, \infty) \tag{A.15}$$

同理，在 $F(x, y)$ 中令 $x \to \infty$，那么 Y 的边际概率分布为

$$F_y(Y) = F(\infty, y) \tag{A.16}$$

二维离散随机变量 (X, Y) 的联合概率分布 $P(X = x_i, Y = y_j)$，对 j 求和，可得 X 的边际概率分布，即

$$\sum_{j=1}^{\infty} P(X = x_i, Y = y_i) = P(X = x_i)，\quad i = 1, 2, \cdots \tag{A.17}$$

同理，对 i 求和可得 Y 的边际概率分布，即

$$\sum_{i=1}^{\infty} |P(X = x_i, Y = y_i)| = P(Y = y_j)，\quad j = 1, 2, \cdots \tag{A.18}$$

（3）条件概率分布

对二维随机变量 (X, Y) 而言，随机变量 X 的条件分布为 Y 取某个值的条件下 X 的分布。假设二维离散随机变量 (X, Y) 的联合概率分布为 $p_{ij} = P(X = x_i, Y = y_j)$，$i, j = 1, 2, \cdots$，那么，对一切使 $P(Y = y_j) = \sum_{i=1}^{\infty} p_{ij} > 0$ 成立的 y_j，称式（A.19）为给定 $Y = y_j$ 条件下 X 的条件概率分布。

$$P(X = x_i | Y = y_j) = \frac{P(X = x_i, Y = y_j)}{P(Y = y_j)} = \frac{p_{ij}}{\sum_{i=1}^{\infty} p_{ij}}，\quad i = 1, 2, \cdots \tag{A.19}$$

此时，X 的条件分布函数为

$$F(x | y_j) = \sum_{x_i \leqslant x} P(X = x_i | Y = y_j) = \sum_{x_i \leqslant x} p_{i|j} \tag{A.20}$$

同理，对一切使 $P(X = x_i) = \sum_{j=1}^{\infty} p_{ij} > 0$ 的 x_i，式（A.21）为给定 $X = x_i$ 的条件下 Y 的条件概率分布。

$$P(Y = y_j | X = x_i) = \frac{P(X = x_i, Y = y_j)}{P(X = x_i)} = \frac{p_{ij}}{\sum_{j=1}^{\infty} p_{ij}}，\quad j = 1, 2, \cdots \tag{A.21}$$

此时，Y 的条件分布函数为

$$F(y | x_i) = \sum_{y_j \leqslant y} P(Y = y_j | X = x_i) = \sum_{y_j \leqslant y} p_{j|i} \tag{A.22}$$

A.4 参数估计

参数估计是通过样本来推断模型参数的过程。在自然语言理解任务中，需要掌握随机过程、马尔可夫链和似然估计等概念。

1. 随机过程

随机过程是随机变量的集合，用来描述一个或多个随机事件随时间演变的过程，研究动态随机现象的统计规律。假设 (Ω, F, P) 为已知概率空间，$T, S \in R$，若对每一个 $t \in T$，均有定义在 (Ω, F, P) 上的一个取值为 S 的随机变量 $X(\omega, t)$，$(\omega \in \Omega)$ 与之对应，则称随机变量族 $X(\omega, t)$ 为 (Ω, F, P) 上的一个随机过程，记为 $\{X(\omega, t), \omega \in \Omega, t \in T\}$，简记为 $\{X(t), t \in T\}$，或 $X(t)$，或 $X_t(\omega)$。

S 为随机过程 $\{X(t), t \in T\}$ 的状态空间，

T 为随机过程 $\{X(t), t \in T\}$ 的时间指标集合，$X(t)$ 为样本轨迹（样本函数），固定 $\omega \in \Omega$。

2. 马尔可夫链

马尔可夫链又称为离散时间马尔可夫链，描述了状态空间中从一个状态转移到另一个状态的随机过程。该随机过程有如下特点：

① 满足马尔可夫假设。在时间序列中，下一个状态概率分布只取决于前面有限个状态，而与有限个状态前的状态无关。

② 马尔可夫链每一步根据概率分布，可以发生状态转移，也可以保持当前状态，系统根据概率分布，每一步从一个状态变到另一个状态，状态转移通过转移概率来度量。所以一个含有 M 个状态的一阶马尔可夫过程具有 M^2 个状态转移和对应概率。已知一组随机变量 $X_1, X_2, X_3, \cdots, X_t, X_{t+1}$ 组成的随机过程 $\{X_t, t = 0, 1, 2, \cdots\}$，其中这些变量的取值范围构成状态空间 $\{x_i\}$。k 阶马尔可夫链可以通过如下公式表达

$$P(X_{t+1} \mid X_t, \cdots, X_1) = P(X_{t+1} \mid X_t, \cdots, X_k), \ 1 < k < t \tag{A.23}$$

如果状态转移仅依赖于当前状态，就是一阶马尔可夫链，是目前常用的马尔可夫链。如果 X_{t+1} 在时间 $t+1$ 的概率依赖于历史 $X_1, X_2, X_3, \cdots, X_t$ 的情况，可以简化成 X_{t+1} 的历史条件概率，仅仅依赖 X_t 的取值，则有

$$P(X_{t+1} = x \mid X_1 = x_1, X_2 = x_2, \cdots, X_t = x_t) = P(X_{t+1} = x \mid X_t = x_t) \tag{A.24}$$

具有这种性质的随机过程称为马尔可夫过程。马尔可夫链是指时间、状态都是离散情况下的马尔可夫随机过程，常常应用于对一些有内在规律问题的预测，比如天气预报等。

3. 最大似然估计

统计学习计算过程主要包括模型学习和模型预测两个阶段。模型学习将训练样本作为已知总体分布，计算模型参数，形成了参数估计问题，这个最优化问题常用最大似然估计（Maximum Likelihood Estimation）解决。似然估计建立在最大似然原理基础上的统计方法，原理是假设观测数据独立同分布，通过似然函数推断某个参数值，使样本出现的概率最大。

我们通过一个例子进行说明。

假设一种产品有合格和不合格两类，用随机变量 X 表示该产品一次检查后不合格的数目，则 $X=0$ 表示合格品，$X=1$ 表示不合格品，X 服从二点分布 $b(1, p)$，p 是产品为不合格品的概率。现在抽取 N 个产品进行检查，样本为 $x_1, x_2, \cdots, x_N$，这批观测值发生的概率为

$$P(X_1 = x_1, \cdots, X_n = x_N; p) = \prod_{i=1}^{N} p^{x_i} (1-p)^{1-x_i} = p^{\sum_{i=1}^{N} x_i} (1-p)^{N - \sum_{i=1}^{N} x_i} \tag{A.25}$$

p 为未知数，上述观测值的概率可以看作参数 p 的函数，用 $L(p)$ 表示。根据最大似然原理，参数 p 的求解应使 $L(p)$ 最大。因此对 $L(p)$ 求导令其等于 0，由于 $L(p)$ 是单调增函数，对数 $\ln L(p)$ 达到最大与 $L(p)$ 达到最大是等价的。因此

$$\frac{\partial \ln L(p)}{\partial p} = \frac{\sum_{i=1}^{N} x_i}{p} - \frac{N - \sum_{i=1}^{N} x_i}{1-p} = 0 \tag{A.26}$$

解方程可得 $\hat{p} = \hat{p}(x_1, \cdots, x_N) = \sum_{i=1}^{N} x_i / N = \bar{x}$。$\hat{p}$ 为 N 次试验的相对频率，从这个例子也可以看出，当 N 越大，相对频率越接近真实概率。

假设离散随机变量的概率分布函数为 $p(x; \theta)$，$\theta \in \Theta$，其中 θ 是一个未知参数或几个未知参数组成的参数向量，Θ 为参数空间，样本观测值为 $x_1, x_2, \cdots, x_N$，样本联合概率分布函数是关于 θ 的函数，用 $L(\theta)$ 表示

$$L(\theta) = P(X_1 = x_1, \cdots, X_N = x_N; \theta) = p(x_1; \theta) p(x_2; \theta) \cdots p(x_N; \theta) \tag{A.27}$$

$L(\theta)$ 称为样本的似然函数。如果某统计量 $\hat{\theta} = \hat{\theta}(x_1, \cdots, x_N)$ 满足 $L(\theta) = \max\limits_{\theta \in \Theta} L(\theta)$，称 $\hat{\theta}$ 是 θ 的最大似然估计。求导是求最大似然估计最常用的方法，为了计算简单，通常是对对数似然函数 $\ln L(\theta)$ 求导进行参数求解。

通常，已知某个总体下的随机样本满足某种概率分布，概率分布的参数是未知的，最大似然方法估计参数通常有如下步骤：

① 写出似然函数；

② 通过对数转换获得对数似然函数；

③ 求导并获得似然方程，最优化求解。

最大似然估计不需要 N 元语言模型那样保存所有概率值，而是通过选取合适模型使得参数估计数量大大降低，而模型所需要的构造函数则通过下面介绍的各类机器学习方法配合完成。

4. 贝叶斯决策理论

最大似然估计是基于总体信息与样本信息进行统计推断的方法。除上述两种信息外，贝叶斯统计还将先验信息应用于统计推断中，以提高统计推断的质量。贝叶斯统计的另外一个特点是随着数据的增加，可以不断对概率分布进行调整估计。贝叶斯决策理论

（Bayesian Decision Theory）就是利用贝叶斯理论进行决策分类的方法，是统计机器学习的基本理论之一。使用贝叶斯决策理论进行分类需满足两个强假设条件：①各类别总体的概率分布是已知的；②决策分类的类别数是一定的。

假设分类问题有 c 个类别，各类别状态由 ω_i 表示，$i = 1, 2, \cdots, c$；对应于各个类别 ω_i 的概率为 $P(\omega_i)$，称之为先验概率；在特征空间观察到某一向量 $\boldsymbol{x}$，$\boldsymbol{x} = [x_1, x_1, \cdots, x_d]^{\mathrm{T}}$ 是 d 维特征空间上的某一点，表示识别对象的 d 种特征观察量。依赖于类别状态 ω_i 的概率函数记为 $P(x \mid \omega_i)$，表示在类别状态 ω_i 取某个给定值时向量 $\boldsymbol{x}$ 的条件概率密度函数。假设 $P(\omega_i)$ 和 $P(x \mid \omega_i)$ 均已知，根据贝叶斯公式可知

$$P(\omega_i \mid x) = \frac{P(\omega_i)P(x \mid \omega_i)}{\sum_{j=1}^{c} P(\omega_j)P(x \mid \omega_j)} \tag{A.28}$$

$P(\omega_i \mid x)$ 称为后验概率。贝叶斯公式的实质是通过观察 x 把状态的先验概率 $P(\omega_i)$ 转化为状态的后验概率。常用的贝叶斯决策规则有最小错误率贝叶斯决策和最小风险贝叶斯决策。

附录 B

信息论基础

信息论是一门研究信息基本理论（Information Theory）的学科，可用于研究语言现象的可能性或存在性问题。信息论的基本理论是由香农（C.E. Shannon）在研究通信系统时发表的论文奠定的。在自然语言处理中，由于任何语言系统抽象出来都是信息模型，可以借助熵、互信息和交叉熵以及困惑度、噪声通道模型等概念予以解释，进而完成语言系统的编码和解码测度。比如在设计语言模型时，用困惑度来衡量语言模型的好坏，语言模型建模的目标就是寻找困惑度最小的模型。此外可以用噪声信道模型研究词性标注、语音识别等问题。

B.1 信息与熵

1. 信息熵

一个随机事件的自信息量定义为其出现概率对数的负值。假设 X 是一个离散型随机变量，其取值空间为 $\Re$，概率分布为 $p(x) = P(X = x)$，$x \in \Re$，则 X 的自信息量为

$$I(x) = -\log p(x) \tag{B.1}$$

自信息描述一个随机变量一个状态的不确定性的数量，反映了随机事件发生后给予观察者的信息量。信息量的多少与事件发生概率的大小成反比概率，$p(x)$ 越小，x 出现越罕见，所包含的信息量越大。自信息量的单位与所用对数底有关，通常对数以 2 为底，将 $\log_2 p(x)$ 写成 $\log p(x)$。以 2 为底时信息量的单位为比特。

衡量随机事件多个状态的信息量用信息熵来表示

$$H(X) = E[I(X)] = \sum_i p(x_i)I(x_i) = -\sum_i p(x_i)\log p(x_i) \tag{B.2}$$

其中，约定 $0\log 0 = 0$，$H(X)$ 可写成 $H(p)$。信息熵 $H(X)$ 是信息量关于事件概率分布的数学期望，表征信源的平均不确定性。一个随机变量的信息熵越大，它的不确定性也越大，正确估计其值的可能性越小。越不确定的随机变量越需要更大的信息量来确定其值。

例如，假设信源符号集 $X = \{x_1, x_2, x_3\}$，每个符号发生的概率分别为 $p(x_1) = \dfrac{1}{3}$，$p(x_2) = \dfrac{1}{2}$，$p(x_3) = \dfrac{1}{6}$，则其信源熵 $H(X) = \dfrac{1}{3}\log_2 3 + \dfrac{1}{2}\log_2 2 + \dfrac{1}{6}\log_2 6 \approx 1.46$。

在自然语言处理中广泛应用了最大熵的概念，在对未知分布仅掌握部分知识的情况下，关于未知分布最合理的推断应是符合已知知识最不确定或最大随机的推断。原因在于熵定义了随机变量的不确定性，当熵最大时，随机变量最不确定，最难进行准确预测。在自然语言处理中，通常根据已知样本设计特征函数，在满足所有这些特征约束情况下的所有模型集合 C 中，使熵 $H(p)$ 值最大的模型用来推断某种语言现象存在的可能性，或作为某种处理操作可靠性的依据。

$$\hat{p} = \arg\max_{p \in C} H(p) \tag{B.3}$$

2. 条件熵与联合熵

在给定随机变量 $X = x$ 条件下，Y 的条件熵为

$$H(Y \mid X = x) = -\sum_{y \in Y} p(y \mid x) \log p(y \mid x) \tag{B.4}$$

进一步再给定 X，即 X 各个状态，随机变量 Y 的条件熵定义为

$$
\begin{aligned}
H(Y \mid X) &= \sum_{x \in X} p(x) H(Y \mid X = x) \\
&= \sum_{x \in X} p(x) \left[-\sum_{y \in Y} p(y \mid x) \log p(y \mid x) \right] \\
&= -\sum_{x \in X} \sum_{y \in Y} p(x, y) \log p(y \mid x)
\end{aligned}
\tag{B.5}
$$

条件熵 $H(Y \mid X)$ 表示已知 X 后 Y 的不确定性。

假设 X, Y 为一对离散随机变量，且 $X, Y \sim p(x, y)$，则 X, Y 的联合熵定义为

$$H(X, Y) = -\sum_{x \in X} \sum_{y \in Y} p(x, y) \log p(x, y) \tag{B.6}$$

联合熵 $H(X, Y)$ 表示 X 与 Y 同时发生的不确定性。

对式（A.34）中联合概率 $\log p(x, y)$ 展开可得

$$
\begin{aligned}
H(X, Y) &= -\sum_{x \in X} \sum_{y \in Y} p(x, y)[\log p(x) + \log p(y \mid x)] \\
&= -\sum_{x \in X} \sum_{y \in Y} p(x, y) \log p(x) - \sum_{x \in X} \sum_{y \in Y} p(x, y) \log p(y \mid x)] \\
&= -\sum_{x \in X} p(x) \log p(x) - \sum_{x \in X} \sum_{y \in Y} p(x, y) \log p(y \mid x)] \\
&= H(X) + H(Y \mid X)
\end{aligned}
\tag{B.7}
$$

同理可得，$H(X,Y) = H(Y) + H(X|Y)$。这两个式子称为熵的连锁规则（Chain Rule for Entropy）。推广到一般情况，有

$$H(X_1, X_2, \cdots, X_n) = H(X_1) + H(X_2 | X_1) + \cdots + H(X_n | X_1, \cdots, X_{n-1}) \tag{B.8}$$

在自然语言处理中，对于一条长度为 n 的信息，每一个字符或字的熵定义为

$$H_{\text{rate}} = \frac{1}{n} H(X_{1n}) = -\frac{1}{n} \sum_{x_{1n}} p(x_{1n}) \log p(x_{1n}) \tag{B.9}$$

该数值称为熵率（Entropy Rate）。其中，变量 X_{1n} 表示随机变量序列 $(X_1, X_2, \cdots, X_n)$，$x_{1n} = (x_1, x_2, \cdots, x_n)$。假定一种语言是由一系列符号组成的随机过程，$L = (X_i)$，那么可以定义这种语言 L 的熵作为其随机过程的熵率，即

$$H_{\text{rate}}(L) = \lim_{n \to \infty} \frac{1}{n} H(X_1, X_2, \cdots, X_n) \tag{B.10}$$

3. 互信息

假设随机变量 X 的概率分布函数已知，即 X 的先验概率为 $p(x)$。在随机变量 Y 的前提下，X 的条件概率（或称为后验概率）已知，为 $p(x|y)$，那么后验概率与先验概率比值的对数定义为互信息（Mutual Information, MI），即

$$I(x; y) = \log \frac{p(x|y)}{p(x)} \tag{B.11}$$

互信息量 $I(x_i; y_j)$ 在 X 集合上的统计平均值为

$$I(X; y) = \sum_x p(x|y) I(x; y) = \sum_x p(x|y) \log \frac{p(x|y)}{p(x)} \tag{B.12}$$

平均互信息 $I(X; Y)$ 为 $I(X; y_j)$ 在 Y 集合上的概率加权统计平均值

$$\begin{aligned} I(X; Y) &= \sum_y p(y) I(X; y) = \sum_{x,y} p(y) p(x|y) \log \frac{p(x|y)}{p(x)} \\ &= \sum_{x,y} p(x, y) \log \frac{p(x|y)}{p(x)} \end{aligned} \tag{B.13}$$

利用边际概率分布对上述式子进一步展开，得到

$$\begin{aligned} I(X; Y) &= \sum_{x,y} p(x, y) \log p(x|y) - \sum_{x,y} p(x, y) \log p(x) \\ &= -H(X|Y) - \sum_x p(x) \log p(x) = H(X) - H(X|Y) \end{aligned} \tag{B.14}$$

同理可得 $I(Y; X) = H(Y) - H(Y|X)$。根据熵的连锁规则可知 $I(Y; X) = I(X; Y)$。

平均互信息等于熵的差值，表示由于"Y 已知"后使得 X 不确定性减少的量，意味着"Y 已知"后所获得的关于 X 的信息是 $I(X; Y)$。图 B-1 展示了互信息与熵之间的关系。

由 $H(X\,|\,X) = 0$ 可得，$I(X; X) = H(X) - H(X\,|\,X) = H(X)$。

平均互信息是非负的，平均互信息体现了两个变量之间的依赖程度：当两个变量完全相互依赖时，它们的平均互信息量等于它们的熵；当两个变量相互独立时，它们的平均互信息量等于 0；当两个变量既非相互独立也非一一对应时，它们的平均互信息量在它们的熵值和零之间。这也说明了熵也被称为平均自信息的原因。

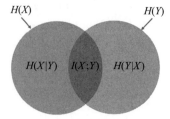

图 B-1   互信息与熵的关系图

对于三维联合随机变量 XYZ，$X = x$ 与 $Y = y, Z = z$ 之间的互信息量定义为

$$I(x; yz) = \log \frac{p(x\,|\,yz)}{p(x)} \qquad P\left(\bigcup_{i=0}^{\infty} A_i\right) = \sum_{i=0}^{\infty} P(A_i) \qquad \text{（B.15）}$$

条件互信息量为在给定 $Z = z$ 条件下，$X = x$ 与 $Y = y$ 之间的互信息量，即

$$I(x; y\,|\,z) = \log \frac{p(x\,|\,yz)}{p(x\,|\,z)} \qquad \text{（B.16）}$$

联立式（A.43）和式（A.44）可得

$$I(x; yz) = I(x; z) + I(x; y\,|\,z) \qquad \text{（B.17）}$$

三维联合随机变量 XYZ 的平均互信息量有如下关系成立

$$I(X; YZ) = I(X; ZY) = I(X; Y) + I(X; Z\,|\,Y) = I(X; Z) + I(X; Y\,|\,Z) \qquad \text{（B.18）}$$

同理，$I(YZ; X) = I(Y; X) + I(Z; X\,|\,Y)$ 成立。

式（A.46）表明，联合事件 $Y = y, Z = z$ 出现后提供的 X 的信息量 $I(x; yz)$，等于 $Z = z$ 事件出现后提供的有关 X 的信息量 $I(x; z)$，加上在给定 $Z = z$ 条件下出现 $Y = y$ 事件后提供的有关 X 的信息量 $I(x; y\,|\,z)$。推广到一般情况，N 维联合随机变量的平均互信息量表示为

$$\begin{aligned} I(X_{1n}; Y) &= I(X_1; Y) + \cdots + I(X_n; Y\,|\,X_1, \cdots, X_{n-1}) \\ &= \sum_{i=1}^{n} I(X_i; Y\,|\,X_1, \cdots, X_{i-1}) \end{aligned} \qquad \text{（B.19）}$$

同样，还可以推导出条件互信息和互信息的连锁规则

$$I(X; Y\,|\,Z) = H(X\,|\,Z) - H(X\,|\,YZ) \qquad \text{（B.20）}$$

互信息在词汇聚类、汉语自动分词、词义消歧等问题的研究中具有重要应用。

4. 相对熵和交叉熵

（1）相对熵

相对熵（Relative Entropy），或被称为 KL 散度（Kullback-Leibler Divergence）或信息散度（Information Divergence），简称为 KL 距离或 KL 散度，描述两个概率分布之间差异的

非对称性。假设 $p(x)$ 、 $q(x)$ 是离散随机变量 X 中取值的两个概率分布， $p(x)$ 对 $q(x)$ 的相对熵定义为

$$D_{\mathrm{KL}}(p \| q) = \sum_{x \in X} p(x) \log \frac{p(x)}{q(x)} = E_{p(x)}\left(\log \frac{p(X)}{q(X)}\right) \qquad (\text{B.21})$$

式子（B.21）最后部分表示相对熵的期望， $p(x)$ ， $q(x)$ 分布趋同时相对熵趋于 0，反之相对熵增大。互信息可以用相对熵表示， $I(X;Y) = D_{\mathrm{KL}}(p(x, y) \| p(x)p(y))$ 。互信息是衡量一个联合分布与相互独立之间差距的一种测度。

同理，还可以推导条件相对熵和相对熵的连锁规则，如下所示：

$$D_{\mathrm{KL}}(p(y \mid x) \| q(y \mid x)) = \sum_{x \in X} p(x) \sum_{y \in Y} p(y \mid x) \log \frac{p(y \mid x)}{q(y \mid x)} \qquad (\text{B.22})$$

$$D_{\mathrm{KL}}(p(x, y) \| q(x, y)) = D_{\mathrm{KL}}(p(x) \| q(x)) + D_{\mathrm{KL}}(p(y \mid x) \| q(y \mid x)) \qquad (\text{B.23})$$

（2）交叉熵

交叉熵用来衡量估计模型和真实概率分布之间的差异，也就是用来判定实际输出与期望输出之间的接近程度。如果一个随机变量 $X \sim p(x)$ ， $q(x)$ 为近似 $p(x)$ 的概率分布，那么随机变量 X 和模型 q 之间的交叉熵定义为

$$\begin{aligned} H(X, q) &= H(X) + D(p \| q) \\ &= -\sum_{x \in X} p(x) \log p(x) + \sum_{x \in X} p(x) \frac{\log p(x)}{q(x)} \\ &= -\sum_{x \in X} p(x) \log q(x) \end{aligned} \qquad (\text{B.24})$$

交叉熵广泛应用于自然语言理解任务中。比如，在设计语言模型时，给定语言样本 L ，语言 $L = (X_i) \sim p(x)$ 与其模型 q 的交叉熵定义为

$$H(L, q) = -\lim_{n \to \infty} \frac{1}{n} \sum_{x_1^n} p(x_1^n) \log q(x_1^n) \qquad (\text{B.25})$$

其中， L 为数据样本， $x_1^n = x_1, x_2, \cdots, x_n$ 为 L 的语句， $p(x_1^n)$ 为 L 中 x_1^n 的概率， $q(x_1^n)$ 为模型 q 对 x_1^n 的概率估计。在实际情况下，真实的概率分布 $p(x_1^n)$ 是未知的，通常假设语言 L 是稳态遍历的随机过程，即 n 趋于无穷大时，其全部单词的概率和为 1，即

$$H(L, q) = -\lim_{n \to \infty} \frac{1}{n} \log q(x_1^n) \qquad (\text{B.26})$$

那么可以根据模型 q 和 L 样本计算交叉熵。与测试语料中分配给每个单词平均概率所表达含义相反，设计模型 q 时，需要使交叉熵最小，使模型最接近真实的概率分布 $p(x)$ ，则模型的表现越好。当 n 足够大时，可用式（A.56）近似计算

$$H(L, q) \approx -\frac{1}{n} \log q(x_1^n) \qquad (\text{B.27})$$

从以上论述我们可以看出，交叉熵就是真实分布的熵与 KL 散度之和，而真实分布的熵是确定的，与模型参数无关，因此在最优化时交叉熵和 KL 散度是一致的，也就是最小化 KL 散度与最小化交叉熵是等价的。任何一个由负对数似然函数组成的损失函数都是定义在训练集上的经验分布与定义在模型上的概率分布之间的交叉熵。例如，均方误差是经验分布和高斯模型之间的交叉熵。前面讲到的最大似然估计也可以看作是使模型分布尽可能与经验分布相匹配的尝试。尽管目标函数不同，最大似然估计或最小化 KL 散度估计的最优参数是相同的。最大似然估计、最小化负对数似然、最小化交叉熵和最小化 KL 散度这几者是等价的。

5. 困惑度

在设计语言模型时，通常用困惑度代替交叉熵来衡量语言模型的好坏。假设给定语言 L 样本，其中 $x_1^n = x_1, x_2, \cdots, x_n$ 为 L 的语句，L 的困惑度 PP_q 定义为

$$PP_q = 2^{H(L, q)} \approx 2^{-\frac{1}{n} \log q(x_1^n)} = [q(x_1^n)]^{\frac{1}{n}} \tag{B.28}$$

其中，$q(x_1^n)$ 为模型 q 对 x_1^n 的概率估计。

语言模型设计的目标是寻找困惑度最小的模型，使其最接近真实语言。在自然语言处理中，语言模型的困惑度通常是指语言模型对测试数据的困惑度。

B.2 最大熵原理

前面已经介绍了熵的基本概念，在概率分布中熵用来表示一个分布所包含的不确定程度，熵值越大不确定度也越大。最大熵是概率学习中的一个准则，其基本原理为：预测一个随机事件的概率分布时，在满足已知约束条件下所有可能的模型中，概率分布的熵最大的模型是最好的模型。我们知道，均匀分布中任何未知值的概率都相等，这种情况下其概率分布最均匀，熵最大，预测的风险最小。无偏对待不确定事件，就是最好的模型。

由前面的内容可知，条件熵 $H(Y | X)$ 表示已知 X 后，Y 的不确定性。通常情况下，在模型集合中，保证条件熵最大的模型就是最大熵模型。